21 世纪高等院校电子信息与电气学科规划教材

计算机控制技术及工程应用
（第 3 版）

林 敏 编著

国防工业出版社

·北京·

内 容 简 介

本书以PC总线工业控制计算机为主线,阐述了计算机的控制技术及工程应用。全书内容包括:计算机控制概述,模拟量输出通道,模拟量输入通道,数字量输入/输出通道,键盘及其接口技术,显示器及其接口技术,数据处理技术,抗干扰技术,数字控制器的设计,控制网络技术,IPC与PLC,DCS与FCS,控制系统设计与工程实现。

本书可用做高等学校自动化类、电气类、电子信息类、仪器类、机械类、计算机类等专业的教材及参考书,也可作为职业技术学院和有关工程技术人员的培训教材及参考书。

图书在版编目(CIP)数据

计算机控制技术及工程应用/林敏编著. —3版.
—北京:国防工业出版社,2024.2重印
 21世纪高等院校电子信息与电气学科规划教材
 ISBN 978-7-118-09238-7

Ⅰ. ①计… Ⅱ. ①林… Ⅲ. ①计算机控制 – 高等学校
– 教材 Ⅳ. ①TP273

中国版本图书馆 CIP 数据核字(2014)第 015693 号

※

国防工业出版社出版发行
(北京市海淀区紫竹院南路23号 邮政编码100048)
北京凌奇印刷有限责任公司印刷
新华书店经售

*

开本 787×1092 1/16 印张 19½ 字数 480 千字
2024年2月第3版第8次印刷 印数 18001—19000 册 定价 46.00 元

(本书如有印装错误,我社负责调换)

国防书店:(010)88540777   发行邮购:(010)88540776
发行传真:(010)88540755   发行业务:(010)88540717

前　　言

《计算机控制技术及工程应用》一书自 2005 年第 1 版、2010 年第 2 版出版以来,已在相当多的工科院校中使用,至今销售了 27000 册,如果把早期版的《计算机控制技术与系统》算在内,早已达到 50000 册。作为一门电子信息与电气学科的高年级专业课,又面对着市场上二三十种同类教材的竞争,应当说本书在高校师生和图书市场中已占有一席之地。

在获得广大高校师生充分肯定的同时,我也陆续收到读者提出的一些宝贵意见。与此同时,作为融合自动化、计算机、通信网络等技术的计算机控制系统的发展极其迅速。因此,对本书再次进行修订。

笔者从 20 世纪 80 年代初至今,在大连工业大学信息科学与工程学院和大连理工大学城市学院从事计算机控制以及检测技术、自动化仪表、过程控制、自动化系统工程设计的教学、科研和工程工作,获得了省教学成果奖、省自然科学学术成果奖;所授课程及编写的教材与课件获得了省精品课程、省精品教材及全国/省多媒体教育软件大赛系列奖。这次对本书的修订,进一步总结、汇集了作者多年的教学经验和科研成果。同时吸纳了读者的反馈信息,补充了最新的知识内容,在一些论证、举例、描述等方面作了进一步的充实、提高,使之更趋合理与完善。

计算机控制技术是电子信息与电气学科的一门主干课程。该专业培养人才的终极目标和课程设置因不同层次的高校而有所不同。本书侧重于应用主导型自动化、电子、电气类专业的培养需求,突出对实体的控制即工程应用方面知识结构与知识体系的讲解。

本书面向 21 世纪人才培养的需求,立足于对学生自主学习能力和实践创新精神的培养。其特点如下:在总体布局上,既考虑到不同计算机控制装置相同的构成原理与功能,又兼顾到单片机、智能仪表、PLC、DCS 与 FCS 等典型控制装置的性能特点;在内容编排上,既考虑了新颖、先进、全面,又注重对关键知识点的透彻剖析和硬件、软件的融合;在讲授思路上,无论是一章还是一节,都遵循由局部到综合、由硬件到软件、由单机到系统、由个性到共性,由浅入深、前后呼应的顺序;在原理方法的阐述上,尽量避免高深的数学理论与推导,突出工程实用的接口电路与简洁易懂的程序软件。总之,本书立足于理论与实际的结合、硬件电路与软件编程的融合以及新技术、新成果的及时引入。这不仅符合科学技术本身的发展规律,而且更易于达到说理透彻、相辅相成、深入浅出的效果,也更有利于学生综合应用能力的提高。

本书以 PC 总线工业控制计算机为主线,阐述了计算机的控制技术及工程应用,介绍了当前工控市场中的几种典型控制装置。全书共分 13 章;第 1 章概要介绍了计算机控制系统的基本概念、结构组成、系统分类与装置种类;第 2 章至第 6 章详细阐述了一个工业计算机控制系统各个部分硬件、软件电路的基本组成,工作原理及接口技术,分别介绍了计算机控制系统的模拟量输出通道,模拟量输入通道,数字量输入、输出通道,键盘接口技术与显示器接口技术;第 7 章讨论了计算机控制系统对测量数据的处理技术;第 8 章介绍了计算机控制系统对恶劣环境的硬件、软件抗干扰技术;第 9 章在数字控制系统数学描述的基础上讨论了数字控制器的连续化设计与离散化设计以及数字串级控制器、程序控制器的设计;第 10 章论述了计算机控制系统之间的通信网技术以及两种常用串行通信总线及工业以太网;第11章介绍了中小型计算机控制系统的两种主流模式——IPC与PLC;第12章介绍了大中型计算机控制系统的两种主流模式——DCS与FCS;第13章分别介绍了由单片机、工控机、智能仪表、PLC与DCS等装置构成的不同类型的计算机控制系统的工程应用实例。

另外,笔者在长期教学实践中总结出一套教学方案与授课技巧,并针对芯片结构、接口电路及相应程序等知识点编制了大量精致、生动的动画解说演示,为从事该课程教学的教师提供了极好的CAI教学资源,有助于构建任课教师自己的个性化教案。本版书继续免费提供包括80余幅动画配音解说的多媒体课件(获得第六届全国高等学校计算机课件评比三等奖/辽宁省第十届教育软件大赛二等奖),读者可从出版社免费索取(联系人:熊思华;电话:010-88540627;Email:shxiong@ndip.cn)。大连工业大学省级精品课程教学资源网(http://jsjkzjs.jpk.dlpu.edu.cn/)、大连理工大学城市学院精品课程网站(http://210.30.108.30:8080/act-web/)上有本书的多媒体动画课件和其他各种教学资源,供读者下载浏览。

本书还增加了全部思考题的参考答案,特别是一些不易解答或需要推导计算的问题均给出了详解。

本书由林敏主要编写并统稿,其中第5章、第10章由大连工业大学王裕如编写,第9章由大连理工大学城市学院于晓海编写,其余各章节由林敏编写。

在编写过程中,还得到了于忠得、崔远慧、葛日波等老师的热情帮助,大连海事大学赵永生教授、大连交通大学唐明新教授、大连理工大学城市学院张明君教授提出了一些中肯建议,在此一并表示诚挚的谢意!

在本书编写过程中,吸收了许多兄弟院校计算机控制方面教材的长处,在此也表示由衷的感谢!

由于水平有限,加之计算机控制技术飞速发展,书中难免有缺点或不足之处,敬请各位同行与读者批评指正。

林敏邮箱:lin_min_48@163.com

林 敏

2013年11月

于大连理工大学城市学院

目　录

第1章　计算机控制概述 ··· 1

1.1　控制系统组成 ··· 1
1.1.1　控制系统概念 ··· 1
1.1.2　硬件组成 ··· 3
1.1.3　软件组成 ··· 4

1.2　控制系统分类 ··· 6
1.2.1　数据采集系统 ··· 6
1.2.2　操作指导控制系统 ··· 6
1.2.3　直接数字控制系统 ··· 7
1.2.4　监督计算机控制系统 ·· 7
1.2.5　分散控制系统 ··· 8
1.2.6　现场总线控制系统 ··· 8
1.2.7　计算机集成制造系统 ·· 9

1.3　控制装置种类 ··· 9
1.3.1　可编程控制器 ··· 10
1.3.2　可编程调节器 ··· 10
1.3.3　总线式工控机 ··· 10
1.3.4　嵌入式计算机系统 ··· 11
1.3.5　其他控制装置 ··· 11

本章小结 ··· 12
思考题 ·· 12

第2章　模拟量输出通道 ··· 13

2.1　D/A转换器 ··· 14
2.1.1　工作原理与性能指标 ·· 14
2.1.2　8位DAC0832芯片 ·· 16
2.1.3　12位DAC1210芯片 ·· 17

2.2　接口电路 ··· 18
2.2.1　DAC0832接口电路 ··· 18
2.2.2　DAC1210接口电路 ·· 19

2.3　输出方式 ··· 20

  2.3.1 电压输出方式 ·············· 20
  2.3.2 电流输出方式 ·············· 22
  2.3.3 自动/手动切换输出方式 ······ 24
 2.4 D/A 转换模板 ···················· 25
  2.4.1 D/A 转换模板的通用性 ······ 25
  2.4.2 D/A 转换模板的设计举例 ···· 26
 本章小结 ······························ 28
 思考题 ································ 28

第3章 模拟量输入通道 ·············· 29
 3.1 信号调理电路 ···················· 29
 3.2 多路模拟开关 ···················· 30
  3.2.1 结构原理 ·················· 30
  3.2.2 扩展电路 ·················· 31
 3.3 前置放大器 ······················ 32
  3.3.1 测量放大器 ················ 32
  3.3.2 可变增益放大器 ············ 32
 3.4 采样保持器 ······················ 33
  3.4.1 采样过程 ·················· 34
  3.4.2 采样定理 ·················· 35
  3.4.3 零阶采样保持器 ············ 35
 3.5 A/D 转换器 ······················ 37
  3.5.1 工作原理与性能指标 ········ 37
  3.5.2 ADC0809 芯片及其接口电路 ·· 41
  3.5.3 AD574A 芯片及其接口电路 ·· 45
 3.6 A/D 转换模板 ···················· 47
 本章小结 ······························ 50
 思考题 ································ 50

第4章 数字量输入/输出通道 ·········· 51
 4.1 光电耦合隔离技术 ················ 51
  4.1.1 光电耦合隔离器 ············ 51
  4.1.2 光电耦合隔离电路 ·········· 52
 4.2 数字量输入通道 ·················· 53
  4.2.1 开关输入电路 ·············· 53
  4.2.2 脉冲计数电路 ·············· 54
 4.3 数字量输出通道 ·················· 55
  4.3.1 三极管驱动电路 ············ 55

		4.3.2 继电器驱动电路	56
		4.3.3 晶闸管驱动电路	57
		4.3.4 固态继电器驱动电路	58
	4.4	DI/DO 模板	59
本章小结			60
思考题			60

第5章 键盘及其接口技术 · 61

5.1 键盘输入电路 · 61
    5.1.1 键盘的抖动干扰 · 61
    5.1.2 抖动干扰的消除 · 61
5.2 非编码独立式键盘 · 62
    5.2.1 查询法接口电路 · 63
    5.2.2 中断法接口电路 · 64
5.3 非编码矩阵式键盘 · 65
    5.3.1 矩阵式键盘的结构组成 · 65
    5.3.2 矩阵式键盘的程序设计 · 66
5.4 编码键盘 · 68
    5.4.1 二进制编码器 · 68
    5.4.2 编码键盘接口电路 · 69
本章小结 · 70
思考题 · 71

第6章 显示器及其接口技术 · 72

6.1 LED 显示器 · 72
    6.1.1 LED 显示器的结构原理 · 72
    6.1.2 LED 显示器的显示方式 · 74
    6.1.3 LED 显示器接口电路 · 76
6.2 LCD · 80
    6.2.1 LCD 的结构原理 · 80
    6.2.2 LCD 的驱动方式 · 81
    6.2.3 段位式 LCD 接口电路 · 83
    6.2.4 点阵式 LCD 接口电路 · 85
6.3 图形显示器 · 88
    6.3.1 图形显示器概述 · 88
    6.3.2 图形显示画面 · 89
本章小结 · 93
思考题 · 93

第 7 章 数据处理技术 …… 94

7.1 测量数据预处理技术 …… 94
7.1.1 系统误差的自动校准 …… 94
7.1.2 数据字长的预处理 …… 95

7.2 数字滤波方法 …… 96
7.2.1 平均值滤波 …… 96
7.2.2 中值滤波 …… 97
7.2.3 限幅滤波 …… 98
7.2.4 惯性滤波 …… 98

7.3 标度变换算法 …… 99
7.3.1 线性式变换 …… 99
7.3.2 非线性式变换 …… 101
7.3.3 多项式变换 …… 102
7.3.4 查表法 …… 104

7.4 越限报警处理 …… 105
7.4.1 越限报警程序 …… 105
7.4.2 越限报警方式 …… 106

本章小结 …… 108

思考题 …… 109

第 8 章 抗干扰技术 …… 110

8.1 干扰的来源与传播途径 …… 110
8.1.1 干扰的来源 …… 110
8.1.2 干扰的传播途径 …… 111

8.2 硬件抗干扰措施 …… 112
8.2.1 串模干扰的抑制 …… 112
8.2.2 共模干扰的抑制 …… 114
8.2.3 长线传输干扰的抑制 …… 117
8.2.4 信号线的选择与敷设 …… 119
8.2.5 电源系统的抗干扰 …… 120
8.2.6 接地系统的抗干扰 …… 124

8.3 软件抗干扰措施 …… 127
8.3.1 指令冗余技术 …… 127
8.3.2 软件陷阱技术 …… 127

8.4 程序运行监视系统 …… 128
8.4.1 Watchdog Timer 工作原理 …… 128
8.4.2 Watchdog Timer 实现方法 …… 129

本章小结 129
思考题 130

第9章 数字控制器的设计 131

9.1 数字控制系统的数学描述 131
9.1.1 差分方程 131
9.1.2 z变换 133
9.1.3 脉冲传递函数 138

9.2 数字控制器的连续化设计 143
9.2.1 数字控制器的连续化设计步骤 143
9.2.2 PID控制规律 145
9.2.3 基本数字PID控制算法 148
9.2.4 改进的数字PID控制算法 149
9.2.5 数字PID参数的整定 154

9.3 数字控制器离散化设计 159
9.3.1 数字控制器的离散化设计步骤 159
9.3.2 最少拍控制系统的设计 160
9.3.3 纯滞后控制 168

9.4 数字串级控制器的设计 172
9.4.1 串级控制的结构和原理 172
9.4.2 串级控制系统的确定 173
9.4.3 数字串级控制算法 173

9.5 数字程序控制器的设计 174
9.5.1 数字程序控制基础 174
9.5.2 逐点比较法插补原理 176
9.5.3 步进电机控制技术 183

本章小结 187
思考题 188

第10章 控制网络技术 190

10.1 数据通信基础 190
10.1.1 数据通信系统 190
10.1.2 数据传输编码 193
10.1.3 多路复用技术 195
10.1.4 通信同步技术 197
10.1.5 常用传输介质 199

10.2 通信网络技术 199
10.2.1 网络拓扑结构 199

10.2.2　网络控制方法 ……………………………………………………………… 200
　　10.2.3　差错控制技术 ……………………………………………………………… 201
10.3　网络体系结构 ……………………………………………………………………… 203
10.4　串行通信总线 ……………………………………………………………………… 206
　　10.4.1　RS-232C 通信总线 ………………………………………………………… 206
　　10.4.2　RS-422/485 通信总线 ……………………………………………………… 211
10.5　工业以太网 ………………………………………………………………………… 214
　　10.5.1　以太网及其优势 ……………………………………………………………… 215
　　10.5.2　工业以太网的关键技术 ……………………………………………………… 215
　　10.5.3　基于以太网的控制网络系统 ………………………………………………… 216
　　10.5.4　几种典型的实时以太网 ……………………………………………………… 218
本章小结 …………………………………………………………………………………… 219
思考题 ……………………………………………………………………………………… 219

第11章　IPC 与 PLC ……………………………………………………………………… 220

11.1　IPC 结构组成 ……………………………………………………………………… 220
　　11.1.1　硬件组成 ……………………………………………………………………… 220
　　11.1.2　软件组成 ……………………………………………………………………… 221
11.2　IPC 总线结构 ……………………………………………………………………… 222
　　11.2.1　内部总线 ……………………………………………………………………… 222
　　11.2.2　外部总线 ……………………………………………………………………… 225
11.3　IPC 功能特点 ……………………………………………………………………… 225
11.4　IPC 产品简介 ……………………………………………………………………… 226
　　11.4.1　工业计算机机箱 ……………………………………………………………… 226
　　11.4.2　工业级底板 …………………………………………………………………… 227
　　11.4.3　工业级 CPU 卡 ……………………………………………………………… 227
　　11.4.4　PCI 总线 I/O 卡 ……………………………………………………………… 228
11.5　PLC 结构组成 ……………………………………………………………………… 230
　　11.5.1　CPU 模块 ……………………………………………………………………… 230
　　11.5.2　I/O 模块 ……………………………………………………………………… 231
　　11.5.3　编程装置 ……………………………………………………………………… 232
　　11.5.4　电源 …………………………………………………………………………… 232
　　11.5.5　PLC 的物理结构 ……………………………………………………………… 232
11.6　PLC 编程语言 ……………………………………………………………………… 233
11.7　PLC 工作过程 ……………………………………………………………………… 236
11.8　PLC 功能特点 ……………………………………………………………………… 238
11.9　PLC 产品简介 ……………………………………………………………………… 239
　　11.9.1　CPU 模块 ……………………………………………………………………… 239

11.9.2　数字量扩展模块 …………………………………………………… 240
　　11.9.3　模拟量扩展模块 …………………………………………………… 240
　　11.9.4　热电偶、热电阻扩展模块 ………………………………………… 241
　　11.9.5　通信模块 …………………………………………………………… 241
　　11.9.6　通信处理器 ………………………………………………………… 241
　　11.9.7　中文显示屏 ………………………………………………………… 241
　　11.9.8　编程软件 …………………………………………………………… 242
本章小结 ………………………………………………………………………………… 242
思考题 …………………………………………………………………………………… 243

第12章　DCS 与 FCS …………………………………………………………………… 244

12.1　DCS 体系结构 ………………………………………………………………… 244
　　12.1.1　分散过程控制级 ……………………………………………………… 245
　　12.1.2　集中操作监控级 ……………………………………………………… 246
　　12.1.3　综合信息管理级 ……………………………………………………… 248
　　12.1.4　通信网络系统 ………………………………………………………… 248
12.2　DCS 功能特点 ………………………………………………………………… 248
　　12.2.1　DCS 的软件 …………………………………………………………… 249
　　12.2.2　DCS 的特点 …………………………………………………………… 249
12.3　DCS 产品简介 ………………………………………………………………… 249
　　12.3.1　TDC–3000 …………………………………………………………… 250
　　12.3.2　I/AS ………………………………………………………………… 251
　　12.3.3　SUPCON JX–300 …………………………………………………… 253
12.4　FCS 体系结构 ………………………………………………………………… 254
12.5　FCS 功能特点 ………………………………………………………………… 256
　　12.5.1　FCS 的特点 …………………………………………………………… 256
　　12.5.2　FCS 的组态 …………………………………………………………… 257
12.6　FCS 产品简介 ………………………………………………………………… 257
　　12.6.1　CAN …………………………………………………………………… 257
　　12.6.2　Lon Works …………………………………………………………… 258
　　12.6.3　PROFIBUS …………………………………………………………… 258
　　12.6.4　WorldFIP …………………………………………………………… 258
　　12.6.5　HART ………………………………………………………………… 259
　　12.6.6　FF …………………………………………………………………… 259
本章小结 ………………………………………………………………………………… 260
思考题 …………………………………………………………………………………… 260

第13章　控制系统设计与工程实现 …………………………………………………… 261

13.1　控制系统的设计原则 ………………………………………………………… 261

13.2 控制工程的实现步骤 ………………………………………………………… 262
　　13.2.1 准备阶段 …………………………………………………………… 263
　　13.2.2 设计阶段 …………………………………………………………… 264
　　13.2.3 仿真及调试阶段 …………………………………………………… 268
　　13.2.4 现场调试运行阶段 ………………………………………………… 269
13.3 控制工程的应用实例 …………………………………………………………… 270
　　13.3.1 水槽水位单片机控制系统 ………………………………………… 270
　　13.3.2 循环水装置 IPC 控制系统 ………………………………………… 271
　　13.3.3 中水回用 PLC 控制系统 …………………………………………… 275
　　13.3.4 聚合釜温压仪表控制系统 ………………………………………… 279
　　13.3.5 基于 PLC 与 IPC 的锅炉综合控制系统 …………………………… 283
本章小结 ………………………………………………………………………………… 289
思考题 …………………………………………………………………………………… 289
思考题参考答案 ……………………………………………………………………… 291
附录　常用函数的 z 变换表 ……………………………………………………… 299
参考文献 ……………………………………………………………………………… 300

第1章 计算机控制概述

本章要点

1. 计算机控制系统组成
2. 计算机控制系统分类
3. 计算机控制装置种类

计算机控制技术及工程应用是把计算机技术与自动化控制系统融为一体的一门综合性学科。从计算机应用的角度出发,自动化控制工程是其重要的一个应用领域;而从自动化控制工程来看,计算机技术又是一个主要的实现手段。用于自动化控制的计算机系统一般统称为工业控制计算机,它与用于计算及数据处理的商务计算机是两类不同用途、不同结构的计算机。

现在,当你走进一个全自动化的生产车间,不仅人迹少见,而且原来许多常规的控制仪表和调节器也已被工业计算机所取代,计算机正在全天候地监控着整个生产过程,对温度、压力、流量、物位、成分、转数、位置等各种信息进行采样与处理,显示并打印各种参数和统计数字,并输出控制指令以操纵生产过程按规定方式和技术要求运行,从而完成控制与管理任务。

本书立足于工业自动化的领域,讨论这种不同于普通计算机的计算机控制系统的结构组成、相关技术及其工程应用。

1.1 控制系统组成

本节介绍计算机控制系统的概念及其硬件、软件组成。

1.1.1 控制系统概念

计算机控制系统是由常规仪表控制系统演变而来的。如图 1-1 所示,常规仪表组成的自动控制系统根据不同的控制要求,一般分成闭环控制与开环控制两种结构形式。

在图 1-1(a)闭环控制系统中,测量变送器对被控对象进行检测,把被控量如温度、压力等物理量转换成电信号再反馈到控制器中,控制器将此测量值与设定值进行比较形成偏差输入,并按照一定的控制规律产生相应的控制信号驱动执行器工作,执行器产生的操纵变量使被控对象的被控量跟踪趋近设定值,从而实现自动控制稳定生产的目的。这种信号传递形成了闭合回路,所以称此为按偏差进行控制的闭环反馈控制系统。

在图 1-1(b)开环控制系统中,与闭环控制系统不同,它不需要被控对象的测量反馈信号,控制器直接根据设定值驱动执行器去控制被控对象,所以这种信号的传递是单方向的。通常所说的程序(顺序)控制系统属于这类开环控制系统。显然,开环控制系

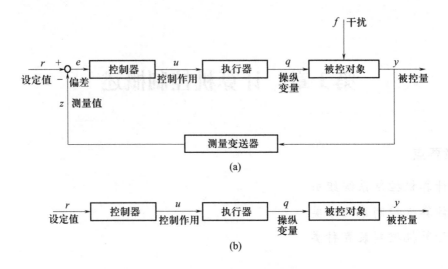

图 1-1 常规仪表控制系统框图
(a) 闭环控制系统；(b) 开环控制系统。

不能自动消除被控量与设定值之间的偏差,控制性能不如闭环控制系统。大多数控制系统即所谓定值控制系统均采用闭环控制系统,因此,通常意义下的自动控制系统也是指闭环控制系统。

计算机闭环控制系统的原理组成如图 1-2 所示。它是把图 1-1 中的控制器用控制计算机即微型计算机及 A/D(模/数)转换接口与 D/A(数/模)转换接口代替,由于计算机采用的是数字信号传递,而一次仪表多采用模拟信号传递,因此需要有 A/D 转换器将模拟量转换为数字量作为其输入信号,以及 D/A 转换器将数字量转换为模拟量作为其输出信号。

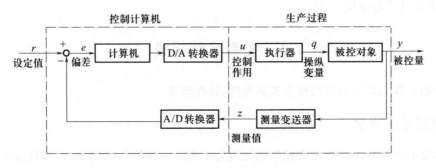

图 1-2 计算机闭环控制系统原理图

计算机控制系统的监控过程可归结为以下三个步骤:

(1) 实时数据采集:对来自测量变送器的被控量的瞬时值进行采集和输入。

(2) 实时数据处理:对采集到的被控量进行分析、比较和处理,按一定的控制规律运算,进行控制决策。

(3) 实时输出控制:根据控制决策,适时地对执行器发出控制信号,完成监控任务。

上述过程不断重复,使整个系统按照一定的品质指标正常稳定地运行,一旦被控量和设备本身出现异常状态,计算机能实时监督并迅速处理。所谓"实时"是指信号的输入、运算处理和输出能在一定的时间内完成,超过这个时间,就会失去控制时机。"实时"是一个相对概念,如大型水池的液位控制,由于时间惯性很大,延时几秒乃至几十秒仍然是"实时"的;而套色印刷机的拖动电机控制,"实时"一般是指几毫秒或更短的时间。

一个完整的计算机控制系统是由硬件和软件两大部分组成。

1.1.2 硬件组成

计算机控制系统的硬件一般是由主机、常规外部设备、过程输入/输出(I/O)通道、操作台和通信设备等组成,如图1-3所示。

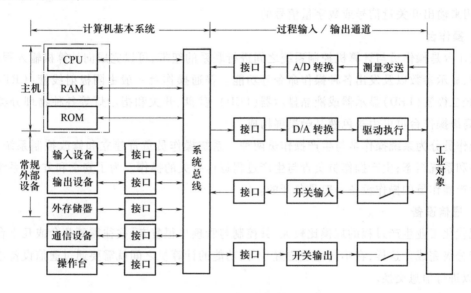

图1-3 计算机控制系统硬件组成框图

1. 主机

由CPU(中央处理器)、RAM(随机存储器)、ROM(只读存储器)和系统总线构成的主机是控制系统的指挥部。主机根据过程输入通道发送来的反映生产过程工况的各种信息,以及预定的控制算法,作出相应的控制决策,并通过过程输出通道向生产过程发送控制命令。

主机所产生的各种控制是按照人们事先安排好的程序进行的。这里,实现信号输入、运算控制和命令输出等功能的程序已预先存入内存,当系统启动后,CPU就从内存中逐条取出指令并执行,以达到控制目的。

2. 常规外部设备

实现主机和外界信息交换功能的设备称为常规外部设备,简称外设。它由输入设备、输出设备和外存储器等组成。

输入设备有键盘、光电输入机、扫描仪等,用来输入程序、数据和操作命令。

输出设备有打印机、绘图机、显示器等,用来把各种信息和数据提供给操作者。

外存储器有磁盘装置、磁带装置、光驱装置,兼有输入、输出两种功能,用于存储系统程序和数据。

这些常规的外部设备与主机组成的计算机基本系统,即通常所说的普通计算机。

3. 过程输入/输出通道

在计算机与生产过程被控对象之间起着信息传递和变换作用的连接装置,称为过程输入通道和过程输出通道,统称为过程通道。

过程输入通道又分为模拟量输入通道和数字量输入通道两种。模拟量输入通道,简称 A/D 或 AI 通道,是用来把模拟量输入信号转变为数字信号的;数字量输入通道,简称 DI 通道,是用来输入开关量信号或数字量信号的。

过程输出通道又分为模拟量输出通道和数字量输出通道两种。模拟量输出通道,简称 D/A 或 AO 通道,是用来把数字信号转换成模拟信号后再输出的;数字量输出通道,简称 DO 通道,是用来输出开关量信号或数字量信号的。

4. 操作台

操作台是操作员与计算机控制系统之间进行联系的纽带,可以完成向计算机输入程序、修改数据、显示参数以及发出各种操作命令等功能。普通操作台一般由阴极射线管(CRT)显示器、发光二极管(LED)显示器或液晶显示器(LCD)、键盘、开关和指示灯等各种物理分类器件组成;高级操作台也可由彩色液晶触摸屏构成。

操作员分为系统操作员与生产操作员两种。系统操作员负责建立和修改控制系统,如编制程序和系统组态;生产操作员负责与生产过程运行有关的操作。为了安全和方便,系统操作员和生产操作员的操作设备一般是分开的。

5. 通信设备

现代化工业生产过程的规模比较大,其控制与管理也很复杂,往往需要几台或几十台计算机才能分级完成。这样,在不同地理位置、不同功能的计算机之间就需要通过通信设备连接成网络,以进行信息交换。

1.1.3 软件组成

上述硬件只能构成裸机,仅为计算机控制系统的躯体。要使计算机正常运行并解决各种问题,必须为它编制软件。所谓软件是指完成各种功能的计算机程序的总和,它是计算机控制系统的神经中枢,整个系统的动作都是在软件程序指挥下协调工作的。因此,软件的优劣直接关系到计算机的正常运行和推广应用。

软件通常分为系统软件和应用软件两大类:系统软件是面向计算机硬件系统本身的软件,可解决普遍性问题;而应用软件则是指面向特定问题的软件,可解决特殊性问题,是在系统软件的支持下运行的。

如图 1-4 所示,系统软件一般包括操作系统、语言处理程序、数据库管理系统和实用工具软件等。操作系统是系统软件的核心,它提供了软件的开发环境和运行环境;语言处理程序的作用是把人们编写的源程序转换成计算机能识别并执行的程序;数据库管理系统能有效地实现数据信息的存储、更新、查询、检索、通信控制等;实用工具软件主要用于对程序进行编辑、装配链接、调试以及对系统程序进行监控与维护等。

控制系统中的应用软件是用户针对生产过程要求而编制的各种应用程序,可分为过程监视、过程控制计算、公共服务等程序。目前也有一些专门用于控制工程的组态软件,如国外的 Intouch、FIX、Cimplicity、WinCC 等以及国内的组态王、MCGS、力控、Synall 等组态软件。这些应用软件的特点是功能强大、使用方便、组态灵活，可节省设计者大量时间，因而越来越受到用户的欢迎。另外，在大型控制系统中，数据库开发软件得到了迅速发展，如 FoxPro、Visual Basic（VB）、Visual C（VC）、Microsoft SQL Server 等。当前，采用 VB 作为平台和数据库管理、VC 作为面向对象程序、汇编语言作为 I/O 接口处理的编程方式是最流行的设计方法之一。

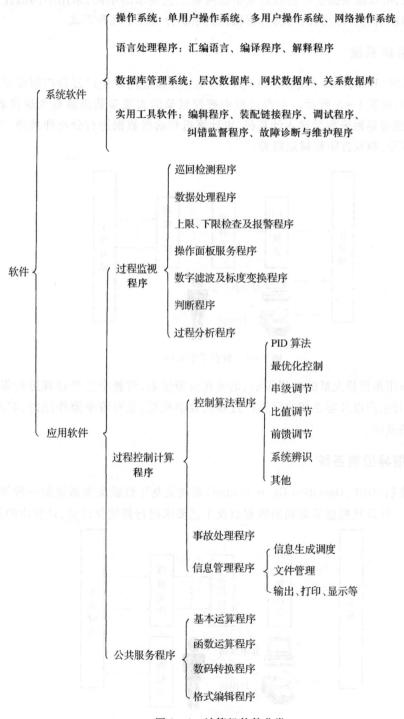

图 1-4　计算机软件分类

1.2 控制系统分类

计算机控制系统的种类繁多,命名方法也不尽相同。由于计算机系统与其所控制的生产过程有密切关系,所以应根据生产过程的复杂程度和工艺要求的不同,采用不同的控制方案。从应用的特点和控制的目标出发,可将计算机控制系统分为以下几种形式。

1.2.1 数据采集系统

数据采集系统(DAS,Data Acquisition System)是计算机应用于生产过程控制最早、也是最基本的一种类型,如图1-5所示。生产过程中被控对象的大量参数经测量变送仪表发送及 A/D 通道或 DI 通道巡回采集后送入计算机,由计算机对这些数据进行分析和处理,并按操作要求进行屏幕显示、制表打印和越限报警。

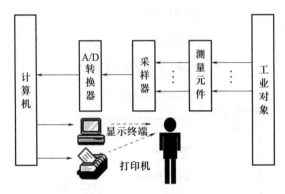

图 1-5 数据采集系统

该系统的作用是代替大量的常规显示、记录和报警仪表,对整个生产过程进行集中监视。因此,它对于指导生产以及建立或改善生产过程的数学模型,是有着重要作用的,它是所有计算机控制系统的基础。

1.2.2 操作指导控制系统

操作指导控制(OGC,Operation Guide Control)系统是基于数据采集系统的一种开环结构,如图1-6所示。计算机根据采集到的数据以及工艺要求进行最优化计算,计算出的最优操作

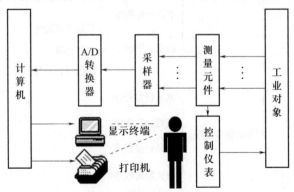

图 1-6 操作指导控制系统

条件,并不直接输出控制被控对象,而是显示或打印出来,操作人员据此去改变各个控制器的设定值或操作执行器,以达到操作指导的作用。它相当于模拟仪表控制系统的手动或半自动工作状态。

OGC系统的优点是:结构简单,控制灵活和安全。缺点是:要由人工操作,速度受到限制,不能同时控制多个回路。因此,常常用于计算机控制系统设置的初级阶段,或用于试验新的数学模型、调试新的控制程序等场合。

1.2.3 直接数字控制系统

直接数字控制(DDC,Direct Digital Control)系统如图1-7所示。

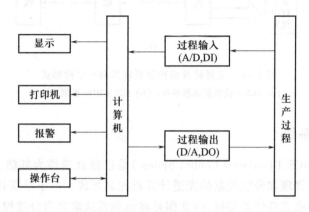

图1-7 直接数字控制系统

DDC系统用一台计算机不仅完成对多个被控参数的数据采集,而且能按一定的控制规律进行实时决策,并通过过程输出通道发出控制信号,实现对生产过程的闭环控制。为了操作方便,DDC系统还配置一个包括设定、显示、报警等功能的操作控制台。

DDC系统中的一台计算机不仅完全取代了多个模拟调节器,而且在各个回路的控制方案上,不改变硬件,只通过改变程序就能有效地实现各种各样的复杂控制。因此,DDC系统以其可靠性高、功能完善、灵活性大而成为计算机在工业生产过程中最典型的一种应用方式。

1.2.4 监督计算机控制系统

监督计算机控制(SCC,Supervisory Computer Control)系统是OGC系统与常规仪表控制系统或DDC系统综合而成的两级系统,如图1-8所示。SCC系统有两种不同的结构形式:一种是SCC+模拟控制器系统,也可称为计算机设定值控制系统即SPC系统;另一种是SCC+DDC控制系统,其中,作为上位机的SCC计算机按照描述生产过程的数学模型,根据原始工艺数据与实时采集的现场变量计算出最佳动态设定值,送给作为下位机的控制器或DDC计算机,由下位机控制生产过程。这样,系统就可以根据生产工况的变化,不断地修正设定值,使生产过程始终处于最优工况。显然,这属于计算机在线最优控制的一种形式。

当上位机出现故障时,可由下位机独立完成控制。下位机直接参与生产过程控制,要求其实时性好、可靠性高和抗干扰能力强;而上位机承担高级控制与管理任务,应配置数据处理能力强、存储容量大的高档计算机。

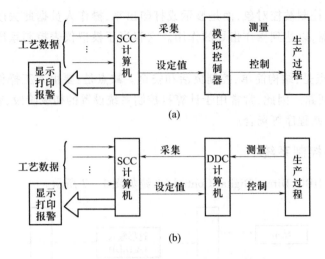

图 1-8 监督计算机控制系统的两种结构形式
(a) SCC+模拟控制器系统；(b) SCC+DDC 控制系统。

1.2.5 分散控制系统

分散控制系统(DCS,Distributed Control System)是以微处理器为基础,借助于计算机网络对生产过程进行集中管理和分散控制的先进计算机控制系统。由于早期开发的分散控制系统在体系结构上具有分散式系统的特征,因此国外将该类系统取名为分散控制系统,国内也有人将其称为集散型控制系统,或者是分布式控制系统。其结构组成如图 12-1 所示。

DCS 是随着现代计算机(Computer)技术、通信(Communication)技术、控制(Control)技术和阴极射线管(CRT)图形显示技术的不断进步及相互渗透而产生的,是"4C"技术的结晶。它既不同于分散的仪表控制系统,也不同于集中式的计算机控制系统,而是在吸收了两者的优点基础上发展起来的具有崭新结构体系和独特技术风格的新型自动化系统。DCS 通过计算机网络将每个分散的过程控制装置和各种操作管理装置有机结合起来,它不仅具有先进可靠的控制性能和集中化的监视、操作功能,而且还有强大的信息处理能力和数据交换能力以及灵活的构成方式,因而能够适应工业生产过程的各种需要,表现出顽强的生命力和显著的优越性。

1.2.6 现场总线控制系统

现场总线控制系统(FCS,Fieldbus Control System)是新一代分布式控制系统。该系统改进了 DCS 成本高和由于各厂商的产品通信标准不统一而造成的不能互联等弱点,采用集管理、控制功能于一身的工作站与现场总线智能仪表的二层结构模式,把原 DCS 控制站的功能分散到智能型现场仪表中去。每个现场仪表(例如变送器、执行器)都作为一个智能节点,都带 CPU 单元,可分别独立完成测量、校正、调节、诊断等功能,靠网络协议把它们连接在一起统筹工作。这种彻底的分散控制模式使系统更加可靠。其结构组成如图 12-6 所示。

FCS 的核心是现场总线,它将当今网络通信与管理的概念引入工业控制领域。从本质上说,现场总线是一种数字通信协议,是连接智能现场设备和自动化系统的数字式、双向传输、多分支结构的串行通信网络。FCS 代表了今后工业控制体系结构发展的一种方向。

1.2.7 计算机集成制造系统

计算机集成制造系统(CIMS,Computer Integrated Manufacturing System)是计算机技术、网络技术、自动化技术、信号处理技术、管理技术和系统工程技术等新技术发展的结果,它将企业的生产、经营、管理、计划、产品设计、加工制造、销售及服务等环节和人力、财力、设备等生产要素集成起来,进行统一控制,求得生产活动的最优化。CIMS一般由集成工程设计系统、集成管理信息系统、生产过程实时信息系统、柔性制造工程系统及数据库、通信网络等组成。后来人们将CIMS系统集成的思想应用到流程工业中,也获得了良好的设计效果。流程工业与离散工业特征的区别,使得流程工业CIMS技术主要体现在决策分析、计划调度、生产监控、质量管理、安全控制等方面,其核心技术难题是生产监控和质量管理等。现在,流程工业CIMS有了一个简单独立的名称CIPS(Computer Integrated Process System),即计算机集成流程系统。

CIMS采用多任务分层体系结构,现在已形成多种方案。如美国国家标准局的自动化制造实验室提出的5层递阶控制体系结构、面向集成平台的CIMS体系结构、连续型CIMS体系结构及局域网型CIMS体系结构等。图1-9给出了流程工业CIMS的递阶层次结构,自下而上分为控制层、监控层、调度层、管理层和决策层5个层次,清晰地表征流程工业CIMS中各功能层之间的相互定位以及各层与模型、功能和应用系统之间的对应关系。

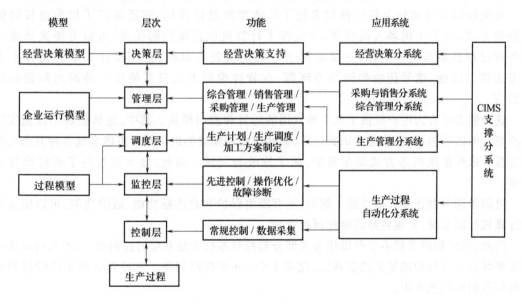

图1-9 流程工业CIMS的递阶层次结构图

1.3 控制装置种类

纵观历史,在生产过程中采用计算机控制的思想出现在20世纪50年代,至今已经历了从技术到产品的几代发展。到目前为止,为适应不同行业、不同被控对象的需求,自动化装置厂家制造出多种独立于生产过程的计算机控制装置,供自动化系统设计者选用。

1.3.1 可编程控制器

可编程逻辑控制器(PLC,Programmable Logic Controller),简称可编程控制器,是计算机技术与继电逻辑控制概念相结合的产物,其低端为常规继电逻辑控制的替代装置,而高端为一种高性能的工业控制计算机。它主要由 CPU、存储器、输入组件、输出组件、电源及编程器等组成。

PLC 是一种数字运算操作的电子系统,专为工业环境下应用而设计。它采用可编程序的存储器,在其内部执行逻辑运算、顺序控制、定时、计数和算术操作的指令,并通过数字式、模拟式的输入和输出,控制各种类型的生产过程。可编程控制器及其有关设备,都按易于与工业控制系统连成整体、易于扩充其功能的原则设计。

PLC 具有系统构成灵活、扩展容易、编程简单、调试容易、抗干扰能力强的优点,不仅在顺序程序控制领域中具有优势,而且在运动控制、过程控制、网络通信领域方面也毫不逊色。详见第 11 章。

1.3.2 可编程调节器

可编程调节器又称单回路调节器,还可称为智能调节器、数字调节器。它主要由微处理单元、过程 I/O 单元、面板单元、通信单元、硬手操单元和编程单元等组成。

可编程调节器实际上是一种仪表化了的微型控制计算机,它既保留了仪表面板的传统操作方式,易于为现场人员接受;又发挥了计算机软件编程的优点,可以方便灵活地构成各种过程控制系统。但是,它又不同于一般的控制计算机,系统设计人员在硬件上无需考虑接口问题、信号传输和转换等问题,在软件编程上也只需使用一种面向问题的组态语言。

这种组态语言为用户提供了几十种常用的运算和控制模块。其中,运算模块不仅能实现各种组合的四则运算,还能完成函数运算,而通过控制模块的组态编程更能实现各种复杂的控制过程。这种系统组态方式简单易学,便于修改与调试。因此,极大地提高了系统设计的效率。

可编程调节器还有其他功能。例如:具有断电保护和自诊断功能、通信功能,可以组成多级计算机控制系统,实现各种高级控制和管理。

因此,可编程调节器不仅可以作为大型分散控制系统中最基层的控制单元,而且可以在一些重要场合下单独构成复杂控制系统,完成 1 个~4 个控制回路。它特别适用于连续过程模拟量信号的控制系统中。

1.3.3 总线式工控机

总线式工控机是基于总线技术和模块化结构的一种专用于工业控制的通用型计算机,一般称为工业控制机或工业计算机(IPC,Industrial Personal Computer)。通常,计算机的生产厂家是按照某个总线标准,设计制造出若干符合总线标准、具有各种功能的各式模板,而控制系统的设计人员则根据不同的生产过程与技术要求,选用相应的功能模板,组合成自己所需的计算机控制系统。

总线式工控机的外形类似于普通计算机,不同的是它的外壳采用全钢标准的工业加固型机架机箱,机箱密封并加正压送风散热,机箱内的原普通计算机的大主板变成通用的底板总线插座系统,将主板分解成几块 PC 插件,采用工业级抗干扰电源和工业级芯片,并配以相应的工业应用软件。

总线式工控机具有小型化、模板化、组合化、标准化的设计特点,能满足不同层次、不同控制对象的需要,又能在恶劣的工业环境中可靠地运行。因而,它广泛应用于各种控制场合,尤其是十几个到几十个回路的中等规模的控制系统中。详情见第 11 章。

1.3.4 嵌入式计算机系统

嵌入式计算机系统,简称嵌入式系统,是以应用为核心,以计算机技术为基础,软件、硬件可裁剪,适应于应用系统对功能、可靠性、成本、体积、功耗等方面严格要求的专用计算机系统。简单地说,嵌入式系统是嵌入到目标体系中的专用计算机系统。嵌入性、专用性和计算机系统是嵌入式系统的 3 个基本要素。

嵌入式系统可分为系统级、模板级、芯片级 3 类:系统级指能进行完整工作的嵌入式应用系统,主要包括嵌入式 PC,如工控机等;模板级指系统中的核心模块,主要包括单板机、智能模块等;芯片级指含程序或算法的嵌入式处理器,主要包括嵌入式微控制器(MCU)、嵌入式微处理器(MPU)、嵌入式数字信号处理器(DSP)、嵌入式片上系统(SOC)。

以单片机为核心的低级嵌入式系统是嵌入式发展的最初阶段,单片机一般都集成了 8 位或 16 位微处理器、RAM、ROM、串口、并口、定时器、A/D 转换器、D/A 转换器、看门狗、PWM 定时器、中断控制器等,在单片机外围增加若干接口电路与相应的控制程序就可以实现多种应用功能。因而,单片机以其体积小、可靠性高、价格低廉等优势逐步取代了微型计算机以满足对象体系的嵌入式要求。目前仍广泛应用在工业控制、智能仪表、外设控制、家用电器、机器人、军事装备等方面。

单片机系统通常不含有操作系统,应用软件早期采用面向机器的汇编语言,后来开发出面向单片机结构的高级语言,如 Keil C51、DynamicC 等。

近十几年来,嵌入式系统进入了以因特网为标志的高级发展阶段。由于受到分布式控制、信息电器、数字化通信、网络应用等强烈应用需求的影响,嵌入式系统在软件、硬件技术方面得到迅速发展,其中作为硬件核心的嵌入式微处理器已发展到 32 位并占据主导地位;而软件方面,由于嵌入式操作系统的功能不断丰富,其在嵌入式软件中使用越来越多。嵌入式系统正是依赖于功能更为强大、集成度更高的 32 位微处理器和嵌入式系统的可移植性,使控制系统实现了网络化、高度智能化、高实时性、高可靠性、高集成度和小型化。

1.3.5 其他控制装置

分散控制系统与现场总线控制系统最初是以一种控制方案的形式出现的,但很快受到工控市场的极大推崇,因而已经成为国内外自动化厂家争先推出的两种典型的装置,因为本章第 1.2.5 节、第 1.2.6 节已经提及,本节不再赘述,详见第 12 章。

虽然上述各种计算机控制装置各有其特点和适用场合,但其技术的相互渗透、融合和集成已是大势所趋。当前计算机控制技术正在进一步向综合自动化、网络化、智能化、虚拟化和绿色化方面发展。

本章小结

本章概要介绍了计算机控制系统的构成原理、硬件组成与软件组成,分别从计算机控制系统的控制方案与装置种类这两个不同的角度讨论了计算机控制系统的分类。本书将在本章的基础上渐次对计算机控制系统的各个组成部分展开讨论。

思 考 题

1. 简述计算机控制系统与常规仪表控制系统的基本结构及主要异同点。
2. 分析说明图 1-3 计算机控制系统的硬件组成及其作用。
3. 计算机控制系统的软件由哪些部分构成?
4. 按控制方案来分,计算机控制系统划分成哪几大类?
5. 计算机控制装置可以分成哪几种类型?

第2章 模拟量输出通道

本章要点

1. 模拟量输出通道的结构组成与模板通用性
2. 8 位 D/A 转换器 DAC0832 的原理组成及其接口电路
3. 12 位 D/A 转换器 DAC1210 的原理组成及其接口电路
4. D/A 转换器的输出方式及其输出电路

在计算机控制系统中,输出信号中模拟量为数不少。那么一个数字计算机是如何通过输出通道送出模拟信号的呢?

模拟量输出通道的任务是把计算机处理后的数字量信号转换成模拟量电压或电流信号,去驱动相应的执行器,从而达到控制的目的。模拟量输出通道一般由接口电路、数/模转换器和电压/电流变换器等构成,其核心是数/模转换器即 D/A 转换器,通常把模拟量输出通道称为 D/A 通道或 AO 通道。

一般的 D/A 转换器,都只能完成一路数字量到模拟量的转换,而实际的控制系统往往需要控制多个执行机构,即要完成多路数字量到模拟量的转换。据此,有以下两种基本结构形式,如图 2-1 所示。

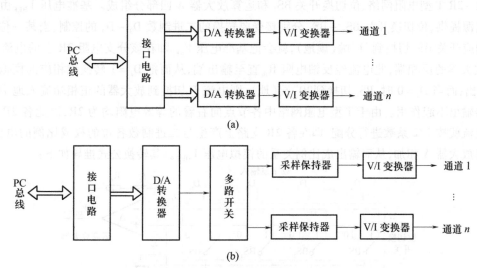

图 2-1 模拟量输出通道的结构组成
(a) 多 D/A 结构;(b) 共享 D/A 结构。

图 2-1(a)为多 D/A 结构,一路输出通道使用一个 D/A 转换器,由于 D/A 转换器芯片内部一般都带有数据锁存器,所以 D/A 转换器除承担数字信号到模拟信号的转换任务外,还兼有信号保持作用,即把主机在上一时刻对执行机构的控制作用维持到下一个输出时刻,这是一

种数字信号保持方式。只要送给 D/A 转换器的数字信号不变,其模拟输出信号便保持不变。这种多 D/A 结构的优点是结构比较简单,转换速度快,工作可靠,精度较高,而且各个通道相对独立,互不影响;缺点是所需 D/A 转换器芯片较多。

图 2-1(b)为共享 D/A 结构,多路输出通道共用一个 D/A 转换器,所以每一路通道都配有一个采样保持器,主机对各通道的输出信号分时地被 D/A 转换器转换为模拟信号后,经多路开关分配给各路保持器,由保持器将其记忆下来直到下个周期输出信号的到来。这里,D/A 转换器只起数字信号到模拟信号的转换作用,而信号保持功能由采样保持器实现,这是一种模拟信号保持方式。这种共享 D/A 结构的优点是节省 D/A 转换器;缺点是电路复杂,精度差,可靠性低,而且为使保持信号不至于下降太多需要不断刷新数据而占用主机时间。

现在,随着集成电路 D/A 转换器芯片价格的不断下降,控制系统中的模拟量输出通道普遍采用图 2-1(a)所示的多 D/A 结构形式。

2.1　D/A 转换器

D/A 转换器是一种能把数字量转换成模拟量的电子器件。D/A 转换器芯片类型很多,按位数有 8 位、10 位和 12 位等;按输出形式有电流输出型如 DAC0832、AD7502、DAC1210,电压输出型如 AD558、AD3836 等;还有满足特殊需求的 D/A 转换器,如 DAC1420/DAC1422 的输出为 4mA～20mA,可以直接与 DDZ-Ⅲ型电动单元组合仪表配套。

2.1.1　工作原理与性能指标

1. D/A 转换器的工作原理

现以 4 位 D/A 转换器为例说明其工作原理。如图 2-2 所示,D/A 转换器主要由基准电压 V_{REF}、R-2R T 型电阻网络、位切换开关 BS_i 和运算放大器 A 四部分组成。基准电压 V_{REF} 由外部稳压电源提供,位切换开关 BS_3～BS_0 分别接受要转换的二进制数 D_3～D_0 的控制,当某一位 $D_i=1$,则相应开关 BS_i 切换到"1"端(虚地),就会把基准电压 V_{REF} 加在该分支电阻 2R 上的电流 I_i 切换到放大器的反相端,此电流经反馈电阻 R_{fb} 直至输出端,从而把 $D_i=1$ 转换成相应的模拟电压 V_{OUT} 输出;而当 $D_i=0$ 时,BS_i 切换到"0"端(地),则电流 I_i 切换到放大器的正相端流入地中而对放大器输出不起作用。由于 T 型电阻网络中各节点向右看的等效电阻均为 2R,因此各 2R 支路上的电流就按 1/2 系数进行分配,即在各 2R 支路上产生与二进制数各位的权成比例的电流,并经运算放大器 A 相加,从而输出成比例关系的模拟电压 V_{OUT}。其转换公式推导如下:

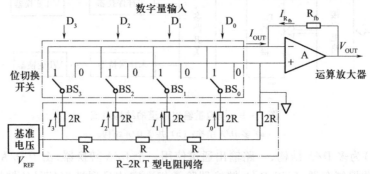

图 2-2　D/A 转换器原理框图

假设 D_3、D_2、D_1、D_0 全为 1，则 BS_3、BS_2、BS_1、BS_0 全部与"1"端相连。根据电流定律，有

$$I_3 = \frac{V_{REF}}{2R} = 2^3 \times \frac{V_{REF}}{2^4 R}$$

$$I_2 = \frac{I_3}{2} = 2^2 \times \frac{V_{REF}}{2^4 R}$$

$$I_1 = \frac{I_2}{2} = 2^1 \times \frac{V_{REF}}{2^4 R}$$

$$I_0 = \frac{I_1}{2} = 2^0 \times \frac{V_{REF}}{2^4 R}$$

由于位切换开关 $BS_3 \sim BS_0$ 的状态是受要转换的二进制数 D_3、D_2、D_1、D_0 控制的，并不一定全是"1"。因此，通式可以写成

$$I_{OUT} = D_3 \times I_3 + D_2 \times I_2 + D_1 \times I_1 + D_0 \times I_0$$

$$I_{OUT} = (D_3 \times 2^3 + D_2 \times 2^2 + D_1 \times 2^1 + D_0 \times 2^0) \times \frac{V_{REF}}{2^4 R}$$

考虑到放大器反相端为虚地，故

$$I_{R_{fb}} = -I_{OUT}$$

选取 $R_{fb} = R$，可以得到

$$V_{OUT} = I_{R_{fb}} \cdot R_{fb} = -(D_3 \times 2^3 + D_2 \times 2^2 + D_1 \times 2^1 + D_0 \times 2^0) \cdot \frac{V_{REF}}{2^4}$$

对于 n 位 D/A 转换器，它的输出电压 V_{OUT} 与输入二进制数 B 的关系式可写成

$$V_{OUT} = -(D_{n-1} \times 2^{n-1} + D_{n-2} \times 2^{n-2} + \cdots + D_1 \times 2^1 + D_0 \times 2^0) \cdot \frac{V_{REF}}{2^n}$$

$$= -B \times \frac{V_{REF}}{2^n} \tag{2-1}$$

由上述推导可见，输出电压除了与输入的二进制数有关，还与运算放大器的反馈电阻 R_{fb} 以及基准电压 V_{REF} 有关。

2. D/A 转换器性能指标

D/A 转换器性能指标是衡量芯片质量的重要参数，也是选用 D/A 芯片型号的依据。

1）分辨率

分辨率是指 D/A 转换器对输入单位数码变化的敏感程度，一个 n 位 D/A 转换器的分辨率，表示了 D/A 转换器输入二进制数的最低有效位即 LSB(Least Significant Bit)对应于满量程输出的 $1/(2^n-1)$，也即 D/A 转换器输入满量程数字量的倒数 $1/(2^n-1)$。工程上也可直接用二进制数的位数 n 来表示，如 8 位、12 位、16 位等。

有时，也用分辨力来描述，即 D/A 转换器的 1LSB 相当的模拟输出电压。例如，一个 8 位的 D/A 转换器，转换后的电压满量程是 5V，则它的分辨率是 $1/255 = 0.39\%$，分辨力是 $5V/255 = 19.6mV$。

2）转换精度

转换精度是指转换后所得的实际值与理论值的接近程度，它可以用绝对误差和相对误差

来表示。它和分辨率是两个不同的概念,对于分辨率很高的 D/A 转换器,有可能由于温度漂移、线性度差等原因而并不具有很高的精度。

3)偏移量误差

偏移量误差是指输入数字量时,输出模拟量对于零的偏移值。此误差可通过 D/A 转换器的外接 V_{REF} 和电位器加以调整。

4)线性误差

线性误差是指 D/A 转换器偏离理想转换特性的最大偏差与满量程之间的百分比。在转换器设计中,一般要求线性误差不大于 ±1/2LSB。如上例中的 8 位 D/A 转换器,线性误差应小于 0.2%。

5)稳定时间

稳定时间是描述 D/A 转换速度快慢的一个参数,指从输入数字量变化到输出模拟量达到终值误差 1/2LSB 时所需的时间。显然,稳定时间越长,转换速度越低。对于输出是电流的 D/A 转换器来说,稳定时间是很快的,约为几微秒,而输出是电压的 D/A 转换器,其稳定时间主要取决于运算放大器的响应时间。

D/A 转换器的品种很多,下面分别介绍两个常用的 8 位 D/A 转换器芯片和 12 位 D/A 转换器芯片。

2.1.2 8 位 DAC0832 芯片

DAC0832 是一个 8 位 D/A 转换器,电流输出方式,稳定时间为 $1\mu s$,采用 20 脚双立直插式封装。同系列芯片还有 DAC0830、DAC0831,它们可以相互代换。

DAC0832 的原理框图及引脚如图 2-3 所示。DAC0832 主要由 8 位输入寄存器、8 位 DAC 寄存器、8 位 D/A 转换器以及输入控制电路四部分组成。8 位输入寄存器用于存放主机送来的数字量,使输入数字量得到缓冲和锁存,由 $\overline{LE_1}$ 加以控制;8 位 DAC 寄存器用于存放待转换的数字量,由 $\overline{LE_2}$ 加以控制;8 位 D/A 转换器输出与数字量成正比的模拟电流;由与门、非与门(或非门)组成的输入控制电路来控制 2 个寄存器的选通或锁存状态。

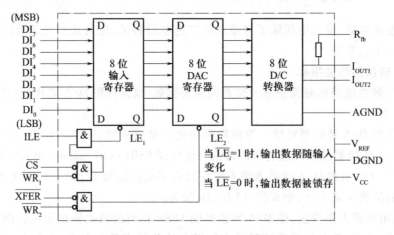

图 2-3 DAC0832 原理框图及引脚

各引脚功能如下:

$DI_0 \sim DI_7$:数据输入线,其中 DI_0 为最低有效位(LSB),DI_7 为最高有效位(MSB)。

$\overline{CS}$:片选信号,输入线,低电平有效。

$\overline{WR_1}$:写信号1,输入线,低电平有效。

ILE:输入允许锁存信号,输入线,高电平有效。

当ILE、$\overline{CS}$和$\overline{WR_1}$同时有效时,8位输入寄存器$\overline{LE_1}$端为高电平"1",此时寄存器的输出端Q跟随输入端D的电平变化;反之,当$\overline{LE_1}$端为低电平"0"时,原D端输入数据被锁存于Q端,在此期间D端电平的变化不影响Q端。

$\overline{WR_2}$:写信号2,输入线,低电平有效。

$\overline{XFER}$:传送控制信号,输入线,低电平有效。

当$\overline{WR_2}$和$\overline{XFER}$同时有效时,8位DAC寄存器$\overline{LE_2}$端为高电平"1",此时DAC寄存器的输出端Q跟随输入端D也就是输入寄存器Q端的电平变化;反之,当$\overline{LE_2}$端为低电平"0"时,第一级8位输入寄存器Q端的状态则锁存到第二级8位DAC寄存器中,以便第三级8位D/A转换器进行D/A转换。

一般情况下,为了简化接口电路,可以把$\overline{WR_2}$和$\overline{XFER}$直接接地,使第二级8位DAC寄存器的输入端到输出端直通,只有第一级8位输入寄存器置成可选通、可锁存的单缓冲输入方式。特殊情况下可采用双缓冲输入方式,即把两个寄存器都分别接成受控方式,例如要求多个D/A转换器同步工作时,首先将要转换的数据依次置入每个8位输入寄存器,然后用统一信号($\overline{WR_2}$和$\overline{XFER}$)再同时打开多个8位DAC寄存器,以便实现多个D/A转换器同步输出。

I_{OUT1}:DAC电流输出端1,一般作为运算放大器差动输入信号之一。

I_{OUT2}:DAC电流输出端2,一般作为运算放大器另一个差动输入信号。

R_{fb}:固化在芯片内的反馈电阻连接端,用于连接运算放大器的输出端。

V_{REF}:基准电压源端,输入线,$-10V(DC) \sim +10V(DC)$。

V_{CC}:工作电压源端,输入线,$+5V(DC) \sim +15V(DC)$。

AGND:模拟电路地。

DGND:数字电路地。

这是两种不同的地,但在一般情况下,这两种地最后总有一点接在一起,以便提高抗干扰能力。

2.1.3 12位DAC1210芯片

8位D/A转换器的分辨率比较低,为了提高分辨率,可采用10位、12位或更多位的D/A转换器。现以DAC1210为例进行说明。

DAC1210是一个12位D/A转换器,电流输出方式,其结构原理与控制信号功能基本类似于DAC0832。由于它比DAC0832多了4条数据输入线,故有24条引脚,DAC1210内部原理框图如图2-4所示,其同系列芯片DAC1208、DAC1209可以相互代换。

DAC1210内部有三个寄存器:一个8位输入寄存器,用于存放12位数字量中的高8位$DI_{11} \sim DI_4$;一个4位输入寄存器,用于存放12位数字量中的低4位$DI_3 \sim DI_0$;一个12位DAC寄存器,存放上述两个输入寄存器送来的12位数字量。12位D/A转换器用于完成12位数字量的转换。由与门、非与门组成的输入控制电路来控制3个寄存器的选通或锁存状态。其中引脚$\overline{CS}$(片选信号、低电平有效)、$\overline{WR_1}$(写信号、低电平有效)和$BYTE_1/\overline{BYTE_2}$(字节控制信号)的组合,用来控制8位输入寄存器和4位输入寄存器。

当$\overline{CS}$、$\overline{WR_1}$为低电平"0",$BYTE_1/\overline{BYTE_2}$为高电平"1"时,与门的输出$\overline{LE_1}$、$\overline{LE_2}$为"1",选通

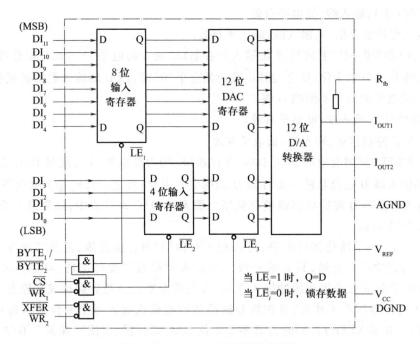

图 2-4 DAC1210 原理框图及引脚

8位和4位两个输入寄存器,将要转换的12位数据全部送入寄存器;当 $\overline{BYTE_1}/\overline{BYTE_2}$ 为低电平"0"时,$\overline{LE_1}$ 为"0",8位输入寄存器锁存刚传送的8位数据,而 $\overline{LE_2}$ 仍为"1",4位输入寄存器仍为选通,新的低4位数据将刷新刚传送的4位数据。因此,在与计算机接口电路中,计算机必须先送高8位,后送低4位。$\overline{XFER}$(传送控制信号、低电平有效)和 $\overline{WR_2}$(写信号、低电平有效)用来控制12位DAC寄存器,当 $\overline{XFER}$ 和 $\overline{WR_2}$ 同为低电平"0"时,与门输出 $\overline{LE_3}$ 为"1",12位数据全部送入DAC寄存器,当 $\overline{XFER}$ 和 $\overline{WR_2}$ 有一个为高电平"1"时,与门输出 $\overline{LE_3}$ 即为"0",则12位DAC寄存器锁存住数据使12位D/A转换器开始数/模转换。

2.2 接口电路

为使主机能向D/A转换器传送数据,必须在两者之间设置接口电路。接口电路的功能是进行地址译码、产生片选信号或写信号。如果D/A转换器芯片内部有输入寄存器,则主机的数据总线与转换器可直接连接,一般只要将数据写入寄存器中变换就开始;如果D/A转换器芯片内部无输入寄存器,则要外加寄存器以缓存主机给出的数据。不论哪种情况,主机对D/A转换器接口的访问就像访问一个I/O端口一样简单。

2.2.1 DAC0832 接口电路

由于DAC0832内部有输入寄存器,所以它的数据总线可直接与主机的数据总线相连,图2-5为DAC0832与PC总线的单缓冲接口电路,它是由DAC0832转换芯片、运算放大器以及74LS138译码器和门电路构成的地址译码电路组成。图2-5中,DAC0832内的DAC寄存器控制端 $\overline{WR_2}$ 和 $\overline{XFER}$ 直接接地,使DAC寄存器的输入到输出始终直通;而输入寄存器的控制端分别受地址译码信号与输入/输出指令控制,即PC的地址线 $A_9 \sim A_0$ 经74LS138译码器和门电路产生接口地址信号作为 DAC0832 的片选信号$\overline{CS}$,输入/输出写信号$\overline{IOW}$作为 DAC0832 的写信号$\overline{WR_1}$。

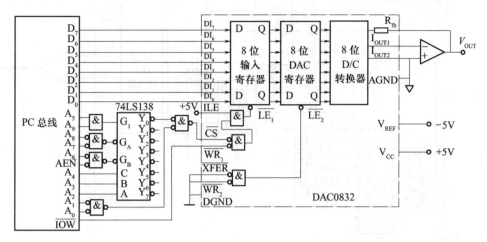

图 2-5 DAC0832 的单缓冲接口电路

当需要进行 D/A 转换时,把被转换的数据如 DATA 送入累加器 AL,口地址如 220H 送入 DX,然后执行一条 OUT 输出指令,则$\overline{CS}$和$\overline{WR_1}$($\overline{IOW}$)同为低电平,则$\overline{LE_1}$为"1",此时主机输出的数据写入 DAC0832 内的 8 位输入寄存器,再直通送入 D/A 转换器进行转换,当 IOW 恢复为高电平时,使$\overline{LE_1}$为"0",则要转换的数据锁存在输入寄存器中,使 D/A 转换的输出也保持不变。其接口程序如下:

```
MOV  DX,220H
MOV  AL,[DATA]
OUT  DX,AL
```

2.2.2 DAC1210 接口电路

DAC1210 内部也有输入寄存器,但用 PC 中 8 位数据总线与 12 位 D/A 转换器组成接口电路时,需要对数据总线采用复用形式。图 2-6 是 12 位 D/A 转换器 DAC1210 与 PC 总线的一种接口电路,它是由 DAC1210 转换芯片、运算放大器以及地址译码电路组成。与 8 位 DAC0832 接口电路不同的是,除了数据总线 $D_7 \sim D_0$ 与 DAC1210 高 8 位 $DI_{11} \sim DI_4$ 直接相连外,$D_3 \sim D_0$ 还要与 DAC1210 低 4 位 $DI_3 \sim DI_0$ 复用,因而控制电路也略为复杂。

图 2-6 中,$\overline{CS}$、$\overline{WR_1}$ 和 $BYTE_1/\overline{BYTE_2}$ 组合,用来依次控制 8 位输入寄存器($\overline{LE_1}$)和 4 位输入寄存器($\overline{LE_2}$)的选通与锁存,$\overline{XFER}$ 和 $\overline{WR_2}$ 用来控制 DAC 寄存器($\overline{LE_3}$)的选通与锁存,$\overline{IOW}$ 与 $\overline{WR_1}$、$\overline{WR_2}$ 连接,用来在执行输出指令时获得低电平(有效),译码器的两条输出线 $\overline{Y_0}$、$\overline{Y_2}$ 分别连到$\overline{CS}$和$\overline{XFER}$,一条地址线 A_0 连到 $BYTE_1/\overline{BYTE_2}$,从而形成三个口地址:低 4 位输入寄存器为 380H;高 8 位输入寄存器为 381H;12 位 DAC 寄存器为 384H。

在软件设计中,为了实现 8 位数据线 $D_0 \sim D_7$ 传送 12 位被转换数,主机须分两次传送被转换数。首先将被转换数的高 8 位传给 8 位输入寄存器 $DI_{11} \sim DI_4$,再将低 4 位传给 4 位输入寄存器 $DI_3 \sim DI_0$,然后再打开 DAC 寄存器,把 12 位数据送到 12 位 D/A 转换器去转换。当输出指令执行完后,DAC 寄存器又自动处于锁存状态以保持 D/A 转换的输出不变。设 12 位被转

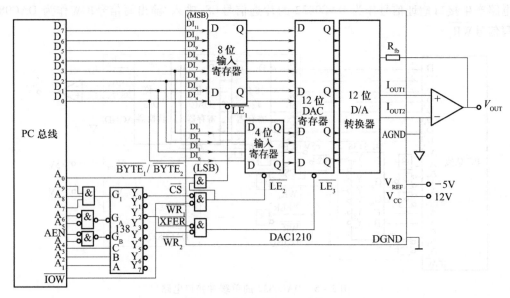

图 2-6 DAC1210 接口电路

换数的高 8 位存放在 DATA 单元中,低 4 位存放在 DATA+1 单元中。其转换程序如下:

```
DAC:    MOV     DX,0381H
        MOV     AL,[DATA]
        OUT     DX,AL           ;送高 8 位数据
        DEC     DX
        MOV     AL,[DATA+1]
        OUT     DX,AL           ;送低 4 位数据
        MOV     DX,0384H
        OUT     DX,AL           ;完成 12 位数据转换
```

2.3 输 出 方 式

多数 D/A 转换芯片输出的是弱电流信号,要驱动后面的自动化装置,需在电流输出端外接运算放大器。根据不同控制系统自动化装置需求的不同,输出方式可以分为电压输出、电流输出以及自动/手动切换输出等多种方式。

2.3.1 电压输出方式

由于系统要求不同,电压输出方式又可分为单极性输出和双极性输出两种形式。下面以 8 位的 DAC0832 芯片为例进行说明。

1. 单极性输出

D/A 转换器单极性输出方式如图 2-7 所示。

由式(2-1)可得输出电压 V_{OUT} 的单极性输出表达式为

$$V_{OUT} = -B \times \frac{V_{REF}}{2^8} \tag{2-2}$$

式中: $B = D_7 \times 2^7 + D_6 \times 2^6 + \cdots + D_1 \times 2^1 + D_0 \times 2^0$; $V_{REF}/2^8$ 是常数。

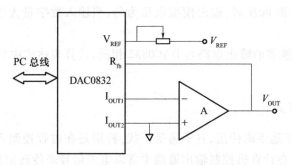

图 2-7 D/A 转换单极性输出方式

显然,V_{OUT} 和 B 成正比关系:当输入数字量 B 为 00H 时,V_{OUT} 也为 0;输入数字量 B 为 FFH 即 255 时,V_{OUT} 为与 V_{REF} 极性相反的最大值。

2. 双极性输出方式

D/A 转换器双极性输出方式如图 2-8 所示。V_{OUT1} 为单极性电压输出,V_{OUT2} 为双极性电压输出。

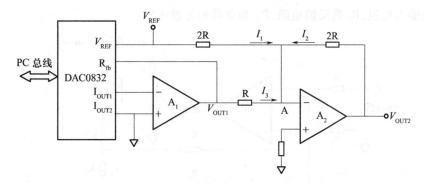

图 2-8 D/A 转换双极性输出方式

A_1 和 A_2 为运算放大器,A 点为虚地,故可得

$$I_1 + I_2 + I_3 = 0$$

$$V_{OUT1} = -B \times \frac{V_{REF}}{2^8}$$

$$I_1 = \frac{V_{REF}}{2R}$$

$$I_2 = \frac{V_{OUT2}}{2R}$$

$$I_3 = \frac{V_{OUT1}}{R}$$

解上述方程可得双极性输出表达式为

$$V_{OUT2} = (B - 2^{8-1}) \times \frac{V_{REF}}{2^{8-1}}$$

或

$$V_{OUT2} = V_{REF}\left(\frac{B}{2^{8-1}} - 1\right) \quad (2-3)$$

图 2-8 中,运算放大器 A_2 的作用是将运算放大器 A_1 的单向输出变为双向输出。当输入

数字量小于 2^{8-1}(128) 即 80H 时，输出模拟电压为负；当输入数字量大于 128 时，输出模拟电压为正。

其他 n 位 D/A 转换器的输出电路与 DAC0832 相同，计算表达式中只要把 2^{8-1} 改为 2^{n-1} 即可。

2.3.2 电流输出方式

因为电流信号易于远距离传送，且不易受干扰，特别是在过程控制系统中，自动化仪表接收的是电流信号，所以在计算机控制输出通道中常以电流信号来传送信息，这就需要将电压信号转换成毫安级电流信号，完成电流输出方式的电路称为 V/I 变换电路。

实现 V/I 变换可以采用专用的电流输出型运算放大器 F3080 和 F3094，也可以利用普通运算放大器，还可以使用高精度的集成 V/I 变换器。下面介绍几种常用电路。

1. 普通运算放大器 V/I 变换电路

1) 0mA～10mA 的输出

图 2-9 为 0V～10V/0mA～10mA 的变换电路，由运算放大器 A 和三极管 VT_1、VT_2 组成，R_1 和 R_2 是输入电阻，R_f 是反馈电阻，R_L 是负载的等效电阻。

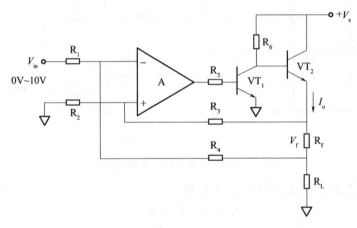

图 2-9　0V～10V/0mA～10mA 的变换电路

输入电压 V_{in} 经输入电阻进入运算放大器 A，放大后进入三极管 VT_1、VT_2。由于 VT_2 射极接有反馈电阻 R_f，得到反馈电压 V_f 加至输入端，形成运算放大器 A 的差动输入信号。该变换电路由于具有较强的电流反馈，所以有较好的恒流性能。

输入电压 V_{in} 和输出电流 I_o 之间的关系如下：

若 R_3、$R_4 \gg R_f$、R_L，可以认为 I_o 全部流经 R_f，由此可得

$$V_- = V_{in} \cdot R_4/(R_1 + R_4) + I_o \cdot R_L \cdot R_1/(R_1 + R_4)$$

$$V_+ = I_o(R_f + R_L) \cdot R_2/(R_2 + R_3)$$

对于运算放大器，有 $V_- \approx V_+$，则

$$V_{in} \cdot R_4/(R_1 + R_4) + I_o \cdot R_L \cdot R_1/(R_1 + R_4)$$
$$= I_o(R_f + R_L) \cdot R_2/(R_2 + R_3)$$

若取 $R_1 = R_2$，$R_3 = R_4$，则由上式整理可得

$$I_o = V_{in} \cdot R_3/(R_1 \cdot R_f) \tag{2-4}$$

可以看出,输出电流 I_o 和输入电压 V_{in} 呈线性对应的单值函数关系。$R_3/(R_1 \cdot R_f)$ 为一常数,与其他参数无关。

若取 V_{in} = 0V ~ 10V,$R_1 = R_2$ = 100kΩ,$R_3 = R_4$ = 20kΩ,R_f = 200Ω,则输出电流 I_o = 0mA ~ 10mA。

2) 4mA ~ 20mA 的输出

图 2-10 为 1V ~ 5V/4mA ~ 20mA 的变换电路,两个运算放大器 A_1、A_2 均接成射极输出形式。在稳定工作时,$V_{in} = V_1$,所以

$$I_1 = V_1/R_1 = V_{in}/R_1$$

又因为 $I_1 \approx I_2$,所以

$$V_{in}/R_1 = I_2 = (V_S - V_2)/R_2$$

即

$$V_2 = V_S - V_{in} \cdot R_2/R_1$$

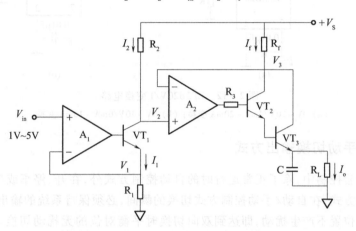

图 2-10　1V ~ 5V/4mA ~ 20mA 的变换电路

在稳定状态下,$V_2 = V_3$,$I_f \approx I_o$,故

$$I_o \approx I_f = (V_S - V_3)/R_f = (V_S - V_2)/R_f$$

将 V_2 代入上式,得

$$I_o = (V_S - V_S + V_{in} \cdot R_2/R_1)/R_f = V_{in} \cdot R_2/(R_1 \cdot R_f) \quad (2-5)$$

其中,R_1、R_2、R_f 均为精密电阻,所以输出电流 I_o 线性比例于输入电压 V_{in},且与负载无关,接近于恒流。

若 R_1 = 5kΩ,R_2 = 2kΩ,R_3 = 100Ω,当 V_{in} = 1V ~ 5V 时,输出电流 I_o = 4mA ~ 20mA。

2. 集成芯片 V/I 变换电路

图 2-11 是集成芯片 V/I 变换器 ZF2B20 的引脚图,采用单正电源供电,电源电压范围为 10V ~ 32V,ZF2B20 的输入电阻为 10kΩ,动态响应时间小于 25μs,非线性小于 ±0.025%。

通过 ZF2B20 可以产生一个与输入电压成比例的输出电流,其输入电压范围是 0V ~ 10V,输出电流是 4mA ~ 20mA。它的特点是低漂移,在工作温度 -25℃ ~ 85℃ 范围内,最大温漂为 0.005%/℃。

利用 ZF2B20 实现 V/I 变换的电路非常简单,图 2-12(a) 是一种带初值校准的 0V ~ 10V

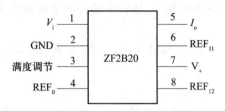

图 2-11 ZF2B20 引脚图

到 4mA~20mA 变换电路;图 2-12(b)是一种带满度校准的 0V~10V 到 0mA~10mA 变换电路。

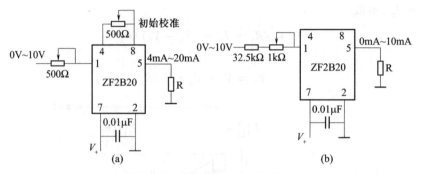

图 2-12 ZF2B20 V/I 变换电路
(a) 0V~10V/4mA~20mA 变换;(b) 0V~10V/0mA~10mA 变换。

2.3.3 自动/手动切换输出方式

在计算机过程控制中,除了正常运行时的自动控制方式外,在开、停车或事故情况下还需要进行手动控制方式,在自动/手动控制方式切换的瞬间,必须保持系统的输出信号不变,才能对执行器的现有位置不产生扰动,即达到双向切换时平衡对位的无扰动切换。下面讨论这种具有自动/手动无扰动切换功能的 V/I 变换电路。

如图 2-13 所示,它是在普通运算放大器 V/I 变换电路的基础上,增加了自动、手动切换开关 S_1、S_2、S_3 和手动增减电路与输出跟踪电路。

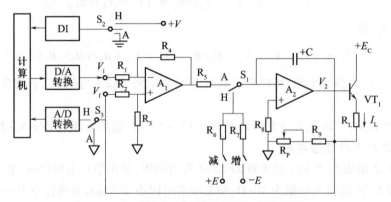

图 2-13 带自动/手动切换的 V/I 变换电路

1. 自动/手动状态下的 V/I 变换

(1) 当开关处于自动(A)状态时,运算放大器 A_2 与 A_1 接通,形成一个电压比较型跟随器。当 $V_f \neq V_i$ 时,电路能自动地使输出电流增大或减小,最终使 $V_f = V_i$,于是有

$$I_\mathrm{L} = V_\mathrm{i}/(R_9 + R_\mathrm{P}) \tag{2-6}$$

从式(2-6)可以看出,只要电阻 R_9、RP 稳定性好,A_1、A_2 具有较好的增益,该电路就有较高的线性精度。当 $R_9 + R_\mathrm{P} = 500\Omega$ 或 250Ω 时,输出电流 I_L 就以 0mA~10mA 或 4mA~20mA 的直流电流信号线性地对应 V_i 的 0V~5V 或 1V~5V 的直流电压信号。

(2) 当开关处于手动(H)状态时,此时运算放大器 A_2 与 A_1 断开,成为一个保持型反相积分器。当按下"增"按钮时,V_2 以一定的速率上升,从而使 I_L 也以同样的速率上升;当按下"减"按钮时,V_2 以一定的速率下降,I_L 也以同样的速率下降。负载 R_L(一般为电动调节阀)上的电流 I_L 的升降速率取决于 R_6、R_7、C 和电源电压 $\pm E$ 的大小,而手动操作按钮的时间长短决定输出电流 I_L 的大小。

2. 自动/手动双向无扰动切换

(1) 自动到手动的切换:当开关 S_1、S_2、S_3 都从自动(A)切换为手动(H)时,"增"、"减"两按钮处于断开状态,运算放大器 A_2 为一高输入阻抗保持器,则 A_2 的输出 V_2 几乎保持不变,从而维持输出电流 I_L 恒定。因此,自动到手动的无扰动切换是由手动操作电路的硬件实现的。

(2) 手动到自动的切换:当开关 S_1、S_2、S_3 从手动(H)切换为自动(A)时,要做到无扰动切换必须使自动输出电路具有跟踪手动输出的功能,即在手动状态下,使来自计算机 D/A 转换电路的自动输入信号 V_i 始终等于反映手动输出的信号 V_f(V_f 与 I_L 总是一一对应的)。要达到这个目的,必须有如图 2-13 所示的硬件电路与相应的跟踪程序配合。其工作过程是这样的:在每个控制周期,计算机首先由数字量输入通道(DI)读入开关 S_2 的状态,以判断输出电路是处于手动状态或是自动状态:若是自动状态,则程序执行本回路预先规定的控制运算,输出 V_i 并通过 V/I 变换输出电流 I_L;若为手动状态,则首先由 A/D 通道读入 V_f 并转换为数字信号,然后原封不动地将此数字信号送出,由 D/A 转换为电压信号送至输出电路的输入端 V_i,这样就使 V_i 始终与 V_f 相等。当开关 S_1 从手动(H)切换为自动(A)时,由于 $V_\mathrm{i} \equiv V_\mathrm{f}$,所以 V_2 与 I_L 都保持不变,从而实现了手动到自动方向的无扰动切换。

2.4 D/A 转换模板

把上述 D/A 转换器芯片及其接口以及输出电路组合集成在一块模板上,就构成了计算机控制系统中的 D/A 转换模板。在设计一块模板时,首先要考虑它的通用性。

2.4.1 D/A 转换模板的通用性

为了便于系统设计者的使用,D/A 转换模板应具有通用性,它主要体现在三个方面:符合总线标准、接口地址可选以及输出方式可选。

1. 符合总线标准

这里的总线是指计算机内部的总线结构,D/A 转换模板及其他所有电路模板都应符合统一的总线标准,以便设计者在组合计算机控制系统硬件时,只需往总线插槽上插上选用的功能模板而无需连线,十分方便灵活。例如,STD 总线标准规定模板尺寸为 165mm × 114mm,模板总线引脚共有 56 根,并详细规定了每只引脚的功能(详见 11.2.1 节)。

2. 接口地址可选

一套控制系统往往需配置多块功能模板,或者同一种功能模板可能被组合在不同的系统中。因此,每块模板应具有接口地址的可选性。

一般接口地址可由基址(或称板址)和片址(或称口址)组成,图 2-14 给出一种接口地址可选的译码电路。8 位量值比较器 74LS688、地址 $A_3 \sim A_7$、置位开关 S 与上拉电阻组成基址译码电路,74LS138 译码器、地址 $A_0 \sim A_2$ 构成片址译码电路。只有当 74LS688 两边输入端电平 $P_i = Q_i (i = 1, 2, \cdots, 7)$ 时,它的输出端 P = Q 为有效低电位,从而使 74LS138 译码器处于工作状态,产生由相应片址 $A_0 \sim A_2$ 确定的片选信号 $\overline{WC_0} \sim \overline{WC_7}$,该片选信号可分别作为多 D/A 结构中 8 个 D/A 转换器的片选信号 $\overline{CS}$ 或写信号 $\overline{WR_1}$。

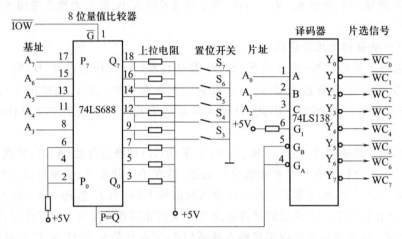

图 2-14 接口地址可选的译码电路

而基址 $A_7 \sim A_3$ 的确定,完全取决于置位开关 $S_7 \sim S_3$ 的通、断状态,其基址可在 00000×××~11111××× 范围中任意选定。图 2-14 中 S_7、S_6 闭合,S_5、S_4、S_3 断开,即确定该板的基址为 00111×××,则该板 8 个片址最终确定了 8 个 D/A 通道的口地址为 00111000~00111111,即是 38H~3FH。

3. 输出方式可选

为了适应不同控制系统对执行器的不同需求,D/A 转换模板往往把各种电压输出和电流输出方式组合在一起,然后通过短接柱来选定某一种输出方式。这种组合电路实际上很简单,如图 2-8 所示的双极性电压输出方式,只要将 V_{OUT1} 后断开,再把 V_{OUT2} 输出线引到断开处,以形成两个接点,通过短接柱的跨接就可选定系统所需要的单极性电压输出或是双极性电压输出;又如果在 V_{OUT2} 输出之后加上晶体管放大电路,就成为图 2-9 所示的电流输出方式,而且在反馈电阻 $R_f(R_f = 200\Omega)$ 处断开再设置一个分支点,并联上另一个阻值为 100Ω 的反馈电阻,则通过短接柱就可选定所需要的 0mA~10mA 电流输出($R_f = 200\Omega$)或 4mA~20mA 电流输出($R_f = 100\Omega$)。

一个实际的 D/A 转换模板,供用户选择的输出范围常常是 0V~5V、0V~10V、-5V~5V、0mA~10mA、4mA~20mA 等。

2.4.2 D/A 转换模板的设计举例

前面讨论了几种典型的 D/A 转换器、接口电路以及通用性等问题,这为 D/A 转换模板的设计打下了基础。

在硬件设计中,除了一些电路参数的计算,还要会查阅集成电路手册,掌握各类芯片的外特性及其功能,以及与 D/A 转换模板连接的 CPU 或计算机总线的功能及其特点。在硬件设计的同时,还必须考虑软件的设计,D/A 转换模板的设计原则主要考虑以下几点。

(1) 安全可靠:尽量选用性能好的元器件,并采用光电隔离技术。

(2) 性能/价格比高:既要在性能上达到预定的技术指标,又要在技术路线、芯片元件上降低成本。比如,在选择集成电路芯片时,应综合考虑其转换速度、精度、工作环境温度和经济性等诸因素。

(3) 通用性:D/A 转换模板应符合总线标准,其接口地址及输出方式应具备可选性。

D/A 转换模板的设计步骤是:确定性能指标,设计电路原理图,设计和制造印制线路板,最后焊接和调试电路板。其中,数字电路和模拟电路应分别排列走线,尽量避免交叉,连线要尽量短。模拟地(AGND)和数字地(DGND)分别走线,通常在总线引脚附近一点接地。光电隔离前后的电源线和地线要相互分开。调试时,一般是先调数字电路部分,再调模拟电路部分,并按性能指标逐项考核。

图 2-15 给出了 8 路 8 位 D/A 转换模板的结构组成框图,它是按照总线接口逻辑、I/O 功能逻辑和 I/O 电气接口三部分布局电子元器件的。图 2-15 中,总线接口逻辑部分主要由数据缓冲与地址(基址、片址)译码电路组成,完成 8 路通道的分别选通与数据传送(参见图 2-14 接口地址可选的译码电路);I/O 功能逻辑部分由 8 片 DAC0832 组成,完成 D/A 转换(参见图 2-5 DAC0832 接口电路);而 I/O 电气接口部分由运算放大器与 V/I 变换电路组成,实现电压或电流信号的输出(参见图 2-8 的双极性电压输出方式与图 2-9 的电流输出方式)。

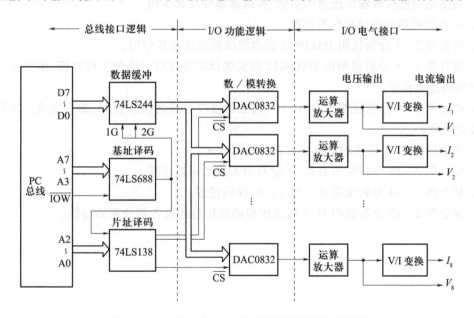

图 2-15 8 路 8 位 D/A 转换模板的结构组成框图

设 8 路 D/A 转换的 8 个输出数据存放在内存数据段 $BUF_0 \sim BUF_7$ 单元中,主过程已装填 DS,8 片 DAC0832 的通道口地址为 38H~3FH,分别存放在从 CH_0 开始的 8 个连续单元中,该 D/A 转换模板的接口子程序如下:

```
DOUT    PROC    NEAR
        MOV     CX,8
        MOV     BX,OFFSET   BUF0
```

```
NEXT:   MOV   AL,[BX]
        OUT   CH0,AL
        INC   CH0
        INC   BX
        LOOP  NEXT
        RET
DOUT    ENDP
```

本章小结

模拟量输出通道是计算机控制系统中的重要组成部分。

本章介绍了模拟量输出通道的结构组成,讨论了其核心部件——D/A 转换器的工作原理、功能特性,重点分析了 8 位 D/A 转换器 DAC0832 与 12 位 D/A 转换器 DAC1210 的原理组成及其与 PC 总线的接口电路,以及适用于现场各种驱动装置的电压、电流与自动/手动控制输出电路,并说明 I/O 模板的通用性及 D/A 转换模板的结构框图。

思 考 题

1. 画图说明模拟量输出通道的功能、各组成部分及其作用。
2. D/A 转换器的性能指标有哪些?
3. 结合图 2-3 分析说明 DAC0832 的内部结构组成及其作用。
4. 结合图 2-5 分析说明由 DAC0832 组成的单缓冲接口电路的工作过程,编写完成一次 D/A 转换的接口程序。
5. 结合图 2-6 分析说明由 DAC1210 组成的接口电路的工作过程,编写完成一次 D/A 转换的接口程序。
6. 简单说明 D/A 转换输出电路有几种输出方式。
7. 结合图 2-13 分析说明自动/手动双向无扰动切换过程。
8. 结合图 2-14 分析说明基址与片址的译码过程。
9. 结合图 2-15 分析说明 D/A 转换模板的结构组成及各部分逻辑功能。

第3章 模拟量输入通道

本章要点

1. 模拟量输入通道的结构组成
2. 多路开关、前置放大、采样保持等各环节的功能作用
3. 8位 A/D 转换器 ADC0809 芯片及其接口电路
4. 12位 A/D 转换器 AD574A 芯片及其接口电路

在计算机控制系统中,输入信号多是模拟量。那么一个数字计算机是如何通过输入通道采集模拟信号的呢?

模拟量输入通道的任务是把被控对象的过程参数如温度、压力、流量、液位、重量等模拟量信号转换成计算机可以接收的数字量信号。其结构组成如图3－1所示。来自于工业现场传感器或变送器的多个模拟量信号首先需要进行信号调理,然后经多路模拟开关,分时切换到后级进行前置放大、采样保持和 A/D 转换,通过接口电路以数字量信号进入主机系统,从而完成对过程参数的巡回检测任务。显然,该通道的核心是 A/D 转换器,通常把模拟量输入通道称为 A/D 通道或 AI 通道。

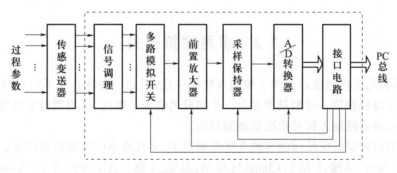

图3－1 模拟量输入通道的结构组成

3.1 信号调理电路

在模拟量输入通道中,对现场可能引入的各种干扰必须采取相应的技术措施以保证 A/D 转换的精度,所以首先要在通道之前设置输入信号调理电路。

根据通道需要,可以采取不同的信号调理技术,如信号滤波、光电隔离、电平转换、过电压保护、反电压保护、电流/电压变换等。本节主要介绍模拟量输入通道中常用的电流/电压(I/V)变换技术,其余部分参见4.2.1节与8.2节有关内容。

在控制系统中,对被控量的检测往往采用各种类型的测量变送器,当它们的输出信号为

0mA～10mA 或 4mA～20mA 的电流信号时,一般是采用电阻分压法把现场传送来的电流信号转换为电压信号,以下是两种变换电路。

1. 无源 I/V 变换

无源 I/V 变换电路利用无源器件电阻来实现,加上 RC 滤波和二极管限幅等保护,如图3-2(a)所示,图中 R_2 为精密电阻。对于 0mA～10mA 输入信号,可取 $R_1 = 100\Omega$,$R_2 = 500\Omega$,这样当输入电流在 0mA～10mA 量程变化时,输出的电压就为 0V～5V;而对于 4mA～20mA 输入信号,可取 $R_1 = 100\Omega$,$R_2 = 250\Omega$,这样当输入电流为 4mA～20mA 时,输出的电压为 1V～5V。

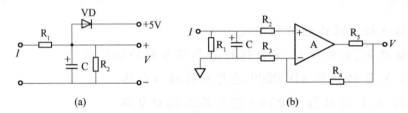

图 3-2 电流/电压变换电路
(a) 无源 I/V 变换电路;(b) 有源 I/V 变换电路。

2. 有源 I/V 变换

有源 I/V 变换电路由有源器件运算放大器和电阻、电容组成,如图 3-2(b)所示。利用同相放大电路,把电阻 R_1 上的输入电压变成标准输出电压。该同相放大电路的放大倍数为

$$G = \frac{V}{IR_1} = 1 + \frac{R_4}{R_3} \tag{3-1}$$

若取 $R_1 = 200\Omega$,$R_3 = 100k\Omega$,$R_4 = 150k\Omega$,则 0mA～10mA 的输入电流对应于 0V～5V 的电压输出;若取 $R_1 = 200\Omega$,$R_3 = 100k\Omega$,$R_4 = 25k\Omega$,则 4mA～20mA 的输入电流对应于 1V～5V 的电压输出。

3.2 多路模拟开关

由于计算机的工作速度远远快于被测参数的变化,因此一台计算机系统可供几十个检测回路使用,但计算机在某一时刻只能接收一个回路的信号。因此,必须通过多路模拟开关实现多选 1 的操作,将多路输入信号依次切换到后级。

目前,计算机控制系统使用的多路开关种类很多,并具有不同的功能和用途。如集成电路芯片 CD4051(双向、单端、8 路)、CD4052(单向、双端、4 路)、AD7506(单向、单端、16 路)等。所谓双向,就是该芯片既可以实现多到一的切换,也可以完成一到多的切换;而单向则只能完成多到一的切换。双端是指芯片内的一对开关同时动作,从而完成差动输入信号的切换,以满足抑制共模干扰的需要。

3.2.1 结构原理

现以常用的 CD4051 为例,8 路模拟开关的结构原理如图 3-3 所示。CD4051 由电平转换、译码驱动及开关电路三部分组成。当禁止端 $\overline{INH}$ 为"1"时,前后级通道断开,即 S_0～S_7 端与 S_m 端不可能接通;当 $\overline{INH}$ 为"0"时,则通道可以被接通,通过改变控制输入端 C、B、A 的数值,就可选通 8 个通道 S_0～S_7 中的一路。比如:当 CBA = 000 时,通道 S_0 选通;当 CBA = 001 时,通道 S_1 选通;……当 CBA = 111 时,通道 S_7 选通。其真值表如表 3-1 所列。

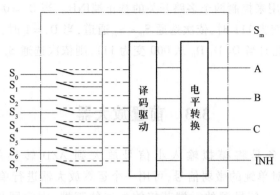

图 3-3 CD4051 结构原理图

表 3-1 CD4051 的真值表

输入				所选通道	输入				所选通道
$\overline{INH}$	C	B	A		$\overline{INH}$	C	B	A	
0	0	0	0	S_0	0	1	0	1	S_5
0	0	0	1	S_1	0	1	1	0	S_6
0	0	1	0	S_2	0	1	1	1	S_7
0	0	1	1	S_3	1	×	×	×	无
0	1	0	0	S_4					

注：表中 × 表示 1 或 0 都可以

3.2.2 扩展电路

当采样通道多至 16 路时，可直接选用 16 路模拟开关的芯片，也可以将 2 个 8 路 CD4051 并联起来，组成 1 个单端的 16 路开关。

例 3-1 试用两个 CD4051 扩展成一个 1×16 路的模拟开关。

分析：图 3-4 给出了两个 CD4051 扩展为 1×16 路模拟开关的电路。数据总线 $D_3 \sim D_0$

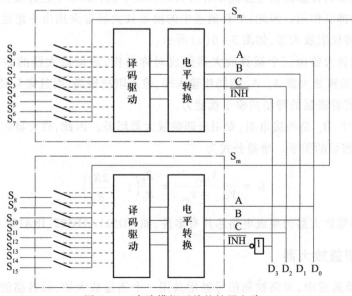

图 3-4 多路模拟开关的扩展电路

作为通道选择信号,D_3 用来控制两个多路开关的禁止端 $\overline{INH}$。当 $D_3 = 0$ 时,选中上面的多路开关,当 $D_2 D_1 D_0$ 从 000 变为 111 时,依次选通 $S_0 \sim S_7$ 通道;当 $D_3 = 1$ 时,经反相器变成低电平,选中下面的多路开关,此时当 $D_2 D_1 D_0$ 从 000 变为 111,则依次选通 $S_8 \sim S_{15}$ 通道。如此,组成一个 16 路的模拟开关。

3.3 前置放大器

前置放大器的任务是将模拟输入小信号放大到 A/D 转换的量程范围之内,如 0V(DC)~5V(DC)。对单纯的微弱信号,可用一个运算放大器进行单端同相放大或单端反相放大。如图 3-5 所示,信号源的一端若接放大器的正端,则为同相放大,同相放大电路的放大倍数 $G = 1 + R_2/R_1$;若信号源的一端接放大器的负端,则为反相放大,反相放大电路的放大倍数 $G = -R_2/R_1$。当然,这两种电路都是单端放大,所以信号源的另一端是与放大器的另一个输入端共地。

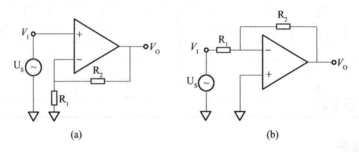

图 3-5 放大电路
(a) 同相放大;(b) 反相放大。

3.3.1 测量放大器

来自生产现场的传感器信号往往带有较大的共模干扰,而单个运算放大器的差动输入端难以起到很好的抑制作用。因此,A/D 通道中的前置放大器常采用由一组运算放大器构成的测量放大器,也称仪表放大器,如图 3-6(a) 所示。

经典的测量放大器由三个运算放大器组成对称结构,测量放大器的差动输入端 V_{IN+} 和 V_{IN-} 分别是两个运算放大器 A_1、A_2 的同相输入端,输入阻抗很高,而且完全对称地直接与被测信号相连,因而有着极强的抑制共模干扰能力。

图 3-6(a) 中,R_G 是外接电阻,专用来调整放大器增益。因此,放大器的增益 G 与这个外接电阻 R_G 有着密切的关系。增益公式为

$$G = \frac{V_{OUT}}{V_{IN+} - V_{IN-}} = \frac{R_S}{R_2}\left(1 + \frac{2R_1}{R_G}\right) \tag{3-2}$$

目前这种测量放大器的集成电路芯片有多种,如 AD521/AD522、INA102 等。

3.3.2 可变增益放大器

在 A/D 转换通道中,多路被测信号经常共用一个测量放大器,而各路的输入信号大小往往不同,但都要放大到 A/D 转换器的同一量程范围。因此,对应于各路不同大小的输入信号,

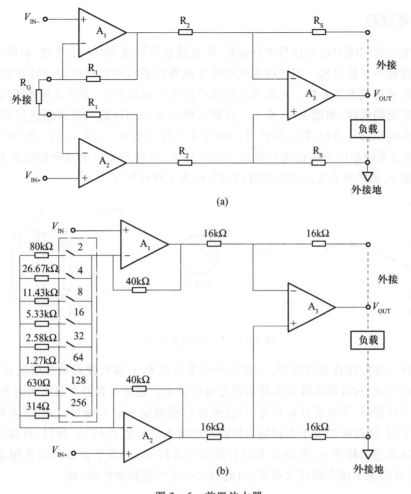

图 3-6 前置放大器

(a) 经典前置放大器;(b) 可变增益放大器。

测量放大器的增益也应不同。具有这种性能的放大器称为可变增益放大器或可编程放大器,如图 3-6(b)所示。

把图 3-6(a)中的外接电阻 R_G 换成一组精密的电阻网络,每个电阻支路上有一个开关,通过支路开关依次通断就可改变放大器的增益,根据开关支路上的电阻值与增益公式,就可算得支路开关自上而下闭合时的放大器增益分别为 2 倍、4 倍、8 倍、16 倍、32 倍、64 倍、128 倍、256 倍。显然,这一组开关如果用多路模拟开关(类似 CD4051)就可方便地进行增益可变的计算机数字程序控制,此类集成电路芯片有 AD612/AD614 等。

另外,还可以用数字电位器代替增益电阻,同样通过编程控制电位器的阻值大小,使其放大倍数接近连续化。此类数字电位器集成芯片有 X9313、X9511、MAX5161 等。

3.4 采样保持器

当某一通道进行 A/D 转换时,由于 A/D 转换需要一定的时间,如果输入信号变化较快,就会引起较大的转换误差。为了保证 A/D 转换的精度,需要应用采样保持器。

3.4.1 采样过程

以一定的时间间隔对连续信号进行采样,使连续信号转换为时间上离散、幅值上连续的脉冲序列的过程称为采样过程。把连续变化的量变成离散量后再进行处理的计算机控制系统,称为采样数据系统或离散系统。离散系统的采样形式有周期采样、多阶采样和随机采样多种,应用最多的是周期采样,如图 3-7 所示。周期采样就是以相同的时间间隔进行采样,即把一个连续变化的模拟信号 $f(t)$,按一定的时间间隔 T 转变为在 $0, T, 2T, \cdots$ 的一连串脉冲序列信号 $f^*(t)$。执行采样动作的装置叫采样器或采样开关,采样开关每次闭合的时间称为采样时间或采样宽度 τ,采样开关每次通断的时间间隔称为采样周期 T。

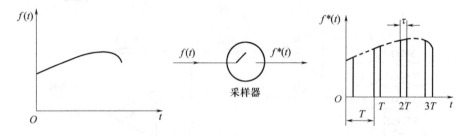

图 3-7 信号的采样过程

由于采样开关的闭合时间极短,一般远小于采样周期 T 和被控对象的时间常数,因此可以认为是瞬间完成,这样的采样开关称为理想采样开关。理想采样开关具有瞬时开关功能,即在两个相邻采样瞬间,不传输任何信号,只让采样时刻的输入信号通过。如此,采样开关输出的一串脉冲序列,脉冲强度等于在相应采样瞬时的输入信号值 $f(kT)$。所以,可以用单位脉冲函数 δ 来描述理想采样开关,采样开关闭合瞬间后又打开,相当于在该时刻作用了一个 δ 函数,采样开关以周期 T 闭合瞬间又打开,由此形成一个单位脉冲序列,即

$$\delta_T = \sum_{k=-\infty}^{\infty} \delta(t - kT) \quad (3-3)$$

式(3-3)即是理想采样开关的时域数学表达式,其中 $\delta(t-kT)$ 表示延迟 kT 时间出现的脉冲,它仅表示脉冲出现的时刻,不表示幅值的大小。

理想采样信号 $f^*(t)$ 是连续信号 $f(t)$ 经过一个理想采样开关而获得的输出信号,它可以看作是连续信号 $f(t)$ 被单位脉冲序列串 δ_T 调制的过程,即

$$f^*(t) = f(t)\delta_T = f(t) \sum_{k=-\infty}^{\infty} \delta(t - kT) = \sum_{k=-\infty}^{\infty} f(t)\delta(t - kT) \quad (3-4)$$

式中:输入 $f(t)$ 为原信号;δ_T 为载波信号;$f^*(t)$ 为输出采样信号,它是一列幅值被调制的脉冲序列。单位脉冲序列的调制如图 3-8 所示。

由于在实际系统中,实际函数 $f(t)$ 在 $t<0$ 时都为零,而且 $f(t)$ 仅在脉冲发生时刻在采样器输出端有效,可记为 $f(kT)$,所以,式(3-4)又可写为

$$f^*(t) = \sum_{k=0}^{\infty} f(kT)\delta(t - kT) \quad (3-5)$$

式(3-5)即为常用的理想采样信号的时域表达式,它表明理想采样信号是幅值强度为 $f(kT)$ 的脉冲序列。

需要指出,理想采样仅是为了数学研究而引入的概念。采样开关采用单位脉冲序列描述,

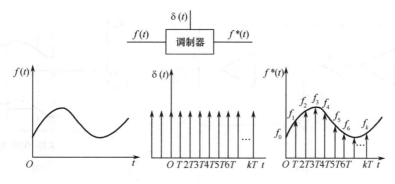

图 3-8 单位脉冲序列的调制

这仅是数学上的等效,理想采样器在物理上是不可能实现的。

3.4.2 采样定理

由采样过程可知,采样周期 T 越小即采样频率越高,采样信号 $f^*(t)$ 越接近原信号 $f(t)$;反之,采样周期 T 越大,采样信号 $f^*(t)$ 与原信号 $f(t)$ 的差异就越大。但若采样频率过高,在实时控制系统中将会把许多宝贵的时间用在采样上,从而失去实时控制的机会。为了使采样信号 $f^*(t)$ 既不失真,又不会因频率太高而浪费时间,我们可依据香农采样定理分析。

香农定理指出:为了使采样信号 $f^*(t)$ 能完全复现原信号 $f(t)$,采样频率 f_s 至少要为原信号最高有效频率 f_{max} 的 2 倍,即 $f_s \geq 2f_{max}$。从物理意义上看,如果选择的频率对连续信号所含的最高频率来说,能做到在其一个周期内采样两次以上,则在采样获得的脉冲序列中将包含连续信号的全部信息。反之,如果采样次数太少,则做不到无失真地再现原连续信号。

采样定理虽然奠定了选择采样频率的理论基础,但对于连续对象的离散控制,不易确定连续信号的最高频率,而且被采样的连续信号是延迟出现的。因此,在实际应用中还要根据系统的实际情况综合考虑,通常取 $f_s \geq (5 \sim 10) f_{max}$。

3.4.3 零阶采样保持器

在两次采样的时间间隔内,根据采样信号而复现原信号的装置称为保持器。当用常数、线性函数和抛物线函数去逼近两个相邻采样时间的原信号时,分别称为零阶采样保持器、一阶采样保持器和高阶采样保持器。

零阶采样保持器是最常用的一种信号保持器,它在两次采样的间隔时间内,一直保持采样值不变,直到下一个采样时刻。它的组成原理电路与工作波性如图 3-9(a)、(b) 所示。采样保持器由输入/输出缓冲放大器 A_1、A_2 和采样开关 S、保持电容 C_H 等组成。采样期间,开关 S 闭合,输入电压 V_{IN} 通过 A_1 对 C_H 快速充电,输出电压 V_{OUT} 跟随 V_{IN} 变化;保持期间,开关 S 断开,由于 A_2 的输入阻抗很高,理想情况下电容 C_H 将保持电压 V_C 不变,因而输出电压 $V_{OUT} = V_C$ 也保持恒定。

显然,保持电容 C_H 的作用十分重要。实际上,保持期间的电容保持电压 V_C 在缓慢下降,这是由于保持电容的漏电流所致。保持电压 V_C 的变化率为

$$\frac{dV_C}{dt} = \frac{I_D}{C_H} \tag{3-6}$$

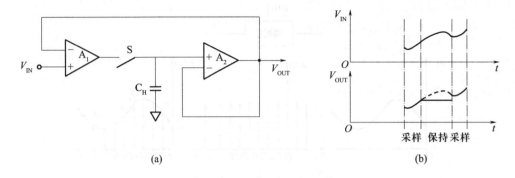

图 3-9 零阶采样保持器
(a) 原理电路；(b) 工作波性。

式(3-6)中，I_D 为保持期间电容的总泄漏电流，它包括放大器的输入电流、开关截止时的漏电流与电容内部的漏电流等。增大电容 C_H 值可以减小电压变化率，但同时又会增加充电即采样时间，因此保持电容的容量大小与采样精度成正比而与采样频率成反比。一般情况下，保持电容 C_H 是外接的，通常选用聚四氟乙烯、聚苯乙烯等高质量的电容器，容量为 510pF~1000pF。

常用的零阶集成采样保持器有 AD582、LF198/LF298/LF398 等，其内部结构和引脚如图 3-10 所示。这里，用 TTL 逻辑电平控制采样和保持状态：当 LF198/LF298/LF398 的引脚 8 为高电平时，通过芯片内部逻辑电路使开关 S 闭合，电路工作在采样状态；当引脚 8 为低电平时，开关 S 断开，电路进入保持状态。AD582 的控制逻辑正好相反。

在 A/D 通道中，采样保持器的采样和保持电平应与后级的 A/D 转换相配合，该电平信号既可以由其他控制电路产生，也可以由 A/D 转换器直接提供。总之，保持器在采样期间，不启动 A/D 转换器，而一旦进入保持期间，则立即启动 A/D 转换器，从而保证 A/D 转换时的模拟输入电压恒定，以确保 A/D 转换精度（可参见图 3-20 所示 8 路 12 位 A/D 转换模板电路）。

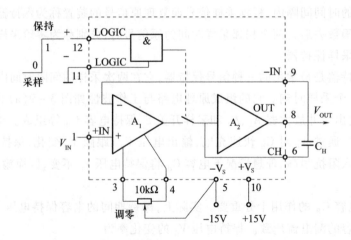

(a)

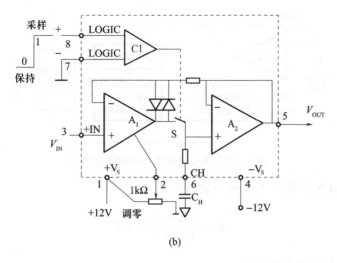

图 3-10 集成采样保持器
(a) AD582；(b) LF198/LF298/LF398。

3.5 A/D 转换器

A/D 转换器能把输入的模拟电压变成与它成正比的数字量，即能把被控对象的各种模拟信息变成计算机可以识别的数字信息。

3.5.1 工作原理与性能指标

A/D 转换器从原理上可分为逐位逼近式、双积分式、电压/频率式等多种。其中：电压/频率式 A/D 转换器接口电路简单，转换速度较慢，但精度较高，适合于远距离的数据传送；双积分式 A/D 转换速度更慢，但转换精度高，多用于数据采集系统；逐位逼近式 A/D 转换的速度较快而精度也较高，是目前应用最多的一种。下面分别介绍其工作原理。

1. 逐位逼近式 A/D 转换原理

一个 n 位 A/D 转换器是由逐位逼近寄存器、D/A 转换器、比较器、控制时序和逻辑电路、数字量输出锁存器五部分组成。现以 4 位 A/D 转换器把模拟量 9 转换为二进制数 1001 为例，说明逐位逼近式 A/D 转换器的工作原理。

如图 3-11 所示，当启动信号作用后，时钟信号在控制逻辑作用下，首先使逐位逼近寄存器的最高位 $D_3=1$，其余为 0，此数字量 1000 经 D/A 转换器转换成模拟量即 $V_0=8$，送到比较器输入端与被转换的模拟量 $V_{IN}=9$ 进行比较，控制逻辑根据比较器的输出进行判断。若 $V_{IN} \geqslant V_0$，则保留 $D_3=1$；再对下一位 D_2 进行比较，同样先使 $D_2=1$，与上一位 D_3 一起即 1100 进入 D/A 转换器，转换为 $V_0=12$ 再进入比较器，与 $V_{IN}=9$ 比较，因 $V_{IN}<V_0$，故使 $D_2=0$；再下一位 D_1 位也是如此，$D_1=1$ 即 1010，经 D/A 转换为 $V_0=10$，再与 $V_{IN}=9$ 比较，因 $V_{IN}<V_0$，故使 $D_1=0$；最后一位 $D_0=1$ 即 1001 经 D/A 转换为 $V_0=9$，再与 $V_{IN}=9$ 比较，因 $V_{IN} \geqslant V_0$，故保留 $D_0=1$。比较完毕，逐位逼近寄存器中的数字量 1001 即为模拟量 9 的转换结果，存在数字量输出锁存器中等待输出。

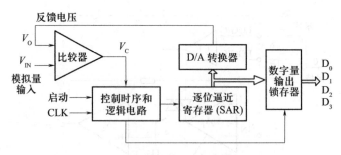

图 3-11 逐位逼近式 A/D 转换原理图

一个 n 位 A/D 转换器的 A/D 转换表达式是

$$B = \frac{V_{IN} - V_{R-}}{V_{R+} - V_{R-}} \times 2^n \qquad (3-7)$$

式中 B——转换后的输出数字量；

V_{IN}——要转换的输入模拟量；

V_{R+}、V_{R-}——基准电压源的正、负输入。

即当基准电压源确定之后，n 位 A/D 转换器的输出数字量 B 与要转换的输入模拟量 V_{IN} 呈正比。

例 3-2 一个 8 位 A/D 转换器，设 $V_{R+} = 5.02V$，$V_{R-} = 0V$，计算当 V_{IN} 分别为 0V、2.5V、5V 时所对应的转换数字量。

解：把已知数代入公式(3-4)，有

$$B = \frac{V_{IN} - V_{R-}}{V_{R+} - V_{R-}} \times 2^n = \frac{V_{IN} - 0}{5.02 - 0} \times 2^8$$

因此，0V、2.5V、5V 时所对应的转换数字量分别为 00H、80H、FFH。

此种 A/D 转换器的常用品种有普通型 8 位单路 ADC0801~ADC0805、8 位 8 路 ADC0808/ADC0809、8 位 16 路 ADC0816/ADC0817 等，混合集成高速型 12 位单路 AD574A、ADC803 等。

2. 双积分式 A/D 转换原理

双积分式 A/D 转换原理如图 3-12 所示。在转换开始信号控制下，开关接通模拟输入端，输入的模拟电压 V_{IN} 在固定时间 T 内对积分器上的电容 C 充电（正向积分），时间一到，控制逻辑将开关切换到与 V_{IN} 极性相反的基准电源上，此时电容 C 开始放电（反向积分），同时计数器开始计数。当比较器判定电容 C 放电完毕时输出信号，由控制逻辑停止计数器的计数，并发出转换结束信号。这时计数器所记的脉冲个数正比于放电时间。

放电时间 T_1 或 T_2 正比于输入电压 V_{IN}，即输入电压大，则放电时间长，计数器的计数值越大。因此，计数器计数值的大小反映了输入电压 V_{IN} 在固定积分时间 T 内的平均值。

此种 A/D 转换器的常用品种有输出为 3 位半 BCD 码（二进制编码的十进制数）的 ICL7107、MC14433、输出为 4 位半 BCD 码的 ICL7135 等。

3. 电压/频率式 A/D 转换原理

电压/频率式 A/D 转换器简称 V/F 转换器，是把模拟电压信号转换成频率信号的器件。实现 V/F 转换的方法很多，现以常见的电荷平衡 V/F 转换法说明其转换原理，如图 3-13 所示。

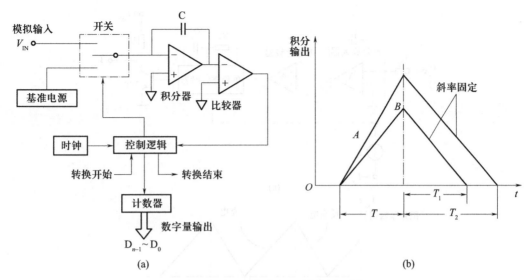

图 3–12 双积分式 A/D 转换原理图

(a) 电路组成框图；(b) 双积分原理。

在图 3–13 中，A_1 是积分放大器，A_2 为零电压比较器，恒流源 I_R 和开关 S 构成 A_1 的反充电回路，开关 S 由单稳态定时器触发控制。当积分放大器 A_1 的输出电压 V_0 下降到零时，零电压比较器 A_2 输出跳变，触发单稳态定时器，产生暂态时间为 T_1 的定时脉冲，并使开关 S 闭合；同时又使晶体管 VT 截止，频率输出端 V_{f0} 输出高电平。

在开关 S 闭合期间，恒流源 I_R 被接入积分器的"−"输入端。由于电路是按 $I_R > V_{Imax}/R_I$ 设计的，故此时电容 C 被反向充电，充电电流为 $I_R - V_I/R_I$，则积分器 A_1 输出电压 V_0 从零开始线性上升。当定时时间 T_1 结束，定时器恢复稳态，使开关 S 断开，反向充电停止，同时使晶体管 VT 导通，V_{f0} 端输出低电平。

开关 S 断开后，正输入电压 V_I 开始对电容 C 正向充电，其充电电流为 V_I/R_I，则积分放大器 A_1 输出电压 V_0 开始线性下降。当 $V_0 = 0$ 时，比较器 A_2 输出再次跳变，又使单稳态定时器产生 T_1 时间的定时脉冲而控制开关 S 再次闭合，A_1 再次反向充电，同时 V_{f0} 端又输出高电平。如此反复下去，就会在积分器 A_1 输出端 V_0、单稳态定时器脉冲输出端和频率输出端 V_{f0} 端产生如图 3–13(b) 所示的波形，其波形的周期为 T。

根据反向充电电荷量和正向充电电荷量相等的电荷平衡原理，可得

$$\left(I_R - \frac{V_I}{R_I}\right)T_1 = \frac{V_I}{R_I}(T - T_1) \tag{3-8}$$

整理得

$$T = \frac{I_R R_I T_1}{V_I} \tag{3-9}$$

则 V_{f0} 端输出的电压频率为

$$f_0 = \frac{1}{T} = \frac{V_I}{I_R R_I T_1} \tag{3-10}$$

这个 f_0 就是由 V_I 转换而来的输出频率，两者成线性比例关系。由上式可见，要精确地实现 V/F 变换，要求 I_R、R_I 和 T_1 应准确、稳定。积分电容 C 虽没有出现在上式中，但它的漏电流将会影响到充电电流 V_I/R_I，从而影响转换精度。为此应选择漏电流小的电容。

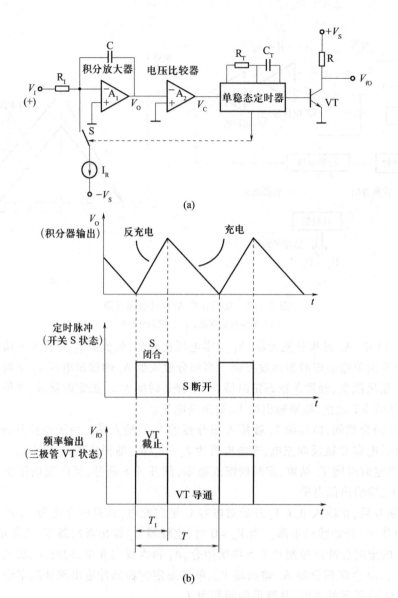

图 3-13 电荷平衡式 V/F 转换原理
(a) 电路原理图；(b) 波形图。

此种 V/F 转换器的常用品种有 VFC32、LM131/LM231/LM331、AD650、AD651 等。

4. A/D 转换器的性能指标

1) 分辨率

分辨率是指 A/D 转换器对微小模拟输入信号变化的敏感程度。分辨率越高,转换时对输入量微小变化的反应越灵敏。一个 n 位 A/D 转换器的分辨率,表示它可以对满量程输入的 $1/2^n$ 的变化量作出反应。与 D/A 转换器一样,工程上也可用二进制数的位数来表示,如 8 位、10 位、12 位等。有时也用分辨力来描述,即分辨力 = 满刻度值$/2^n$。

2) 转换精度

与 D/A 转换器一样,转换精度是指转换后所得的实际值与理论值的接近程度,它可以用绝对误差和相对误差来表示。

绝对误差是指对应于一个给定数字量 A/D 转换器的误差,其误差的大小由实际模拟量输入值和理论值之差来度量;相对误差是指绝对误差与满刻度值之比,一般用百分数来表示。

实际应用时,一般根据系统精度的要求来考虑分辨率的选择,进而确定转换器的位数。例如,设计一个数据采样系统,要求采样的数据精度在 0.25% 以上,则不能选用 8 位的 A/D 转换器,而至少要选用 10 位的 A/D 转换器。

3) 线性误差

A/D 转换器的线性误差与 D/A 转换器的线性误差定义相同。

4) 转换时间

A/D 转换器完成一次转换所需的时间称为转换时间。如逐位逼近式 A/D 转换器的转换时间为微秒级,双积分式 A/D 转换器的转换时间为毫秒级。

下面介绍几种典型芯片及其与 PC 总线的接口电路。

3.5.2 ADC0809 芯片及其接口电路

1. ADC0809 芯片介绍

ADC0809 为 8 位逐位逼近式 A/D 转换器,分辨率为 $1/2^8 \approx 0.39\%$,模拟电压转换范围为 0V ~ +5V,标准转换时间为 100μs,采用 28 脚双立直插式封装,其内部结构及引脚如图 3 - 14 所示。

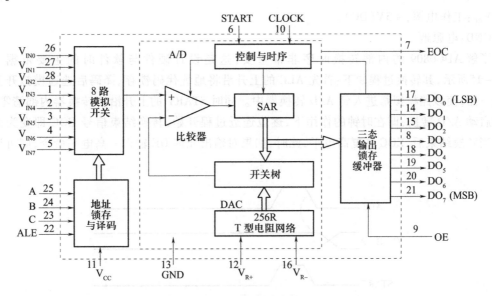

图 3 - 14 ADC0809 内部结构及引脚

ADC0809 是在逐位逼近式 A/D 转换的原理基础上,增加了一个 8 路模拟开关、一个用来选择通道的地址锁存与译码电路和一个三态输出锁存器,其引脚功能如下。

V_{IN0} ~ V_{IN7}:8 路模拟量输入端。允许 8 路模拟量分时输入,共用一个 A/D 转换器。

ALE:地址锁存允许信号,输入,高电平有效。上升沿时锁存 3 位通道选择信号。

A、B、C:3 位地址线即模拟量通道选择线。ALE 为高电平时,地址译码与对应通道选择如表 3 - 2 所列。

表 3-2 被选通道和地址的关系

C	B	A	选中通道	C	B	A	选中通道
0	0	0	V_{IN0}	1	0	0	V_{IN4}
0	0	1	V_{IN1}	1	0	1	V_{IN5}
0	1	0	V_{IN2}	1	1	0	V_{IN6}
0	1	1	V_{IN3}	1	1	1	V_{IN7}

START：A/D 转换启动信号，输入，高电平有效。上升沿时将转换器内部清零，下降沿时启动 A/D 转换。

EOC：转换结束信号，输出，高电平有效。平时 EOC 为高电平，A/D 转换期间为低电平，A/D 转换结束后又变为高电平。EOC 可用作向主机申请中断的信号，或供主机查询 A/D 转换是否结束的信号。

OE：输出允许信号，输入，高电平有效。该信号用来打开三态输出缓冲器，将 A/D 转换得到的 8 位数字量送到数据总线上。

$DO_0 \sim DO_7$：8 位数字量输出。DO_0 为最低位，DO_7 为最高位。由于有三态输出锁存，可与主机数据总线直接相连。

CLOCK：外部时钟脉冲输入端。当脉冲频率为 640kHz 时，A/D 转换时间为 100μs。

V_{R+}、V_{R-}：基准电压源正端、负端。取决于被转换的模拟电压范围，通常 $V_{R+}=+5V(DC)$，$V_{R-}=0V(DC)$。

V_{CC}：工作电源，+5V(DC)。

GND：电源地。

了解 ADC0809 的内部转换时序非常重要，这是设计硬件与软件时的主要依据。如图 3-15 所示，其转换过程如下：首先 ALE 的上升沿将地址代码锁存、译码后选通模拟开关中的某一路，使该路模拟量进入到 A/D 转换器中。同时 START 的上升沿将转换器内部清零，下降沿启动 A/D 转换，即在时钟的作用下，逐位逼近过程开始，转换结束信号 EOC 即变为低电平。当转换结束后，EOC 恢复高电平，此时，如果对输出允许 OE 输入一高电平命令，则可读出数据。

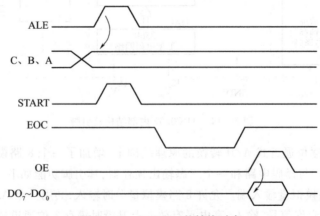

图 3-15 ADC0809 的转换时序

上述过程说明，判断 A/D 转换器是否完成一次转换，可以依据转换结束信号 EOC 电平的高低，或者根据输入时钟频率计算出转换芯片的转换时间。因此，读取 A/D 转换数可以采用程序查询、定时采样、中断采样和 CPU 等待等多种方式。

另外，ADC0809 这种芯片输出端具有可控的缓冲锁存门，易于直接与主机进行接口。还有一类芯片内部没有缓冲锁存门，不能直接与主机连接。这样，在 A/D 转换器与主机之间的数据线连接上也出现了直接连接、通过 8255 或锁存器间接连接的几种情形。

2. ADC0809 接口电路

A/D 转换器的接口电路主要是解决主机如何分时采集多路模拟量输入信号的，即主机如何启动 A/D 转换，如何判断 A/D 完成一次模/数转换，如何读入并存放转换结果的。下面仅介绍两种典型的接口电路。

1）查询方式读 A/D 转换数

图 3-16 为采用程序查询方式的 8 路 8 位 A/D 转换接口电路，由 PC 总线、ADC0809 以及 74LS138 译码器、74LS02 非与门与 74LS126 三态缓冲器组成。图 3-16 中，启动转换的板址 PA=01000000，每一路的口址分别为 000~111，故 8 路转换地址为 40H~47H。

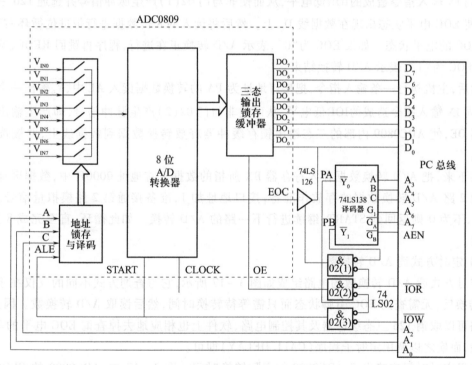

图 3-16 查询方式读 A/D 转换数

接口程序如下：

```
            MOV   BX,BUFF    ;置采样数据区首址
            MOV   CX,08H     ;8 路输入
START:      OUT   PA,AL      ;启动 A/D 转换
REOC:       IN    AL,PB      ;读 EOC
            RCR   AL,01      ;判断 EOC
            JNC   REOC       ;若 EOC=0，则继续查询
            IN    AL,PA      ;若 EOC=1，则读 A/D 转换数
            MOV   [BX],AL    ;存 A/D 转换数
            INC   BX         ;存 A/D 转换数地址加 1
```

```
            INC    PA              ;接口地址加1
            LOOP   START           ;循环
```

现说明启动转换过程:首先主机执行一条启动转换第 1 路的输出指令,把 AL 中的数据送到地址为 PA 的接口电路中,此时 AL 中的内容无关紧要,而地址 PA = 40H 使 138 译码器的 $\overline{Y_0}$ 输出一个低电平,连同 OUT 输出指令造成的 $\overline{IOW}$ 低电平,从而使非与门 02(3)产生脉冲信号到引脚 ALE 和 START,ALE 的上升沿将通道地址代码 000 锁存并进行译码,选通模拟开关中的第一路 V_{IN0},使该路模拟量进入到 A/D 转换器中;同时 START 的上升沿将 ADC0809 中的逐位逼近寄存器(SAR)清零,下降沿启动 A/D 转换,即在时钟的作用下,逐位逼近的 A/D 转换过程开始。

接着,主机查询转换结束信号 EOC 的状态,通过执行输入指令,把地址为 PB 的转换接口电路的数据读入 AL 中,此时地址 PB = 01001000(48H),使 74LS138 译码器的 $\overline{Y_1}$ 输出一个低电平,连同 IN 输入指令造成的 $\overline{IOR}$ 低电平,从而使非与门 02(1)产生脉冲信号并选通 126 三态缓冲器,使 EOC 电平状态出现在数据线 D_0 上。然后将读入的 8 位数据进行带进位循环右移,以判断 EOC 的电平状态。如果 EOC 为"0",表示 A/D 转换正在进行,程序再跳回 REOC,反复查询;当 EOC 为"1",表示 A/D 转换结束。

然后,主机执行一条输入指令,把接口地址为 PA 的转换数据读入 AL 中,$\overline{Y_0}$ 输出一个低电平,连同 IN 输入指令造成的 $\overline{IOR}$ 低电平,从而使非与门 02(2)产生脉冲信号,即产生输出允许信号到 OE,使 ADC0809 内部的三态输出锁存缓冲器释放转换数据到数据线上,并被读入到 AL 中。

接下来,把 A/D 转换数据存入寄存器 BX 所指的数据区首地址 0000H 中,数据区地址加1,为第 2 路 A/D 转换数据的存放作准备;接口地址加1,准备接通第 2 路模拟量信号;计数器减1,不为 0 则返回到 START,继续进行下一路的 A/D 转换。如此循环,直至完成 8 路 A/D 转换。

2)定时方式读 A/D 转换数

定时方式读 A/D 转换数的电路组成如图 3 - 17 所示,它与查询方式不同的仅仅在于启动 A/D 转换后,无需查询 EOC 引脚状态而只需等待转换时间,然后读取 A/D 转换数。因此,硬件电路可以取消 126 三态缓冲器及其控制电路,软件上也相应地去掉查询 EOC 电平的 REOC 程序段,而换之以调用定时子程序(CALL DELAY)即可。

这里定时时间应略大于 ADC0809 的实际转换时间。图 3 - 17 中,ADC0809 的 CLOCK 引脚(输入时钟频率)为 640kHz,因此转换时间为 8 × 8 个时钟周期,相当于 100μs。

显然,定时方式比查询方式简单,但前提是必须预先精确地知道 A/D 转换芯片完成一次 A/D 转换所需的时间。

这两种方法的共同点是硬件、软件接口简单,但在转换期间独占了 CPU 时间,好在这种逐位逼近式 A/D 转换的时间只在微秒数量级。当选用双积分式 A/D 转换器时,因其转换时间在毫秒级,因此采用中断法读 A/D 转换数的方式更为适宜。因此,在设计数据采集系统时,究竟采用何种接口方式要根据 A/D 转换器芯片而定。

8 位 A/D 转换器的分辨率约为 0.0039,转换精度在 0.4% 以下,这对一些精度要求比较高的控制系统是不够的,因此要采用更多位的 A/D 转换器,如 10 位、12 位、14 位等 A/D 转换器。下面以 AD574A 为例介绍 12 位 A/D 转换器及其接口电路。

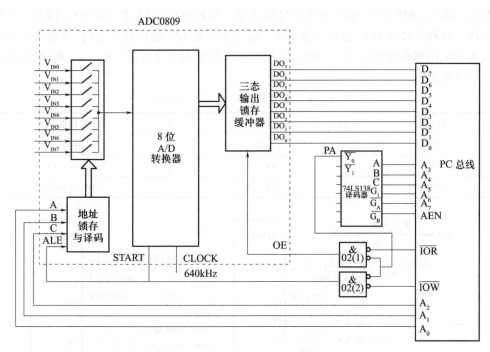

图 3-17 定时方式读 A/D 转换数

3.5.3 AD574A 芯片及其接口电路

1. AD574A 芯片介绍

AD574A 是一种高性能的 12 位逐位逼近式 A/D 转换器,分辨率为 $1/2^{12} \approx 0.024\%$,转换时间为 25μs,适合于在高精度快速采样系统中使用。如图 3-18 所示,其内部结构大体与 ADC0809 类似,由 12 位 A/D 转换器、控制逻辑、三态输出锁存缓冲器与 10V 基准电压源构成,可以直接与主机数据总线连接,但只能输入一路模拟量。AD574A 也采用 28 脚双立直插式封装,各引脚功能如下。

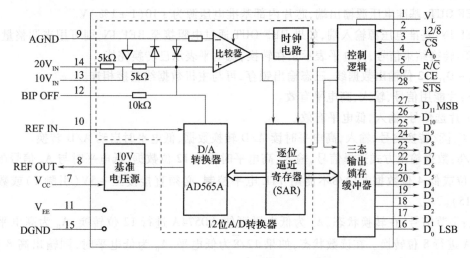

图 3-18 AD574A 原理框图及引脚

$10V_{IN}$、$20V_{IN}$、BIP OFF:模拟电压信号输入端。单极性应用时,将 BIP OFF 接 0V,双极性时接 10V。量程可以是 10V,也可以是 20V。输入信号在 10V 范围内变化时,将输入信号接至 $10V_{IN}$;在 20V 范围内变化时,接至 $20V_{IN}$。模拟输入信号的几种接法如表 3-3 所列,相应电路如图 3-19 所示。

表 3-3 模拟输入信号的几种接法

引 脚	单极性	双极性
BIP OFF	0V	10V
$10V_{IN}$	0V~10V	-5V~+5V
$20V_{IN}$	0V~20V	-10V~+10V

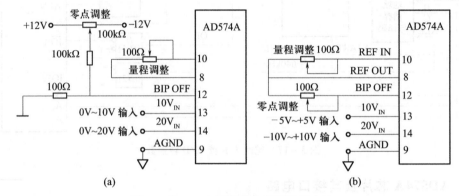

图 3-19 AD574A 的输入信号连接方法
(a) 单极性;(b) 双极性。

V_{CC}:工作电源正端,+12V(DC)或 +15V(DC)。

V_{EE}:工作电源负端,-12V(DC)或 -15V(DC)。

V_L:逻辑电源端,+5V(DC)。虽然使用的工作电源为 ±12V(DC)或 ±15V(DC),但数字量输出及控制信号的逻辑电平仍可直接与 TTL 兼容。

DGND、AGND:数字地、模拟地。

REF OUT:基准电压源输出端,芯片内部基准电压源为 +10(1±1%)V。

REF IN:基准电压源输入端,如果 REF OUT 通过电阻接至 REF IN,则可用来调整量程。

$\overline{STS}$:转换结束信号,高电平表示正在转换,低电平表示已转换完毕。

$D_0 \sim D_{11}$:12 位输出数据线,三态输出锁存,可与主机数据线直接相连。

CE:片能用信号,输入,高电平有效。

$\overline{CS}$:片选信号,输入,低电平有效。

$R/\overline{C}$:读/转换信号,输入,高电平时读 A/D 转换数据,低电平时启动 A/D 转换。

$12/\overline{8}$:数据输出方式选择信号,输入,高电平时输出 12 位数据,低电平时与 A_0 信号配合输出高 8 位或低 4 位数据。$12/\overline{8}$ 不能用 TTL 电平控制,必须直接接至 +5V(引脚 1)或数字地(引脚 15)。

A_0:字节信号,在转换状态,A_0 为低电平可使 AD574A 进行 12 位转换,A_0 为高电平可使 AD574A 进行 8 位转换。在读数状态,如果 $12/\overline{8}$ 为低电平,A_0 为低电平时,则输出高 8 位数,而 A_0 为高电平时,则输出低 4 位数;如果 $12/\overline{8}$ 为高电平,则 A_0 的状态不起作用。

CE、$\overline{CS}$、$R/\overline{C}$、$12/\overline{8}$、A_0 各控制信号的组合作用,如表 3-4 所列。

表 3-4 AD574A 控制信号的作用

CE	$\overline{CS}$	$R/\overline{C}$	$12/\overline{8}$	A_0	操作功能
0	×	×	×	×	无操作
×	1	×	×	×	无操作
1	0	0	×	0	启动12位转换
1	0	0	×	1	启动8位转换
1	0	1	+5V	×	输出12位数字
1	0	1	接地	0	输出高8位数字
1	0	1	接地	1	输出低4位数字

注：× 表示 1 或 0 都可以

2. AD574A 接口电路

12 位 A/D 转换器 AD574A 与 PC 总线的接口有多种方式。既可以与 PC 总线的 16 位数据总线直接相连,构成简单的 12 位数据采集系统;也可以只占用 PC 总线的低 8 位数据总线,将转换后的 12 位数字量分两次读入主机,以节省硬件投入。

同样,在 A/D 转换器与 PC 总线之间的数据传送上也可以使用程序查询、软件定时或中断控制等多种方法。由于 AD574A 的转换速度很高,一般多采用查询或定时方式。其接口电路及其程序参见下一节。

3.6 A/D 转换模板

在计算机控制系统中,同模拟量输出通道一样,模拟量输入通道也是以模板或板卡形式出现的,A/D 转换模板也需要遵循 I/O 模板的通用性原则:符合总线标准,接口地址可选以及输入方式可选。前两条同 D/A 转换模板一样,而输入方式可选主要是指模板既可以接受单端输入信号,也可以接受双端差动输入信号。

在结构组成上,A/D 转换模板也是按照 I/O 电气接口、I/O 功能逻辑和总线接口逻辑三部分布局的。其中。I/O 电气接口完成电平转换、滤波、隔离等信号调理作用,I/O 功能部分实现采样、放大、A/D 转换等功能,总线接口完成数据缓冲、地址译码等功能。

图 3-20 是一种 8 路 12 位 A/D 转换模板的示例。图中只给出了总线接口与 I/O 功能实现部分,由 8 路模拟开关 CD4051、采样保持器 LF398、12 位 A/D 转换器 AD574A 和并行接口芯片 8255A 等组成。

该模板的主要技术指标如下:

分辨率:12 位。

通道数:单端 8 路。

输入量程:单极性 0V~10V。

转换时间:25μs。

传送应答方式:查询。

该模板采集数据的过程如下:

(1) 通道选择。将模拟量输入通道号写入 8255A 的端口 C 低 4 位($PC_3 \sim PC_0$),可以依次选通 8 路通道。

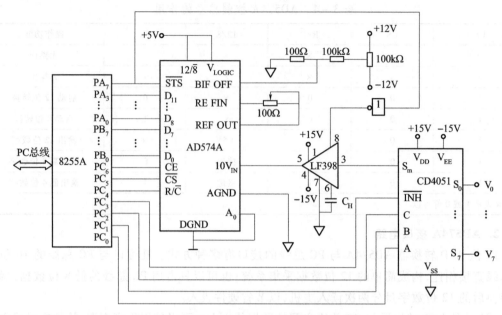

图 3-20 8 路 12 位 A/D 转换模板电路

(2) 采样保持控制。把 AD574A 的 $\overline{STS}$ 信号通过反相器连到 LF398 的信号采样保持端，当 AD574A 未转换期间或转换结束时 $\overline{STS}=0$，使 LF398 处于采样状态，当 AD574A 转换期间 $\overline{STS}=1$，使 LF398 处于保持状态。

(3) 启动 AD574A 进行 A/D 转换。通过 8255A 的端口 $PC_6 \sim PC_4$ 输出控制信号，启动 AD574A。

(4) 查询 AD574A 是否转换结束。读 8255A 的端口 A，查询 $\overline{STS}$ 是否已由高电平变为低电平。

(5) 读取转换结果。若 $\overline{STS}$ 已由高电平变为低电平，则读 8255A 端口 A、B，便可得到 12 位转换结果。

设 8255A 的 A、B、C 端口与控制寄存器的地址为 2C0H~2C3H，主过程已对 8255A 初始化，且已装填 DS、ES（两者段基值相同），采样值存入数据段中的采样值缓冲区 BUF，另定义一个 8 位内存单元 BUF_1。该过程的数据采集程序框图如图 3-21 所示，数据采集程序如下：

```
        AD574A  PROC    NEAR            ;过程定义伪指令
                MOV     CX, 8           ;计数器初值
                CLD                     ;标志位 DF 清零
                MOV     AL, 00000000B   ;
                MOV     BUF1, AL        ;CE=0, CS=0, R/C=0, INH=C=B=A=0, 控制信号初值,
                                        ; 通道号初值
                LEA     BX, BUF         ;置采样缓冲区首址
NEXTCH:         MOV     DX, 2C2H        ;8255A 的 PC 口址
                MOV     AL, BUF1        ;
                OUT     DX, AL          ;送 PC 口控制信号与通道号
                NOP
                NOP
                OR      AL, 01000000B   ;CE=1
```

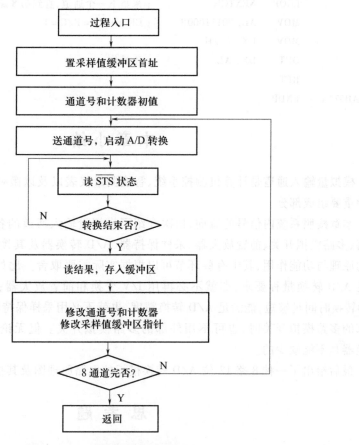

图 3-21 8路数据采集程序框图

```
            OUT     DX, AL              ;启动 A/D 转换
            AND     AL, 10111111B       ;CE = 0
            OUT     DX, AL
            MOV     DX, 2C0H            ;8255A 的 PA 口址
POLLING：   IN      AL, DX
            TEST    AL, 80H
            JNZ     POLLING             ;测试 STS
            MOV     AL, BUF1
            OR      AL, 01010000B       ;R/C = 1
            MOV     DX, 2C2H
            OUT     DX, AL              ;输出 12 位转换数到 8255A
            MOV     DX, 2C0H
            IN      AL, DX              ;读 8255A 的 PA 口
            AND     AL, 0FH
            MOV     AH, AL              ;保留 PA 口低 4 位(12 位中的高 4 位)
            INC     DX                  ;读低 8 位
            IN      AL, DX              ;读 8255A 的 PB 口(12 位中的低 8 位)
            STOSW                       ;12 位数存入内存,自动修改采样缓冲区指针
            INC     BUF1                ;修改通道号
```

```
              LOOP    NEXTCH              ;采集下一个通道,直到第8路
                      MOV    AL,00111000B    ;CE = 0, $\overline{CS}$ = R/$\overline{C}$ = 1
                      MOV    DX,2C2H
                      OUT    DX,AL           ;不操作
                      RET
AD574A                ENDP
```

本 章 小 结

模拟量输入通道是计算机测控系统、智能测量仪表以及以微处理器为基础组成的各种产品的重要组成部分。

本章按照系统内信号的流向,依次介绍了模拟量输入通道的各个组成部分——信号调理电路、多路模拟开关、前置放大器、采样保持器、A/D 转换器及其接口电路与 A/D 转换模板的结构原理与功能作用,其中有些环节可以根据实际需要取舍。比如输入信号已是电压信号且满足 A/D 转换量程要求,那就不必再用 I/V 变换和前置放大器;又如输入信号变化缓慢而 A/D 转换时间足够短,能满足 A/D 转换精度,也就不必用采样保持器;当可以利用 A/D 转换器内部的多路模拟开关时,也可不用外部的多路模拟开关。但无论如何,其核心器件——A/D 转换器是不能缺少的。

最后给出了一种 8 路 12 位 A/D 转换模板的电路原理图及其接口程序。

思 考 题

1. 画图说明模拟量输入通道的功能、各组成部分及其作用。
2. 分析说明 8 路模拟开关 CD4051 的结构原理图,结合真值表设计两个 CD4051 扩展为一个 8 路双端模拟开关的示意图。
3. 什么叫周期采样、采样时间和采样周期?
4. 分析图 3 - 9 采样保持器的原理电路及工作过程。
5. 简述逐位逼近式、双积分式、电压/频率式的 A/D 转换原理。
6. 结合图 3 - 14 与图 3 - 15,分析说明 ADC0809 的结构组成及其引脚作用。
7. 试分析图 3 - 16、图 3 - 17 ADC0809 接口电路的启动、转换、查询或定时读入数据的工作过程。比较这两种接口电路在硬件和软件上的异同点。
8. 分析说明图 3 - 20 的 8 路 12 位 A/D 转换模板的工作过程。

第4章 数字量输入/输出通道

本章要点

1. 光电耦合隔离器的结构原理及其隔离电路
2. 数字量输入通道中几种典型电路
3. 数字量输出通道几种典型驱动电路

在计算机控制系统中,除了要处理模拟量信号以外,还要处理另一种数字信号,包括开关信号、脉冲信号。它们是以二进制的逻辑"1"、"0"或电平的高、低出现的,如开关触点的闭合和断开,指示灯的亮和灭,继电器或接触器的吸合和释放,电动机的启动和停止,晶闸管的通和断,阀门的打开和关闭,仪器仪表的BCD码,以及脉冲信号的计数和定时等。

4.1 光电耦合隔离技术

计算机控制系统的输入信号来自于现场的信号传感器,输出信号又送回现场的执行器。因此,现场的电磁干扰会通过输入/输出通道串入到计算机系统中,这就需要采用通道隔离技术。最常用的方法是光电耦合隔离技术。

4.1.1 光电耦合隔离器

光电耦合隔离器按其输出级不同可分为三极管型、单向晶闸管型、双向晶闸管型等几种,如图4-1所示。它们的原理是相同的,即都是通过电、光、电这种信号转换,利用光信号的传送不受电磁场的干扰而完成隔离功能的。

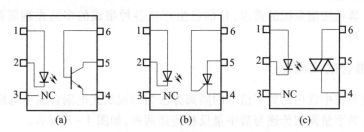

图4-1 光电耦合隔离器的几种类型
(a) 三极管型;(b) 单向晶闸管型;(c) 双向晶闸管型。

现以最简单的三极管型光电耦合隔离器为例来说明它的结构原理。如图4-2所示,三极管型光耦器件的发光二极管和光敏三极管封装在一个管壳内,发光二极管为光耦隔离器的信号输入端,光敏三极管的集电极和发射极为光耦隔离器的输出端,它们之间的信号传递是靠发光二极管在信号电压的控制下发光,传送给光敏三极管来完成的。其输入、输出类似于普通三极管的输入、输出特性,即存在着截止区、饱和区与线性区三部分。

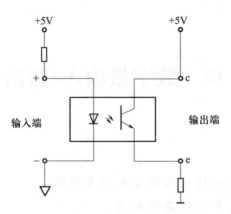

图 4-2 三极管型光电耦合隔离器的结构原理

利用光耦隔离器的开关特性(光敏三极管工作在截止区、饱和区),可传送数字信号而隔离电磁干扰,简称对数字信号进行隔离。例如在数字量输入/输出通道中,以及在模拟量输入通道中的 A/D 转换器与 CPU 之间或模拟量输出通道中的 CPU 与 D/A 转换器之间的数字信号传送,都可用光耦的这种开关特性对数字信号进行隔离。

利用光耦隔离器的线性放大区(光敏三极管工作在线性区),可传送模拟信号而隔离电磁干扰,简称对模拟信号进行隔离。例如在现场,传感器与 A/D 转换器或 D/A 转换器与现场执行器之间的模拟信号传送,可用光耦的这种线性区对模拟信号进行隔离。

光耦的这两种隔离方法各有优缺点。模拟信号隔离方法的优点是使用少量的光耦,成本低;缺点是调试困难,如果光耦挑选得不合适,会影响 A/D 或 D/A 转换的精度和线性度。数字信号隔离方法的优点是调试简单,不影响系统的精度和线性度;缺点是使用较多的光耦器件,成本较高。但因光耦越来越价廉,数字信号隔离方法的优势突现出来,因而在工程中使用更多。

要注意的是,用于驱动发光管的电源与驱动光敏三极管的电源不应是共地的同一个电源,必须分开,单独供电,才能有效避免输出端与输入端相互间的反馈和干扰;另外,发光二极管的动态电阻很小,也可以抑制系统内外的噪声干扰。因此,利用光耦隔离器来传递信号,能有效地隔离电磁场的干扰。

为了适应计算机控制系统的需求,目前已生产出各种集成的多路光耦隔离器,如 TLP 系列就是常用的一种。

4.1.2 光电耦合隔离电路

下面以控制系统中常用的数字信号的隔离方法为例说明光电耦合隔离电路。典型的光电耦合隔离电路有数字量同相传递与数字量反相传递两种,如图 4-3 所示。

数字量同相传递如图 4-3(a)所示,光耦的输入正端接正电源,输入负端接到与数据总线相连的数据缓冲器上,光敏管的集电极 c 通过电阻接另一个正电源,发射极 e 直接接地,光耦输出端即从集电极 c 引出。当数据线为低电平"0"时,发光管导通且发光,使得光敏管导通,光耦的输出接地而获得低电平"0";当数据线为高电平"1"时,发光管截止不发光,则光敏管也截止,使光耦的输出从电源处获得高电平"1"。如此,完成了数字信号的同相传递。

数字量反相传递如图 4-3(b)所示,与图 4-3(a)不同的是光敏管的集电极 c 直接接另

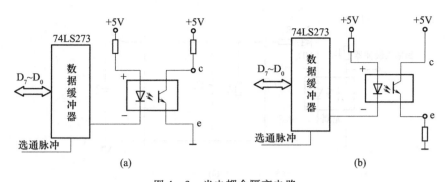

图 4-3 光电耦合隔离电路
(a) 数字量同相传递；(b) 数字量反相传递。

一个正电源，而发射极 e 通过电阻接地，因此光耦输出端从发射极 e 引出，从而完成了数字信号的反相传递。

4.2 数字量输入通道

数字量输入通道简称 DI 通道，它的任务是把生产过程中的数字信号转换成计算机易于接受的形式。数字量信号以开关或脉冲输入形式居多，虽然数字量信号不需进行 A/D 转换，但对通道中可能引入的各种干扰必须采取相应的技术措施，即在外部信号与计算机之间要设置输入信号调理电路。

4.2.1 开关输入电路

凡在电路中起到通、断作用的各种按钮、触点、开关，其端子引出均统称为开关信号。在开关输入电路中，主要是考虑信号调理技术，如电平转换、RC 滤波、过电压保护、反电压保护、光电隔离等。

（1）电平转换是用电阻分压法把现场的电流信号转换为电压信号。

（2）RC 滤波是用 RC 滤波器滤出高频干扰。

（3）过电压保护是用稳压管和限流电阻作过电压保护；用稳压管或压敏电阻把瞬态尖峰电压钳位在安全电平上。

（4）反电压保护是串联一个二极管防止反极性电压输入。

（5）光电隔离是用光耦隔离器实现计算机与外部的完全电隔离。

典型的开关量输入信号调理电路如图 4-4 所示，点画线右边是由开关 S 与电源组成的外部电路。图 4-4(a) 是直流输入电路，图 4-4(b) 是交流输入电路。交流输入电路比直流输入电路多一个降压电容和整流桥块，可把高压交流（如 380V（AC））变换为低压直流（如 5V（DC））。开关 S 的状态经 RC 滤波、稳压管 VD_1 钳位保护、电阻 R_2 限流、二极管 VD_2 防止反极性电压输入以及光耦隔离等措施后送至输入缓冲器，主机通过执行输入指令便可读取开关 S 的状态。比如，当开关 S 闭合时，输入回路有电流流过，光耦中的发光管发光，光敏管导通，数据线上为低电平，即输入信号为"0"对应于外电路开关 S 的闭合；反之，开关 S 断开，光耦中的发光管无电流流过，光敏管截止，数据线上为高电平，即输入信号为"1"对应于外电路开关 S 的断开。

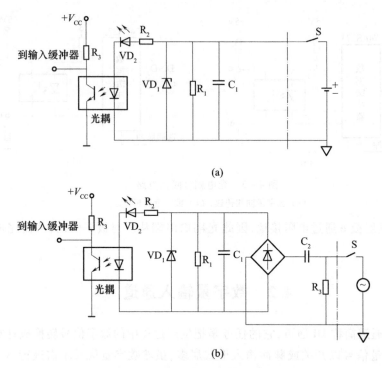

图 4-4 开关量输入信号调理电路

(a) 直流输入电路;(b) 交流输入电路。

4.2.2 脉冲计数电路

有些用于检测流量、转速的传感器发出的是脉冲频率信号,对于大量程可以设计一种定时计数输入接口电路,即在一定的采样时间内统计输入的脉冲个数,然后根据传感器的比例系数换算出所检测的物理量。

图 4-5 为一种定时计数输入接口电路,传感器发出的脉冲频率信号,经过简单的信号调理,引到 8253/8254 芯片的计数通道 1 的 CLK_1 口。8254 是具有 3 个 16 位计数器通道的可编

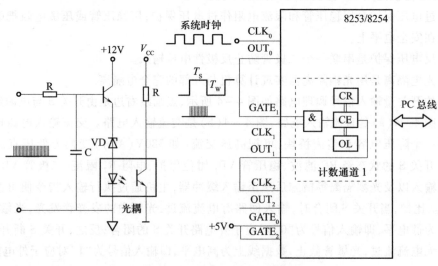

图 4-5 脉冲计数输入电路

程计数器/定时器。图4-5中,计数通道0工作于模式3,CLK_0用于接收系统时钟脉冲,OUT_0输出一个周期为系统时钟脉冲 N 倍(N 为通道0的计数初值)的连续方波脉冲,其高、低电平时段是计数通道1的采样时间和采样间隔时间,分别记为 T_S、T_W;计数通道1和通道2均选为工作模式2,且 OUT_1 串接到 CLK_2,使两者构成一个计数长度为 2^{32} 的脉冲计数器,以对 T_S 内的输入脉冲计数。

如果获得 T_S 时间内的输入脉冲个数为 n,则单位时间内的脉冲个数即脉冲频率为 n/T_S,从而可换算出介质的流量或电机的转速值。比如,发出脉冲频率信号的是涡轮流量计或磁电式速度传感器,它们的脉冲当量(即一个脉冲相当的流量或转数)为 K,则介质的流量或电机的转数就为 $K \cdot n/T_S$。

4.3 数字量输出通道

数字量输出通道简称 DO 通道,它的任务是把计算机输出的微弱数字信号转换成能对生产过程进行控制的数字驱动信号。根据现场负荷功率的不同,可以选用不同的功率放大器件构成不同的开关量驱动输出通道。常用的有三极管驱动电路、继电器输出驱动电路、晶闸管驱动电路、固态继电器驱动电路等。

4.3.1 三极管驱动电路

对于低压情况下的小电流开关量,用功率三极管就可作开关驱动组件,其输出电流就是输入电流与三极管增益的乘积。

1. 普通三极管驱动电路

当驱动电流只有几十毫安时,如驱动发光二极管、小功率继电器等器件,只要采用一个普通的功率三极管就能构成驱动电路。图4-6为驱动 LED 数码管的小功率三极管输出电路,当 CPU 数据线 D_i 输出数字"0"即低电平时,经7406反相锁存器变为高电平,使 NPN 型三极管导通,集电极电流驱动 LED 数码管发光。

2. 达林顿驱动电路

当驱动电流需要达到几百毫安时,如驱动中功率继电器、电磁开关等装置,输出电路必须采取多级放大

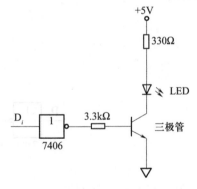

图4-6 小功率三极管输出电路

或提高三极管增益的办法。达林顿阵列驱动器是由多对两个三极管组成的达林顿复合管构成,它具有输入阻抗高、增益高、输出功率大及保护措施完善的特点,同时多对复合管也非常适用于计算机控制系统中的多路负荷。

图4-7给出达林顿阵列驱动器 MC1416 的结构图与每对复合管的内部结构,MC1416 内含7对达林顿复合管,每个复合管的集电极电流可达 500mA,截止时能承受 100V 电压,其输入/输出端均有钳位二极管,输出钳位二极管 VD_2 抑制高电位上发生的正向过冲,VD_1、VD_3 可抑制低电平上的负向过冲。

图4-8为达林顿阵列驱动中的一路驱动电路,当 CPU 数据线 D_i 输出数字"0"即低电平

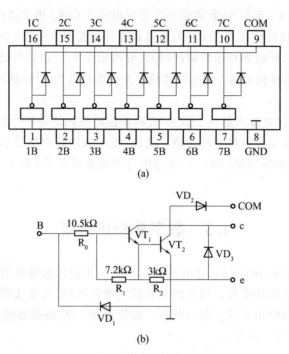

图 4-7 达林顿阵列驱动器 MC1416
(a) MC14716 结构图；(b) 复合管内部结构。

时,经 7406 反相锁存器变为高电平,使达林顿复合管导通,产生的几百毫安集电极电流足以驱动负载线圈,而且利用复合管内的保护二极管构成了负荷线圈断电时产生的反向电动势的泄流回路。

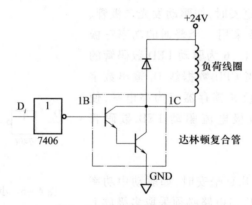

图 4-8 达林顿阵列驱动电路

4.3.2 继电器驱动电路

电磁继电器主要由线圈、铁芯、衔铁和触点等部件组成,简称为继电器,它分为电压继电器、电流继电器、中间继电器等几种类型。继电器方式的开关量输出是一种最常用的输出方式,通过弱电控制外界交流或直流的高电压、大电流设备。

继电器驱动电路的设计要根据所用继电器线圈的吸合电压和电流而定,控制电流一定要大于继电器的吸合电流才能使继电器可靠地工作。图 4-9 为经光耦隔离器的继电器输出驱动电路,当 CPU 数据线 D_i 输出数字"1"即高电平时,经 7406 反相驱动器变为低电平,光耦隔离器的发光二极管导通且发光,使光敏三极管导通,继电器线圈 KA 得电,动合触点闭合,从而驱动大型负荷设备。

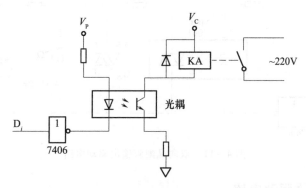

图 4-9 继电器输出驱动电路

由于继电器线圈是电感性负载,当电路突然关断时,会出现较高的电感性浪涌电压,为了保护驱动器件,应在继电器线圈两端并联一个阻尼二极管,为电感线圈提供一个电流泄放回路。

4.3.3 晶闸管驱动电路

晶闸管又称可控硅(SCR,Silicon Controlled Rectifier),是一种大功率的半导体器件,具有用小功率控制大功率、开关无触点等特点,在交流/直流电机调速系统、调功系统、随动系统中应用广泛。

晶闸管是一个三端器件,其符号表示如图 4-10 所示。图 4-10(a)为单向晶闸管,有阳极 A、阴极 K、控制极(门极)G 三个极。当阳、阴极之间加正向电压,控制极与阴极两端也施加正向电压使控制极电流增大到触发电流值时,晶闸管由截止转为导通;只有在阳、阴极间施加反向电压或阳极电流减小到维持电流以下,晶闸管才由导通变为截止。单向晶闸管具有单向导电功能,在控制系统中多用于直流大电流场合,也可在交流系统中用于大功率整流回路。

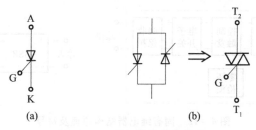

图 4-10 晶闸管的结构符号
(a)单向晶闸管;(b)双向晶闸管。

双向晶闸管也叫三端双向可控硅,在结构上相当于两个单向晶闸管的反向并联,但共享一个控制极,结构如图 4-10(b)所示。当两个电极 T_1、T_2 之间的电压大于 1.5V 时,不论极性如何,都可利用控制极 G 触发电流控制其导通。双向晶闸管具有双向导通功能,因此特别适用于交流大电流场合。

晶闸管常用于高电压大电流的负载,不适宜与 CPU 直接相连,在实际使用时要采用隔离措施。图 4-11 为经光耦隔离的双向晶闸管输出驱动电路,当 CPU 数据线 D_i 输出数字"1"时,经 7406 反相变为低电平,发光二极管导通,使光敏晶闸管导通,导通电流再触发双向晶闸管导通,从而驱动大型交流负荷设备 R_L。

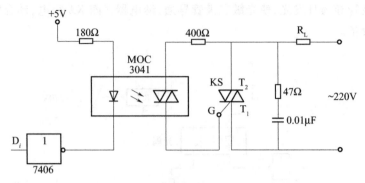

图 4-11 双向晶闸管输出驱动电路

4.3.4 固态继电器驱动电路

固态继电器(SSR,Solid State Relay)是一种新型的无触点开关的电子继电器,它利用电子技术实现了控制回路与负载回路之间的电隔离和信号耦合,而且没有任何可动部件或触点,即能实现电磁继电器的功能,故称为固态继电器。它具有体积小、开关速度快、无机械噪声、无抖动和回跳、寿命长等传统继电器无法比拟的优点,在计算机控制系统中得到广泛的应用,大有取代电磁继电器之势。

固态继电器(SSR)是一个四端组件,有两个输入端、两个输出端,其内部结构类似于图 4-11 中的晶闸管输出驱动电路。图 4-12 所示为其结构原理图,由五部分组成。光耦隔离电路的作用是在输入与输出之间起信号传递作用,同时使两端在电气上完全隔离;控制触发电路是为后级提供一个触发信号,使电子开关(三极管或晶闸管)能可靠地导通;电子开关电路用来接通或关断直流或交流负载电源;吸收保护电路的功能是防止电源的尖峰和浪涌对开关电路产生干扰造成开关的误动作或损害,一般由 RC 串联网络和压敏电阻组成;零压检测电路是为交流型 SSR 过零触发而设置的。

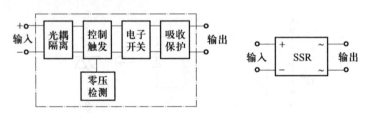

图 4-12 固态继电器结构原理及符号

SSR 的输入端与晶体管、TTL、CMOS 电路兼容,输出端利用器件内的电子开关来接通和断开负载。工作时只要在输入端施加一定的弱电信号,就可以控制输出端大电流负载的通断。

SSR 的输出端可以是直流也可以是交流,分别称为直流型 SSR 和交流型 SSR。直流型 SSR 内部的开关组件为功率三极管,交流型 SSR 内部的开关组件为双向晶闸管。而交流型 SSR 按控制触发方式不同又可分为过零型和移相型两种,其中应用最广泛的是过零型。

过零型交流 SSR 是指当输入端加入控制信号后,需等待负载电源电压过零时,SSR 才为导通状态;而断开控制信号后,也要等待交流电压过零时,SSR 才为断开状态。移相型交流 SSR 的断开条件同过零型交流 SSR,但其导通条件简单,只要加入控制信号,不管负载电流相位如何,立即导通。

直流型 SSR 的输入控制信号与输出完全同步。直流型 SSR 主要用于直流大功率控制。

一般取输入电压为 4V～32V,输入电流为 5mA～10mA。它的输出端为晶体管,输出工作电压为 30V～180V。

交流型 SSR 主要用于交流大功率控制。一般输入电压为 4V～32V,输入电流小于 500mA。它的输出端为双向晶闸管,一般额定电流在 1A～500A 范围内,电压多为 380V 或 220V。图 4-13 为一种常用的固态继电器驱动电路,当数据线 D_i 输出数字"0"时,经 7406 反相变为高电平,使 NPN 型三极管导通,SSR 输入端得电,输出端接通大型交流负荷设备 R_L。

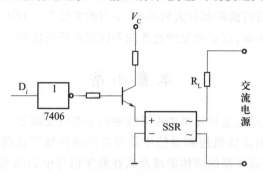

图 4-13 固态继电器输出驱动电路

当然,在实际使用中,要特别注意固态继电器的过电流与过电压保护以及浪涌电流的承受等工程问题,在选用固态继电器的额定工作电流与额定工作电压时,一般要远大于实际负载的电流与电压,而且输出驱动电路中仍要考虑增加阻容吸收组件。具体电路与参数请参考生产厂家有关手册。

4.4 DI/DO 模板

把上述数字量输入通道或数字量输出通道设计在一块模板上,就称为 DI 模板或 DO 模板,也可统称为数字量 I/O 模板。图 4-14 为含有 DI 通道和 DO 通道的 PC 总线数字量 I/O 模板的结构框图,由 PC 总线接口逻辑、I/O 功能逻辑、I/O 电气接口三部分组成。

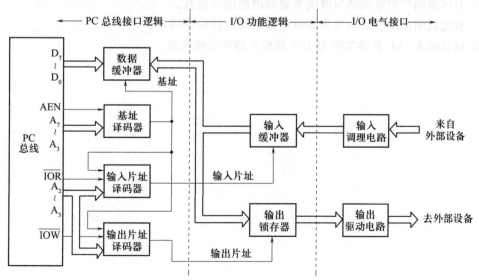

图 4-14 数字量 I/O 模板结构框图

PC 总线接口逻辑部分由 8 位数据缓冲器、基址译码器、输入和输出片址译码器组成。

I/O 功能逻辑部分只有简单的输入缓冲器和输出锁存器。其中，输入缓冲器起着对外部输入信号的缓冲、加强和选通作用；输出锁存器锁存 CPU 输出的数据或控制信号，供外部设备使用。I/O 缓冲功能可以用可编程接口芯片如 8255A 构成，也可以用 74LS240、74LS244、74LS373、74LS273 等芯片实现。

I/O 电气接口部分的功能主要是电平转换、滤波、保护、隔离、功率驱动等。

各种数字量 I/O 模板的前两部分大同小异，不同的主要在于 I/O 电气接口部分，即输入信号的调理和输出信号的驱动，这是由生产过程的不同需求所决定的。

本 章 小 结

数字量输入/输出通道也是计算机测控系统中的重要组成部分。

本章首先介绍了当前计算机控制系统中最重要的硬件抗干扰技术——光电耦合隔离技术，并着重分析光电耦合隔离器的结构原理及其在数字信号中的隔离电路。介绍分析了数字量输入通道中的 2 种典型电路：信号调理电路、脉冲计数电路。还介绍分析了数字量输出通道中的 4 种典型驱动电路：三极管驱动电路、继电器驱动电路、晶闸管驱动电路与固态继电器驱动电路。最后，简单分析了数字量 I/O 模板的结构框图。

思 考 题

1. 画图分析说明三极管型光电耦合隔离器的结构原理。
2. 分析说明光耦隔离器的两种特性及其隔离电磁干扰的作用机理。
3. 结合图 4-4，简述信号调理电路的构成及其各元器件的作用。
4. 分析说明图 4-5 脉冲计数电路的工作过程及其用途。
5. 简述数字量输出通道的功能及常用的输出驱动电路。
6. 对比说明三极管驱动与继电器驱动电路的异同点。
7. 对比说明晶闸管驱动与固态继电器驱动电路的异同点。
8. 结合图 4-14，简述数字量 I/O 模板电路的结构组成。

第 5 章 键盘及其接口技术

本章要点
1. 按键的抖动干扰及其解决方法
2. 独立式键盘的结构原理及其接口电路
3. 矩阵式键盘的结构原理及其行扫描法
4. 编码器及其编码键盘接口电路

在计算机控制系统中,除了与生产过程进行信息传递的输入和输出设备以外,还有与操作人员进行信息交换的常规输入设备和输出设备。键盘是一种最常用的输入设备,它是一组按键的集合,从功能上可分为数字键和功能键两种,作用是输入数据与命令,查询和控制系统的工作状态,实现简单的人机对话。

键盘接口电路可分为编码键盘和非编码键盘两种类型。编码键盘采用硬件编码电路来实现键的编码,每按下一个键,键盘便自动产生一个按键代码。编码键盘主要有 BCD 码键盘、ASCII 码键盘等类型。非编码键盘仅提供按键的通或断状态,按键代码的产生与识别由软件完成。

编码键盘的特点是使用方便,键盘码产生速度快,占用 CPU 时间少,但对按键的检测与抖动干扰的消除是靠硬件电路来完成的,因而硬件电路复杂、成本高。而非编码键盘硬件电路简单,成本低,但占用 CPU 的时间较长。

5.1 键盘输入电路

计算机控制系统中的键盘通常采用触点式按键,触点式按键是利用机械触点的闭合或断开来输入状态信息的。

5.1.1 键盘的抖动干扰

由于机械触点的弹性振动,按键在按下时不会马上稳定地接通,在弹起时也不能一下子完全地断开,因而在按键闭合和断开的瞬间均会出现一连串的抖动,这种抖动称为按键的抖动干扰,其产生的波形如图 5-1 所示。当按键按下时会产生前沿抖动,当按键弹起时会产生后沿抖动。这是所有机械触点式按键在状态输出时的共性问题,抖动的时间长短取决于按键的机械特性与操作状态,一般为 10ms~100ms,这是键处理设计时要考虑的一个重要参数。

5.1.2 抖动干扰的消除

按键的抖动会造成按一次键产生的开关状态被 CPU 误读几次。为了使 CPU 能正确地读

图 5-1 按键的抖动干扰

取按键状态,必须在按键闭合或断开时,消除产生的前沿或后沿抖动,去抖动的方法有硬件方法和软件方法两种。

1. 硬件方法

硬件方法是设计一个滤波延时电路或单稳态电路等硬件电路来避开按键的抖动时间。图 5-2 是由 R_2 和 C 组成的滤波延时消抖电路,设置在按键 S 与 CPU 数据线 D_i 之间。按键 S 未按下时,电容两端电压为 0,即非门输入 V_i 为 0,输出 V_o 为 1。当 S 按下时,由于 C 两端电压不能突变,充电电压 V_i 在充电时间内未达到非门的开启电压,输出 V_o 将不会改变,直到充电电压 V_i 大于门的开启电压时,其输出 V_o 才变为 0,这段充电延迟时间取决于 R_1、R_2 和 C 值的大小,电路设计时只要使之大于或等于 100ms 即可避开按键抖动的影响。同理,按键 S 断开时,即使出现抖动,由于 C 的放电延迟过程,也会消除按键抖动的影响。

图 5-2 中,V_1 是未施加滤波电路含有前沿抖动、后沿抖动的波形,V_2 是施加滤波电路后消除抖动的波形。

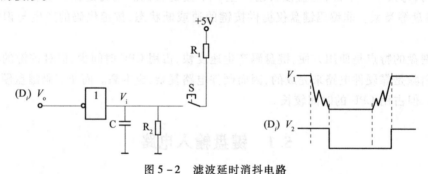

图 5-2 滤波延时消抖电路

2. 软件方法

软件方法是指编制一段时间大于 100ms 的延时程序,在第一次检测到有键按下时,执行这段延时子程序使键的前沿抖动消失后再检测该键状态,如果该键仍保持闭合状态电平,则确认为该键已稳定按下,否则无键按下,从而消除了抖动的影响。同理,在检测到按键释放后,也同样要延迟一段时间,以消除后沿抖动,然后转入对该按键的处理。

5.2 非编码独立式键盘

独立式键盘是非编码键盘中最简单的一种键盘结构形式。每个按键独立地占有一根 I/O 口线,一般通过上拉电阻保证按键断开时 I/O 口线有确定的高电平,而按键闭合时为低电平。可以把各按键的 I/O 口线直接与 CPU 数据线相连,也可以通过并行接口 8255 芯片或三态缓冲器与数据线相连,通过 CPU 对相关 I/O 口线状态的检测,即可知道键盘上是否有键按下和哪个键按下,并可根据各键的功能定义进行相关的键功能处理。相据 CPU 何时访问和怎样访问按键的 I/O 口线,就构成了两种独立式键盘接口电路。

5.2.1 查询法接口电路

现以 3 个按键为例,图 5-3 即为独立式键盘查询法接口电路。按键 S_0、S_1、S_2 分别通过上拉电阻与 CPU 的数据线 D_0、D_1、D_2 相连,当按键 S_i 闭合时,数据线直接接地,因而 CPU 读入 $D_i = 0$;当按键 S_i 断开时,数据线通过上拉电阻接到正电源,因而 CPU 读入 $D_i = 1$。

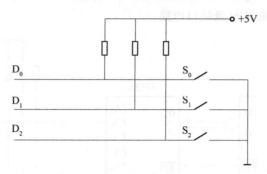

图 5-3 独立式键盘查询法接口电路

该接口电路实现的功能:查询检测是否有键按下,如有键闭合,则消除抖动,再判断键号,然后转入相应的键处理程序。其程序流程如图 5-4 所示。

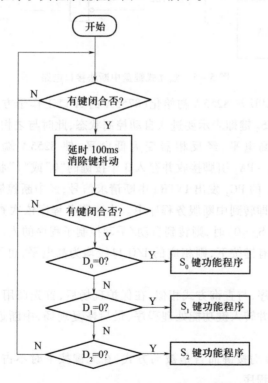

图 5-4 独立式键盘查询法程序流程图

采用查询法时,必须保证 CPU 每隔一定时间主动地去扫描按键一次,该扫描时间间隔应小于两次按键的时间间隔,否则会有按键不响应的情形。显然这种方式占用 CPU 时间比较多。

5.2.2 中断法接口电路

仍以3个按键为例,图5-5是一个用于炉温控制系统的独立式键盘中断法接口电路,S_0、S_1、S_2分别代表自动/手动切换、炉温参数显示和炉温参数打印功能。这是在上述查询法接口电路的基础上,再把按键S_0、S_1、S_2的数据输出线经过与非门和反相器后与8255A的选通输入信号PC_4相连,8255A的PC_3发出中断请求信号经中断控制器8259A与CPU的中断请求引脚相连,这是一种典型的中断法键盘接口电路。

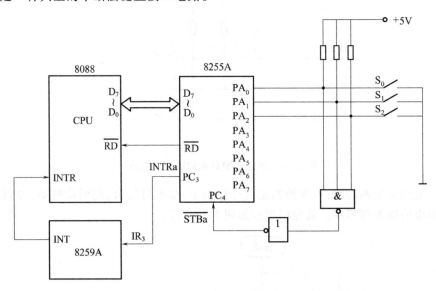

图5-5 独立式键盘中断法接口电路

工作过程如下:当CPU对8255A初始化(8255A的A口工作于方式1选通输入)后,CPU即执行主程序。当按下S_0键即表示要进入自动控制状态,此时与之相连的I/O口线呈现低电平的同时,与非门输出高电平,经反相器变为低电平,使8255A端口A的选通输入信号PC_4($\overline{STBa}$)有效,则$PA_0 \sim PA_2$引脚接收并存入3个按键的"0"或"1"状态,当STBa恢复成高电平后,经T_{SIT}时间,8255A的PC_3发出INTRa中断请求信号,经中断控制器8259A向CPU申请中断,CPU响应中断后,即转到中断服务程序中。中断服务程序依次查询按键的通断状态,当查询到是自动/手动(即$S_0=0$)时,则转到自动/手动控制子程序的入口地址,从而使系统进入自动控制状态。如果没有键按下,则相应的I/O口线均为高电平,也不会产生中断信号,CPU继续运行主程序。

键盘中断服务子程序,与查询方式相似,在保护现场后,首先调用100ms延时子程序去除抖动,然后依次查键号,并转入键功能处理程序,最后恢复现场,中断返回。显然,查询顺序代表了按键的排队优先级。

采用中断法时,CPU对按键而言是被动方式,在无键按下时不占用CPU时间,因而CPU有更多的时间执行其他程序。

上述分析说明:独立式键盘接口电路简单灵活,软件结构简单,但每个按键必须占用一根I/O口线,在按键数量较多时,需要占用较多的I/O口线。比如64个按键,需要有64根线,不仅连线复杂,查询按键的时间也较长。故这种键盘电路只适合于按键数量比较少的小型控制系统或智能控制仪表中。

5.3 非编码矩阵式键盘

当按键数量较多时,为了少占用 CPU 的 I/O 口线,通常将按键排列成矩阵式结构。矩阵式结构也是非编码键盘中的一种形式。

5.3.1 矩阵式键盘的结构组成

矩阵式键盘又叫行列式键盘,是用 I/O 口线组成的行、列矩阵结构,在每根行线与列线的交叉处,二线不直接相通而是通过一个按键跨接接通。采用这种矩阵结构只需 M 根行输出线和 N 根列输入线,就可连接 $M\times N$ 个按键。通过键盘扫描程序的行输出与列输入就可确认按键的状态,再通过键盘处理程序便可识别键值。

键盘与 CPU 的接口可采用并行端口 8255A、锁存器或缓冲器一类。图 5-6 给出了一种 8×8 非编码矩阵式键盘的接口电路。行输出电路由行扫描锁存器 74LS273、反相器与行线 $X_0 \sim X_7$ 连接组成,列输入电路由三态缓冲器 74LS244 与列线 $Y_0 \sim Y_7$ 以及上拉电阻组成。X线、Y线的每一个交叉处跨接一个键,其键值分别是十进制数的 01,02,…,64。该键盘的接口地址为 $PORT_1$。

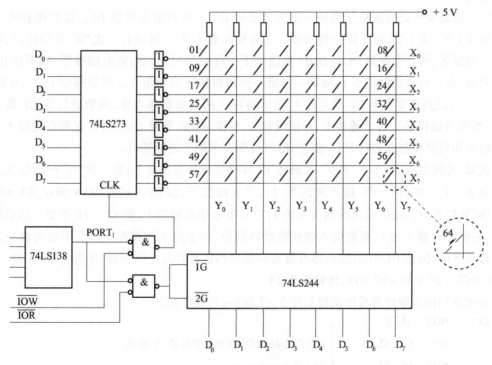

图 5-6 矩阵式键盘接口电路

当键盘中无任何键按下时,所有的行线和列线被断开且相互独立,输入线 $Y_0 \sim Y_7$ 列都为高电平;当有任意一键按下时,则该键所在的行线与列线接通,因此,该列线的电平取决于该键所在的行线。基于此,产生了"行扫描法"与"线反转法"两种识别方法。

行扫描法又称逐行零扫描查询法,即逐行输出行扫描信号"0",使各行依次为低电平,然后分别读入列数据,检查此(低电平)行中是否有键按下。如果读得某列线为低电平,则表示此(低电平)行线与此列线的交叉处有键按下,再对该键进行译码计算出键值,然后转入该键的功能子程序入口地址;如果没有任何一根列线为低电平,则说明此(低电平)行没有键按下。接着进行下一行的"0"行扫描与列读入,直到8行全部查完为止,若无键按下则返回。

有时为了快速判断键盘中是否有键按下,也可先将全部行线同时置为低电平,然后检测列线的电平状态:若所有列线均为高电平,则说明键盘中无键按下,立即返回;若要有一列的电平为低,则表示键盘中有键被按下,然后再如上那样进行逐行扫描。

5.3.2 矩阵式键盘的程序设计

在计算机控制系统中,键盘扫描只是 CPU 工作的一部分。因此在设计键盘扫描程序时,必须要保证键盘操作的实时性,又不能占有 CPU 太多的时间,还要充分考虑到抖动干扰的消除。一般可根据情况选用编程扫描、定时扫描或中断扫描中的一种方式。

下面来考虑扫描程序的编写与准备。逐行输出行扫描信号"0",即是 CPU 依次使行线 $X_0 \sim X_7$ 为低电平,其输出数据代码分别为 01H(X_0 线)、02H(X_1 线)、04H(X_2 线)、08H(X_3 线)、10H(X_4 线)、20H(X_5 线)、40H(X_6 线)、80H(X_7 线)。

为消除按键的抖动干扰,程序中需调用延时 100ms 的子程序,以便认定确有键按下,再识别其键值。

求十进制键值的方法是分别设一个行值寄存器 CL 和列值寄存器 DL。接口电路中跨接在行列线上的64个键,由于同一列相邻行之间相隔数8,所以每进行一次"0"行扫描后,如果此行无键按下,则行寄存器 CL 应加08再进行下一行的"0"行扫描;若有键按下,则不加08而转求列值,由于列值比键值小1,如第一行第一列的键按下时列值 Y_0(即数据位 D_0)=0 比01键值小1,所以列值寄存器 DL 应先加1,然后将读入的列值循环右移,判断进位位 CF 是否等于零(即有否键按下),若无键按下,再继续加1、右移、判断,重复上述过程,直到有键按下。最后把行值和列值相加并进行 DAA 修正,即可得到所求的十进制键值。

例如,跨接在 X_2 行与 Y_1 列的18键按下,其键值计算方法如下:第一次"0"行扫描 X_0 行,无键按下,CL=00+08=08,接下来扫 X_1 行,仍无键按下,加08并进行 DAA 修正,CL=08+08=16,再扫 X_2 行,此时读入的列值不等于 FFH 即表明有键按下,则 CL=16 不变。然后转求列值,列值寄存器先加1,再把读入的列值循环移位,由于按下的键在 Y_1 列,所以需移位两次才能移出 0 值,因此 DL=02,然后将行值寄存器与列值寄存器之值相加,并进行 DAA 修正,得到 AL=CL+DL=16+02=18,即键值为18。

该键盘扫描及键处理程序流程如图5-7所示,其程序如下:

```
KEY:   MOV  AL, 0
       MOV  CL, AL      ;行值寄存器 CL 和列值寄存器 DL 清零
       MOV  DL, AL
       MOV  AL, 0FFH
       OUT  PORT1, AL   ;使所有行线为低电平
       IN   AL, PORT1   ;读列键值
       CMP  AL, 0FFH    ;检查是否有键按下
       JZ   DONE        ;无键按下转返回
       CALL DELAY       ;有键按下调延时100ms子程序
```

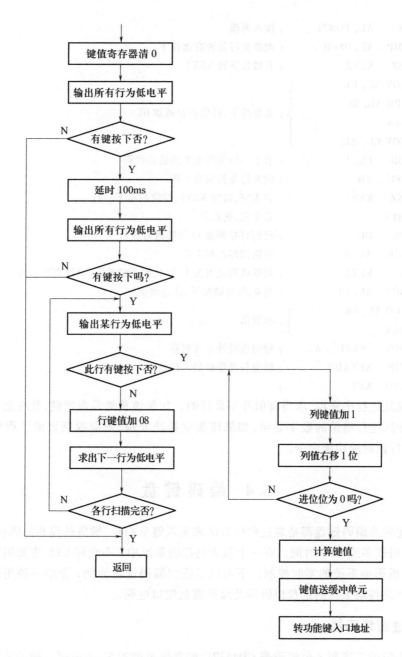

图 5-7 矩阵式键盘扫描及键处理程序流程图

```
        MOV  AL, 0FFH   ⎫
        OUT  PORT1, AL  ⎬ ；重复上述扫描,再次确认是否有键按下
        IN   AL, PORT1  ⎪
        CMP  AL, 0FFH   ⎭
        JZ   DONE       ；无键按下转返回
        MOV  AH, 08     ；行数 08 送计数器 AH
        MOV  BL, 01H    ；行扫描初值(即 $X_0$ 线)送 BL
KEY1:   MOV  AL, BL     ⎫
        OUT  PORT1, AL  ⎬ ；输出使某行为低电平
```

```
        IN    AL, PORT1        ;读入列值
        CMP   AL, 0FFH         ;判断此行是否有键按下
        JNZ   KEY2             ;有键按下转 KEY2
        MOV   AL, CL        ⎫
        ADD   AL, 08        ⎬  ;无键按下,行值寄存器加 08
        DAA                 ⎪
        MOV   CL, AL        ⎭
        RCL   BL, 1            ;求下一行为低电平的输出代码
        DEC   AH               ;判 8 行全扫描完了吗
        JNZ   KEY1             ;若未完,则转 KEY1,继续扫描下一行
DONE:   IRET                   ;若全完,则返回
KEY2:   INC   DL               ;列值寄存器加 1(与键值对应)
        RCR   AL, 1            ;列值循环右移 1 位
        JC    KEY2             ;判断该列是否为 1,为 1,则无键按下,继续查下一列
        MOV   AL, CL           ;为 0,则有键按下,获得列值
        ADD   AL, DL        ⎫
                            ⎬  ;求键值
        DAA                 ⎭
        MOV   [BUFF], AL       ;键值送缓冲单元暂存
        JMP   KEYADR           ;转查找功能键的入口地址
        END   KEY              ;
```

对于键盘处理程序来说,求得键值并不是目的。如果该按键是数字键,就应把该键值直接送到显示缓冲区进行键值的数字显示;如果该按键是功能键,则应找到该键子程序的入口地址,转而去执行该键的功能命令。

5.4 编码键盘

上面所述的非编码键盘都是通过软件方法来实现键盘扫描、键值处理和消除抖动干扰的。显然,这将占用较多的 CPU 时间。在一个较大的控制系统中,不允许 CPU 主要用来执行键盘程序,这将严重影响系统的实时控制。下面以二进制编码键盘为例,介绍一种用硬件方法来识别键盘和解决抖动干扰的键盘编码器及编码键盘接口电路。

5.4.1 二进制编码器

具有优先级的二进制 8 位编码器 CD4532B 的真值表如表 5-1 所列。表示芯片优先级的输入允许端 E_i 为"0"时,无论编码器的信号输入 $I_7 \sim I_0$ 为何状态,编码器输出全为"0",芯片处于屏蔽状态,同时 E_o 为"0",也屏蔽下一级芯片;当输入允许端 E_i 为"1"时,且编码器的信号输入 $I_7 \sim I_0$ 全为"0"时,编码输出也为"0",但输出允许端 E_o 为"1",表明此编码器输入端无键按下,却允许优先级低的相邻编码器处于编码状态。这两种情形下的工作状态端 GS 均为"0"。

该芯片的 8 个输入端当中,I_0 的优先级最高,I_7 的优先级最低。当有多个键按下时,优先级高的被选中,同时自动屏蔽优先级低的各输入端和下一级芯片(使 E_o 端为"0")。比如处于正常编码状态即 E_i 为"1"时,当 I_0 端为"1",其余输入端无论为"1"或"0",编码输出均为二进制 000,同时 GS 端为"1",E_o 端为"0";而当 I_0 端为"0",I_1 端为"1"时,编码输出则为二进制

001;……依此类推,输入端的键值号与二进制编码输出一一对应。

表 5-1 二进制 8 位编码器 CD4532B 真值表

状态输入									编码输出			
E_i	I_7	I_6	I_5	I_4	I_3	I_2	I_1	I_0	GS	O_2	O_1	O_0	E_o
0	×	×	×	×	×	×	×	×	0	0	0	0	0
1	0	0	0	0	0	0	0	0	0	0	0	0	1
1	×	×	×	×	×	×	×	1	1	0	0	0	0
1	×	×	×	×	×	×	1	0	1	0	0	1	0
1	×	×	×	×	×	1	0	0	1	0	1	0	0
1	×	×	×	×	1	0	0	0	1	0	1	1	0
1	×	×	×	1	0	0	0	0	1	1	0	0	0
1	×	×	1	0	0	0	0	0	1	1	0	1	0
1	×	1	0	0	0	0	0	0	1	1	1	0	0
1	1	0	0	0	0	0	0	0	1	1	1	1	0

5.4.2 编码键盘接口电路

图 5-8 所示是一种采用两片 CD4532B 构成的 16 个按键的二进制编码接口电路。其中由于 U_1 的 E_o 作为 U_2 的 E_i,所以按键 S_0 的优先级最高,S_{15} 的优先级最低。U_1 和 U_2 的输出

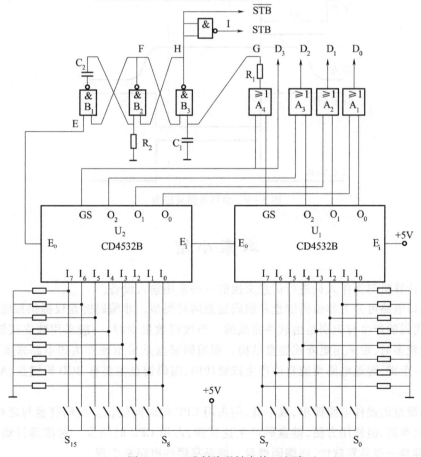

图 5-8 二进制编码键盘接口电路

$O_2 \sim O_0$ 经或门 $A_3 \sim A_1$ 输出,以形成低 3 位编码 $D_2 \sim D_0$。而最高位 D_3 则由 U_2 的 GS 产生。当按键 $S_8 \sim S_{15}$ 中有一个闭合时,其输出为"1"。从而 $S_0 \sim S_{15}$ 中任意一个键被按下,由编码位 $D_3 \sim D_0$ 均可输出相应的 4 位二进制码。

为了消除键盘按下时产生的抖动干扰,该接口电路还设置了由与非门 B_1、B_2、电阻 R_2、电容 C_2 组成的单稳电路和由或门 A_4、电阻 R_1、电容 C_1 组成的延时电路,电路中 E、F、G、H 和 I 这五点的波形如图 5-9 所示。由于 U_1 和 U_2 的 GS 接或门 A_4 的输入端,所以当按下某键时,A_4 为高电平,其输出经 R_1 和 C_1 延时后使 G 点也为高电位,作为与非门 B_3 的输入之一。同时,U_2 的输出信号 E_0 触发单稳(B_1 和 B_2),在暂稳态持续时间 ΔT 内,其输出 F 点为低电位,也作为与非门 B_3 的输入之一。由于暂稳态期间(ΔT)E 点电位的变化(即按键的抖动)对其输出 F 点电位无影响,所以此时不论 G 点电位如何,与非门 B_3 输出(H 点)均为高电位。当暂稳态延时结束,F 点变为高电位,而 G 点仍为高电位(即按键仍闭合),使得 H 点变为低电位,并保持到 G 点变为低电位为止(即按键断开)。也就是说,按下 $S_0 \sim S_{15}$ 中任意一个按键,就会在暂稳态期间 ΔT 之后(恰好避开抖动时间)产生选通脉冲 $\overline{STB}$(H 点)或 STB(I 点),作为向 CPU 申请中断的信号,以便通知 CPU 读取稳定的按键编码 $D_3 \sim D_0$。

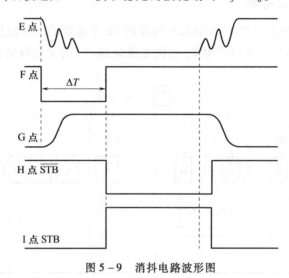

图 5-9 消抖电路波形图

本 章 小 结

键盘是计算机与操作人员进行信息交换的一种常用输入设备。

键盘接口电路可分为非编码键盘和编码键盘两种类型。非编码键盘仅提供按键的通或断状态,按键代码的产生与识别是由软件完成的。当按键数量少时,一般采用独立式键盘结构;当按键数量较多时,常采用矩阵式键盘结构。而编码键盘是采用硬件编码电路来实现键的编码,每按下一个键,键盘电路便能自动产生按键代码,编码键盘主要有 BCD 码键盘、ASCII 码键盘等类型。

非编码键盘的硬件电路简单,成本低,但占用 CPU 的时间较长。编码键盘与之相反,硬件电路复杂,成本高,但使用方便,键盘码产生速度快,占用 CPU 时间少。对按键抖动干扰的消除,非编码键盘一般是靠软件,而编码键盘一般是靠硬件电路来实现。

在一般的小型单片机测控系统中主要使用非编码键盘。

思 考 题

1. 简述键盘接口的两种类型及其特点。
2. 简述何为键盘的抖动干扰及其消除的两种方法。
3. 对比说明图 5-3 与图 5-5 两种键盘接口电路的异同。
4. 结合图 5-6,分析说明矩阵式键盘电路的逐行零扫描法的工作过程。
5. 分析说明图 5-8 二进制编码键盘接口电路的工作原理。
6. 结合图 5-8 与图 5-9,分析说明硬件电路消除抖动干扰的过程。

第6章 显示器及其接口技术

本章要点

1. LED 数码管显示器的工作原理、显示方式及其接口电路
2. LCD 液晶显示器的结构原理、驱动方式及其接口电路
3. 图形显示画面的几种形式与功能作用

在计算机控制中,显示装置是一个重要组成部分,主要用来显示生产过程的工艺状况与运行结果,以便于现场工作人员的正确操作。常用的显示器件有显示记录仪、发光二极管(LED,Light Emitting Diode)显示器、液晶显示器(LCD,Liquid Crystal Display)、大屏幕显示器和阴极射线管(CRT,Cathod Ray Tube)图形显示器终端等。

显示记录仪以模拟方式连续显示和记录过程参数的动态变化,虽然后来也出现了以微处理器为核心的数字式智能记录仪,但其价格昂贵,在目前的计算机控制系统中较少采用;LED 数码管由于具有结构简单、体积小、功耗低、配置灵活、显示清晰、可靠性高等优点,目前已被微型计算机控制系统及仪器仪表广泛采用;而 LCD 则以其功耗极低、信息量大的特点,占据了计算机、便携式微型计算机等应用场合,并逐步用于智能仪器与控制系统中;大屏幕显示器是由若干个 LED 点矩阵模块组合成的,能够显示中、英文,具有显示清晰、视觉范围宽广等优点,主要用于车站、码头、体育场馆、大型生产装置的现场显示;而 CRT 终端以其图文并茂的直观生动画面,可以显示生产过程中的各种画面及报表,十分便于对生产过程的管理和监视,因此在很多计算机控制系统中,特别在 DDC、SCC 以及 DCS 系统中,大都采用 CRT 操作台进行监视和控制。

6.1 LED 显 示 器

在小型控制装置和数字化仪器仪表中,往往只要几个简单的数字显示或字符状态便可满足现场的需求,而显示数码的 LED 因其成本低廉、配置灵活、与计算机接口方便等特点,在小型微机控制系统中得到极为广泛的应用。

本节将讨论 LED 显示器及其接口电路与相应程序,来了解一个实际的计算机控制系统是如何显示被测参数值的。

6.1.1 LED 显示器的结构原理

LED 是利用 PN 结把电能转换成光能的固体发光器件,根据制造材料的不同,可以发出红、黄、绿、白等不同色彩的可见光束。LED 的伏安特性类似于普通二极管,正向压降为 2V 左右,工作电流一般在 10mA~20mA 之间较为合适。

LED 显示器有多种类型。单段的圆形或方形 LED 常用来显示设备的运行状态;8 段 LED

呈"日"字形,可以显示若干数字和字符,所以也称为 LED 数码管;16 段 LED 呈"米"字形,可以显示各种数字和字符;还有条形光柱 LED,可以动态形象地显示参数或偏差值的变化。其中,8 段 LED 在控制系统中应用最为广泛,其接口电路也具有普遍借鉴性。因此,重点介绍 8 段 LED 显示器。

8 段 LED 显示器的结构与工作原理如图 6-1 所示。它是由 8 个发光二极管组成,各段依次记为 a、b、c、d、e、f、g、dp,其中 dp 表示小数点(不带小数点的称为 7 段 LED)。8 段 LED 显示器有共阴极和共阳极两种结构,分别如图 6-1(b)、(c)所示。共阴极 LED 的所有发光管的阴极并接成公共端 COM,而共阳极 LED 的所有发光管的阳极并接成公共端 COM。当共阴极 LED 的 COM 端接地,某个发光二极管的阳极加上高电平时,则该管有电流流过而点亮发光;当共阳极 LED 的 COM 端接高电平,某个发光管的阴极加上低电平时,则该管有电流流过而点亮发光。

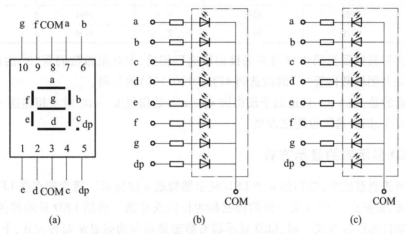

图 6-1 8 段 LED 显示器的结构原理
(a)段排列;(b)共阴极;(c)共阳极。

8 段 LED 通过不同段点亮时的组合,可以显示 0~9、A~F 等十六进制数。显然,将 CPU 的数据线与 LED 各段引脚相连,控制输出的数据就可以使 LED 显示不同的字符,图 6-2 给出 LED 显示器段选码的原理图。通常把控制 LED 数码管发光显示字符的 8 位字节数据称为段选码、字符译码或字模,当段引脚 dp~a 与 CPU 数据位 $D_7 \sim D_0$ 一一对应相连时,共阴极 8 段 LED 显示器的段选码如表 6-1 所列。以显示字符"3"的段选码为例,"3"的段选码是十六进

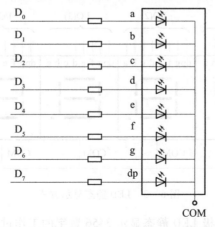

图 6-2 8 段 LED 显示器段选码原理图

制的 4FH，也就是二进制的 01001111。结合图 6-1(a)、(b)，即意味着 CPU 输出的数据位 $D_7 \sim D_0$ 为 01001111，则使 LED 显示器的 dp、f、e 段接地，g、d、c、b、a 段接高电平，当 COM 端接地时，显示器就显示出数字"3"。如此，通过不同的段选码，即可显示出不同的相应字符。

表 6-1　8 段 LED 显示器的段选码

显示字符	共阴极段选码	共阳极段选码	显示字符	共阴极段选码	共阳极段选码
0	3FH	C0H	8	7FH	80H
1	06H	F9H	9	6FH	90H
2	5BH	A4H	A	77H	88H
3	4FH	B0H	b	7CH	83H
4	66H	99H	C	39H	C6H
5	6DH	92H	d	5EH	A1H
6	7DH	82H	E	79H	86H
7	07H	F8H	F	71H	8EH

数码管共阳极的段选码恰好与共阴极的段选码相反，如共阳极数码管"3"的段选码 B0H (10110000) 是共阴极数码管"3"的段选码 4FH(01001111) 的反码。

需要注意的是，表 6-1 只是基于段引脚 dp～a 与数据位 $D_7 \sim D_0$ 对应相连这一模式的，如果对应连线改变，则段选码也随之改变。

6.1.2　LED 显示器的显示方式

在计算机控制系统中，常利用 n 个 LED 显示器构成 n 位显示。通常把点亮 LED 某一段的控制称为段选，而把点亮 LED 某一位的控制称为位选或片选。根据 LED 显示器的段选线、位选线与控制端口的连接方式不同，LED 显示器有静态显示与动态显示两种方式，下面以 4 个共阴极 LED 的组合为例进行说明。

1. 静态显示方式

4 个 LED 组合的静态显示电路如图 6-3 所示，4 个 LED 显示器的所有 COM 端连接在一起并接地，每个 LED 的段选线 dp～a 都各自与一个 8 位并行 I/O 口相连。因此，CPU 通过某 I/O 口（具有锁存功能）对某个 LED 输出一次段选码之后，该 LED 就能一直保持显示结果直到下次送入新的段选码为止。

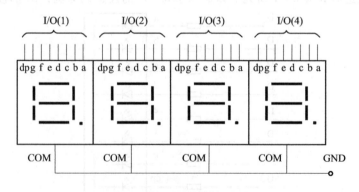

图 6-3　LED 静态显示方式

例 6-1　说明 4 个共阴极 LED 静态显示 3456 数字的工作过程。

例题分析：如图 6-3 所示，当所有 COM 端连接在一起并接地时，首先由 I/O 口(1)送出数字

3 的段选码 4FH 即数据 01001111 到左边第一个 LED 的段选线上,阳极接受到高电平"1"的发光管 g、d、c、b、a 段因为有电流流过而被点亮,则左边第一个 LED 显示 3;接着由 I/O 口(2)送出数字 4 的段选码 66H 即数据 01100110 到左边第二个 LED 的段选线上,阳极接受到高电平"1"的共阴极发光管 g、f、c、b 段而被点亮,则左边第二个 LED 显示 4;同理,由 I/O 口(3)送出数字 5 的段选码 6DH 即 01101101 到左边第三个 LED 的段选线上,由 I/O 口(4)送出数字 6 的段选码 7DH 即 01111101 到左边第四个 LED 的段选线上,则第三个、第四个 LED 分别显示 5、6。

如果 CPU 不改送 I/O 口的段选码,则 4 个 LED 就一直保持显示 3456 数字。

这种静态显示的效果是每一位独立显示,同一时间里每一位都能稳定地显示各自不同的字符。其缺点是电路中占用 I/O 口资源多,如 4 个 LED 显示器需要有 4 个 8 位并行口芯片,因而线路复杂、硬件成本高;又因为同时显示,所以功耗大,按每个发光二极管的工作电流是 10mA 计,4 个 LED 最大功耗为 $4 \times 8 \times 10mA = 320mA$ 电流。它的优点是占用 CPU 机时少,显示稳定可靠。因而在规模较大的实时控制系统中常用这种静态显示方式。

2. 动态显示方式

LED 动态显示电路如图 6-4 所示,4 个 LED 显示器各自的段选线对应并接在一起,由一个 8 位 I/O 口(1)统一进行段选控制,而各自的 COM 端则由另一个 I/O 口(2)进行位选控制(共阴极 LED 送低电平而共阳极 LED 送高电平)。因此,要显示不同的字符,只能由 CPU 通过两个 I/O 口依次轮流输出段选码和位选码,循环扫描 LED,使其分时显示。

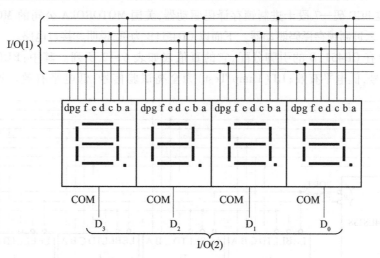

图 6-4 LED 动态显示方式

例 6-2 说明 4 位共阴极 LED 动态显示 3456 数字的工作过程。

例题分析:如图 6-4 所示,首先由 I/O 口(1)送出数字 3 的段选码 4FH 即数据 01001111 到 4 个 LED 共同的段选线上,接着由 I/O 口(2)送出位选码 ×××x0111 到位选线上,其中数据的高 4 位为无效的 ×,惟有送入左边第一个 LED 的 COM 端 D_3 为低电平"0",因此只有该 LED 的发光管因阳极接受到高电平"1"的 g、d、c、b、a 段有电流流过而被点亮,也就是显示出数字 3,而其余 3 个 LED 因其 COM 端均为高电平"1"而无法点亮;显示一定时间后,再由 I/O 口(1)送出数字 4 的段选码 66H 即 01100110 到段选线上,接着由 I/O 口(2)送出点亮左边第二个 LED 的位选码 ×××x1011 到位选线上,此时只有该 LED 的发光管因阳极接受到高电平"1"的 g、f、c、b 段有电流流过因而被点亮,也就是显示出数字 4,而其余 3 位 LED 不亮;如此再依次送出第三个 LED、第四个 LED 的段选与位选的扫描代码,就能一一点亮各个 LED,使 4

个 LED 从左至右依次显示 3、4、5、6。这种动态显示利用了人的视觉惯性,虽然同一时间里只能显示一个,但通过不断地分时轮流扫描显示,只要每个显示保持延时几毫秒,刷新周期不超过 20ms(刷新周期与 LED 工作电流有关),就可获得视觉稳定的显示效果。

这种显示方式的优点是占用 I/O 资源少,如 4 个 LED 显示器只需 2 个 8 位并行口芯片,因而线路简单、硬件成本低;又因为分时显示,所以功耗略微低一些。但其缺点是需用软件程序不断地循环扫描定时刷新,因而占用了 CPU 的大多数机时。因此,动态显示方式只适用于小型测控系统,特别是专用于状态显示的数字仪器仪表中。

6.1.3 LED 显示器接口电路

控制系统中的 LED 显示电路,除了要完成把字符转换成对应的段选码的译码功能以外,还要具有数据锁存与驱动的功能。其中,译码功能可以通过硬件译码器完成,也可通过软件编程实现;而数据锁存与驱动只有依赖硬件电路来实现。结合上面讨论的两种显示方式,下面分别介绍相应的两种接口电路。

1. 静态显示接口电路

静态显示方式的关键是多个 LED 需与多个 I/O 并行口相连,一般的并行 I/O 口如 8255A 或锁存器只具备锁存功能,还要有硬件驱动电路,再配以软件译码程序。目前广泛使用一种集锁存、译码、驱动功能为一体的集成电路芯片,以此构成静态显示硬件译码接口电路。如美国 RCA 公司的 CD4511B 是 4 位 BCD 码—7 段十进制锁存译码驱动器,美国 MOTOROLA 公司的 MC14495 是 4 位 BCD 码—7 段十六进制锁存译码驱动器。下面以 CD4511B 为例,说明其接口电路。

图 6-5 中有 CD4511B 的引脚分配,它的真值表如表 6-2 所列。其中:$\overline{BL}$(BLanking)为空白(全灭)信号,低电平有效;$\overline{LT}$(Lamp Test)为全亮试验信号,低电平有效。这两个引脚只

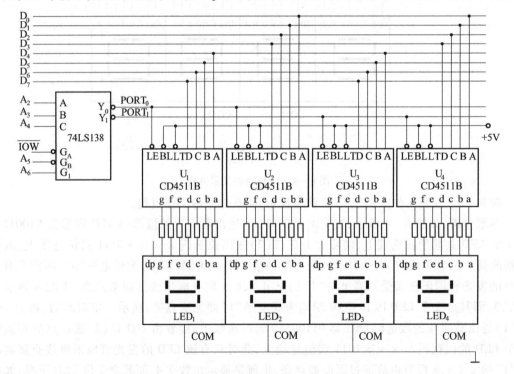

图 6-5 LED 静态显示硬件译码接口电路

用来测试与之连接的 LED，在 LED 正常工作时，要把$\overline{BL}$、$\overline{LT}$均接成高电平。锁存允许信号$\overline{LE}$（Latch Enable）为低电平有效，作为允许 BCD 码输入的片选信号，片选端$\overline{LE}$一般是与接口地址译码信号相连。一旦片选有效即$\overline{LE}=0$，则数据输入端 A、B、C、D 所接收的 4 位 BCD 码就会被内部逻辑电路自动译为输出端 a~g 的段选信号，从而驱动点亮 7 段 LED 显示出相应的字符。

表 6-2　CD4511B 的真值表

输入						输出							显示字符
$\overline{LE}$	$\overline{BL}$	$\overline{LT}$	D	C	B	A	g	f	e	d	c	b	a	
0	1	1	0	0	0	0	0	1	1	1	1	1	1	0
0	1	1	0	0	0	1	0	0	0	0	1	1	0	1
0	1	1	0	0	1	0	1	0	1	1	0	1	1	2
0	1	1	0	0	1	1	1	0	0	1	1	1	1	3
0	1	1	0	1	0	0	1	1	0	0	1	1	0	4
0	1	1	0	1	0	1	1	1	0	1	1	0	1	5
0	1	1	0	1	1	0	1	1	1	1	1	0	1	6
0	1	1	0	1	1	1	0	0	0	0	1	1	1	7
0	1	1	1	0	0	0	1	1	1	1	1	1	1	8
0	1	1	1	0	0	1	1	1	0	1	1	1	1	9
×	0	×	×	×	×	×	0	0	0	0	0	0	0	全灭
×	×	0	×	×	×	×	1	1	1	1	1	1	1	全亮

图 6-5 所示为 4 个 LED 组成的静态显示硬件译码接口电路，它是在图 6-3 LED 静态显示方式的基础上，增加了 4 片集 BCD 码锁存、译码和驱动为一体的 CD4511B（U_1~U_4）和 1 片译码器 74LS138，能够直接显示出 4 位十进制数。

图 6-5 中，4 片 CD4511B 分别对应连接 4 片 7 段共阴极 LED 显示器，74LS138 译码器译出片选信号 $PORT_0$、$PORT_1$，分别作为 U_1、U_2 和 U_3、U_4 的锁存允许信号$\overline{LE}$。CPU 通过输出指令把要显示字符的 BCD 码数据，通过数据总线 D_7~D_0 输出到 U_1~U_4 的数据输入端 D、C、B、A，其中每 2 片（U_1 和 U_2，U_3 和 U_4）共用一个字节及一个片选信号。若要显示带小数点的十进制数，则只要在 LED 显示器的 dp 端另加驱动控制即可（读者可自行考虑）。

这种接口的程序设计十分简单，只需把要显示的 BCD 码数据取出来，然后从相应的输出端口输出即可。假设图中从左到右显示的数据存在以 $DATA_1$ 为首的内存单元中，接口程序如下：

```
MOV    BX,OFFSET DATA1
MOV    AL,[BX]
OUT    PORT0,AL         ;显示左 2 位
INC    BX
MOV    AL,[BX]
OUT    PORT1,AL         ;显示右 2 位
```

很显然，这种静态显示硬件译码接口电路，无论是硬件电路还是软件接口，都是很简单的，因而已成为 LED 静态显示方式中的一种典型电路。

2. 动态显示接口电路

动态显示接口电路的关键是由两个 I/O 并行端口分别进行段选码与位选码的锁存，除了

需要配置驱动电路以外,译码扫描功能完全由软件编程来完成。图6-6给出4个LED组成的动态显示软件译码接口电路,4个共阴极LED显示器的段选线对应并接,由一片8D触发器74LS374(U_1)进行段选控制,其间串有8个三极管以正向驱动LED的阳极,此可称为段选通道。4个LED的COM端由另一片74LS374(U_2)进行位选控制,其间接有达林顿阵列驱动器MC1413(内含7对复合三极管)以对LED的阴极进行反向驱动,此构成了位选通道。

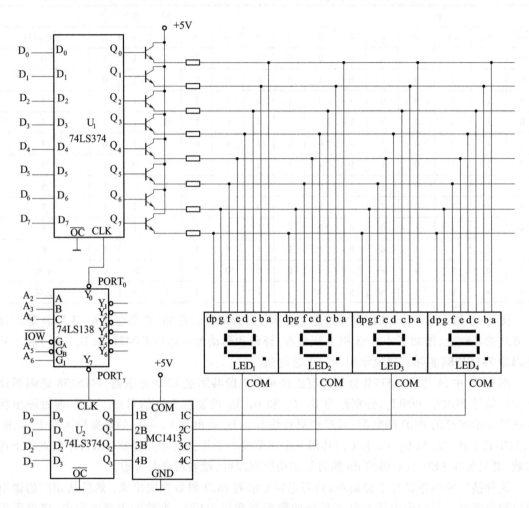

图6-6 LED动态显示软件译码接口电路

段码锁存器U_1和位码锁存器U_2均连在数据总线$D_7 \sim D_0$上,CPU通过数据总线送出的数据是到U_1还是U_2,这要由74LS138对地址译码后的输出信号$\overline{Y_0}$和$\overline{Y_7}$决定。当$\overline{Y_0}=0$时,U_1端口地址$PORT_0$被选中,U_1选通并锁存住CPU输出的段选码;当$\overline{Y_7}=0$时,U_2端口地址$PORT_7$被选中,U_2锁存住CPU输出的位选码。

设该接口电路从左到右(即从LED_1到LED_4)进行动态扫描,其显示过程如下:首先CPU把LED_1要显示的字符段码送入段码锁存器U_1,接着就往位码锁存器U_2送入点亮LED_1的位选码,即仅使LED_1的COM端为低电平。虽然段选码通过驱动电路同时送到各位LED,但这时只有LED_1的相应段被导通点亮,而其余LED并不显示。然后CPU把LED_2要显示的字符段码再送入段码锁存器U_1,接着往位码锁存器U_2送入点亮LED_2的位选码。……如此依次分别送出扫描代码,一一点亮各个LED。只要刷新时间不太长,就会给人以同时显示的稳定的视觉效果。

LED动态扫描流程图如图6-7所示。在编制程序时,需要在内存中开辟一个数据缓冲区,用来存放要显示的十六进制数。缓冲区的数据要一个个译成段选码送往段选通道,期间还要一一送出对应的位选码到位选通道。

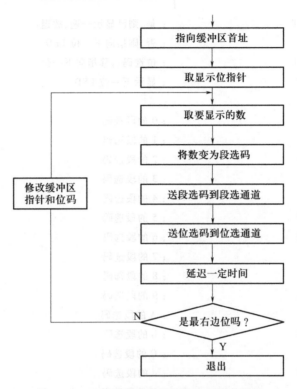

图6-7 LED动态显示软件译码程序流程图

这里的关键是软件译码。段选码的译码过程即是查表,在程序中建立一个段选码表,从上到下依次存放十六进制数0~F对应的段选码,它的地址就是段选码所对应的显示字符(变址)与段选码表的首址(基址)。要显示某个字符,只要从该字符地址中取出相应的段选码,并送到段选通道即可。该电路为共阴极LED,段引脚dp~a与数据位D_7~D_0对应相连,且段极(阳极)为正向驱动,所以其字符段选码与表6-1所列完全相同。图6-7中LED的阴极(COM端)应为低电平有效,但阴极为反向驱动,所以从左到右的位选码应是×8H、×4H、×2H、×1H。

假设要显示的4位数据已存放在数据缓冲区内,其扫描显示程序如下:

```
START:    MOV   DI,OFFSET BUFDATA   ;指向缓冲区首址
          MOV   CL,08H              ;取点亮LED1的位码
DIS1:     MOV   AL,[DI+0]           ;AL中为要显示的数
          MOV   BX,OFFSET TABLE     ;段码表首址送BX
          XLAT                      ;[(BX)+(AL)]→AL,将段码取到AL中
          MOV   DX,PORT0            ⎫
          OUT   DX,AL               ⎬ ;段码送到段选通道
          MOV   AL,CL               ⎭
          MOV   DX,PORT7            ⎫
          OUT   DX,AL               ⎬ ;位选码送到位选通道
```

```
                PUSH    CX                      ;保存位选码
                MOV CX,300H              ⎫
DELAY:          LOOP DELAY               ⎬      ;延迟一定时间
                POP CX                   ⎭
                CMP CL,01                        ;显示扫描是否到最右边 LED4
                JZ      QUIT                     ;是,则已显示一遍,故退出
                INC     DI                       ;否,则指向下一位 LED
                SHR     CL,1                     ;位选码右移指向下一位
                JMP     DIS1                     ;显示下一位 LED
QUIT:           RET
TABLE           DB      3FH                      ;0 的段选码
                DB      06H                      ;1 的段选码
                DB      5BH                      ;2 的段选码
                DB      4FH                      ;3 的段选码
                DB      66H                      ;4 的段选码
                DB      6DH                      ;5 的段选码
                DB      7DH                      ;6 的段选码
                DB      07H                      ;7 的段选码
                DB      7FH                      ;8 的段选码
                DB      6FH                      ;9 的段选码
                DB      77H                      ;A 的段选码
                DB      7CH                      ;b 的段选码
                DB      39H                      ;C 的段选码
                DB      5EH                      ;d 的段选码
                DB      79H                      ;E 的段选码
                DB      71H                      ;F 的段选码
BUFDATA         DB      4DUP(?)                  ;4 个字节的缓冲区
```

6.2 LCD

LCD 是一种利用液晶的扭曲/向列效应制成的新型显示器,它具有功耗极低、体积小、抗干扰能力强、价格廉等特点,目前已广泛应用在各种显示领域,尤其在袖珍仪表和低功耗应用系统中。LCD 可分为段位式、字符式和点阵式三种。

6.2.1 LCD 的结构原理

LCD 是借助外界光线照射液晶材料而实现显示的被动显示器件。液晶是一种介于液体与固体之间的热力学的中间稳定相,在一定的温度范围内既有液体的流动性和连续性,又有晶体的各向异性。

LCD 器件的结构如图 6-8 所示,在上、下两片导电玻璃电极板之间封入液晶材料,液晶分子在上、下玻璃电极上呈水平排列,但排列方向互为正交,而电极间的分子呈连续扭转过渡,从而使光的偏振方向旋转 90°。当外部入射光线通过上偏振片后形成偏振光,该偏振光通过平行排列的液晶材料后被旋转 90°,正好与下偏振片的水平偏振方向一致。因此,它能全面穿过

下偏振片到达反射板,从而反射回来,使显示器件呈透明状态。若上、下电极加上一定的电压后,电极部分的液晶分子转成垂直排列,失去旋光性,致使从上偏振片入射的偏振光不被旋转,即与下偏振片的水平偏振方向垂直,因而被下偏振片吸收,无法到达反射板形成反射,所以呈现出黑色。据此,可将电极做成文字、数字或其他图形形状,通过施加电压就可以获得各种形态的黑色显示。

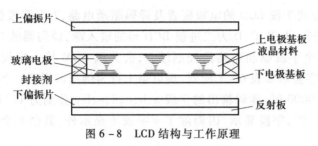

图 6-8 LCD 结构与工作原理

6.2.2 LCD 的驱动方式

LCD 的驱动方式一般有直接驱动(静态驱动)和多极驱动(时分割驱动)两种方式。采用直接驱动的 LCD 电路中,显示器件只有一个背极(即下玻璃电极基板),但每个字符段都有独立的引脚;而多极驱动的 LCD 电路中,显示器具有多个背极,各字符段按点阵结构排列,这是显示字段较多时常采用的驱动方式。

现以较简单的直接驱动方式为例加以说明。图 6-9 是单个字段的驱动电路及工作波形。图 6-9 中 LCD 为液晶显示字段,用 2 个平行相对的电极表示,当字段上两个电极的电压相位相同时,两电极的电位差为零,该字段不显示;当字段上两个电极的电压相位相反时,两电极的电位差为单个电极电压幅值的 2 倍,该字段呈现黑色显示。由于直流电压驱动 LCD 会使液晶产生电解和电极老化,所以要采用交流电压驱动。一般把 LCD 的背极(公

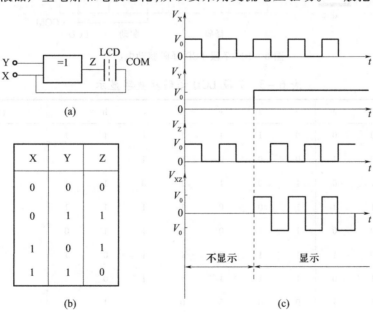

图 6-9 单段 LCD 的驱动电路及工作波形
(a) 驱动电路;(b) 真值表;(c) 驱动波形。

共端COM)连到一个异或门的输入端X,LCD的另一极连接异或门的输出端Z,工作时X端加上频率固定的方波信号,当控制端Y="0"时,经异或后,Z端的电压将永远与X端相同,则LCD极板间的电位差为零,字段消隐不显示。当控制端Y="1"时,Z端与X端电压反相位,则LCD极板间呈现反电压V_{XY},且为电压幅值的2倍,此时字段显示。可见该字段是否显示完全取决于控制端Y。

图6-10为段位式7段LCD的电极配置及译码驱动电路,7个字段的几何排列顺序与LED的"日"字型相同。A、B、C、D为二进制BCD码的输入端,译码器的7段输出a、b、c、d、e、f、g引脚分别接7个字段驱动电路的控制端Y,公共端COM接一定周期的方波信号。7段LCD的译码及数字显示如表6-3所列,现以第1行为例加以说明。当D、C、B、A输入端接收到的BCD码为0000时,译码输出的7段a、b、c、d、e、f、g分别为1111110,图6-9告诉我们,当控制端为"1"时,字段显示,因而除了g字段不显示外,其余6个字段全都显示,即显示字符0。

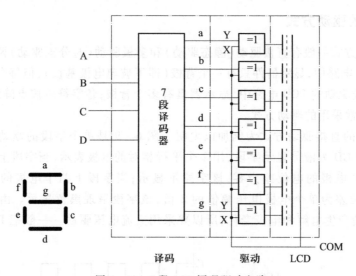

图6-10 7段LCD译码驱动电路

表6-3 7段LCD译码及数字显示

D	C	B	A	g	f	e	d	c	b	a	显示字符
0	0	0	0	0	1	1	1	1	1	1	0
0	0	0	1	0	0	0	0	1	1	0	1
0	0	1	0	1	0	1	1	0	1	1	2
0	0	1	1	1	0	0	1	1	1	1	3
0	1	0	0	1	1	0	0	1	1	0	4
0	1	0	1	1	1	0	1	1	0	1	5
0	1	1	0	1	1	1	1	1	0	1	6
0	1	1	1	0	0	0	0	1	1	1	7
1	0	0	0	1	1	1	1	1	1	1	8
1	0	0	1	1	1	0	1	1	1	1	9

6.2.3 段位式 LCD 接口电路

1. 硬件电路

同 8 段 LED 数码管一样,段位式 LCD 与 CPU 的显示接口电路也有多种。仍讨论上文的直接驱动方式,现以 6 位 LCD 静态显示电路为例。如图 6-11 所示,使用单片机的一个 8 位并行 I/O 口作为译码驱动以及 6 片 BCD 码 7 段译码驱动器 4056、2 片 4 位液晶显示驱动器 4054、1 片 4-16 译码器 4514 和 1 片单稳态多谐振荡器 4047,就组成了一个完整的 LCD 显示接口电路。

6 个 LCD 的背极 COM 端统一由 4047 构成的振荡电路提供方波信号,7 段 a、b、c、d、e、f、g 分别由 6 个 4056 的相应段驱动。4514 虽为 4-16 译码器,本例将代码输入端 D 接地,只用代码输入端的 A、B、C,以使译码输出高电平有效的 $S_0 \sim S_7$ 引脚轮流选通 6 个 4056 和 2 个 4054,而代码输入端的 A、B、C 与单片机的 P1.4、P1.5、P1.6 相连,也是高电平有效的控制输入端 IBT 与 P1.7 连接,从而完成高电平输出的 3-8 译码功能。4056 的 4 位输入 BCD 码由单片机的 P1.3、P1.2、P1.1、P1.0 提供。这样,由单片机 P1 口的低 4 位输出 LCD 的段选码而由高 4 位输出位选码。另外,4054 为 4 位液晶显示驱动器,4 位入 4 位出,作为 6 个小数点驱动,所以需要添加 2 片 4054。

由于 4056、4054 的锁存输出功能,使该电路称为静态显示电路。为了与液晶显示的低功耗相适应,全部芯片皆选用 CMOS 器件。

2. 显示程序

设单片机内 RAM 20H~25H 六个单元为显示缓冲区,每个单元字节的低 4 位依次存放要显示的 4 位 BCD 码,相应的显示驱动子程序如下:

```
DISP:   MOV     R0, #20H      ;显示缓冲单元首址送 R0
        MOV     R3, #00H      ;位选码(左边第 1 位)送 R3
        MOV     R4, #06H      ;位数(6 位)送 R4
LOOP:   MOV     A, R3         ;位选码送 A
        SWAP    A             ;位选码转为高 4 位
        MOV     R2, A         ;保存位选码(在高 4 位)
        MOV     A, @R0        ;取显示 BCD 码
        ORL     A, R2         ;位选码(高 4 位)与 BCD 码(低 4 位)组合
        ORL     A, #80H       ;ACC.7 置 1
        MOV     P1, A         ;输出组合码
        ANL     P1, #7FH      ;清零 P1.7 位
        ORL     P1, #80H      ;P1.7 再置 1
        INC     R3            ;指向下一位显示数
        INC     R0            ;指向下一位显示缓冲单元
        DJNZ    R4, LOOP      ;6 位未显示完返回
        RET
```

如果需要显示小数点,则要给 4054 送显示小数点的相应数据。例如,第三位要显示小数点,还需加入下列程序:

```
        MOV     A, #64H       ;高位 0110 将选中 S6,低位 0100 将驱动第三位小数点
        ORL     A, #80H       ;ACC.7 置 1
        MOV     P1, A         ;输出组合码
```

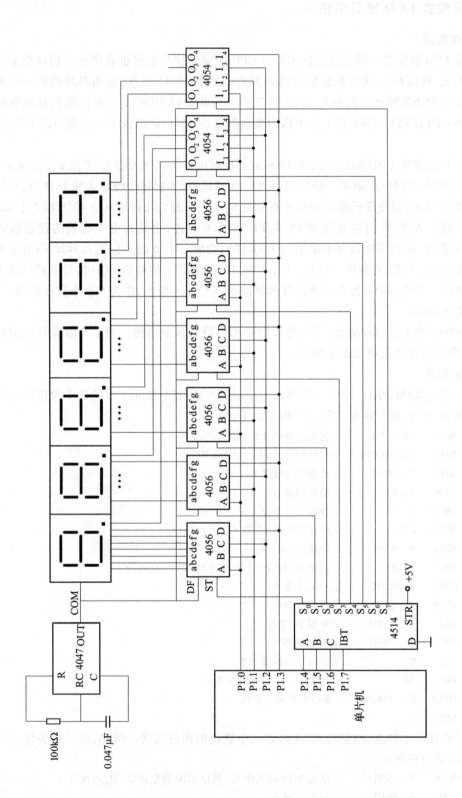

图 6-11 6位 LCD 静态显示电路

```
        ANL    P1,#7FH     ;清零P1.7位
        ORL    P1,#80H     ;P1.7再置1
```

6.2.4 点阵式LCD接口电路

点阵式LCD不但可以显示字符,而且可以显示各种图形及汉字。把点阵式LCD与配套或选定的驱动器、控制器集成在一起,就组成点阵式图形液晶显示模块,控制器的种类很多,如日本东芝的T6963、日立的HD61880、精工的SED1330/SED1335等。现以12864点阵式LCD液晶显示模块为例加以说明。

液晶显示模块12864主要由行/列驱动器及128×64全点阵液晶显示器组成。内部含有国标一级、二级简体中文字库和128个16×8点的ASCII字符集。可以同时显示8×4个(16×16点阵)汉字和图形显示。它与CPU的接口连线可采用并行或串行两种方式。

1. 液晶模块接线原理

图6-12为液晶模块与单片机的并行连接原理图,表6-4为其引脚功能描述。

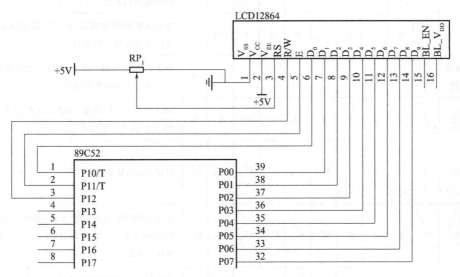

图6-12 液晶模块与单片机并行连接原理图

表6-4 并行接口时的引脚功能

引脚	引脚名称	电平	功能描述
1	V_{SS}	0V	电源地
2	V_{CC}	+5V	电源正
3	V_{EE}	0V~5V	液晶显示器驱动电压,用来调整液晶显示的对比度
4	RS	H/L	RS="H",表示$D_7 \sim D_0$为显示数据,RS="L",表示$D_7 \sim D_0$为控制指令
5	R/W	H/L	R/W="H",E="H",数据被读到$D_7 \sim D_0$ R/W="L",E="H→L",$D_7 \sim D_0$数据被写到IR或DR
6	E	H/L	使能信号
7~14	$D_0 \sim D_7$	H/L	数据线
15	BL_EN	H/L	背光源使能
16	BL_V_{DD}	4.2V	背光源电压

2. 液晶模块指令说明

该液晶模块控制器提供两套控制命令:显示中英文字符的基本指令与显示点阵绘图的扩充指令。当数据位 D_2 设置为 RE = 0 时,执行基本指令,如表 6 – 5 所列。

表 6 – 5 基本指令表

指令	指令码									功能
	RS	R/W	D_7	D_6	D_5	D_4	D_3	D_2	D_1	D_0	
清除显示	0	0	0	0	0	0	0	0	0	1	将 DDRAM 填满 20H,并且设定 DDRAM 的地址计数器(AC)到 00H
地址归位	0	0	0	0	0	0	0	0	1	X	设定 DDRAM 的地址计数器(AC)到 00H,并且将游标移到开头原点位置;这个指令不改变 DDRAM 的内容
显示状态开/关	0	0	0	0	0	0	1	D	C	B	D = 1:整体显示 ON。C = 1:游标 ON。B = 1:游标位置反白允许
进入点设定	0	0	0	0	0	0	0	1	I/D	S	指定在数据的读取与写入时,设定游标的移动方向及指定显示的移位
游标或显示移位控制	0	0	0	0	0	1	S/C	R/L	X	X	设定游标的移动与显示的移位控制位;这个指令不改变 DDRAM 的内容
功能设定	0	0	0	0	1	DL	X	RE	X	X	DL = 0/1:4/8 位数据。RE = 1:扩充指令操作。RE = 0:基本指令操作
设定 CGRAM 地址	0	0	0	1	AC_5	AC_4	AC_3	AC_2	AC_1	AC_0	设定 CGRAM 地址
设定 DDRAM 地址	0	0	1	0	AC_5	AC_4	AC_3	AC_2	AC_1	AC_0	设定 DDRAM 地址。第 1 行:80H ~ 87H。第 2 行:90H ~ 97H。第 3 行:88H ~ 8FH。第 4 行:98H ~ 9FH
读取忙标志和地址	0	1	BF	AC_6	AC_5	AC_4	AC_3	AC_2	AC_1	AC_0	读取忙标志(BF)可以确认内部动作是否完成,同时可以读出地址计数器(AC)的值
写数据到 RAM	1	0	数据								将数据 D_7 ~ D_0 写入到内部的 RAM (DDRAM/CGRAM/IRAM/GRAM)
读出 RAM 的值	1	1	数据								从内部 RAM 读取数据 D_7 ~ D_0 (DDRAM/CGRAM/IRAM/GRAM)

3. 软件初始化

通常,在使用液晶时,首先按要求进行初始化(具体应根据有关的产品说明进行相应调整)。图 6 – 13 为软件初始化框图,上电后延时一段时间;进行液晶模块的功能设置(需进行两次),如根据基本指令表设定其功能 DL(D_4) = 1,则选用并行 8 位操作,如 RE(D_2) = 0,则选用基本指令操作;适当延时后,进行显示状态操作,通过 D、C、B 参数的选择,使整体显示开或关、光标开或关;然后清除所有显示;延时后初始化结束。接下来进行应用编程。

4. 应用举例

液晶字符显示的 RAM 地址与 32 个字符显示区域有着一一对应的关系,其对应关系如表

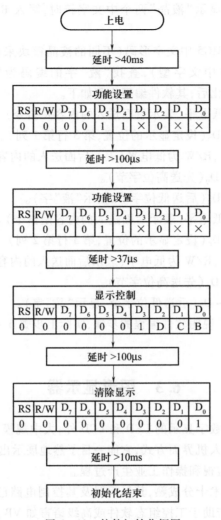

图 6-13 软件初始化框图

6-6 所列,应注意其排列类似于隔行扫描。

表 6-6 显示区域 DDRAM 地址

80H	81H	82H	83H	84H	85H	86H	87H
90H	91H	92H	93H	94H	95H	96H	97H
88H	89H	8AH	8BH	8CH	8DH	8EH	8FH
98H	99H	9AH	9BH	9CH	9DH	9EH	9FH

使用时还应注意以下 3 点:

(1) 要在某一个位置显示中文字符时,应先设定显示字符位置,即先设定显示地址,再写入中文字符编码。

(2) 显示 ASCII 字符过程与显示中文字符过程相同。不过在显示连续字符时,只需设定一次显示地址,由模块自动对地址加 1 指向下一个字符位置,否则,显示的字符中将会有一个空 ASCII 字符位置。

(3) 当字符编码为 2 字节时,应先写入高位字节,再写入低位字节。

例如在第 3 行第 1、2 列显示"液晶"两个中文字符时,写入 RAM 的地址应为 88H,89H。具体过程如下:

首先,应根据 ST7920 – BIG5 中文字形码(不同的液晶模块采用的字库编码可能不同,如有的使用 ST7920 – GB 简体中文字型),查找"液"字的编码为"B247","晶"字的编码为"B4B9",在进行了软件初始化后,其软件编程步骤如下:

步骤 1:令 RS、R/W 为低电平(表示后面送入的内容是指令)。
步骤 2:送 88H 到 $D_7 \sim D_0$(设定显示的位置,第 3 行第 1 列)。
步骤 3:令 RS 为高电平,R/W 为低电平(表示后面送入的内容是数据)。
步骤 4:送 B2H 到 $D_7 \sim D_0$(先送高位字节)。
步骤 5:送 47H 到 $D_7 \sim D_0$(后送低位字节,显示"液"字)。
步骤 6:令 RS、R/W 为低电平(表示后面送入的内容是指令)。
步骤 7:送 89H 到 $D_7 \sim D_0$(设定显示的位置,第 3 行第 2 列)。
步骤 8:令 RS 为高电平,R/W 为低电平(表示后面送入的内容是数据)。
步骤 9:送 B4H 到 $D_7 \sim D_0$(先送高位字节)。
步骤 10:送 B9H 到 $D_7 \sim D_0$(后送低位字节,显示"晶"字)。

当然,上述过程只是为了说明软件编程的步骤,实际上步骤 6~10 同步骤 1~5,可以采用循环方式。

6.3 图形显示器

除了小型控制装置采用数字显示的 LED 和 LCD 外,大中规模的计算机控制系统中,图形显示器已是必不可少的一种人机界面方式,它能一目了然地展示出图形、数据和事件等各种信息,以便操作者直观形象地监视和操作工业生产过程。

这种方式的硬件接口技术十分成熟,其显示器及其控制电路已成为计算机控制的一种基本配置,而软件设计一般是借助于工控组态软件或高级语言如 VB、VC 等来完成的。

6.3.1 图形显示器概述

常用的图形显示器有两种:CRT 显示器和 TFT 平面显示器。

1. CRT 显示器

阴极射线管 CRT 显示器由一个图形监示器和相应的控制电路组成。在工业计算机中,插入一块 VGA/TVGA 图形控制板即可实现功能很强的图像显示功能。目前,CRT 显示方式因其硬件技术成熟、软件支持丰富、价格比较低廉而成为计算机控制系统中应用最多的一种图形显示技术,可以满足大部分工业控制现场的一般性需要。

当用户要求显示系统的分辨率很高,或者要求显示速度很快时,一般的 VGA/TVGA 板就难以满足要求。这时,可以换用高性能的智能图形控制板和高分辨率的图形终端。智能控制板上含有图形显示控制器(GDC),它不同于 VGA/TVGA 用软件作图,而是直接接收微处理器送来的图形命令并完成硬件作图任务。它具有丰富的画图命令:如点、线、矩形、多边形、圆、弧以及区域填充、拷贝、剪裁等操作。画图命令可直接使用 X、Y 坐标,画图和填充的速度也大为提高,还有窗口功能等。由于智能图形终端的价格较高,一般只用于专门的使用场合。

CRT 显示器的缺点是体积与功耗大,易受震动和冲击,容易受射线辐射、磁场干扰,因此在恶劣工况下须采用特殊加固和屏蔽措施。

2. TFT 显示器

近年来发展起来的新型薄膜晶体管(TFT,Thin Film Transistor)LCD 技术已开始应用到新型的工业控制机中。这种 TFT 平面显示技术具有如下显著的特点：

（1）体积小,耗电省,如最薄的壁挂式机型厚度仅为 5cm(2in)；

（2）可靠性高,寿命长,不易受震动、冲击和射线的干扰影响；

（3）显示颜色 256 种基色,可扩展至 25600 种组合。

6.3.2 图形显示画面

采用图形显示器和键盘作人机接口终端,可以直观形象地监视和操作工业生产过程。所设计出的显示画面,既要反映出整个生产的工艺流程,又要便于单元操作控制;既要有实时动态数据,又要有历史记忆功能。从而使得一台图形显示终端完全替代传统的仪表盘及其盘面上的调节器、指示仪、记录仪、报警仪、模拟屏以及开关按钮、指示灯等。

早期的系统设计者是用汇编语言来编写画面程序的,后来多采用功能强大的高级语言,现在的控制厂商陆续推出了人机对话式的系统组态软件,诸如美国的 Intouch、Fix 和德国的 Wincc,国内的组态王、力控、MCGS 和 Controx 等。利用这些专用组态软件可以方便地组态成各种需要的显示画面。

常用的显示画面有总貌画面、分组画面、点画面、流程图画面、趋势曲线画面、报警显示画面、操作指导画面等。

1. 总貌画面

当被控量或控制回路较多时,操作员要逐个地监视判断各过程参数是否正常,并据此对控制回路进行操作是很困难的。为此,在总貌显示画面上用颜色、闪光或音响来最大限度地显示出多个控制回路的运行状态。

图 6-14 给出一个中央空调控制系统的总貌画面,用棒状图表示控制回路的偏差,用小方块指示控制回路的报警状态,每个棒图或方块的颜色表示 1 个工位点(参数),一般 8 个工位

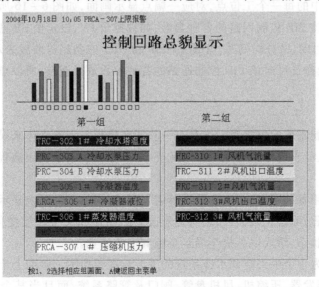

图 6-14 总貌画面

点为一组,每幅画面可显示约 40 个组、320 个点。如此,就有可能把整个大型控制系统的几百个参数集中显示在一二个画面上。

2. 分组画面

总貌显示画面中的每一组即 8 个工位点,对应一幅分组画面,如图 6-15 所示。以棒图或方块方式同时显示 8 个 PID 控制回路或开关状态;用数字、光柱表示被控量 PV、给定值 SP、偏差量 DV 和控制量 OUT;用文字表示回路的工位号或名称以及运行状态,如自动 AUT、手动 MAN、串级 CAS 等。

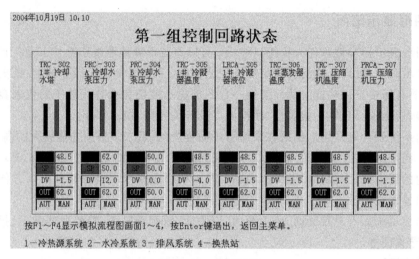

图 6-15 分组画面

在分组画面上,操作员可对控制回路进行必要的操作,如改变 SP、OUT、AUT、MAN 等。此时,操作员可把每个显示回路当作一台虚拟的仪表调节器来操作,所以分组画面也称为控制画面。

3. 点画面

分组显示画面中的每一个工位点,对应一幅点显示画面,如图 6-16 所示。以棒图、曲线、文字三种方式显示该 PID 控制回路的各种参数,如被控量 PV、设定值 SP、偏差量 DV 和控制量 OUT、比例带、积分时间、微分时间等,并用 PV、SP 和 OUT 三条趋势曲线表示回路的运行状态。

在点画面上,操作员可对该 PID 控制回路的各种参数进行调整,所以点画面也称单回路显示画面或调整画面。

4. 流程图画面

原来的仪表控制系统的仪表盘上方都有一块用实物模型和发光体来模拟生产流程的大型模拟屏,以给操作人员直观形象的视觉。与此类似,计算机控制系统用流程图画面来进行模拟显示。

流程图画面是用各种图素、文字和数据等组合而成,在一个画面上显示出所有装置回路的图示状况和工艺流程;除静止画面外,还有色彩、闪光、图形和文字连续变化的动态画面,标记出各个参数的实时状态,给人以总揽全局且身临其境的感觉。

图 6-17 所示为一个中央空调水冷系统的工艺流程模拟图。画面上十分形象地展示出水塔、水泵、冷凝器、蒸发器、压缩机、风机盘管、阀门及管路系统,而且当某个动力设备如冷却水塔与冷却水泵启动时,画面上的水塔电机与冷却水泵即刻旋转起来,而且冷却水喷淋而下,管

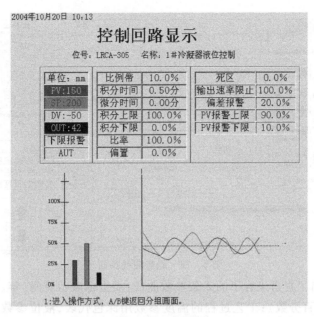

图 6-16 点画面

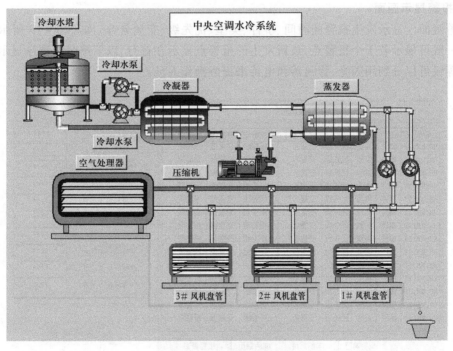

图 6-17 流程图画面

路水流动循环起来。如此,达到一个十分逼真形象的控制效果。

5. 趋势曲线画面

一般的仪表控制系统是采用记录仪来记录过程参数曲线的,并用记录纸保存历史数据曲线。而计算机控制系统则用趋势显示画面来描述过程参数曲线,并将数据存入磁盘保存。趋势显示包括实时趋势记录和历史趋势记录两种,将实时趋势曲线存入磁盘后,当需要时再调出来就成为历史趋势记录,如图 6-18 所示。

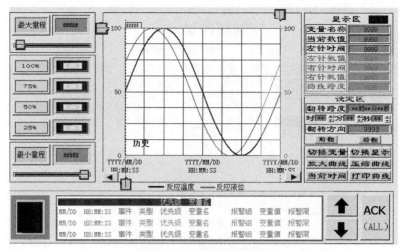

图 6-18 趋势曲线画面

图 6-18 中给出了直角坐标下的 2 条参数曲线:横坐标表示时间(年、月、日、时、分、秒);纵坐标表示参数值(百分数);工艺过程的温度参数用深色代表,液位参数用浅色代表。一般数据采样周期和趋势记录时间可由设计者根据需要适当调定。

6. 报警显示画面

报警画面上显示发生报警的时间、事件、类型、优先级、变量名等,如图 6-19 所示。该幅画面上一般可显示若干个报警点,最新发生的报警点显示在首行,以下按时间顺序显示。根据报警的等级可以分别用闪光、蜂鸣器和电铃来提醒操作人员。

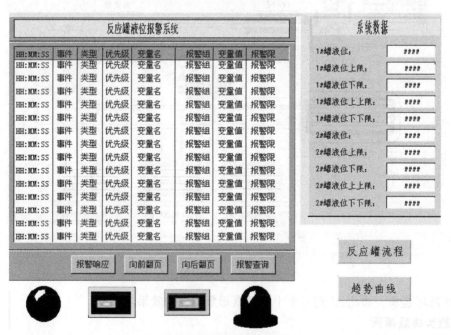

图 6-19 报警显示画面

另外,还有一些实时数据等其他列表显示画面,其格式大致同报警显示画面。

7. 操作指导画面

为了安全方便地操作,设计者按操作顺序预先将各项操作指令存入计算机,实际操作时,再以操作指导画面形式显示出来,用以指导操作。如果出现误操作,计算机会拒绝接收并显示出错标志,从而保证了安全操作。

本 章 小 结

显示装置是计算机与操作人员进行信息交换的一种常用输出设备,主要用来描述生产过程的工艺状况与运行结果,以便于现场工作人员的监视与操作。

目前应用在工业过程中的常用显示器有 LED、LCD 和图形显示终端。

LED 数码管由于具有结构简单、体积小、功耗低、显示清晰等优点,大量应用在小型单片微机控制系统及数字仪表中;LCD 则以其功耗极低及价格日益下降的特点,也从袖珍仪表、便携式微机装置发展到工控系统的应用场合;而图形显示终端以其图文并茂和信息丰富的生动画面,在大中规模的计算机控制系统如 DDC、SCC、DCS 及 FCS 控制系统中广泛应用。

本章重点讨论了 LED 共阴极、共阳极两种结构的工作原理、静态显示与动态显示两种方式及其与 CPU 的几种实用接口电路;对 LCD 的结构原理、驱动方式及其与单片机的接口电路也作了原理性论述;最后介绍了一般控制系统所需要的几种图形显示画面。

思 考 题

1. 结合图 6-1,简述 8 段 LED 显示器的结构与工作原理。
2. 结合图 6-2,说明 8 段 LED 显示器段选码的概念及其 0~F 的段选码表。
3. 以 4 位 LED 为例,说明 LED 的静态显示原理及其显示效果、特点及适用场合。
4. 以 4 位 LED 为例,说明 LED 的动态显示原理及其显示效果、特点及适用场合。
5. 结合图 6-5,简述 LED 静态显示硬件译码电路的工作过程。
6. 结合图 6-6,简述 LED 动态显示软件译码电路的工作过程。
7. LCD 有哪几种类型?简述其作用。
8. 结合图 6-9、图 6-10,分析说明 7 段 LCD 的译码驱动电路。
9. 在计算机控制系统中,常用的监控显示画面有哪些?

第 7 章 数据处理技术

本章要点

1. 测量数据的预处理技术
2. 常用的几种数字滤波方法
3. 线性式标度变换方法
4. 查表方法

在计算机控制系统中,数据采集是最基本的一种模式。一般是通过传感器、变送器把生产过程的各种物理参数转换成电信号,然后经 A/D 通道或 DI 通道,把数字量送入计算机中。计算机在对这些数字量进行显示和控制之前,还必须根据需要进行相应的数据处理。

数据处理离不开数值计算,而最基本的数值计算为四则运算。由于控制系统中遇到的现场环境不同,采集的数据种类与数值范围不同,因此精度要求也不一样,各种数据的输入方法及表示方法也各不相同。因此,为了满足不同系统的需要,设计出了许多有效的数据处理技术方法,如预处理、数字滤波、标度变换、查表和越限报警等。

7.1 测量数据预处理技术

对测量数据的预处理是计算机控制系统数据处理的基础,这包括数字调零技术、系统校准技术以及输入、输出数据的极性与字长的预处理技术。

7.1.1 系统误差的自动校准

在控制系统的测量输入通道中,一般均存在放大器等器件的零点偏移和漂移,会造成放大电路的增益误差及器件参数的不稳定等现象,它们都会影响测量数据的准确性,这些误差都属于系统误差。它的特点是在一定的测量条件下,其变化规律是可以掌握的,产生误差的原因一般也是知道的。因此,系统误差是可以通过适当的技术方法来确定并加以校正的,一般采用软件程序进行处理,即可对这些系统误差进行自动校准。

1. 数字调零

零点偏移是造成系统误差的主要原因之一,因此零点的自动调整在实际应用中最多,常把这种用软件程序进行零点调整的方法称为数字调零。数字调零电路如图 7-1 所示。

在测量输入通道中,CPU 分时巡回采集 1 路校准电路与 n 路传感变送器送来的电压信号。首先是第 0 路的校准信号即接地信号,理论上电压为零的信号,经放大电路、A/D 转换电路进入 CPU 的数值应当为零,而实际上由于零点偏移产生了一个不等于零的数值,这个值就是零点偏移值 N_0;然后依次采集 1,2,…,n 路,每次采集到的数字量 $N_1, N_2, …, N_n$ 就是实际值与零

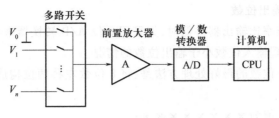

图 7-1 数字调零电路

点偏移值 N_0 之和。计算机要进行的数字调零就是做一次减法运算,使 $(N_i - N_0)$ 的差值成为本次测量的实际值。很显然,采用这种方法,可去掉放大电路、A/D 转换电路本身的偏移及随时间与温度而发生的各种漂移的影响,从而大大降低对这些电路器件的偏移值的要求,降低硬件成本。

2. 系统校准

上述数字调零不能校正由传感器本身引入的误差。为了克服这种缺点,可采用系统校准处理技术。

系统校准的原理与数字调零差不多,只是把测量电路扩展到包括现场的传感器,而且不是在每次采集数据时都进行校准,而是在需要时人工接入标准参数进行校准测量,把测得的数据存储起来,供以后实际测量使用。一般自动校准系统只测一个标准输入信号 V_R,零点漂移的补偿仍由数字调零来完成。

设数字调零后测得标准输入信号 V_R 的数据为 N_R,而测得实际被测输入信号 V 时的数据为 N,则可按如下校准式来计算 V,即

$$V = \frac{V_R}{N_R} N \tag{7-1}$$

系统校准特别适于传感器特性随时间会发生变化的场合。如电容式湿度传感器,其输入、输出特性会随着时间而发生变化,一般一年以上变化会大于精度容许值,这时可每隔一段时间(例如 3 个月或 6 个月),用其他精确方法测出这时的湿度值,然后把它作为校准值输入测量系统。在实际测量湿度时,计算机将自动用该输入值来校准以后的测量值。

7.1.2 数据字长的预处理

在计算机控制系统中经常会出现数据字长不一致的情况。如有的系统采用 12 位 A/D 转换器采样数据,而输出采用 8 位 D/A 转换器;有的系统使用 8 位 A/D 转换器进行采样,而为了提高计算的精度,采用双字节运算程序计算。为了满足不同的精度要求,数据在进行数字滤波、标度变换和控制运算后必须对数字量的位数加以处理。

1. 输入位数大于输出位数

当输入器件的分辨率高于输出器件时,如采用 10 位 A/D 转换器采样,而 CPU 把处理后的 10 位二进制数通过 8 位 D/A 转换器输出,就会出现输入位数大于输出位数的情况。

对输入位数大于输出位数的处理方法就是忽略高位数的最低几位。如 10 位 A/D 转换器的输入值为 0011111010,此值经处理后送入 8 位 D/A 转换器的值就变为 00111110。这在计算机中通过向右移位的方法是很容易实现的。

由于 10 位 A/D 转换器的采样分辨率要比 8 位 A/D 转换器高得多,因此,虽然舍去了最低的两位数会产生一定的误差,但这一误差仍比采用 8 位输入、8 位输出系统的误差小。

2. 输入位数小于输出位数

当输入器件的分辨率比输出器件低时,如采用 8 位 A/D 转换器采样,而通过 10 位 D/A 转换器进行输出,就会出现输入位数小于输出位数的情况。

输入位数小于输出位数的最好处理方法是:将 8 位数左移两位构成 10 位数,10 位数的最低两位用"0"填充。如:

转换前的 8 位输入值为××××××××;

转换后的 10 位输出值为××××××××00。

这种处理方法的优点在于构成的 10 位数接近 10 位 A/D 转换器的满刻度值,其误差在 10 位数字量的 3 个步长电压之内。

7.2 数字滤波方法

由于工业生产的现场环境非常恶劣,各种干扰源很多,计算机系统通过输入通道采集到的数据信号,虽经硬件电路的滤波处理,但仍会混有随机干扰噪声。因此,为了提高系统性能,达到准确的测量与控制,一般情况下还需要进行数字滤波。

数字滤波就是计算机系统对输入信号采样多次,然后用某种计算方法进行数字处理,以削弱或滤除干扰噪声造成的随机误差,从而获得一个真实信号的过程。这种滤波方法只是根据预定的滤波算法编制相应的程序,实质上是一种程序滤波,因而可靠性高,稳定性好,修改滤波参数也容易,而且一种滤波子程序可以被多个通道所共用,成本很低。另外,数字滤波可以对各种干扰信号,甚至极低频率的信号进行滤波。它的不足之处是需要占用 CPU 的机时。

总之,数字滤波与硬件滤波器相比优点甚多,因此得到了普遍的应用。常用的数字滤波方法有平均值滤波、中值滤波、限幅滤波和惯性滤波等。

7.2.1 平均值滤波

平均值滤波就是对多个采样值进行平均算法,这是消除随机误差最常用的方法。具体又可分为如下几种。

1. 算术平均滤波

算术平均滤波是在采样周期 T 内,对测量信号 y 进行 m 次采样,把 m 个采样值相加后的算术平均值作为本次的有效采样值,即

$$\bar{y}(k) = \frac{1}{m}\sum_{i=1}^{m} y_i \qquad (7-2)$$

采样次数 m 值决定了信号的平滑度和灵敏度。提高 m 的值,可提高平滑度,但系统的灵敏度随之降低,采样次数 m 的取值随被控对象的不同而不同。一般情况下,流量信号可取 10 左右,压力信号可取 4 左右,温度、成分等缓变信号可取 2 甚至不进行算术平均。

在编制算法程序时,m 一般取 2、4、8 等 2 的整数幂,以便于用移位来代替除法求得平均值。

这种算法适用于周期性干扰的信号滤波。

2. 去极值平均滤波

算术平均滤波不能将明显的偶然的脉冲干扰消除,只是把其平均到采样结果中,从而降低了测量精度。去极值平均滤波是对连续采样的 m 个数据进行比较,去掉其中的最大值与最小

值,然后计算余下的 $m-2$ 个数据的算术平均值。

在编制算法程序时,为便于用移位来代替除法求得平均值,$m-2$ 应取 2、4、8 等,故 m 取常数 4、6、10 等。

这种算法适用于工业场合经常遇到尖脉冲干扰的信号滤波。

3. 加权平均滤波

算术平均滤波和去极值平均滤波都存在平滑性和灵敏度的矛盾。采样次数太少则平滑效果差,次数太多则灵敏度下降,对测量参数的变化趋势不敏感。为协调两者关系,可采用加权平均滤波。

加权平均滤波是对每次采样值不以相同的权系数而以增加新鲜采样值的权重相加。

$$\bar{y}(k) = \sum_{i=1}^{m} C_i y_i \qquad (7-3)$$

式中:第 m 次为最新值;$C_1, C_2, \cdots, C_m$ 为加权系数,先小后大,且均为小于 1 但总和等于 1 的小数,即同时满足

$$C_1 + C_2 + \cdots + C_m = 1$$
$$C_m > C_{m-1} > \cdots > C_1 > 0$$

$C_1, C_2, \cdots, C_m$ 的取值应视具体情况选取,并通过调试确定。例如:某纯滞后时间为 τ 的被控对象,采用 $m=4$ 的加权平均滤波算式为

$$\bar{y}(k) = C_1 y_1 + C_2 y_2 + C_3 y_3 + C_4 y_4$$

式中权系数

$$C_1 = \frac{e^{-3\tau}}{R}, C_2 = \frac{e^{-2\tau}}{R}, C_3 = \frac{e^{-\tau}}{R}, C_4 = \frac{1}{R}$$
$$R = e^{-3\tau} + e^{-2\tau} + e^{-\tau} + 1$$

这种算法能协调系统平滑度和灵敏度的矛盾,提高灵敏度,更适用于纯滞后较大的对象。

4. 滑动平均滤波

前三种的平均滤波算法有一个共同点:每取得一个有效采样值必须连续进行若干次采样。当系统的采样速度较慢或采样信号变化较快时,系统的实时性就无法得到保证。滑动平均滤波是在每个采样周期只采样一次,将这一次采样值和过去的若干次采样值一起求平均,所得结果即为有效采样值。

具体作法可由循环队列结构方式来实现数据的存放,比如取 m 个采样值求滑动平均,只要在 RAM 中开辟 m 个数据暂存区,每次新采集一个数据便存入暂存区的队尾,同时冲掉队首的一个数据,这样在存储器队列中始终保持有 m 个最新的数据。

滑动平均滤波算法的最大优势就是实时性好,提高了系统的响应速度。

7.2.2 中值滤波

中值滤波是将信号 y 的连续 m 次采样值按大小进行排序,取其中间值作为本次的有效采样值。本算法为取中值,故采样次数 m 应为奇数,一般 3 次～5 次即可。

编制中值滤波的算法程序,首先把 m 个采样值从小到大(或从大到小)进行排队,这可采用几种常规的排序算法如冒泡算法,然后再取中间值。

中值滤波对缓变过程中的偶然因素引起的波动或采样器不稳定造成的误差所引起的脉动干扰比较有效,而对快速变化过程(如流量)的信号采样则不适用。

7.2.3 限幅滤波

经验说明,生产过程中许多物理量的变化需要一定时间,因此相邻两次采样值之间的变化幅度应在一定的限度之内。限幅滤波就是把两次相邻的采样值相减,求其增量的绝对值,再与两次采样所允许的最大差值 ΔY 进行比较,如果小于或等于 ΔY,表示本次采样值 $y(k)$ 是真实的,则取 $y(k)$ 为有效采样值;反之,$y(k)$ 是不真实的,则取上次采样值 $y(k-1)$ 作为本次有效采样值。

限幅滤波算式为

$$\begin{cases} |y(k) - y(k-1)| \leq \Delta Y, & y(k) = y(k) \\ |y(k) - y(k-1)| > \Delta Y, & y(k) = y(k-1) \end{cases} \quad (7-4)$$

式中　$y(k)$——$t = kT$ 时刻的采样值;
　　　$y(k-1)$——$t = (k-1)T$ 时刻的采样值;
　　　　　ΔY——相邻两次采样值所允许的最大偏差,其大小取决于控制系统采样周期 T 和信号 y 的正常变化率。

限幅滤波对随机干扰或采样器不稳定引起的失真有良好的滤波效果。

7.2.4 惯性滤波

惯性滤波是模拟硬件 RC 低通滤波器的数字实现。常用的 RC 滤波器的传递函数为

$$\frac{Y(s)}{X(s)} = \frac{1}{1 + T_f s} \quad (7-5)$$

式中:$T_f = RC$ 是滤波器的滤波时间常数,其大小直接关系到滤波效果。一般说来,T_f 越大,则滤波器的截止频率(滤出的干扰频率)越低,滤出的电压纹波较小,但输出滞后较大。由于大的时间常数及高精度的 RC 电路不易制作,所以硬件 RC 滤波器不可能对极低频率的信号进行滤波。为此可以模仿式(7-5)中硬件 RC 滤波器的特性参数,用软件做成低通数字滤波器,从而实现一阶惯性的数字滤波。

将式(7-5)写成差分方程

$$T_f \frac{y(k) - y(k-1)}{T} + y(k) = x(k) \quad (7-6)$$

整理后得

$$y(k) = \frac{T}{T_f + T}x(k) + \frac{T_f}{T_f + T}y(k-1) = ax(k) + (1-a)y(k-1) \quad (7-7)$$

式中　$y(k)$——第 k 次采样的滤波输出值;
　　　$x(k)$——第 k 次的滤波输入值,即第 k 次采样值;
　　　$y(k-1)$——第 $(k-1)$ 次采样的滤波输出值;
　　　　a——滤波系数,$a = T/(T_f + T)$;
　　　　T——采样周期;
　　　　T_f——滤波环节的时间常数。

一般 T 远小于 T_f,即 a 远小于 1,表明本次有效采样值(滤波输出值)主要取决于上次有效采样值(滤波输出值),而本次采样值仅起到一点修正作用。

通常,采样周期 T 足够小,故 $a \approx T/T_f$,滤波算法的截止频率为

$$f = \frac{1}{2\pi RC} = \frac{a}{2\pi T} \qquad (7-8)$$

当采样周期 T 一定时,滤波系数 a 越小,数字滤波器的截止频率 f 就越低。例如当 $T=0.5\mathrm{s}$(即每秒采样2次), $a=1/32$ 时,有

$$f = (1/32)/(2 \times 3.14 \times 0.5) \approx 0.01(\mathrm{Hz})$$

这对于变化缓慢的采样信号(如大型贮水池的水位信号),其滤波效果是很好的。

惯性滤波器的程序编制可按式(7-7)进行。设计时,应根据采样周期与截止频率适当选取 a 值,使得滤波器的输出既无明显纹波,又不太滞后。显然,该算法比较简单,比起平均值滤波法要快,能很好地消除周期性干扰和较宽频率的随机干扰信号。

以上讨论了几种数字滤波方法,各有其特点。在实际应用中,究竟采用不采用,以及采用哪一种数字滤波,都应视具体情况而定。可能有的系统并不需要进行数字滤波或者应用得不恰当,非但达不到滤波效果,还会降低控制品质,而有的系统采用了复合滤波方法——把几种滤波方法结合起来使用,可能会取得更好的滤波效果。

7.3 标度变换算法

生产中的各种参数都有着不同的量纲和数值,但在计算机控制系统的采集、A/D 转换过程中已变为无量纲的数据,当系统在进行显示、记录、打印和报警等操作时,必须把这些测得的数据还原为相应量纲的物理量,这就需要进行标度变换。

标度变换的任务是把计算机系统检测的对象参数的二进制数值还原变换为原物理量的工程实际值。图7-2所示为标度变换原理图,这是一个温度测控系统,某种热电偶传感器把现场中的温度 0℃~1200℃ 转变为 0mV~48mV 信号,经输入通道中的运算放大器放大到 0V~5V,再由 8 位 A/D 转换成 00H~FFH 的数字量,这一系列的转换过程是由输入通道的硬件电路完成的。CPU 读入该数字信号,在送到显示器进行显示以前,必须把这一无量纲的二进制数值再还原变换成原量纲为℃的温度信号。比如,最小值 00H 应变换对应为 0℃,最大值 FFH 应变换对应为 1200℃。

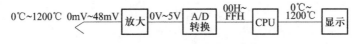

图7-2 标度变换原理图

这个标度变换的过程是由算法软件程序来完成的。标度变换有各种不同的算法,它取决于被测参数的工程量与转换后的无量纲数字量之间的函数关系。一般而言,输入通道中的放大器、A/D 转换器基本上是线性的,因此,传感器的输入、输出特性就大体上决定了这个函数关系的不同表达形式,也就决定了不同的标度变换方法。

主要方法有线性式变换、非线性式变换、多项式变换以及查表法。

7.3.1 线性式变换

线性标度变换是最常用的标度变换方式,其前提条件是传感器的输出信号与被测参数之间呈线性关系,如图7-3所示。

数字量 N_x 对应的工程量 A_x 的线性标度变换公式为

$$A_x = (A_m - A_0)\frac{N_x - N_0}{N_m - N_0} + A_0 \quad (7-9)$$

式中　A_0—— 一次测量仪表的下限(测量范围最小值);
　　　A_m—— 一次测量仪表的上限(测量范围最大值);
　　　A_x—— 实际测量值(工程量);
　　　N_0—— 仪表下限所对应的数字量;
　　　N_m—— 仪表上限所对应的数字量;
　　　N_x—— 实际测量值所对应的数字量。

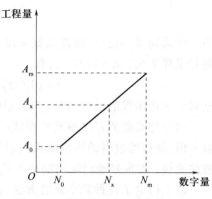

图7-3　线性关系的标度变换

式(7-9)为线性标度变换的通用公式,其中 A_0、A_m、N_0、N_m 对某一个具体的被测参数与输入通道来说都是常数,不同的参数有着不同的值。为使程序设计简单,一般把一次测量仪表的下限 A_0 所对应的 A/D 转换值置为0,即 $N_0 = 0$。这样式(7-9)可写成

$$A_x = (A_m - A_0)\frac{N_x}{N_m} + A_0 \quad (7-10)$$

在很多测量系统中,仪表下限值 $A_0 = 0$,此时进一步简化为

$$A_x = A_m \frac{N_x}{N_m} \quad (7-11)$$

式(7-9)、式(7-10)和式(7-11)即为在不同情况下的线性标度变换公式。据此,编程用的标度变换子程序公式分别简化为

$$A_{x1} = a_1 N_x + b_1 \quad (7-12)$$

式中

$$a_1 = \frac{A_m - A_0}{N_m - N_0}, \quad b_1 = A_0 - \frac{A_m - A_0}{N_m - N_0}N_0$$

$$A_{x2} = a_2 N_x + A_0 \quad (7-13)$$

式中

$$a_2 = \frac{A_m - A_0}{N_m}$$

$$A_{x3} = a_3 N_x \quad (7-14)$$

式中

$$a_3 = \frac{A_m}{N_m}$$

例7-1　某加热炉温度测量仪表的量程为200℃~800℃,在某一时刻计算机系统采样并经数字滤波后的数字量为CDH,求此时的温度值是多少?(设该仪表的量程是线性的)

解:根据式(7-10),已知 $A_0 = 200℃$,$A_m = 800℃$,$N_x = CDH = (205)D$,$N_m = FFH = (255)D$,所以此时的温度为

$$A_x = (A_m - A_0)\frac{N_x}{N_m} + A_0 = (800 - 200)\frac{205}{255} + 200 = 682(℃)$$

7.3.2 非线性式变换

当传感器的输出信号与被测参数之间呈非线性关系时,上面的线性变换式均不适用,需要建立新的标度变换公式。由于非线性参数的变化规律各不相同,故应根据不同的情况建立不同的非线性变换式,但前提是它们的函数关系可用解析式来表示。

例如,在差压法测流量中,流量与差压间的关系为

$$Q = K\sqrt{\Delta p} \tag{7-15}$$

式中　Q——流体流量;
　　　K——刻度系数,与流体的性质及节流装置的尺寸有关;
　　　Δp——节流装置前后的差压。

可见,流体的流量与被测流体流过节流装置前后产生的压力差的平方根成正比,于是得到测量流量时的标度变换公式为

$$Q_x = (Q_m - Q_0)\sqrt{\frac{N_x - N_0}{N_m - N_0}} + Q_0 \tag{7-16}$$

式中　Q_0——差压流量仪表的下限值;
　　　Q_m——差压流量仪表的上限值;
　　　Q_x——被测液体的流量测量值;
　　　N_0——差压流量仪表下限所对应的数字量;
　　　N_m——差压流量仪表上限所对应的数字量;
　　　N_x——差压流量仪表测得差压值所对应的数字量。

对于流量仪表,一般下限皆为 0,即 $Q_0 = 0$,所以式(7-16)可简化为

$$Q_x = Q_m\sqrt{\frac{N_x - N_0}{N_m - N_0}} \tag{7-17}$$

若取流量表的下限对应的数字量 $N_0 = 0$,便可进一步简化为

$$Q_x = Q_m\sqrt{\frac{N_x}{N_m}} \tag{7-18}$$

式(7-16)、式(7-17)、式(7-18)即为不同初始条件下的流量标度变换公式。与线性标度变换公式一样,由于 Q_0、Q_m、N_0、N_m 都是常数,故以上三式可分别简化为编程用的标度变换子程序公式,即

$$Q_{x1} = K_1\sqrt{N_x - N_0} + Q_0 \tag{7-19}$$

式中

$$K_1 = \frac{Q_m - Q_0}{\sqrt{N_m - N_0}}$$

$$Q_{x2} = K_2\sqrt{N_x - N_0} \tag{7-20}$$

式中

$$K_2 = \frac{Q_m}{\sqrt{N_m - N_0}}$$

$$Q_{x3} = K_3\sqrt{N_x} \tag{7-21}$$

式中

$$K_3 = \frac{Q_m}{\sqrt{N_m}}$$

7.3.3 多项式变换

还有些传感器的输出信号与被测参数之间虽为非线性关系,但它们的函数关系无法用一个解析式来表示,或者解析式过于复杂而难于直接计算。这时可以采用一种既计算简便,又能满足实际工程要求的近似表达式——插值多项式来进行标度变换。

插值多项式即是用一个 n 次多项式来代替某种非线性函数关系,其插值原理是:被测参数 y 与传感器的输出值 x 具有函数关系 $y = f(x)$,只知道在 $n+1$ 个相异点处的函数值为:$f(x_0) = y_0, f(x_1) = y_1, \cdots, f(x_n) = y_n$。现构造一个 n 次多项式 $P_n(x) = a_n x^n + a_{n-1} x^{n-1} + \cdots + a_1 x + a_0$ 去逼近函数 $y = f(x)$,把 $y = f(x)$ 中这 $n+1$ 个相异点处的值作为插值代入 n 次多项式 $P_n(x)$,便可以获得 $n+1$ 个一次方程组:

$$\begin{cases} a_n x_0^n + a_{n-1} x_0^{n-1} + \cdots + a_1 x_0 + a_0 = y_0 \\ a_n x_1^n + a_{n-1} x_1^{n-1} + \cdots + a_1 x_1 + a_0 = y_1 \\ a_n x_2^n + a_{n-1} x_2^{n-1} + \cdots + a_1 x_2 + a_0 = y_2 \\ \vdots \\ a_n x_n^n + a_{n-1} x_n^{n-1} + \cdots + a_1 x_n + a_0 = y_n \end{cases}$$

式中:$x_0, x_1, \cdots, x_n$ 是已知的传感器的输出值;$y_0, y_1, \cdots, y_n$ 是被测参数;可以求出 $n+1$ 个待定系数 $a_0, a_1, \cdots, a_n$,从而构造成功一个可代替这种函数关系的可插值多项式 $P_n(x)$。

下面用热敏电阻测量温度的例子来说明这一过程。热敏电阻具有灵敏度高、价格低廉等特点,但是热敏电阻的阻值与温度之间的关系是非线性的,而且只能以表 7-1 的方式表示。现构造一个三阶多项式 $P_3(R)$ 来逼近这种函数关系。

表 7-1 热敏电阻的温度—电阻特性

温度 t/℃	电阻 R/kΩ	温度 t/℃	电阻 R/kΩ	温度 t/℃	电阻 R/kΩ
10	8.0000	21	6.5574	32	5.5554
11	7.8431	22	6.4516	33	5.4793
12	7.6923	23	6.3491	34	5.4053
13	7.5471	24	6.2500	35	5.3332
14	7.4074	25	6.1538	36	5.2630
15	7.2727	26	6.0606	37	5.1946
16	7.1428	27	5.9701	38	5.1281
17	7.0174	28	5.8823	39	5.0631
18	6.8965	29	5.7970	40	5.0000
19	6.7796	30	5.7142		
20	6.6670	31	5.6337		

取三阶多项式为

$$t = P_3(R) = a_3 R^3 + a_2 R^2 + a_1 R + a_0$$

并取 $t = 10, 17, 27, 39$ 这 4 点为插值点,便可以得到

$$\begin{cases} 8.0000^3 a_3 + 8.0000^2 a_2 + 8.0000 a_1 + a_0 = 10 \\ 7.0174^3 a_3 + 7.0174^2 a_2 + 7.0174 a_1 + a_0 = 17 \\ 5.9701^3 a_3 + 5.9701^2 a_2 + 5.9701 a_1 + a_0 = 27 \\ 5.0631^3 a_3 + 5.0631^2 a_2 + 5.0631 a_1 + a_0 = 39 \end{cases}$$

解上述方程组,得

$$a_3 = -0.2346989, a_2 = 6.120273, a_1 = -59.28043, a_0 = 212.7118$$

因此,所求的逼近多项式为

$$t = -0.2346989 R^3 + 6.120273 R^2 - 59.28043 R + 212.7118$$

这就是用来标度变换的插值多项式,将采样测得的电阻值 R 代入上式,即可获得被测温度 t。

显然,插值点的选择对于逼近的精度有很大的影响。通常在函数 $y = f(x)$ 的曲线上曲率大的地方应适当加密插值点。

一般来说,增加插值点和多项式的次数能提高逼近精度。但同时会增加计算时间,而且在某些情况下反而可能会造成误差的摆动;另一方面,对于那些带拐点的函数,如果用一个多项式去逼近,将会产生较大的误差。

为了提高逼近精度,且不占用过多的机时,较好的方法是采用分段插值法。分段插值法是将被逼近的函数根据其变化情况分成几段,然后将每一段区间分别用直线或抛物线去逼近。分段插值的分段点的选取可按实际曲线的情况灵活决定,既可以采用等距分段法,又可采用非等距分段法。

如上例热敏电阻温度 t 与电阻值 R 的插值多项式,其计算量较大,程序也较复杂。为使计算简单,提高实时性,可采用分段线性插值公式或称分段线性化的方法,即用多段折线代替曲线进行计算。

根据表 7-1 中的数据制成图 7-4 所示的热敏电阻特性并分段线性化,其中曲线为热敏电阻的负温度—电阻特性,折线 L_0、L_1、L_2 代替或逼近曲线。当获取某个采样值 R 后,先判断 R 的大小处于哪一折线段内,然后就可按相应段的线性化公式计算出标度变换值。其计算公式是

$$t = \begin{cases} k_0 (R - R_0) + t_3 & R_0 \leq R \leq R_1 \\ k_1 (R - R_1) + t_2 & R_1 \leq R \leq R_2 \\ k_2 (R - R_2) + t_1 & R_2 \leq R \leq R_3 \end{cases}$$

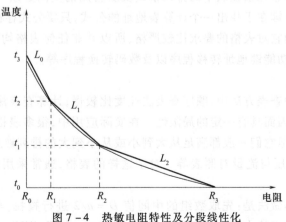

图 7-4 热敏电阻特性及分段线性化

式中：k_0、k_1、k_2 分别为线段 L_0、L_1、L_2 的斜率。

同样，分段数越多，线性化精度越高，软件开销也相应增加。分段数应视具体情况和要求而定。当分段数多到线段缩成一个点时，实际上就是另一种方法——查表法。

7.3.4 查表法

所谓查表法就是把事先计算或测得的数据按照一定顺序编制成表格，查表程序的任务就是根据被测参数的值或者中间结果，查出最终所需要的结果。它是一种非数值计算方法，利用这种方法可以完成数据的补偿、计算、转换等各种工作。比如输入通道中对热电偶特性的处理，可以用非线性插值法进行标度变换，也可以采用精度更高、效果更好的查表法进行标度变换——利用热电偶的 mV - ℃ 分度表，通过计算机的查表指令就能迅速便捷地由电势（mV）值查到相应的温度（℃）值；当然控制系统中还会有一些其他参数或表格也是如此，如对数表、三角函数表、模糊控制表等。

查表程序的繁简程度及查询时间的长短，除与表格的长短有关外，很重要的因素在于表格的排列方法。一般来讲，表格有两种排列方法：①无序表格，即表格中的数据是任意排列的；②有序表格，即表格中的数据按一定的顺序排列。表格的排列不同，查表的方法也不尽相同。

具体的查表方法有顺序查表法、计算查表法、对分查表法等。

1. 顺序查表法

顺序查表法是针对无序排列表格的一种方法。其查表方法类似于人工查表。因为无序表格中所有各项的排列均无一定的规律，所以只能按照顺序从第一项开始逐项寻找，直到找到所要查找的关键字为止。

顺序查表法虽然比较"笨"，但对于无序表格或较短表格而言，仍是一种比较常用的方法。

2. 计算查表法

在计算机数据处理中，一般使用的表格都是线性表，它是若干个数据元素 $X_1, X_2, \cdots, X_n$ 的集合，各数据元素在表中的排列方法及所占的存储器单元个数都是一样的。因此，要搜索的内容与表格的排列有一定的关系。只要根据所给的数据元素 X_i，通过一定的计算，求出元素 X_i 所对应的数值的地址，然后将该地址单元的内容取出即可。

这种有序表格要求各元素在表中的排列格式及所占用的空间必须一致，而且各元素是严格按顺序排列的。其关键在于找出一个计算表地址的公式，只要公式存在，查表的时间就与表格的长度无关。正因为它对表格的要求比较严格，所以并非任何表格均可采用。通常它适用于某些数值计算程序、功能键地址转移程序以及数码转换程序等。

3. 对分查表法

在前面介绍的两种查表方法中，顺序查表法速度比较慢，计算查表法虽然速度很快，但对表格的要求比较挑剔，因而具有一定的局限性。在实际应用中，很多表格都比较长，且难以用计算查表法进行查找，但它们一般都满足从大到小或从小到大的排列顺序，如热电偶 mV - ℃ 分度表，流量测量中差压与流量对照表等。对于这样的表格，通常采用快速而有效的对分查表法。

对分查表法的具体做法是：先取数组的中间值 $D = n/2$ 进行查找，与要搜索的 X 进行比较，若相等，则查到。对于从小到大的顺序来说，如果 $X > n/2$ 项，则下一次取 $n/2 \sim n$ 间的中值,即 $3n/4$ 与 X 进行比较;若 $X<n/2$ 项,则取 $0\sim n/2$ 的中值,取 $n/4$ 与 X 进行比较。如此比较下去,则可逐次逼近要搜索的关键字,直到找到为止。

7.4 越限报警处理

为了实现安全生产,在计算机测控系统中,对于重要的参数和部位,都设置了紧急状态报警系统,以便及时提醒操作人员注意或采取应急措施,使生产继续进行或在确保人身设备安全的前提下终止生产。其方法就是把计算机的采集数据在进行预处理、数字滤波、标度变换之后,与该参数的设定上限、下限值进行比较,如果高于上限值或低于下限值,则进行报警,否则就作为采样的正常值,进行显示和控制。

7.4.1 越限报警程序

在控制系统中,报警参数可以是被控参数、被测参数、输入偏差或控制量等,设需要判断的报警参数为 X,该参数的上限、下限约束值分别为 X_H 和 X_L,则越限报警有如下几种形式:

(1) 上限报警。若 $X_K > X_H$,则发出上限报警,否则继续执行原定操作。

(2) 下限报警。若 $X_K < X_L$,则发出下限报警,否则继续执行原定操作。

(3) 上下限报警。若 $X_K > X_H$,则上限报警,否则判断 $X_K < X_L$ 否?若是,则下限报警,否则继续执行原定操作。

具体设计报警程序时,为了避免测量值在极限值一点处来回摆动造成频繁报警,一般应在极限值附近设置一个回差带,如图 7-5 所示。

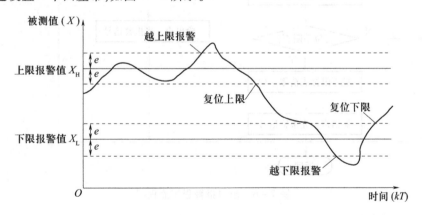

图 7-5 越限报警范围

图 7-5 中 X_H、X_L 是上限、下限约束值,$2e$ 为回差带宽。当被测值超越 $X_H + e$ 时,才算越过上限报警值并设置相应的越上限标志(上限标志位置 1),同时输出越上限的声、光报警;当被测值下降到 $X_H - e$ 以下时,则复位上限,这时应撤消越上限标志(上限标志位清 0)及相应的声光报警。同理,当被测值低于 $X_L - e$ 点时,才算越过下限并设置相应的越下限标志(下限标志位置 1),同时输出越下限的声、光报警;当被测值上升到 $X_L + e$ 以上时,则复位下限,这时应撤消越下限标志(下限标志位清 0)及相应的声光报警。如此,回差值 e 避免了测量值在极限值 X_H 或 X_L 一点处来回摆动造成频繁报警,e 值的大小可根据现场具体的被测参数设定。越限报警程序流程图如图 7-6 所示。

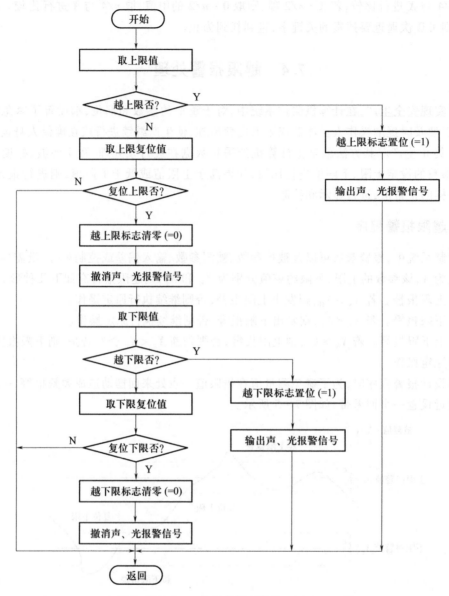

图 7-6 越限报警程序流程图

7.4.2 越限报警方式

在计算机测控系统中常采用声、光及语言进行报警。

1. 普通声光报警

普通光报警常采用发光二极管(LED)实现,声报警常用蜂鸣器或电笛实现。图 7-7 所示是普通声光报警接口电路图,发光二极管的驱动电流一般为 10mA~20mA,CPU 的数据线需要外接驱动器驱动,可采用 OC 门驱动器,如反相驱动器 74LS06、正相驱动器 74LS07 等,也可采用一般的锁存器如 74LS273、74LS373、74LS377,或带有锁存器的 I/O 接口芯片,如 8155、8255A 等。图 7-7 中,数据线 $D_3 \sim D_7$ 接 5 个 LED 用于 5 路信号的越限报警,D_2 与 1 个驱动蜂鸣器的继电器线圈相连,当某一路需要报警时,只要对该路及 D_2 输出高电平,经 74LS06 反相后,LED 点亮的同时,继电器线圈吸合,蜂鸣器或电笛发出鸣叫,达到声光报警效果。

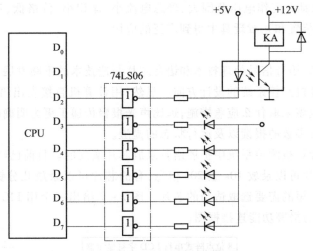

图 7-7 普通声光报警接口电路

2. 模拟声光报警

模拟声光报警最常用的方法是采用模拟声音集成电路芯片,如 KD-956× 系列是一种采用 CMOS 工艺、软封装的声报警 IC 芯片,能够产生表 7-2 所列的声光报警效果。

表 7-2 KD-956× 系列报警芯片功能表

型 号	声光性能	型 号	声光性能
KD-9561	机枪、警笛、救护车、消防车声	KD-9562C	单键 8 音
KD-9561B	嘟嘟……声	KD-9563	3 声 2 闪光
KD-9562	机枪、炮弹等 8 种声	KD-9565	6 声 5 闪光
KD-9562B	光控报警声		

图 7-8(a) 是 KD-9561 芯片的外形图,它内部具有振荡器、节拍器、音色发生器、地址计数器、控制和输出级等部分。它设有两个选声端 SEL1 和 SEL2,改变这两端的电平,可以选择不同的内部程序,从而产生表 7-2 所列的功能。图 7-8(b) 是它的接线图,V_{DD} 接电源正端,V_{SS} 接电源负端,改变跨接在 OSC1 和 OSC2 之间的外接振荡电阻 R,可以调节模拟声音的放音节奏,R 阻值越大,报警声音越急促,一般在 180kΩ ~ 290kΩ 的范围内选择。外接的小功率三极管 9013 用于驱动扬声器。当系统检查到报警信号后,使三极管 9013 导通,便发出报警声音。

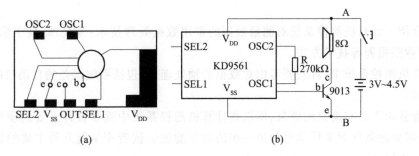

图 7-8 KD-9561 芯片的外形和接线图
(a) 芯片图;(b) 接线图。

KD-956×系列具有工作电压范围大、静态电流小、体积小、价格低、音响逼真、控制简便等优点,所以在报警装置和儿童玩具中得到广泛的应用。

3. 语音报警

随着单片机技术、语音信号处理技术和语音芯片制造技术的不断发展,增加语音功能已经成为智能仪表和计算机测控系统的设计方向。显然,用计算机直接发出语音信息告诉操作人员发生了什么以及应该采取什么应急措施,远比声光报警传递了更为明确的信息;而且利用语音系统还能实现运行参数的报读以及运行状态的提醒。

语音系统是在计算机测控系统中扩展语音录放芯片实现的。目前已经有大量语音录放芯片可供选择,有的芯片可以录放 10s 或 20s 信息,有的芯片可以录放几分钟长度的信息,用户可以按照录放信息长短的需要选取适当的芯片。图 7-9 给出一个用 PIC 单片机与集成语音芯片 ISD33240 组成的报警功能连接框图。

图 7-9 语音芯片与单片机的连接框图

ISD33240 是 ISD 公司的单片智能型语音录放芯片,可记录长达 4min 的语音信息,它是通过串行外围接口模式(SPI)与单片机连接成主从方式工作的,而 PIC16C62 单片机的同步串行口可以工作在 SPI 模式,所以使用 PIC 单片机控制 ISD33240 是最节省外围器件的一种硬件设计。在单片机的控制下,通过话筒把语音录入语音录放芯片,在测量控制过程中,根据测量值或工作状态由单片机选择适当的语音段通过扬声器发出声音报警信号,也可以通过 LCD 显示器提示状态信息。ISD33240 芯片使用 3V 单电源供电,录音时耗电 30mA,放音时耗电 25mA,录放状态一结束就进入节电模式,静态电流仅为 1μA,功耗极小。可反复录制 10 万次,信息可保存 10 年以上,可处理多达 100 段信息。

本 章 小 结

本章介绍了计算机测控系统对测量数据的常用数据处理技术:预处理、数字滤波、标度变换、查表和越限报警等技术方法。

在计算机测控系统中,首先要考虑对数据的预处理,它包括系统误差的自动校准和数据字长的预处理。

数字滤波由于具有突出的效果,所以在计算机测控系统中除了设计必要的硬件滤波电路之外,一般都要用软件对采样信号做进一步的数字滤波。读者应掌握几种主要的数字滤波的算法及其应用场合。

标度变换是一个重要的概念,读者应重点掌握线性式变换、非线性式变换及分段式线性化处理的几种标度变换方法。本章还简单介绍了几种常用查表法。

报警处理是任何测控系统必须具备的功能,本章介绍了越限报警的概念及其处理方法。

思 考 题

1. 在计算机控制系统中,一般要对测量数据进行哪些预处理技术?
2. 何为数字调零? 何为系统校准?
3. 简述数字滤波及其特点。
4. 简述各种数字滤波方法的原理或算法及适用场合。
5. 结合图 7-2,分析说明标度变换的概念及其变换原理。
6. 某温度测量系统(假设为线性关系)的测温范围为 0℃ ~ 150℃,经 ADC0809 转换后对应的数字量为 00H ~ FFH,试写出它的标度变换算式。
7. 在数据处理中,何为查表法? 它能完成哪些功能? 一般有哪些查表方法?
8. 在计算机控制系统中,为什么要设置越限报警? 有哪些情况需要报警?
9. 在计算机控制系统中,可以考虑哪些越限报警方式?
10. 结合图 7-7,分析说明声光报警接口电路的工作原理。

第8章 抗干扰技术

本章要点

1. 干扰的来源与传播途径
2. 硬件抗干扰措施
3. 程序运行监视系统

计算机控制系统的被控变量分布在生产现场的各个角落,因而计算机是处于干扰频繁的恶劣环境中,干扰是有用信号以外的噪声,这些干扰会影响系统的测控精度,降低系统的可靠性,甚至导致系统的运行混乱,造成生产事故。

但干扰是客观存在的,所以,人们必须研究干扰,以采取相应的抗干扰措施。本章主要讨论干扰的来源、传播途经及抗干扰的措施。

8.1 干扰的来源与传播途径

8.1.1 干扰的来源

干扰的来源是多方面的,有时甚至是错综复杂的。干扰有的来自外部,有的来自内部。

外部干扰由使用条件和外部环境因素决定。外部干扰环境如图 8-1 所示,有天电干扰,如雷电或大气电离作用以及其他气象引起的干扰电波;天体干扰,如太阳或其他星球辐射的电磁波;电气设备的干扰,如广播电台或通信发射台发出的电磁波,动力机械、高频炉、电焊机等都会产生干扰;此外,荧光灯、开关、电流断路器、过载继电器、指示灯等具有瞬变过程的设备也会产生较大的干扰;来自电源的工频干扰也可视为外部干扰。

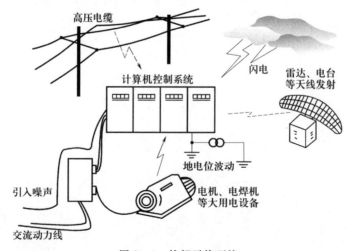

图 8-1 外部干扰环境

内部干扰则是由系统的结构布局、制造工艺所引入的。内部干扰环境如图 8-2 所示,有分布电容、分布电感引起的耦合感应,电磁场辐射感应,长线传输造成的波反射;多点接地造成的电位差引入的干扰;装置及设备中各种寄生振荡引入的干扰以及热噪声、闪变噪声、尖峰噪声等引入的干扰;甚至元器件产生的噪声等。

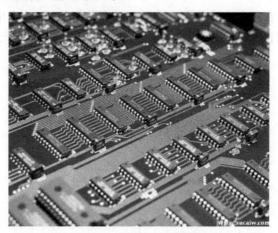

图 8-2 内部干扰环境

不管什么样的干扰源,总要以某种途径进入计算机控制系统的。

8.1.2 干扰的传播途径

干扰传播的途径主要有 3 种:静电耦合、磁场耦合、公共阻抗耦合。

1. 静电耦合

静电耦合是电场通过电容耦合途径窜入其他线路的。两根并排的导线之间会构成分布电容,如印制电路板上印制线路之间、变压器绕线之间都会构成分布电容。图 8-3 给出两根平行导线之间静电耦合的示意电路,C_{12} 是两个导线之间的分布电容,C_{1g}、C_{2g} 是导线对地的电容,R 是导线 2 对地电阻。如果导线 1 上有信号 U_1 存在,那么它就会成为导线 2 的干扰源,在导线 2 上产生干扰电压 U_n。显然,干扰电压 U_n 与干扰源 U_1、分布电容 C_{12}、C_{2g} 的大小有关。

2. 磁场耦合

空间的磁场耦合是通过导体间的互感耦合进来的。在任何载流导体周围空间中都会产生磁场,而交变磁场则对其周围闭合电路产生感应电势。如设备内部的线圈或变压器的漏磁会引起干扰,还有普通的两根导线平行架设时,也会产生磁场干扰,如图 8-4 所示。

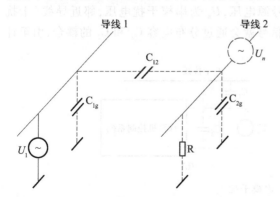
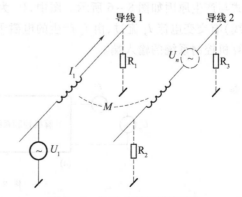

图 8-3 导线之间的静电耦合　　　　　图 8-4 导线之间的磁场耦合

如果导线 1 为承载着 10kV·A、220V 的交流输电线,导线 2 为与之相距 1m 并平行走线 10m 的信号线,两线之间的互感 M 会使信号线上感应到的干扰电压 U_n 高达几十毫伏。如果导线 2 是连接热电偶的信号线,那么这几十毫伏的干扰噪声足以淹没热电偶传感器的有用信号。

3. 公共阻抗耦合

公共阻抗耦合发生在两个电路的电流流经一个公共阻抗时,一个电路在该阻抗上的电压降会影响到另一个电路,从而产生干扰噪声的影响。图 8-5 给出一个公共电源线的阻抗耦合示意图。

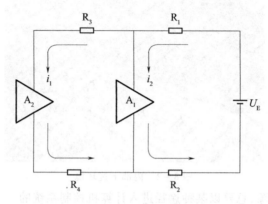

图 8-5 公共电源线的阻抗耦合

在一块印制电路板上,运算放大器 A_1 和 A_2 是两个独立的回路,但都接入一个公共电源,电源回流线的等效电阻 R_1、R_2 是两个回路的公共阻抗。当回路电流 i_1 变化时,在 R_1 和 R_2 上产生的电压降变化就会影响到另一个回路电流 i_2。反之,也如此。

8.2 硬件抗干扰措施

了解了干扰的来源与传播途径,我们就可以采取相应的抗干扰措施。在硬件抗干扰措施中,除了按照干扰的 3 种主要作用方式——串模、共模及长线传输干扰来分别考虑外,还要从布线、电源、接地等方面考虑。

8.2.1 串模干扰的抑制

串模干扰是指叠加在被测信号上的干扰噪声,即干扰源串联在信号源回路中。其表现形式与产生原因如图 8-6 所示。图中,U_s 为信号源电压,U_n 为串模干扰电压,邻近导线(干扰线)有交变电流 I_a 流过,由 I_a 产生的电磁干扰信号就会通过分布电容 C_1 和 C_2 的耦合,引至计算机控制系统的输入端。

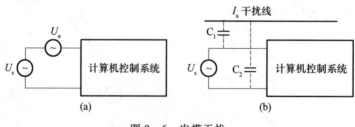

图 8-6 串模干扰
(a) 表现形式;(b) 产生原因。

对串模干扰的抑制较为困难,因为干扰 U_n 直接与信号 U_s 串联。目前常采用双绞线与滤波器两种措施。

1. 双绞线做信号引线

双绞线由两根互相绝缘的导线扭绞缠绕组成,为了增强抗干扰能力,可在双绞线的外面加金属编织物或护套形成屏蔽双绞线,图 8-7 给出了带有屏蔽护套的多股双绞线实物图。

采用双绞线作信号线的目的,就是因为外界电磁场会在双绞线相邻的小环路上形成相反方向的感应电势,从而互相抵消减弱干扰作用。双绞线相邻的扭绞处之间为双绞线的节距,双绞线不同节距会对串模干扰起到不同的的抑制效果:节距越小,干扰的衰减比越大,抑制干扰的屏蔽效果越好,如表 8-1 所列。

表 8-1 双绞线节距对串模干扰的抑制效果

节距	干扰衰减比	屏蔽效果/dB
25mm	141:1	43
50mm	112:1	41
75mm	71:1	37
100mm	14:1	23
平行线	1:1	0

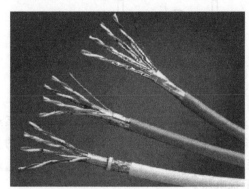

图 8-7 双绞线

双绞线可用来传输模拟信号和数字信号,用于点对点连接和多点连接应用场合,传输距离为几千米,数据传输速率可达 2Mb/s。

2. 引入滤波电路

采用硬件滤波器抑制串模干扰是一种常用的方法。根据串模干扰频率与被测信号频率的分布特性,可以选用具有低通、高通、带通等滤波器。其中,如果干扰频率比被测信号频率高,则选用低通滤波器;如果干扰频率比被测信号频率低,则选用高通滤波器;如果干扰频率落在被测信号频率的两侧时,则需用带通滤波器。一般采用电阻 R、电容 C、电感 L 等无源元件构成滤波器,图 8-8(a)所示为在模拟量输入通道中引入的一个无源二级阻容低通滤波器,但它的缺点是对有用信号也会有较大的衰减。为了把增益与频率特性结合起来,对于小信号可以采取以反馈放大器为基础的有源滤波器,它不仅可以达到滤波效果,而且能够提高信号的增

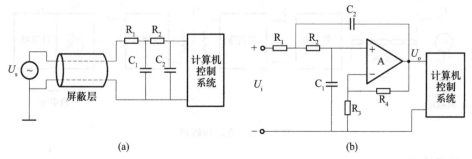

图 8-8 滤波电路

(a) 无源阻容滤波器;(b) 有源滤波器。

益,如图 8-8(b)所示。

8.2.2 共模干扰的抑制

共模干扰是指计算机控制系统输入通道中信号放大器两个输入端上共有的干扰电压,可以是直流电压,也可以是交流电压,其幅值达几伏甚至更高,这取决于现场产生干扰的环境条件和计算机等设备的接地情况。其表现形式与产生原因如图 8-9 所示。

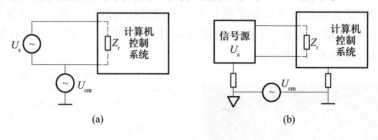

图 8-9 共模干扰
(a) 表现形式;(b) 产生原因。

在计算机控制系统中一般都用较长的导线把现场中的传感器或执行器引入至计算机系统的输入通道或输出通道中,这类信号传输线通常长达几十米以至上百米,这样,现场信号的参考接地点与计算机系统输入或输出通道的参考接地点之间存在一个电位差 U_{cm}。这个 U_{cm} 是加在放大器输入端上共有的干扰电压,故称共模干扰电压。

既然共模干扰产生的原因是不同"地"之间存在的电压,以及模拟信号系统对地的漏阻抗。因此,共模干扰电压的抑制就应当是有效的隔离两个地之间的电联系,以及采用被测信号的双端差动输入方式。具体的有变压器隔离、光电隔离与浮地屏蔽三种措施。

1. 变压器隔离

利用变压器把现场信号源的地与计算机的地隔离开来,也就是把"模拟地"与"数字地"断开。被测信号通过变压器耦合获得通路,而共模干扰电压由于不成回路而得到有效的抑制。要注意的是,隔离前和隔离后应分别采用两组互相独立的电源,以切断两部分的地线联系,如图 8-10 所示。被测信号 U_s 经双绞线引到输入通道中的放大器,放大后的直流信号 U_{s1},先通过调制器变换成交流信号,经隔离变压器 T 由原边传输到副边,然后用解调器再将它变换为直流信号 U_{s2},再对 U_{s2} 进行 A/D 转换。这样,被测信号通过变压器的耦合获得通路,而共模电压由于变压器的隔离无法形成回路而得到有效的抑制。

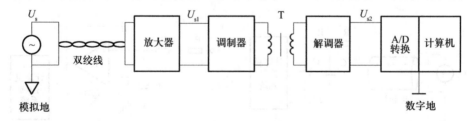

图 8-10 变压器隔离

2. 光电隔离

光电耦合隔离器是目前计算机控制系统中最常用的一种抗干扰方法。光电耦合隔离器的结构原理在 4.1 节光电耦合隔离技术中已做过详细介绍。

利用光耦隔离器的开关特性,可传送数字信号而隔离电磁干扰,即在数字信号通道中进行隔离。在 4.2 节数字量输入通道与在 4.3 节数字量输出通道两节中给出了大量应用于数字量输入/输出通道中的电路实例,如图 4-4 开关量输入信号调理电路中,光耦隔离器不仅把开关状态送至主机数据口,而且实现了外部与计算机的完全电隔离;又如图 4-9 继电器输出驱动电路中,光耦隔离器不仅把 CPU 的控制数据信号输出到外部的继电器,而且实现了计算机与外部的完全电隔离。

其实在模拟量输入/输出通道中也主要应用这种数字信号通道的隔离方法,即在 A/D 转换器与 CPU 或 CPU 与 D/A 转换器的数字信号之间插入光耦隔离器,以进行数据信号和控制信号的耦合传送,如图 8-11 所示。图 8-11(a)是在 A/D 转换器与 CPU 接口之间 8 根数据线上都各插接一个光耦隔离器(图 8-11 中只画出了一个),不仅照样无误地传送数字信号,而且实现了 A/D 转换器及其模拟量输入通道与计算机的完全电隔离;图 8-11(b)是在 CPU 与 D/A 转换器接口之间 8 根数据线上各插接一个光耦隔离器(图 8-11 中也只画出了一个),不仅照样无误地传送数字信号,而且实现了计算机与 D/A 转换器及其模拟量输出通道的完全电隔离。

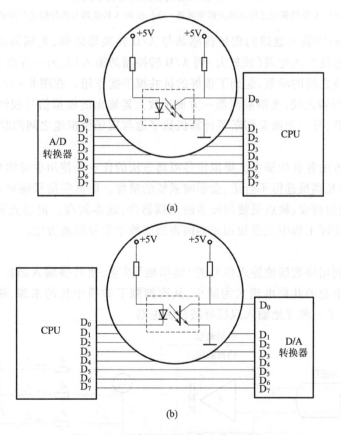

图 8-11 光耦隔离器的数字信号隔离
(a) 在 A/D 转换器与 CPU 之间插接光耦隔离器;(b) 在 CPU 与 D/A 转换器之间插接光耦隔离器。

利用光耦隔离器的线性放大区,也可传送模拟信号而隔离电磁干扰,即在模拟信号通道中进行隔离。例如在现场传感器与 A/D 转换器或 D/A 转换器与现场执行器之间的模拟信号的线性传送,如图 8-12 所示。

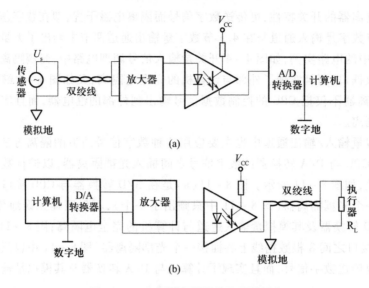

图 8-12 光耦隔离器的模拟信号隔离
(a) 在传感器与 A/D 转换器之间插接光耦隔离器；(b) 在 D/A 转换器与执行器之间插接光耦隔离器。

在图 8-12(a)中输入通道的现场传感器与 A/D 转换器之间，光耦隔离器一方面把放大器输出的模拟信号线性地光耦(或放大)到 A/D 转换器的输入端，另一方面又切断了现场模拟地与计算机数字地之间的联系，起到了很好的抗共模干扰作用。在图 8-12(b)中输出通道的 D/A 转换器与执行器之间，光耦隔离器一方面把放大器输出的模拟信号线性地光耦(或放大)输出到现场执行器，另一方面又切断了计算机数字地与现场模拟地之间的联系，起到了很好的抗共模干扰作用。

这两种隔离方法各有优缺点。模拟信号隔离方法的优点是使用少量的光耦，成本低；缺点是调试困难，如果光耦挑选得不合适，会影响系统的精度。而数字信号隔离方法的优点是调试简单，不影响系统的精度；缺点是使用较多的光耦器件，成本较高。但因光耦的价格越来越低廉，因此，目前在实际工程中主要使用光耦隔离器的数字信号隔离方法。

3. 浮地屏蔽

浮地屏蔽是利用屏蔽层使输入信号的"模拟地"浮空，使共模输入阻抗大为提高，共模电压在输入回路中引起的共模电流大为减少，从而抑制了共模干扰的来源，使共模干扰降至很低。图 8-13 给出了一种浮地输入双层屏蔽放大电路。

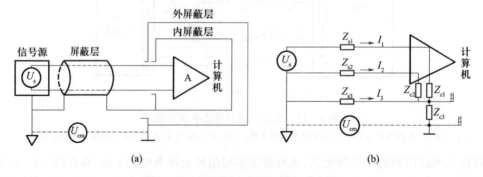

图 8-13 浮地输入双层屏蔽放大电路
(a) 原理框图；(b) 等效电路。

计算机部分采用内外两层屏蔽,且内屏蔽层对外屏蔽层(机壳地)是浮地的,而内层与信号源及信号线屏蔽层是在信号端单点接地的,被测信号到控制系统中的放大器采用双端差动输入方式。图 8-13 中,Z_{s1}、Z_{s2} 为信号源内阻及信号引线电阻,Z_{s3} 为信号线的屏蔽电阻,它们至多只有十几欧姆左右,Z_{c1}、Z_{c2} 为放大器输入端对内屏蔽层的漏阻抗,Z_{c3} 为内屏蔽层与外屏蔽层之间的漏阻抗。工程设计中 Z_{c1}、Z_{c2}、Z_{c3} 应达到数十兆欧以上,这样模拟地与数字地之间的共模电压 U_{cm} 就不会直接引入放大器,而是先经 Z_{s3} 和 Z_{c3} 产生共模电流 I_3。由于 Z_{s3} 很小,故 I_3 在 Z_{s3} 上的压降 U_{s3} 也很小,可把它看成一个受到抑制的新的共模干扰源 U_{n1},即

$$U_{n1} = U_{s3} = U_{cm} \frac{Z_{s3}}{Z_{s3} + Z_{c3}} \tag{8-1}$$

因为 $Z_{c3} \gg Z_{s3}$,所以

$$U_{n1} \approx U_{cm} \frac{Z_{s3}}{Z_{c3}} \tag{8-2}$$

而 U_{n1} 又通过 Z_{s1}、Z_{c1} 和 Z_{s2}、Z_{c2} 分别形成两个回路,分别产生共模电流 I_1、I_2,并在 Z_{s1}、Z_{s2} 上产生干扰电压 U_{s1}、U_{s2}。这时放大器输入端间所受到的共模电压的影响 U_{n2} 即为 U_{s1} 和 U_{s2} 之差值。

$$U_{n2} = U_{s1} - U_{s2} = U_{n1}\left(\frac{Z_{s1}}{Z_{s1} + Z_{c1}} - \frac{Z_{s2}}{Z_{s2} + Z_{c2}}\right) = U_{cm} \frac{Z_{s3}}{Z_{c3}}\left(\frac{Z_{s1}}{Z_{s1} + Z_{c1}} - \frac{Z_{s2}}{Z_{s2} + Z_{c2}}\right)$$

因为 $Z_{c1} \gg Z_{s1}$,$Z_{c2} \gg Z_{s2}$,所以

$$U_{n2} \approx U_{cm} \frac{Z_{s3}}{Z_{c3}}\left(\frac{Z_{s1}}{Z_{c1}} - \frac{Z_{s2}}{Z_{c2}}\right) \tag{8-3}$$

由此可见,这种浮地输入双层屏蔽放大电路的共模电压 U_{cm} 经两次抑制,大约衰减到 $1/10^6$,余下进入到计算机系统内的共模电压在理论上几乎为零。因此,这种浮地屏蔽系统对抑制共模干扰是很有效的。

8.2.3 长线传输干扰的抑制

由生产现场到计算机的连线往往长达几十米,甚至数百米,即使在中央控制室内,各种连线也有几米到十几米。对于采用高速集成电路的计算机来说,长线的"长"是一个相对的概念,是否"长线"取决于集成电路的运算速度。例如,对于纳秒级的数字电路来说,1m 左右的连线就应当作长线来看待;而对于 $10\mu s$ 级的电路,几米长的连线才需要当作长线处理。

信号在长线中传输除了会受到外界干扰和引起信号延迟外,还可能会产生波反射现象。当信号在长线中传输时,由于传输线的分布电容和分布电感的影响,信号会在传输线内部产生正向前进的电压波和电流波,称为入射波。如果传输线的终端阻抗与传输线的阻抗不匹配,入射波到达终端时会引起反射;同样,反射波到达传输线始端时,如果始端阻抗不匹配,又会引起新的反射。如此多次反射,使信号波形严重地畸变。

显然,采用终端阻抗匹配或始端阻抗匹配的方法,可以消除长线传输中的波反射或者把它抑制到最低限度。

1. 波阻抗的测量

为了进行阻抗匹配,必须事先知道信号传输线的波阻抗 R_p,波阻抗 R_p 的测量如图 8-14 所示。图 8-14 中的信号传输线为双绞线,在传输线始端通过与非门加入标准信号,用示波

器观察门 A 的输出波形,调节传输线终端的可变电阻 R,当门 A 输出的波形不畸变时,即是传输线的波阻抗与终端阻抗完全匹配,反射波完全消失,这时的 R 值就是该传输线的波阻抗,即 $R_P = R$。

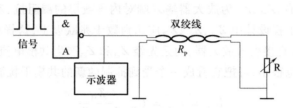

图 8-14　传输线波阻抗的测量

为了避免外界干扰的影响,在计算机中常常采用双绞线和同轴电缆作信号线。双绞线的波阻抗一般在 $100\Omega \sim 200\Omega$ 之间,绞花越密,波阻抗越低。同轴电缆的波阻抗在 $50\Omega \sim 100\Omega$ 范围。根据传输线的基本理论,无损耗导线的波阻 R_P 为

$$R_P = \sqrt{\frac{L_0}{C_0}} \tag{8-4}$$

式中　L_0——单位长度的电感(H);
　　　C_0——单位长度的电容(F)。

2. 终端阻抗匹配

最简单的终端阻抗匹配方法如图 8-15(a)所示。如果传输线的波阻抗是 R_P,那么当 $R = R_P$ 时,便实现了终端匹配,消除了波反射。此时终端波形和始端波形的形状一致,只是时间上迟后。由于终端电阻变低,则加大负载,使波形的高电平下降,从而降低了高电平的抗干扰能力,但对波形的低电平没有影响。

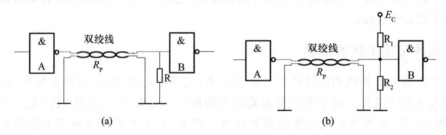

图 8-15　终端阻抗匹配
(a) 简单的终端阻抗匹配; (b) 改进的终端阻抗匹配。

为了克服上述匹配方法的缺点,可采用图 8-15(b)所示的终端匹配方法。其等效电阻 R 为

$$R = \frac{R_1 R_2}{R_1 + R_2} \tag{8-5}$$

适当调整 R_1 和 R_2 的阻值,可使 $R = R_P$。这种匹配方法也能消除波反射,优点是波形的高电平下降较少,缺点是低电平抬高,从而降低了低电平的抗干扰能力。为了同时兼顾高电平和低电平两种情况,可选取 $R_1 = R_2 = 2R_P$,此时等效电阻 $R = R_P$。实践中宁可使高电平降低得稍多一些,而让低电平抬高得少一些,可通过适当选取电阻 R_1 和 R_2,并使 $R_1 > R_2$ 来达到此目的,当然还要保证等效电阻 $R = R_P$。

3. 始端阻抗匹配

在传输线始端串入电阻 R,如图 8-16 所示,也能基本上消除反射,达到改善波形的目的。一般选择始端匹配电阻 R 为

$$R = R_P - R_{SC} \tag{8-6}$$

式中 R_{SC}——门 A 输出低电平时的输出阻抗。

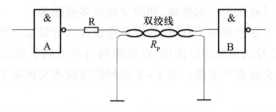

图 8-16 始端阻抗匹配

这种匹配方法的优点是波形的高电平不变,缺点是波形低电平会抬高。其原因是终端门 B 的输入电流在始端匹配电阻 R 上的压降所造成的。显然,终端所带负载门个数越多,低电平抬高得越显著。

8.2.4 信号线的选择与敷设

在计算机控制系统中,信号线的选择与敷设也是个不容忽视的问题。如果能合理地选择信号线,并在实际施工中又能正确地敷设信号线,那么可以抑制干扰;反之,将会给系统引入干扰,造成不良影响。

1. 信号线的选择

对信号线的选择,一般应从抗干扰和经济、实用这几个方面考虑,而抗干扰能力应放在首位。不同的使用现场,干扰情况不同,应选择不同的信号线。在不降低抗干扰能力的条件下,应该尽量选用价钱便宜,敷设方便的信号线。

(1) 信号线类型的选择:在精度要求高、干扰严重的场合,应当采用屏蔽信号线。表 8-2 列出了几种常用的屏蔽信号线的结构类型及其对干扰的抑制效果。

表 8-2 屏蔽信号线性能及其效果

屏蔽结构	干扰衰减比	屏蔽效果/dB	备 注
铜网(密度85%)	103:1	40.3	电缆的可挠性好,适合近距离使用
铜带叠卷(密度90%)	376:1	51.5	带有焊药,易接地,通用性好
铝聚酯树脂带叠卷	6610:1	76.4	应使用电缆沟,抗干扰效果最好

有屏蔽层的塑料电缆是按抗干扰原理设计的,几十对信号在同一电缆中也不会互相干扰。屏蔽双绞线与屏蔽电缆相比性能稍差,但波阻抗高、体积小、可挠性好、装配焊接方便,特别适用于互补信号的传输。双绞线之间的串模干扰小、价格低廉,是计算机控制实时系统常用的传输介质。

(2) 信号线粗细的选择:从信号线价格、强度及施工方便等因素出发,信号线的截面积在 $2mm^2$ 以下为宜,一般采用 $1.5mm^2$ 和 $1.0mm^2$ 两种。采用多股线电缆较好,其优点是可挠性好,适宜于电缆沟有拐角和狭窄的地方。

2. 信号线的敷设

选择了合适的信号线,还必须合理地进行敷设。否则,不仅达不到抗干扰的效果,反而会引进干扰。信号线的敷设要注意以下事项:

(1) 模拟信号线与数字信号线不能合用同一根电缆,要绝对避免信号线与电源线合用同一根电缆。

(2) 屏蔽信号线的屏蔽层要一端接地,同时要避免多点接地。

(3) 信号线的敷设要尽量远离干扰源,如避免敷设在大容量变压器、电动机等电器设备的附近。如果有条件,将信号线单独穿管配线,在电缆沟内从上到下依次架设信号电缆、直流电源电缆、交流低压电缆、交流高压电缆。表 8-3 所列信号线和交流电力线之间的最小间距,供布线时参考。

表 8-3 信号线和交流电力线之间的最小间距

电力线容量		信号线和交流电力线之间的最小间距/cm
电压/V	电流/A	
125	10	12
250	50	18
440	200	24
5000	800	48

(4) 信号电缆与电源电缆必须分开,并尽量避免平行敷设。如果现场条件有限,信号电缆与电源电缆不得不敷设在一起时,则应满足以下条件:

① 电缆沟内要设置隔板,且使隔板与大地连接,如图 8-17(a)所示。

② 电缆沟内用电缆架或在沟底自由敷设时,信号电缆与电源电缆间距一般应在 15cm 以上,如图 8-17(b)和(c)所示;如果电源电缆无屏蔽,且为交流(AC)电压 220V、电流 10A 时,两者间距应在 60cm 以上。

③ 电源电缆使用屏蔽罩,如图 8-17(d)所示。

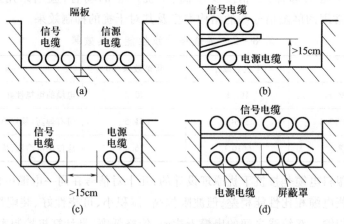

图 8-17 信号线的敷设

8.2.5 电源系统的抗干扰

计算机控制系统一般是由交流电网供电,电网电压与频率的波动将直接影响到控制系统的可靠性与稳定性。实践表明,电源的干扰是计算机控制系统的一个主要干扰,抑制这种干扰的主要措施有以下几个方面。

1. 交流电源系统

理想的交流电应该是50Hz的正弦波。但事实上,由于负载的变动如电动机、电焊机、鼓风机等电器设备的启停,甚至日光灯的开关都可能造成电源电压的波动,严重时会使电源正弦波上出现尖峰脉冲,如图8-18所示。这种尖峰脉冲,幅值可达几十伏甚至几千伏,持续时间也可达几毫秒之久,容易造成计算机的"死机",甚至损坏硬件,对系统威胁极大。在硬件上可以用以下方法加以解决。

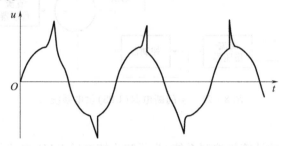

图8-18 交流电源正弦波上的尖峰脉冲

1) 选用供电比较稳定的进线电源

计算机控制系统的电源进线要尽量选用比较稳定的交流电源线,至少不要将控制系统接到负载变化大、晶闸管设备多或者有高频设备的电源上。

2) 利用干扰抑制器消除尖峰干扰

干扰抑制器使用简单,利用干扰抑制器消除尖峰干扰的电路如图8-19所示。干扰抑制器是一种无源四端网络,目前已有产品出售。

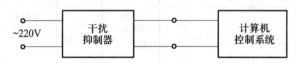

图8-19 利用干扰抑制器的电源系统

3) 采用交流稳压器稳定电网电压

计算机控制的交流供电系统一般如图8-20所示。图中交流稳压器用以抑制电网电压的波动,提高计算机控制系统的稳定性,交流稳压器能把输出波形畸变控制在5%以内,还可以对负载短路起限流保护作用。低通滤波器能滤除电网中混杂的高频干扰信号,保证50Hz基波通过。

图8-20 一般交流供电系统

4) 利用不间断电源(UPS)保证不间断供电

电网瞬间断电或电压突然下降等掉电事件会使计算机系统陷入混乱状态,是可能产生严重事故的恶性干扰。对于要求更高的计算机控制系统,可以采用不间断电源(UPS)向系统供电,如图8-21所示。正常情况下由交流电网通过交流稳压器、切换开关、直流稳压器供电至计算机系统;同时交流电网也给电池组充电。所有的UPS设备都装有一个或一组电池和传感器,并且也包括交流稳压设备。如果交流供电中断,系统中的断电传感器检测到断电后就会通过控制器将供电通路在极短的时间内(3ms)切换到电池组,从而保证计算机控制系统不因停电而中断。这里,逆变器能把电池直流电压逆变到正常电压频率和幅度的交流电压,具有稳压和稳频的双重功能,提高了供电质量。

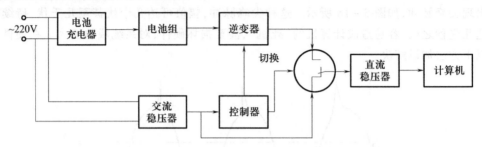

图 8-21 不间断电源(UPS)供电系统

5) 掉电保护电路

对于没有使用 UPS 的计算机控制系统,为了防止掉电后 RAM 中的信息丢失,可以采用镍电池对 RAM 数据进行掉电保护。图 8-22 是一种某计算机系统 64KB 存储板所使用的掉电保护电路。系统电源正常工作时,由外部电源 +5V 供电,A 点电平高于备用电池(3V)电压,VD_2 截止,存储器由主电源(+5V)供电。系统掉电时,A 点电位低于备用电池电压,VD_1 截止,VD_2 导通,由备用电池向 RAM 供电。当系统恢复供电时,VD_1 重新导通,VD_2 截止,又恢复主电源供电。

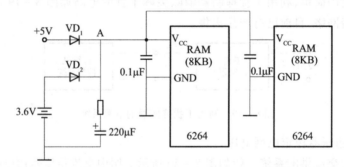

图 8-22 掉电保护电路

对于没有采用镍电池进行掉电保护的一些控制系统,至少应设置电源监控电路,即硬件掉电检测电路。在掉电电压下降到 CPU 最低工作电压之前应能提出中断申请(提前时间为几百微秒到数毫秒),使系统能及时对掉电做出保护反应——在掉电中断子程序中,首先进行现场保护,把当时的重要参数、中间结果以及输入、输出状态做出妥善处理,并在片内 RAM 中设置掉电标志。当电源恢复正常时,CPU 重新复位,复位后应首先检查是否有掉电标记。如果没有,按一般开机程序执行,即首先系统初始化;如果有掉电标记,则说明本次复位是掉电保护之后的复位,不应将系统初始化,而应按掉电中断子程序相反的方式恢复现场,以一种合理的安全方式使系统继续工作。这种监控电路有许多,其中一种简便实用的应用电路见图 8-31 所示 X5045 与 CPU 的接口电路。上电时,电压超过 4.5V 后,经过约 200ms 的稳定时间后 RESET 信号由高电平变为低电平;掉电时,当电源电压低于 4.5V 时,RESET 信号立即变为高电平,使 CPU 响应中断申请并转入掉电中断子程序,进行现场保护。

2. 直流电源系统

在自行研制的计算机控制系统中,无论是模拟电路还是数字电路,都需要低压直流供电。为了进一步抑制来自于电源方面的干扰,一般在直流电源侧也要采用相应的抗干扰措施。

1)交流电源变压器的屏蔽

把高压交流变成低压直流的简单方法是用交流电源变压器。因此,对电源变压器设置合理的静电屏蔽和电磁屏蔽,就是一种十分有效的抗干扰措施,通常将电源变压器的一次、二次绕组分别加以屏蔽,一次绕组屏蔽层与铁芯同时接地,如图 8 – 23(a)所示。在要求更高的场合,可采用层间也加屏蔽的结构,如图 8 – 23(b)所示。

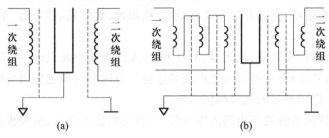

图 8 – 23 电源变压器的屏蔽

2)采用直流开关电源

直流开关电源是一种脉宽调制型电源,由于脉冲频率高达 20kHz,所以甩掉了传统的工频变压器,具有体积小、重量轻、效率高(大于 70%)、电网电压变化范围大((-20% ~ 10%)×220V)、电网电压变化时不会输出过电压或欠电压、输出电压保持时间长等优点。开关电源初级、次级之间具有较好的隔离,对于交流电网上的高频脉冲干扰有较强的隔离能力。

现在已有许多直流开关电源产品,一般都有几个独立的电源,如 ±5V、±12V、±24V 等。

3)采用 DC – DC 变换器

如果系统供电电网波动较大,或者对直流电源的精度要求较高,就可以采用 DC – DC 变换器,它们可以将一种电压的直流电源,变换成另一种电压的直流电源。它们有升压型或降压型或升压/降压型。DC – DC 变换器具有体积小、性能价格比高、输入电压范围大、输出电压稳定(有的还可调)、环境温度范围广等一系列优点。

显然,采用 DC – DC 变换器可以方便地实现电池供电,从而制造便携式或手持式计算机测控装置。

4)为每块电路板设置独立的直流电源

当一台计算机测控系统有几块功能电路板时,为了防止板与板之间的相互干扰,可以对每块板的直流电源采取分散独立供电环境。在每块板上装一块或几块三端稳压集成块(7805、7905、7812、7912 等)组成稳压电源,每个功能板单独对电压过载进行保护,不会因为某个稳压块出现故障而使整个系统遭到破坏,而且也减少了公共阻抗的相互耦合,大大提高供电的可靠性,也有利于电源散热。

5)集成电路块的 V_{cc} 加旁路电容

集成电路的开关高速动作时会产生噪声,因此无论电源装置提供的电压多么稳定,V_{cc} 和 GND 端也会产生噪声。为了降低集成电路的开关噪声,在印制线路板上的每一块 IC 上都接入高频特性好的旁路电容,将开关电流经过的线路局限在板内一个极小的范围内。旁路电容可用 $0.01\mu F \sim 0.1\mu F$ 的陶瓷电容器,旁路电容器的引线要短而且紧靠需要旁路的集成器件的

V_{CC} 或 GND 端,否则会毫无意义。

8.2.6 接地系统的抗干扰

广义的接地包含两方面的意思,即接实地和接虚地。接实地指的是与大地连接;接虚地指的是与电位基准点连接,当这个基准点与大地电气绝缘,则称为浮地连接。正确合理的接地技术对计算机控制系统极为重要,接地的目的有两个:一是保证控制系统稳定可靠地运行,防止地环路引起干扰,常称为工作接地;二是避免操作人员因设备的绝缘损坏或下降遭受触电危险和保证设备安全,这称为保护接地。本节主要讨论工作接地技术。

在计算机控制系统中,大致有以下几种地线:模拟地、数字地、信号地、系统地、交流地和保护地。

模拟地作为传感器、变送器、放大器、A/D 和 D/A 转换器中模拟电路的零电位。模拟信号有精度要求,它的信号比较小,而且与生产现场连接。有时为区别远距离传感器的弱信号地与主机的模拟地关系,把传感器的地又叫信号地。

数字地作为计算机各种数字电路的零电位,应该与模拟地分开,避免模拟信号受数字脉冲的干扰。

系统地是上述几种地的最终回流点,直接与大地相连作为基准零电位。

交流地是计算机交流供电的动力线地或称零线,它的零电位很不稳定。在交流地上任意两点之间往往就有几伏乃至几十伏的电位差存在。另外,交流地也容易带来各种干扰。因此,交流地绝不允许与上述几种地相连,而且交流电源变压器的绝缘性能要好,绝对避免漏电现象。

保护地也叫安全地、机壳地或屏蔽地,目的是使设备机壳与大地等电位,以避免机壳带电影响人身及设备安全。

以上这些地线如何处理,是接地还是浮地?是一点接地还是多点接地?这些是实时控制系统设计、安装、调试中的重要问题。

1. 单点接地与多点接地

根据接地理论分析,低频电路应单点接地,这主要是避免形成产生干扰的地环路;高频电路应该就近多点接地,这主要是避免"长线传输"引入干扰。一般来说,当频率低于 1MHz 时,采用单点接地方式为好;当频率高于 10MHz 时,采用多点接地方式为好;而在 1MHz ~ 10MHz 之间,如果采用单点接地,其地线长度不得超过波长的 1/20,否则应采用多点接地方式。在工业控制系统中,信号频率大多小于 1MHz,所以通常采用单点接地方式,如图 8 - 24 所示。

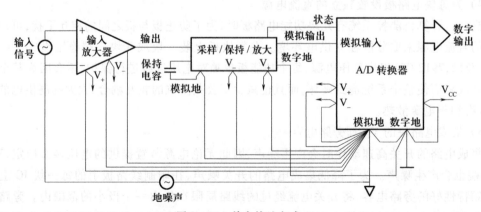

图 8 - 24 单点接地方式

2. 分别回流法单点接地

在计算机控制系统中,各种地一般应采用分别回流法单点接地。模拟地、数字地、安全地的分别回流法如图 8-25 所示。汇流条由多层铜导体构成,截面呈矩形,各层之间有绝缘层。采用多层汇流条以减少自感,可减少干扰的窜入途径。在稍考究的系统中,分别使用横向汇流条及纵向汇流条,机柜内各层机架之间分别设置汇流条,以最大限度减小公共阻抗的影响。在空间将数字地汇流条与模拟地汇流条间隔开,以避免通过汇流条间电容产生耦合。安全地(机壳地)始终与模拟地和数字地隔离开。这些地之间只是在最后才汇聚一点,而且常常通过铜接地板交汇,然后用线径不小于 30mm^2 的多股软铜线焊接在接地板上深埋地下。

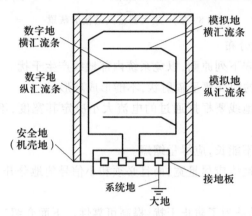

图 8-25 单点回流法接地方式

3. 输入系统的接地

在计算机控制输入系统中,传感器、变送器和放大器通常采用屏蔽罩,而信号的传送往往使用屏蔽线。对于屏蔽层的接地要慎重,也应遵守单点接地原则。输入信号源有接地和浮地两种情况,接地电路也有两种情况。在图 8-26(a)中,信号源端接地,而接收端放大器浮地,则屏蔽层应在信号源端接地(A 点)。而图 8-26(b)却相反,信号源浮地,接收端接地,则屏蔽层应在接收端接地(B 点)。这样单点接地是为了避免在屏蔽层与地之间的回路电流,从而通过屏蔽层与信号线间的电容产生对信号线的干扰。一般输入信号比较小,而模拟信号又容易接受干扰。因此,对输入系统的接地和屏蔽应格外重视。

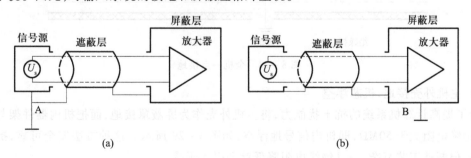

图 8-26 输入系统接地方式
(a)信号源端接地;(b)接收端接地。

高增益放大器常常用金属罩屏蔽起来,但屏蔽罩的接地也要合理,否则将引起干扰。放大器与屏蔽罩间存在寄生电容,如图 8-27(a)所示。由图 8-27(b)的等效电路可以看出,寄生电容 C_1 和 C_2 使放大器的输出端到输入端有一反馈通路,如不将此反馈消除,放大器可能产生振荡。解决的办法就是将屏蔽罩接到放大器的公共端,如图 8-27(c)所示。这样便将寄生电容短路了,从而消除了反馈通路。

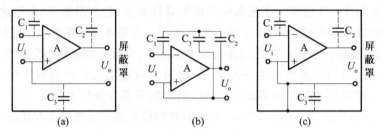

图 8-27 放大器公共端接屏蔽罩

4. 印制电路板的地线分布

设计印制电路板应遵守下列原则,以免系统内部地线产生干扰。

(1) TTL、CMOS 器件的地线要呈辐射状,不能形成环形。

(2) 印制电路板上的地线要根据通过的电流大小决定其宽度,不要小于 3mm,在可能的情况下,地线越宽越好。

(3) 旁路电容的地线不能长,应尽量缩短。

(4) 大电流的零电位地线应尽量宽,而且必须和小信号的地分开。

5. 主机系统的接地

计算机本身接地,同样是为了防止干扰,提高可靠性。下面介绍三种主机接地方式。

1) 全机一点接地

计算机控制系统的主机架内采用图 8-25 所示的分别回流法接地方式。主机地与外部设备地的连接采用一点接地,如图 8-28 所示。为了避免多点接地,各机柜用绝缘板垫起来。这种接地方式安全可靠,有一定的抗干扰能力,一般接地电阻选为 $4\Omega \sim 10\Omega$。接地电阻越小越好,但接地电阻越小,接地极的施工就越困难。

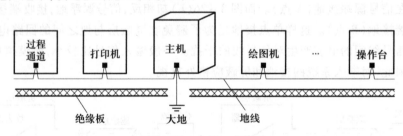

图 8-28 全机一点接地

2) 主机外壳接地,机芯浮空

为了提高计算机系统的抗干扰能力,将主机外壳作为屏蔽罩接地,而把机内器件架与外壳绝缘,绝缘电阻大于 $50M\Omega$,即机内信号地浮空,如图 8-29 所示。这种方法安全可靠,抗干扰能力强,但制造工艺复杂,一旦绝缘电阻降低就会引入干扰。

3) 多机系统的接地

在计算机网络系统中,多台计算机之间相互通信,资源共享。如果接地不合理,将使整个网络系统无法正常工作。近距离的几台计算机安装在同一机房内,可采用类似图 8-28 那样的多机一点接地方法。对于远距离的计算机网络,多台计算机之间的数据通信,通过隔离的办法把地分开。例如,采用变压器隔离技术、光电隔离技术或无线通信技术。

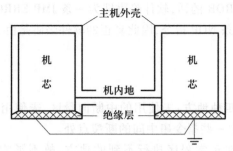

图 8-29 外壳接地机芯浮空

8.3 软件抗干扰措施

介绍了这么多的硬件电路抗干扰措施,再来看看软件上有哪些好的措施。

首先是在控制系统的输入/输出通道中,采用某种计算方法对通道的信号进行数字处理,以削弱或滤除干扰噪声,这就是在 7.2 节中讨论过的数字滤波方法。这是一种廉价而有效的软件程序滤波,在控制系统中被广泛采用。

对于那些可能穿过通道而进入 CPU 的干扰,可采取指令冗余、软件陷阱以及程序运行监视等措施来使 CPU 恢复正常工作。

8.3.1 指令冗余技术

当计算机系统受到外界干扰,破坏了 CPU 正常的工作时序,可能造成程序计数器 PC 的值发生改变,跳转到随机的程序存储区。当程序跑飞到某一单字节指令上,程序便自动纳入正轨;当程序跑飞到某一双字节指令上,有可能落到其操作数上,则 CPU 会误将操作数当操作码执行;当程序跑飞到三字节指令上,因它有两个操作数,出错的机率会更大。

为了解决这一问题,可采用在程序中人为地插入一些空操作指令 NOP 或将有效的单字节指令重复书写,此即指令冗余技术。由于空操作指令为单字节指令,且对计算机的工作状态无任何影响,这样就会使失控的程序在遇到该指令后,能够调整其 PC 值至正确的轨道,使后续的指令得以正确的执行。

但我们不能在程序中加入太多的冗余指令,以免降低程序正常运行的效率。一般是在对程序流向起决定作用的指令之前以及影响系统工作状态的重要指令之前插入两三条 NOP 指令,还可以每隔一定数目的指令插入 NOP 指令,以保证跑飞的程序迅速纳入正确轨道。

指令冗余技术可以减少程序出现错误跳转的次数,但不能保证在失控期间不干坏事,更不能保证程序纳入正常轨道后就太平无事了。解决这个问题还必须采用软件容错技术,使系统的误动作减少,并消灭重大误动作。

8.3.2 软件陷阱技术

指令冗余使跑飞的程序安定下来是有条件的,首先跑飞的程序必须落到程序区,其次必须执行到冗余指令。当跑飞的程序落到非程序区(如 EPROM 中未使用的空间、程序中的数据表格区)时,对此情况采取的措施就是设立软件陷阱。

软件陷阱就是在非程序区设置拦截措施,使程序进入陷阱,即通过一条引导指令,强行将跑飞的程序引向一个指定的地址,在那里有一段专门对程序出错进行处理的程序。如果把这段程序的入口标号称为 ERROR 的话，软件陷阱即为一条 JMP ERROR 指令。为加强其捕捉效果，一般还在它前面加上两条 NOP 指令，因此真正的软件陷阱是由 3 条指令构成：

NOP
NOP
JMP ERROR

软件陷阱安排在以下四种地方：未使用的中断向量区、未使用的大片 ROM 空间、程序中的数据表格区以及程序区中一些指令串中间的断裂点处。

由于软件陷阱都安排在正常程序执行不到的地方，故不影响程序的执行效率，在当前 EPROM 容量不成问题的条件下，还应多多安插软件陷阱指令。

8.4 程序运行监视系统

工业现场难免会出现瞬间的尖峰高能脉冲干扰，可能会长驱直入作用到 CPU 芯片上，使正在执行的程序跑飞到一个临时构成的死循环中，这时候的指令冗余和软件陷阱技术也无能为力，系统将完全瘫痪。此时必须强制系统复位，摆脱死循环。由于操作者不可能一直监视系统，因此需要一个独立于 CPU 之外的监视系统，在程序陷入死循环时，能及时发现并自动复位系统，这就是看守大门作用的程序运行监视系统，国外称为"Watchdog Timer"，即看门狗定时器或看门狗。

8.4.1 Watchdog Timer 工作原理

为了保证程序运行监视系统的可靠性，监视系统中必须包括一定的硬件部分，且应完全独立于 CPU 之外，但又要与 CPU 保持时时刻刻的联系。因此，程序运行监视系统是硬件电路与软件程序的巧妙结合。图 8-30 给出了 Watchdog Timer 的工作原理。

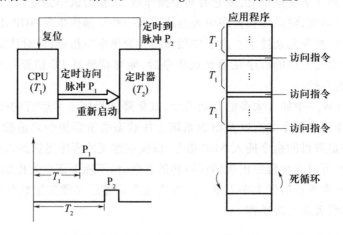

图 8-30 Watchdog Timer 工作原理

CPU 可设计成由程序确定的定时器 1，看门狗被设计成另一个定时器 2，它的计时启动将因 CPU 的定时访问脉冲 P_1 的到来而重新开始，定时器 2 的定时到脉冲 P_2 连到 CPU 的复位端。两个定时周期必须是 $T_1 < T_2$，T_1 就是 CPU 定时访问定时器 2 的周期，也就是在 CPU 执行的应用程序中每隔 T_1 时间安插一条访问指令。

在正常情况下，CPU 每隔 T_1 时间便会定时访问定时器 2，从而使定时器 2 重新开始计时而不会产生溢出脉冲 P_2;而一旦 CPU 受到干扰陷入死循环,便不能及时访问定时器2,那么定时器2会在 T_2 时间到达时产生定时溢出脉冲 P_2,从而引起 CPU 的复位,自动恢复系统的正常运行程序。

8.4.2 Watchdog Timer 实现方法

以前的 Watchdog Timer 硬件部分是用单稳电路或自带脉冲源的计数器构成,一是电路有些复杂,二是可靠性有些问题。美国 Xicor 公司生产的 X5045 芯片,集看门狗、电源监测、EEPROM、上电复位四种功能为一体,使用该器件将大大简化系统的结构并提高系统的性能。

X5045 与 CPU 的接口电路如图 8 – 31 所示。

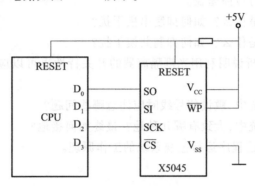

图 8 – 31　X5045 与 CPU 的接口电路

X5045 只有 8 根引脚。

SCK:串行时钟。

SO:串行输出,时钟 SCK 的下降沿同步输出数据。

SI:串行输入,时钟 SCK 的上升沿锁存数据。

$\overline{CS}$:片选信号,低电平时 X5045 工作,变为高电平时将使看门狗定时器重新开始计时。

$\overline{WP}$:写保护,低电平时写操作被禁止,高电平时所有功能正常。

RESET:复位,高电平有效。用于电源检测和看门狗超时输出。

V_{SS}:地。

V_{CC}:电源电压。

它与 CPU 的接口电路很简单,X5045 的信号线 SO、SI、SCK、$\overline{CS}$ 与 CPU 的数据线 $D_0 \sim D_3$ 相连,用软件控制引脚的读(SO)、写(SI)及选通($\overline{CS}$)。X5045 的引脚 RESET 与 CPU 的复位端 RESET 相连,利用访问程序造成 $\overline{CS}$ 引脚上的信号变化,就算访问了一次 X5045。

在 CPU 正常工作时,每隔一定时间(小于 X5045 的定时时间)运行一次这个访问程序,X5045 就不会产生溢出脉冲。一旦 CPU 陷入死循环,不再执行该程序也即不对 X5045 进行访问,则 X5045 就会在 RESET 端输出宽度 100ms ~ 400ms 的正脉冲,足以使 CPU 复位。

这里,X5045 中的看门狗对 CPU 提供了完全独立的保护系统,它提供了 3 种定时时间:200ms、600ms 和 1.4s,可用编程选择。

本 章 小 结

计算机控制系统总是处在干扰频繁的恶劣环境中,因此如果没有足够的抗干扰措施,即使系统的各种硬件与软件的设计都很合理,也未必能正常地工作。抗干扰能力是设计与运行一个计算机控制系统必须要考虑的重要指标。但干扰的形式与危害多种多样,而系统的结构与功能又是各式各样,因此,应当根据具体的实际系统采取相应的抗干扰措施。

本章从干扰的来源与传播途径入手,分析了硬件与软件方面的各种抗干扰措施。重点讨论了对系统过程通道中串模干扰与共模干扰的抑制,对 CPU 主机的程序运行监视复位系统,另外对施工工程中的信号线、电源系统与接地系统的抗干扰措施也作了介绍。

思 考 题

1. 简述干扰的来源与传播途径。
2. 串模干扰的成因是什么?如何抑制串模干扰?
3. 共模干扰的成因是什么?如何抑制共模干扰?
4. 结合图 8-11,分析说明利用光耦隔离器的开关特性也可以应用在模拟量输入或输出通道中。
5. 在计算机控制系统中,敷设信号线时应注意哪些问题?
6. 在计算机控制系统中,大致有哪几种地?最终如何接地?
7. 结合图 8-30,简述程序运行监视系统的工作原理。

第9章 数字控制器的设计

本章要点
1. 数字控制系统的数学描述和分析方法
2. 数字控制器连续化设计方法、PID 算法与改进及参数整定
3. 数字控制器离散化设计方法、最少拍控制及大林、施密斯预估算法
4. 数字串级控制器的设计
5. 数字程序控制器的设计

自动化控制系统的核心是控制器。控制器的任务是按照一定的控制规律,产生满足工艺要求的控制信号,以输出驱动执行器,达到自动控制的目的。在传统的模拟控制系统中,控制器的控制规律或控制作用是由仪表或电子装置的硬件电路完成的;而在计算机控制系统中,除了计算机装置以外,更主要地体现在软件算法上,即数字控制器的设计上。而分析和设计数字控制器(系统)的前提条件是建立它的数学模型,即对其进行有效的数学描述。通常数字控制器的设计有间接(连续化)设计和直接(离散化)设计两种方法。

对于复杂的过程控制系统(如串级控制)以及机械加工类的运动控制系统(如数字程序控制),同样可以通过计算机实现其控制算法。

9.1 数字控制系统的数学描述

数字控制系统与连续控制系统的根本区别在于数字控制系统中既包含连续信号,又包含离散信号。从本质上讲,数字控制系统隶属于离散时间系统。在连续系统中,表示输出和输入信号关系的数学模型用微分方程和传递函数来描述;在离散系统中,则用差分方程、脉冲传递函数和离散状态空间表达式三种方式来描述。

9.1.1 差分方程

1. 差分方程的定义

连续函数 $f(t)$,采样后为 $f(kT)$,可简写为 $f(k)$,现做如下定义:

一阶前向差分:
$$\Delta f(k) = f(k+1) - f(k) \tag{9-1}$$

二阶前向差分:
$$\begin{aligned}\Delta^2 f(k) &= \Delta f(k+1) - \Delta f(k) \\ &= [f(k+2) - f(k+1)] - [f(k+1) - f(k)] \\ &= f(k+2) - 2f(k+1) + f(k)\end{aligned} \tag{9-2}$$

类似地,n 阶前向差分定义为

$$\Delta^n f(k) = \Delta^{n-1} f(k+1) - \Delta^{n-1} f(k) \tag{9-3}$$

在应用中,还常使用后向差分,定义如下:

一阶后向差分:

$$\nabla f(k) = f(k) - f(k-1) \tag{9-4}$$

二阶后向差分:

$$\nabla^2 f(k) = \nabla[\nabla f(k)] = f(k) - 2f(k-1) + f(k-2) \tag{9-5}$$

类似地,n 阶后向差分定义为

$$\nabla^n f(k) = \nabla^{n-1} f(k) - \nabla^{n-1} f(k-1) \tag{9-6}$$

2. 差分方程

现研究图 9-1 所示系统。图 9-1(a)是一个连续系统,它可以用以下微分方程描述:

$$\frac{d^2 c(t)}{dt^2} + a \frac{dc(t)}{dt} + bc(t) = kr(t) \tag{9-7}$$

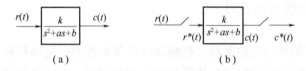

图 9-1 离散系统的差分表示
(a) 线性连续系统;(b) 线性离散系统。

图 9-1(b)为一个采样离散系统,I/O 信号均被采样。该系统用相应离散信号来描述 $c(k)$ 与 $r(k)$ 之间的关系。

为此,式(9-7)中的二阶微分可用二阶差分代替,即

$$\frac{d^2 c(t)}{dt^2} = \Delta^2 c(t) = c(k+2) - 2c(k+1) + c(k)$$

一阶微分用一阶差分代替,即

$$\frac{dc(t)}{dt} = c(k+1) - c(k)$$

$c(t)$、$r(t)$ 分别用 $c(k)$ 及 $r(k)$ 代替,这样,式(9-7)即变为

$$[c(k+2) - 2c(k+1) + c(k)] + a[c(k+1) - c(k)] + bc(k) = kr(k)$$
$$c(k+2) + (a-2)c(k+1) + (1-a+b)c(k) = kr(k)$$
$$c(k+2) + a_1 c(k+1) + a_2 c(k) = kr(k) \tag{9-8}$$

在式(9-8)中,除了因变量序列 $c(k)$ 外,还包含有它的移位序列 $c(k+i)$,这种方程称为差分方程。从该方程中可以看到,系统的输出序列不仅与当前时刻的输入序列 $r(k)$ 有关,还与输出的超前序列 $c(k+1)$、$c(k+2)$ 等有关。

对于一般的离散系统,输出序列与输入序列之间可以用方程描述如下:

$$c(k+n) + a_1 c(k+n-1) + a_2 c(k+n-1) + \cdots + a_n c(k)$$
$$= b_0 r(k+m) + b_1 r(k+m-1) + \cdots + b_m r(k) \tag{9-9}$$

式(9-9)即为描述离散系统的差分方程。

差分方程还可用后向差分表示为

$$c(k) + a_1 c(k-1) + a_2 c(k-2) + \cdots + a_n c(k-n)$$
$$= b_0 r(k) + b_1 r(k-1) + \cdots + b_m r(k-m) \tag{9-10}$$

3. 线性常系数差分方程的迭代求解

差分方程的解也分为通解与特解。通解是与方程初始状态有关的解,特解与外部输入有关,它描述系统在外部输入作用下的强迫运动。直接从式(9-10)中获得差分方程的解析解是困难的,但利用计算机通过递推迭代求取它的有限项的数值解却是容易的。

例 9-1 已知差分方程
$$c(k) - 0.5c(k-1) = r(k) \tag{9-11}$$
且给定起始值 $c(0) = 0, r(k) = 1$,试求 $c(k)$。

解:将式(9-11)写成
$$c(k) = r(k) + 0.5c(k-1) \tag{9-12}$$

由于 $c(0) = 0, r(k) = 1$,故

$$\begin{cases} c(1) = r(1) + 0.5c(1-1) = 1 + 0.5c(0) = 1 & k=1 \\ c(2) = r(2) + 0.5c(2-1) = 1 + 0.5c(1) = 1 + 0.5 = 1.5 & k=2 \\ c(3) = r(3) + 0.5c(3-1) = 1 + 0.5c(2) = 1 + 0.5 \times 1.5 = 1.75 & k=3 \\ \vdots \end{cases}$$

依此类推,如此迭代下去就可以求得 k 为任意值时的输出 $c(k)$。

通常这种数值求解的方法只能求得 k 的有限项,难以得到 $c(k)$ 解的闭合形式。与用拉普拉斯变换求解微分方程相同,差分方程的另一个求解方法是利用 z 变换求解。

9.1.2 z 变换

在连续系统中使用拉普拉斯变换作为基本工具,得到了连续系统的传递函数描述方法。在离散系统中,将使用拉普拉斯变换的特例——z 变换,得到描述离散系统的脉冲传递函数,它将在离散系统的分析及设计中发挥重要作用。

1. z 变换的定义

1) z 变换

连续信号 $f(t)$ 通过理想采样开关采样后,采样信号 $f^*(t)$ 的表达式为

$$f^*(t) = \sum_{k=0}^{\infty} f(kT)\delta(t - kT) \tag{9-13}$$

其拉普拉斯变换为

$$F^*(s) = L[f^*(t)] = \sum_{k=0}^{\infty} f(kT)e^{-ksT} \tag{9-14}$$

引入另一个复变量"z",令
$$z = e^{sT}$$
或
$$s = \frac{1}{T}\ln z \tag{9-15}$$

式中:z 为一复数变量;T 为采样周期。

将式(9-15)代入式(9-14),并令 $F^*(s)\big|_{s=\frac{1}{T}\ln z} = F(z)$,得

$$F(z) = \sum_{k=0}^{\infty} f(kT)z^{-k} \tag{9-16}$$

式(9-16)定义为采样信号 $f^*(t)$ 或离散序列 $f(kT)$ 的 z 变换,通常以 $F(z) = L[f^*(t)]$ 表示,并称其为 $f^*(t)$ 的 z 变换。由于 z 变换只是对采样序列进行的变换,不同的连续函数,只要它们的采样序列相同,其 z 变换即相同。

$F(z)$ 是 z 的无穷幂级数之和,式中一般项的物理意义是,$f(kT)$ 表示时间序列的强度,z^{-k} 表示时间序列出现的时刻,相对于时间起点延迟了 k 个采样周期。因此,$F(z)$ 既包含了信号幅值的信息,又包含了时间信息。式(9-13)、式(9-14) 和式(9-16) 分别是采样信号在时域、s 域和 z 域的表达式。可见,时域中的 $\delta(t-kT)$、s 域中的 e^{-ksT} 及 z 域中的 z^{-k} 均表示信号延迟了 k 步,体现了信号的定时关系。因此,应记住 z 变换中 z^{-1} 代表信号滞后一个采样周期,可称为单位延迟因子。

由以上推导可知,z 变换实际上是拉普拉斯变换的特殊形式,它是对采样信号拉普拉斯变换作 $z = e^{sT}$ 的变量置换的结果。

$f^*(t)$ 的 z 变换符号写法有很多种,如 $L[f^*(t)]$,$L[f(kT)]$ 及 $L[f(t)]$ 等,其概念都应理解为对采样脉冲序列进行 z 变换。

例 9-2 试求单位阶跃函数的 z 变换

$$f(t) = \begin{cases} 1(t) & t \geq 0 \\ 0 & t < 0 \end{cases}$$

解:依 z 变换定义,可得

$$F(z) = L[1(t)] = \sum_{k=0}^{\infty} 1(kT) z^{-k} = 1 + z^{-1} + z^{-2} + z^{-3} + \cdots$$

该级数为等比级数,依级数求和公式,当 $|z| > 1$ 时,该级数收敛,并可写成如下闭合形式:

$$F(z) = L[1(t)] = \sum_{k=0}^{\infty} 1(kT) z^{-k} = \frac{1}{1-z^{-1}} = \frac{z}{z-1} \tag{9-17}$$

2) z 反变换

求与 z 变换相对应的采样序列函数 $f^*(t)$ 的过程称为 z 反变换,并表示为

$$L^{-1}[F(z)] = f^*(t) \Rightarrow f(kT) \tag{9-18}$$

与拉普拉斯变换类似,z 变换的反变换也是唯一的,但 z 反变换唯一对应的是采样序列,而不是连续函数,即

$$L^{-1}[F(z)] \neq f(t)$$

也就是,一个 z 变换式可能对应无穷个连续函数。如图 9-2 所示,两个不同的连续信号对应着同一个采样信号序列。

由上述可见,z 变换只能反映采样点的信号,不能反映采样点之间的行为。

2. z 变换的基本定理

1) 线性定理

若 $f_1(t)$、$f_2(t)$ 的 z 变换分别为 $F_1(z)$、$F_2(z)$,则依定义容易得到

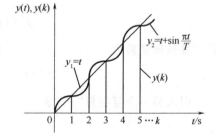

图 9-2 采样信号与连续信号的关系

$$L[af_1(t) + bf_2(t)] = aF_1(z) + bF_2(z) \tag{9-19}$$

式中:a、b 为常数。

2) 实域移位定理(时移定理)

(1) 右位移(延迟)定理:若 $L[f(t)] = F(z)$,则

$$L[f(t-nT)] = z^{-n}F(z) \tag{9-20}$$

式中:n 为正整数。

(2) 左位移(超前)定理:若 $L[f(t)] = F(z)$,则

$$L[f(t + nT)] = z^n \left[F(z) - \sum_{k=0}^{n-1} f(kT) z^{-k} \right] \quad (9-21)$$

3) 复域位移定理

若函数 $f(t)$ 的 z 变换为 $F(z)$,则

$$L[e^{\mp at} f(t)] = F(ze^{\pm aT}) \quad (9-22)$$

式中:a 为常数。

4) 初值定理

若函数 $f(t)$ 的 z 变换为 $F(z)$,并存在极限 $\lim_{k \to 0} F(z)$,则

$$\lim_{k \to 0} f(kT) = \lim_{z \to \infty} F(z) \quad (9-23)$$

或写成

$$f(0) = \lim_{z \to \infty} F(z) \quad (9-24)$$

5) 终值定理

若 $f(t)$ 的 z 变换为 $F(z)$,并假定函数 $F(z)$ 全部极点均在 z 平面的单位圆内或最多有一个极点在 $z = 1$ 处,则

$$\lim_{k \to \infty} f(kT) = \lim_{z \to 1} (1 - z^{-1}) F(z) = \lim_{z \to 1} (z - 1) F(z) \quad (9-25)$$

应用终值定理可以很方便地从 $f(z)$ 的 z 变换中确定 $f(kT)$ 当 $k \to \infty$ 时的特性,这在研究系统的稳态特性时非常方便。

例 9-3 已知 $f(t) = 1 - e^{at}$ 的 z 变换 $F(z) = \dfrac{(1 - e^{-T}) z^{-1}}{(1 - z^{-1})(1 - e^{-T} z^{-1})}$,试确定 $f(t)$ 的初值和终值。

解:依初值定理可知

$$f(0) = \lim_{z \to \infty} \frac{(1 - e^{-T}) z^{-1}}{(1 - z^{-1})(1 - e^{-T} z^{-1})} = 0$$

从已知函数 $f(t) = 1 - e^{-at}$ 亦可判断 $f(0) = 0$,且知 $F(z)$ 有一个 $z = 1$ 和 $z = e^{-T}$ 极点,满足终值定理条件。依终值定理,有

$$f(\infty) = \lim_{z \to 1}(1 - z^{-1}) F(z) = \lim_{z \to 1}(1 - z^{-1}) \frac{(1 - e^{-T}) z^{-1}}{(1 - z^{-1})(1 - e^{-T} z^{-1})} = 1$$

从所给函数 $f(t) = 1 - e^{-at}$ 也可判断 $f(\infty) = 1$。

3. z 变换及反变换的方法

1) z 变换方法

(1) 级数求和法:利用 z 变换定义式(9-16),直接计算级数和,写出闭合形式。

例 9-4 求单位脉冲函数 $\delta(t)$ 的 z 变换。

解:因为 $f(t) = \delta(t)$ 在 $t = 0$ 处的脉冲强度为 1,$t \neq 0$ 时均为 0,所以

$$F(z) = L[\delta(t)] = \sum_{k=0}^{\infty} f(kT) z^{-k} = f(0) z^{-0} = 1 \quad (9-26)$$

例 9-5 求单位脉冲序列 $\delta_T(t) = \sum_{k=0}^{\infty} \delta(t - kT)$ 的 z 变换。

解:因为 $\delta_T(t)$ 在 $t = kT$ 时,其值为 1,所以

$$F(z) = L[\delta_T(t)] = \sum_{k=0}^{\infty} \delta_T(kT)z^{-k} = \sum_{k=0}^{\infty} 1 \cdot z^{-k}$$

$$= 1 + z^{-1} + z^{-2} + z^{-3} + \cdots = \frac{1}{1-z^{-1}} = \frac{z}{1-z^{-1}} \quad (9-27)$$

例 9 – 6 求指数函数 $f(t) = e^{-t}$ 的 z 变换。

解：依式(9 – 16)，有

$$F(z) = \sum_{k=0}^{\infty} f(kT)z^{-k} = 1 + e^{-T}z^{-1} + e^{-2T}z^{-2} + \cdots$$

上式为等比级数，当公比 $|e^{-T}z^{-1}| < 1$ 时，级数收敛，可写出和式为

$$F(z) = \frac{1}{1-e^{-T}z^{-1}} = \frac{z}{z-e^{-T}} \quad (9-28)$$

(2) 部分分式法：求拉普拉斯变换式 $F(s)$ 的 z 变换的含义：将拉普拉斯变换式所代表的连续函数 $f(t) = L^{-1}[F(s)]$ 进行采样，然后求它的 z 变换。为此，首先应通过拉普拉斯反变换求得连续函数 $f(t)$，然后对它的采样序列作 z 变换。通常，在给定 $F(s)$ 后，应利用 s 域中的部分分式展开法，将 $F(s)$ 分解为简单因式，进而得到简单的时间函数之和，然后对各时间函数进行 z 变换。

例 9 – 7 试求 $F(s) = \dfrac{1}{s(s+1)}$ 的 z 变换。

解：首先对 $F(s)$ 进行部分分式展开：

$$F(s) = \frac{1}{s(s+1)} = \frac{1}{s} - \frac{1}{s+1}$$

对各项进行拉普拉斯反变换，得

$$f(t) = L^{-1}\left[\frac{1}{s} - \frac{1}{s+1}\right] = 1 - e^{-t}$$

利用式(9 – 17)及式(9 – 28)，可得

$$F(z) = L[F(s)] = L[1 - e^{-t}] = \frac{z}{z-1} - \frac{z}{z-e^{-T}}$$

$$= \frac{z(1-e^{-T})}{(z-1)(z-e^{-T})} \quad (9-29)$$

(3) 利用 z 变换定理求取 z 变换式：z 变换的许多定理都可用于求取复杂函数的 z 变换。

例 9 – 8 已知 $f(t) = \sin\omega t$ 的 z 变换 $F(z) = \dfrac{z\sin\omega T}{z^2 - 2z\cos\omega T + 1}$，试求 $f_1(t) = e^{at}\sin\omega t$ 的 z 变换。

解：利用 z 变换中的复位移定理可以很容易得到 $f_1(t) = e^{-at}\sin\omega t$ 的 z 变换：

$$L[e^{-at}\sin\omega t] = \frac{e^{aT}z\sin\omega T}{z^2 e^{2aT} - 2ze^{aT}\cos\omega T + 1} = \frac{e^{-aT}z\sin\omega T}{z^2 - 2ze^{-aT}\cos\omega T + e^{-2aT}}$$

(4) 查表法：实际应用时可能遇到各种复杂函数，难以采用上述方法进行推导计算。而前人已通过各种方法针对常用函数进行了计算，求出了相应的 $F(z)$ 并列出了表格，工程人员应用时，根据已知函数直接查表即可(附录)。

2) z 反变换方法

与拉普拉斯反变换类似，z 反变换可表示为

$$Z^{-1}[F(z)] = f(kT)$$

下面介绍三种常用的 z 反变换法。

(1) 查表法：如已知 z 变换函数 $F(z)$，可以依 $F(z)$ 直接从给定的表格中求得它的原函数 $f^*(t)$。

(2) 部分分式展开法：若 $F(z)$ 较复杂，可能无法直接从表格中求得它的原函数 $f^*(t)$。此时应首先进行部分分式展开，以使展开式的各项能从表中查到。z 变换式 $F(z)$ 通常是 z 的有理分式，对此，可以将 $F(z)/z$ 展开成部分分式，然后各项乘以 z 再查表。这样做是因为表中绝大部分 z 变换式的分子中均含有 z 因子。

例 9 – 9 设 $F(z) = \dfrac{(1 - e^{-aT})z}{(z-1)(z - e^{-aT})}$，试求 $f(kT)$。

解：
$$\frac{F(z)}{z} = \frac{1 - e^{-aT}}{(z-1)(z-e^{-aT})} = \frac{A}{z-1} + \frac{B}{z-e^{-aT}}$$

经计算，$A = 1, B = -1$，所以有

$$\frac{F(z)}{z} = \frac{1}{z-1} - \frac{1}{z - e^{-aT}}$$

$$F(z) = \frac{z}{z-1} - \frac{z}{z - e^{-aT}}$$

查 z 变换表得

$$f(kT) = 1 - e^{-akT} \quad (k = 0,1,2,\cdots)$$

(3) 幂级数展开法（长除法）：$F(z)$ 通常可以表示为有理分式形式，若用分母去除分子多项式，并将其按 z^{-1} 的升幂排列，则有

$$F(z) = f(0) + f(T)z^{-1} + f(2T)z^{-2} + \cdots + f(kT)z^{-k} + \cdots = \sum_{k=0}^{\infty} f(kT)z^{-k}$$

根据 z 变换的定义，若 z 变换用幂级数表示，则 z^{-k} 前的加权系数即为采样时刻的 $f(kT)$，对应的采样函数为

$$f^*(t) = f(0)\delta(t) + f(T)\delta(t-T) + f(2T)\delta(t-2T) + \cdots + f(kT)\delta(t-kT) + \cdots$$

一般说来，长除法所得为无穷多项式，实际应用时，取其有限项就可以了。这种方法应用简单，主要缺点是难于得到采样函数的闭合表达式。

例 9 – 10 已知 $F(z) = \dfrac{10z^{-1}}{1 - 1.5z^{-1} + 0.5z^{-2}}$，求 $f^*(t)$。

解：利用长除法

$$\begin{array}{r}
10z^{-1} + 15z^{-2} + 17.5z^{-3} + 18.75z^{-4} + \cdots \\
1 - 1.5z^{-1} + 0.5z^{-2} \overline{\smash{\big)}\, 10z^{-1}\phantom{-15z^{-2} + 5z^{-3}}} \\
\underline{-)\,10z^{-1} - 15z^{-2} + 5z^{-3}} \\
15z^{-2} - 5z^{-3} \\
\underline{-)\,15z^{-2} - 22.5z^{-3} + 7.5z^{-4}} \\
17.5z^{-3} - 7.5z^{-4} \\
\underline{-)\,17.5z^{-3} - 26.25z^{-4} + 8.75z^{-5}} \\
18.75z^{-4} - 8.75z^{-5} \\
\cdots
\end{array}$$

由此得

$$F(z) = 10z^{-1} + 15z^{-2} + 17.5z^{-3} + 18.75z^{-4} + \cdots$$

即

$$f^*(t) = 0 + 10\delta(t-T) + 15\delta(t-2T) + 17.5\delta(t-3T) + 18.75\delta(t-4T) + \cdots$$

4. 用 z 变换解差分方程

如同用拉普拉斯变换求解连续系统的微分方程一样,在离散系统中可以用 z 变换来求解差分方程。用 z 变换法使求解运算变换为以 z 为变量的代数方程,不仅计算简便,而且能求得差分方程解的数学解析式。用 z 变换求解差分方程主要用到 z 变换的平移定理。

例 9 – 11 用 z 变换解下列差分方程:

$$y(k+2) + 3y(k+1) + 2y(k) = 0$$

初始条件为 $y(0) = 0, y(1) = 1$。

解:对上式进行 z 变换得

$$Z[y(k+2) + 3y(k+1) + 2y(k)] = 0$$

由线性定理可得

$$Z[y(k+2)] + Z[3y(k+1)] + Z[2y(k)] = 0$$

由超前定理可得

$$[z^2Y(z) - z^2y(0) - zy(1)] + 3[zY(z) - zy(0)] + 2Y(z) = 0$$

将初始条件代入上式,解得

$$Y(z) = \frac{z}{z^2 + 2z + 2} = \frac{z}{(z+1)(z+2)} = \frac{z}{z+1} - \frac{z}{z+2}$$

查表得

$$y(k) = (-1)^k - (-2)^k \quad k = 0, 1, 2, \cdots$$

可见,用 z 变换法解线性常系数差分方程的步骤如下:

(1) 对差分方程进行 z 变换。

(2) 用 z 变换的平移定理将时域差分方程转换为 z 域代数方程,代入初始条件并求解。

(3) 将 z 变换式写成有理多项式的形式,再将 z 反变换,得到差分方程的解。

9.1.3 脉冲传递函数

脉冲传递函数也称为 z 传递函数,它是分析线性离散系统的重要工具。

1. 脉冲传递函数的定义

同连续系统的传递函数类似,离散系统的脉冲传递函数 $G(z)$ 被定义为:在零初始条件下,一个环节(或系统)的输出脉冲序列的 z 变换 $C(z)$ 与输入脉冲序列的 z 变换 $R(z)$ 之比,即

$$G(z) = \frac{C(z)}{R(z)} \tag{9-30}$$

根据式(9 – 30)可以给出单输入单输出离散系统的框图,如图 9 – 3 所示。

在实际系统中,许多采样系统的输出信号是连续信号 $c(t)$,而不是离散信号 $c^*(t)$,如图 9 – 3(a)所示。在此情况下,为了应用脉冲传递函数的概念,可在输出端虚设一采样开关,对输出的连续时间信号 $c(t)$ 作假想采样,来获得输出信号的采样信号 $c^*(t)$,如图 9 – 3(a)中的虚线所示。这一虚设采样开关的采样周期与输入端采样开关的采样周期 T 相同。其等价离散模型如图 9 – 3(b)所示。

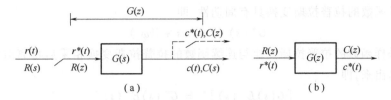

图 9 – 3　单输入单输出离散系统框图
(a) 实际采样系统; (b) 等价的离散系统。

2. 脉冲传递函数的求取

在连续系统里,传递函数可以看作是系统输入为单位脉冲时,它的脉冲响应的拉普拉斯变换。对离散系统,脉冲传递函数也可以看作是系统输入为单位脉冲时,它的脉冲响应的 z 变换。事实上,由于系统输入为单位脉冲时,系统的输出响应为脉冲响应 $g^*(t)$,因为 $R(z) = L[\delta(t)] = 1$,所以,依式(9-30),有

$$C(z) = L[g^*(t)] = G(z)R(z) = G(z) \quad (9-31)$$

如果已知采样系统的连续传递函数 $G(s)$,当其输出端加入虚拟开关变为离散系统时,它的脉冲传递函数可按下述步骤求取:

(1) 对 $G(s)$ 作拉普拉斯反变换,求得脉冲响应 $g(t) = L^{-1}[G(s)]$。

(2) 对 $g(t)$ 采样,求得离散系统脉冲响应 $g^*(t)$ 为

$$g^*(t) = \sum_{k=0}^{\infty} g(kT)\delta(t-kT) \quad (9-32)$$

(3) 对离散脉冲响应 $g^*(t)$ 作 z 变换,即得系统的脉冲传递函数 $G(z)$ 为

$$G(z) = L[g^*(t)] = \sum_{k=0}^{\infty} g(kT)z^{-k}$$

为书写方便,以下几种脉冲传递函数的表示方法均可应用,即

$$G(z) = L[g^*(t)] = L[g(t)] = L[G(s)] \quad (9-33)$$

由式(9-33)可知,当已知连续系统的传递函数 $G(s)$ 时,只需对其进行 z 变换即可得到它的脉冲传递函数 $G(z)$,通常可根据 z 变换表,直接从 $G(s)$ 得到 $G(z)$,而不必逐步推导。

若已知系统的差分方程,可对方程两端进行 z 变换,应用 $G(z) = C(z)/R(z)$ 求取。

例 9 – 12　若描述采样系统的差分方程为

$$c(k+2) - 0.7c(k+1) - 0.1c(k) = 5r(k+1) + r(k)$$

试求其脉冲传递函数。

解:对上面差分方程进行 z 变换,有

$$z^2[C(z) + C(0)z^0 + C(1)z^1] - 0.7z[C(z) + C(0)z^0] - 0.1C(z)$$
$$= 5z[R(z) + R(0)z^0] + R(z)$$

令初始条件为零,有

$$z^2 C(z) - 0.7zC(z) - 0.1C(z) = 5zR(z) + R(z)$$

则

$$G(z) = \frac{C(z)}{R(z)} = \frac{5z + 1}{z^2 - 0.7z - 0.1}$$

3. 采样系统的开环脉冲传递函数

1) 采样拉普拉斯变换的两个重要性质

(1) 采样函数的拉普拉斯变换具有周期性,即
$$G^*(s) = G^*(s + jk\omega_s) \qquad (9-34)$$
(2) 若采样函数的拉普拉斯变换与连续函数的拉普拉斯变换相乘后再离散化,则可以从离散符号中提出来,即
$$[G(s)E^*(s)]^* = G^*(s)E^*(s) \qquad (9-35)$$

2) 开环脉冲传递函数

讨论采样系统在开环状态下的脉冲传递函数时,应注意图 9-4 中的两种不同结构形式。

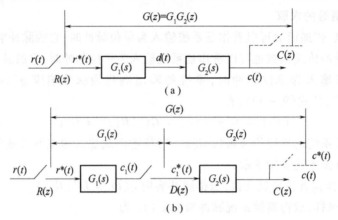

图 9-4 串联环节之间的脉冲传递函数
(a) 无采样器;(b) 有采样器。

串联环节之间无采样器时的脉冲传递函数为
$$G(z) = \frac{C(z)}{R(z)} = G_1G_2(z) \qquad (9-36)$$

串联环节之间有采样器时的脉冲传递函数为
$$G(z) = \frac{C(z)}{R(z)} = G_1(z)G_2(z) \qquad (9-37)$$

式(9-37)表明,被采样开关分隔的两个线性环节串联时,其脉冲传递函数等于这两环节的脉冲传递函数之积。这个结论可以推广到有 n 个环节串联而各相邻环节之间都有采样开关分离的情形。无采样开关分隔的两个线性环节串联时,其脉冲传递函数等于这两个环节传递函数之积的 z 变换。显然,这一结论也可以推广到有 n 个环节直接串联的情况。

3) 带有零阶保持器的开环脉冲传递函数

设有零阶保持器的开环系统如图 9-5(a) 所示,经简单变换为如图 9-5(b) 所示的等效开环系统。

根据实数位移定理及采样拉普拉斯变换性质,可得
$$C(s) = \left[\frac{G_p(s)}{s} - e^{-sT}\frac{G_p(s)}{s}\right]R^*(s)$$

$$C(z) = Z\left[\frac{G_p(s)}{s}\right]R(z) - z^{-1}Z\left[\frac{G_p(s)}{s}\right]R(z)$$

于是,当有零阶保持器时,开环系统脉冲传递函数为
$$G(z) = \frac{C(z)}{R(z)} = (1 - z^{-1})Z\left[\frac{G_p(s)}{s}\right]$$

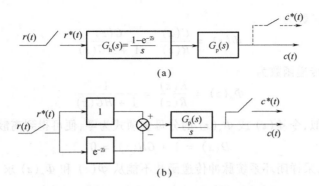

图 9-5 带有零阶保持器的开环脉冲传递函数
(a) 带有零阶保持器的开环系统；(b) 等效开环系统。

例 9-13 设采样系统为具有零阶保持器的开环系统，$G_p(s) = \dfrac{a}{s(s+a)}$，求系统的脉冲传递函数 $G(z)$。

解：因为

$$\frac{G_p(s)}{s} = \frac{a}{s^2(s+a)} = \frac{1}{s^2} - \frac{1}{a}\left(\frac{1}{s} - \frac{1}{s+a}\right)$$

$$Z\left[\frac{G_p(s)}{s}\right] = \frac{Tz}{(z-1)^2} - \frac{1}{a}\left(\frac{z}{z-1} - \frac{z}{z-e^{-aT}}\right)$$

$$= \frac{\frac{1}{a}z[(e^{-aT}+aT-1)z + (1-aTe^{-aT}-e^{-aT})]}{(z-1)^2(z-e^{-aT})}$$

所以

$$G(z) = (1-z^{-1})Z\left[\frac{G_p(s)}{s}\right]$$

$$= \frac{\frac{1}{a}[(e^{-aT}+aT-1)z + (1-aTe^{-aT}-e^{-aT})]}{(z-1)(z-e^{-aT})}$$

4. 采样系统的闭环脉冲传递函数

在采样系统中，由于设置采样器方式是多种多样的，所以闭环系统的结构形式也不是统一的。图 9-6 是比较常见的系统方框图。图中输入端和输出端的采样开关是为了便于分析而虚设的。

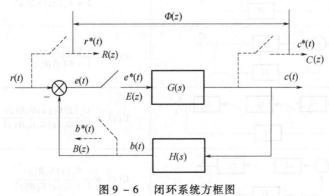

图 9-6 闭环系统方框图

闭环脉冲传递函数为

$$\Phi(z) = \frac{C(z)}{R(z)} = \frac{G(z)}{1 + HG(z)} \qquad (9-38)$$

闭环误差脉冲传递函数为

$$\Phi_e(z) = \frac{E(z)}{R(z)} = \frac{1}{1 + HG(z)} \qquad (9-39)$$

与连续系统类似,令 $\Phi(z)$ 或 $\Phi_e(z)$ 的分母多项式为零,便可得到离散系统的特征方程为

$$D(z) = 1 + GH(z) = 0$$

需要指出的是,采样闭环系统脉冲传递函数不能从 $\Phi(z)$ 和 $\Phi_e(z)$ 求 z 变换得来,即

$$\Phi(z) \neq Z[\Phi(s)], \ \Phi_e(z) \neq Z[\Phi_e(s)]$$

通过与上面类似的方法可以导出采样开关为不同配置形式的其他闭环系统的脉冲传递函数。但只要误差信号 $e(t)$ 处没有采样开关,则输入采样信号 $r*(t)$ 就不存在,此时不能写出闭环系统对于输入量的脉冲传递函数,而只能求出输出采样信号的 z 变换函数 $C(z)$。

采样开关在闭环系统中,具有各种配置形式的闭环采样系统典型结构图及其输出采样信号 z 变换函数 $C(z)$ 如表 9-1 所列。

表 9-1 常用采样系统典型结构图及输出表达式

序号	结 构 图	$C(z)$
1		$C(z) = \dfrac{G(z)R(z)}{1 + G(z)H(z)}$
2		$C(z) = \dfrac{RG(z)}{1 + HG(z)}$
3		$C(z) = \dfrac{G(z)R(z)}{1 + GH(z)}$
4		$C(z) = \dfrac{G_2(z)G_1R(z)}{1 + G_1G_2H(z)}$
5		$C(z) = \dfrac{G_1(z)G_2(z)R(z)}{1 + G_1(z)G_2H(z)}$
6		$C(z) = \dfrac{G(z)R(z)}{1 + G(z)H(z)}$
7		$C(z) = \dfrac{G_2(z)G_3(z)G_1R(z)}{1 + G_2(z)G_1G_3H(z)}$
8		$C(z) = \dfrac{G_2(z)G_1R(z)}{1 + G_2(z)G_1H(z)}$

例 9 – 14 设闭环离散系统结构如图 9 – 7 所示，试求其输出采样信号的 z 变换函数。

解：由图可得

$$C(s) = G(s)E(s)$$

$$E(s) = R(s) - H(s)C^*(s)$$

$$C(s) = G(s)[R(s) - H(s)C^*(s)]$$

离散化有

$$C^*(s) = GR^*(s) - GH^*(s)C^*(s)$$

$$C^*(s) + GH^*(s)C^*(s) = GR^*(s)$$

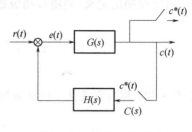

图 9 – 7 例 9 – 14 闭环系统方框图

进行 z 变换有

$$C(z) = \frac{RG(z)}{1 + GH(z)}$$

9.2 数字控制器的连续化设计

数字控制器的连续化设计是把整个控制系统看成是模拟系统，利用模拟系统的理论和方法进行分析和设计，得到模拟控制器后再通过某种近似，将模拟控制器离散化为数字控制器，并由计算机来实现，所以这种方法又称为间接设计法。这对于对象特性不太清楚，采样周期比较小的场合，可以获得满意的控制效果。由于广大工程技术人员对 S 平面比对 Z 平面更为熟悉，此方法在工程技术领域得到广泛的应用。

9.2.1 数字控制器的连续化设计步骤

在如图 9 – 8 所示的单回路计算机控制系统中，$G(s)$ 是被控对象的传递函数，$H_0(s)$ 是零阶保持器，$D(z)$ 是数字控制器。现在的设计问题是如何根据被控对象 $G(s)$，设计出满足系统性能指标要求的数字控制器 $D(z)$，其设计的步骤主要包括下面几个方面。

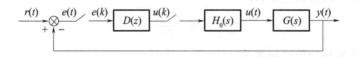

图 9 – 8 计算机控制系统的结构图

1. 设计假想的连续控制器 $D(s)$

设计控制器 $D(s)$，一种方法是事先确定控制器的结构，如后面将要重点介绍的 PID 算法等，然后通过其控制参数的整定完成设计；另一种设计方法是应用连续控制系统的设计方法如频率特性法、根轨迹法等，来设计出控制器的结构和参数。

2. 将 $D(s)$ 离散化为 $D(z)$

将连续控制器 $D(s)$ 离散化为数字控制器 $D(z)$ 的目的是能够或便于用计算机实现。离散化的方法很多，如双线性变换法、差分变换法、冲击响应不变法、零极点匹配法、零阶保持器法等。由于数字控制器是在线控制的，对实时性要求较高，因此在保证精度的前提下，应尽量选用简捷的离散化方法。这里，只介绍常用的双线性变换法和差分变换法。

1) 双线性变换法

按 z 变换的定义，利用泰勒级数展开，可得

$$z = e^{sT} = \frac{e^{\frac{sT}{2}}}{e^{-\frac{sT}{2}}} = \frac{1 + \frac{sT}{2} + \cdots}{1 - \frac{sT}{2} + \cdots} \approx \frac{1 + \frac{sT}{2}}{1 - \frac{sT}{2}} \qquad (9-40)$$

式(9-40)称为双线性变换法或塔斯廷(Tustin)近似法，并由此可解得

$$s = \frac{2}{T} \frac{z-1}{z+1} = \frac{2}{T} \frac{1-z^{-1}}{1+z^{-1}} \qquad (9-41)$$

则 $D(s)$ 离散化后的脉冲传递函数为

$$D(z) = D(s)\Big|_{s=\frac{2}{T}\frac{z-1}{z+1}} = D(s)\Big|_{s=\frac{2}{T}\frac{1-z^{-1}}{1+z^{-1}}} \qquad (9-42)$$

双线性变换法也可以从数值积分的梯形法对应得到，故也称梯形积分法。

2) 差分变换法

差分变换法又分为前向差分法和后向差分法两种。

（1）前向差分法。将 $z = e^{sT}$ 直接展开成泰勒级数，有

$$z = e^{sT} = 1 + sT + \cdots \approx 1 + sT \qquad (9-43)$$

从而得到 s 与 z 之间的变换关系，即

$$s = \frac{z-1}{T} \qquad (9-44)$$

则 $D(s)$ 离散化后的脉冲传递函数为

$$D(z) = D(s)\Big|_{s=\frac{z-1}{T}} \qquad (9-45)$$

（2）后向差分法。将 $z = e^{sT}$ 变形后再展成泰勒级数，有

$$z = e^{sT} = \frac{1}{e^{-sT}} \approx \frac{1}{1-sT} \qquad (9-46)$$

由此得到 s 与 z 之间的变换关系，即

$$s = \frac{z-1}{Tz} \qquad (9-47)$$

则 $D(s)$ 离散化后的脉冲传递函数为

$$D(z) = D(s)\Big|_{s=\frac{z-1}{Tz}} \qquad (9-48)$$

这种差分变换法也可由数值微分转化成差分方程而求得。

比较上述方法，双线性变换法的优点在于，它把 S 左半平面转换到 Z 平面的单位圆内，所以 $D(s)$ 稳定，则 $D(z)$ 也稳定。而前向差分法会将 S 左半平面区域映射到 Z 平面的单位圆外，因此 $D(s)$ 即便稳定，也会造成 $D(z)$ 不稳定，数字控制器本身的不稳定势必会使离散系统不稳定；从另一个角度看，用前向差分法所得到的算法 $D(z)$ 在计算控制量 $U(z)$ 时，需要在 k 时刻知道 $k+1$ 时刻的 $e(k+1)$，这在物理上也是难以实现的。因此在将 $D(s)$ 离散化为 $D(z)$ 的转换中常用双线性变换法和后向差分变换法。

3. 设计由计算机实现的控制算法

设数字控制器 $D(z)$ 的一般形式为

$$D(z) = \frac{U(z)}{E(z)} = \frac{b_0 + b_1 z^{-1} + \cdots + b_m z^{-m}}{1 + a_1 z^{-1} + \cdots + a_n z^{-n}} \quad (9-49)$$

式中:$n \geq m$,各系数 a_i、b_i 为实数。

式(9-49)可写为

$$U(z) = (-a_1 z^{-1} - a_2 z^{-2} - \cdots - a_n z^{-n})U(z) + \\ (b_0 + b_1 z^{-1} + \cdots + b_m z^{-m})E(z) \quad (9-50)$$

式(9-50)用时域表示为

$$u(k) = -a_1 u(k-1) - a_2 u(k-2) - \cdots - a_n u(k-n) + \\ b_0 e(k) + b_1 e(k-1) + \cdots + b_m e(k-m) \quad (9-51)$$

利用式(9-51)即可实现计算机编程,式(9-51)称为数字控制器 $D(z)$ 的控制算法。

4. 校验

控制器 $D(z)$ 设计完并得到控制算法后,须按图9-14所示的计算机控制系统检验其闭环性能是否符合设计的要求,这一步可由计算机控制系统的数字仿真来验证,如果满足设计要求则设计结束,否则应重新修改设计。

9.2.2 PID 控制规律

PID 控制是连续系统中技术最成熟、应用最为广泛的一种控制方式,PID 是 Proportional(比例)、Integral(积分)、Differential(微分)三者的缩写。PID 控制即是根据测量反馈后得到的输入偏差值,按比例、积分、微分的函数关系进行运算,其运算结果用以输出控制。

图9-9为 PID 控制系统原理框图,这是由一个模拟 PID 控制器和被控对象组成的简单控制系统。下面简述比例、积分、微分及其组合的控制规律及其作用

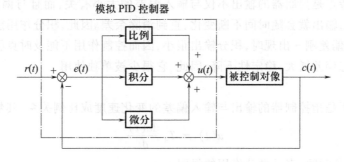

图9-9 PID 控制系统原理框图

1. 比例控制

比例控制作用是指控制器的输出与输入偏差成比例关系,其数学表达式为

$$u(t) = K_p e(t) \quad (9-52)$$

式中　$u(t)$——控制器的输出;

　　　$e(t)$——控制器的输入偏差;

　　　K_p——比例系数。

比例控制器的阶跃响应曲线如图9-10所示,在偏差出现的同时,立即就能产生与之成比例的控制作用,效果是立即减少偏差。

比例控制作用的强弱,除了与偏差有关,主要取决于比例系数。比例系数越大,控制作用越强,控制系统的动态特性也越好。反之,比例系数越小,控制作用越弱。但对于多数惯性环节,

K_p 太大时,会引起自激振荡。

比例控制器的优点是调节及时,缺点是系统存在余差。因此,对于扰动较大、惯性较大的系统,若采用单纯的比例控制器,就难于兼顾动态和静态特性,因此,需要配合其他控制规律。

2. 积分控制

积分控制作用是指控制器的输出与输入偏差的积分成比例关系。其数学表达式为

$$u(t) = \left[\frac{1}{T_i} \int_0^t e(t) \mathrm{d}t \right] \tag{9-53}$$

式中　T_i——积分时间,表示积分速度的快慢。

积分作用的阶跃响应特性曲线如图 9-11 所示,其变化斜率与 T_i 有关。T_i 越小,积分速度越快,积分控制作用越强。

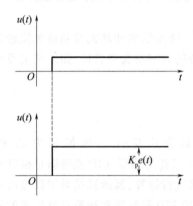

图 9-10　比例作用阶跃响应曲线

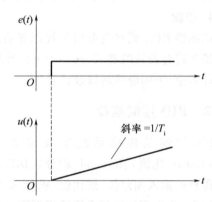

图 9-11　积分作用阶跃响应曲线

积分作用的特点是控制器的输出不仅与输入偏差的大小有关,而且与偏差存在的时间有关,只要偏差存在,输出就会随时间不断变化,直到消除余差。因此,积分作用能消除余差。但从图中可以看出,在偏差刚一出现时,积分输出很小,因而控制作用不能及时克服扰动的影响,致使被调参数的动态偏差增大,稳定性下降。因此,它很少被单独使用。

3. 微分控制

微分控制作用是指控制器的输出与输入偏差的变化速度成比例关系。其数学表达式为

$$u(t) = T_d \frac{\mathrm{d}e(t)}{\mathrm{d}t} \tag{9-54}$$

式中　T_d——微分时间,表示微分作用的强弱;

$\dfrac{\mathrm{d}e(t)}{\mathrm{d}t}$——偏差对时间的导数,即偏差的变化速度。

式(9-54)表示的是理想微分控制作用,实用价值不大。工业上实际的控制器采用的都是一种近似的实际微分作用,也称不完全微分作用。它的阶跃响应特性曲线如图 9-12 所示,在偏差刚刚出现的瞬间,输出突然升到一个较大的有限数值,然后按指数规律衰减至零。T_d 大时,微分作用衰减缓慢持续时间长,微分作用强;反之,T_d 小时,微分作用弱。

微分作用的特点是,根据偏差变化的趋势(速度),提前给出较大的调节作用,从而加快系统的动作速度,减小了调节时间,因而具有超前控制作用;但对于一个固定的偏差,不管其数值多大,都不会产生微分作用,即不能消除余差。因此,微分作用也不宜单独使用。

4. 比例积分微分控制

当把比例、积分、微分三种作用综合起来,就成为比例、积分、微分控制作用,也即 PID 控制

器。其数学表达式为

$$u(t) = K_p\left[e(t) + \frac{1}{T_i}\int_0^t e(t)\,dt + T_d\frac{de(t)}{dt}\right] \qquad (9-55)$$

或写成传递函数形式

$$G(s) = \frac{U(s)}{E(s)} = K_p\left(1 + \frac{1}{T_i s} + T_d s\right) \qquad (9-56)$$

式中　K_p——比例系数；
　　　T_i——积分时间；
　　　T_d——微分时间。

它的阶跃响应特性曲线也是比例、积分、微分三者响应曲线的叠加,如图 9 – 13 所示。当偏差阶跃信号刚一出现时,微分作用最大,使控制器总的输出大幅度增加,产生一个较强的超前控制作用,以抑制偏差的进一步增大；随后微分作用逐渐减弱而积分作用逐渐占主导地位,最终将余差消除。而在整个控制过程中,比例作用始终与偏差相对应,它对保持系统的稳定起着至关重要的作用。因此,采用 PID 控制,无论从静态还是从动态的角度来说,调节品质均得到了较大的改善,从而使得 PID 控制器成为一种应用最为广泛的控制器。

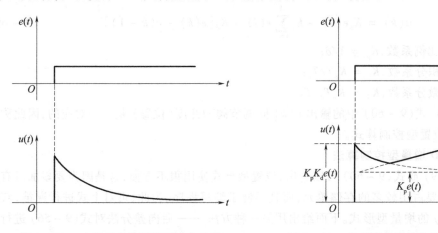

图 9 – 12　实际微分作用阶跃响应曲线　　图 9 – 13　比例积分微分作用阶跃响应曲线

显然,PID 控制器中的比例、积分、微分作用是通过比例系数 K_p、积分时间 T_i 和微分时间 T_d 这三个参数来实现的。所以,只要这三个参数选择的合适,就可以获得良好的控制质量。在实际应用中,根据被控对象的特性和控制要求,可灵活地采用某种控制规律的组合,如比例控制、比例积分控制或比例积分微分控制等。

归纳起来,PID 控制规律主要具有以下优点：

(1) 蕴涵了动态控制过程中的过去、现在和将来的主要信息。其中：比例(P) 代表了当前的信息,起纠正偏差的作用,使过程反应迅速；微分(D) 代表了将来的信息,在信号变化时有超前控制作用,使系统的过渡过程加快,克服振荡,提高系统的稳定性；积分(I) 代表了过去积累的信息,它能消除静差,改善系统静态特性。此三种作用配合得当,可使动态过程快速、平稳、准确,收到良好的控制效果。

(2) 控制适应性好,有较强的鲁棒性,适合于各种工业应用场合。

(3) 算法简单明了,形成了完整的设计和参数整定方法,很容易为工程技术人员所掌握。

9.2.3 基本数字 PID 控制算法

模拟 PID 控制器是用硬件电路来实现比例、积分和微分控制规律的,在计算机控制系统中,使用的是数字 PID 控制器,也即是用计算机软件来实现 PID 控制规律的。当采样周期足够短时,用求和代替积分、用后向差分代替微分,就可以使模拟 PID 离散为数字 PID 控制算法。

1. 数字 PID 位置型控制算法

为了便于计算机实现 PID 控制,必须把式(9-55)变换成差分方程,为此可作如下近似,即

$$\int_0^t e(t)\mathrm{d}t \approx T\sum_{i=0}^k e(i) \tag{9-57}$$

$$\frac{\mathrm{d}e(t)}{\mathrm{d}t} \approx \frac{e(k)-e(k-1)}{T} \tag{9-58}$$

式中:T 为采样周期;k 为采样序号。

由式(9-55)、式(9-57)、式(9-58)可得数字 PID 控制算式为

$$u(k) = K_\mathrm{p}\left[e(k) + \frac{T}{T_\mathrm{i}}\sum_{i=0}^k e(i) + T_\mathrm{d}\frac{e(k)-e(k-1)}{T}\right] \tag{9-59}$$

或

$$u(k) = K_\mathrm{p}e(k) + K_\mathrm{i}\sum_{i=0}^k e(i) + K_\mathrm{d}[e(k)-e(k-1)] \tag{9-60}$$

式中　K_p——比例系数,$K_\mathrm{p}=1/\delta$;
　　　K_i——积分系数,$K_\mathrm{i}=K_\mathrm{p}T/T_\mathrm{i}$;
　　　K_d——微分系数,$K_\mathrm{d}=K_\mathrm{p}T_\mathrm{d}/T$。

式(9-59)、式(9-60)中的输出 $u(k)$ 同调节阀的开度(位置)是一一对应的,因此称为基本数字 PID 位置型控制算式。

2. 数字 PID 增量型控制算法

由式(9-59)或式(9-60)可以看出,位置型算式使用很不方便,这是因为要累加所有的偏差 $e(i)$,不仅要占用较多的存储单元,而且不便于编写程序。为此,可对上式进行递推,获得 $u(k-1)$、$\Delta u(k)$ 的增量型形式。下面给出用另一种方法——后向差分法对式(9-56)进行离散化的推导。

传递函数可写为

$$G(z) = \frac{U(z)}{E(z)} \approx G(s)\bigg|_{s=(1-z^{-1})/T}$$

$$= K_\mathrm{p}\left[1 + \frac{T}{T_\mathrm{i}(1-z^{-1})} + \frac{T_\mathrm{d}(1-z^{-1})}{T}\right]$$

$$= \frac{1}{1-z^{-1}}K_\mathrm{p}\left[(1-z^{-1}) + \frac{T}{T_\mathrm{i}} + \frac{T_\mathrm{d}}{T}(1-z^{-1})^2\right]$$

$$= \frac{1}{1-z^{-1}}K_\mathrm{p}\left[\left(1+\frac{T}{T_\mathrm{i}}+\frac{T_\mathrm{d}}{T}\right) - \left(1+2\frac{T_\mathrm{d}}{T}\right)z^{-1} + \frac{T_\mathrm{d}}{T}z^{-2}\right] \tag{9-61}$$

也即

$$(1-z^{-1})U(z) = K_\mathrm{p}\left[\left(1+\frac{T}{T_\mathrm{i}}+\frac{T_\mathrm{d}}{T}\right) - \left(1+2\frac{T_\mathrm{d}}{T}\right)z^{-1} + \frac{T_\mathrm{d}}{T}z^{-2}\right]E(z) \tag{9-62}$$

注意:在推导过程中保留分母的 $(1-z^{-1})$ 因子。写成差分方程的形式为

$$\Delta u(k) = u(k) - u(k-1) = q_0 e(k) + q_1 e(k-1) + q_2 e(k-2) \tag{9-63}$$

式中

$$q_0 = K_p\left(1 + \frac{T}{T_i} + \frac{T_d}{T}\right), q_1 = -K_p\left(1 + \frac{2T_d}{T}\right), q_2 = K_p\frac{T_d}{T}$$

式(9-63)称为基本数字 PID 的增量型控制算式。

3. 数字 PID 控制算法实现方式比较

在控制系统中,如果执行机构采用调节阀,则控制量对应阀门的开度,表征了执行机构的位置,此时控制器应采用数字 PID 位置型控制算法,如图 9-14(a) 所示。如果执行机构采用步进电机,则在每个采样周期,控制器输出的控制量,是相对于上次控制量的增加,此时控制器应采用数字 PID 增量型控制算法,如图 9-14(b) 所示。

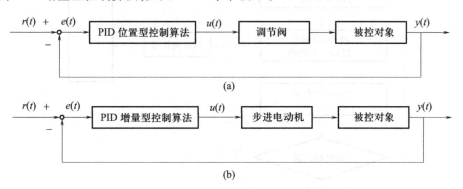

图 9-14 数字 PID 位置型与增量型控制算法示意图
(a) 位置型;(b) 增量型。

增量型控制算法与位置型控制算法相比较,具有以下优点:

(1) 增量型控制算法不需要做累加,控制量的确定仅与最近几次误差采样值有关,其计算误差或计算精度对控制量的影响较小,而位置型控制算法要求用到过去的误差累加值,容易产生较大的累加误差。

(2) 增量型控制算法得出的是控制量的增量,例如阀门控制中,只输出阀门开度的变化部分,误差影响小,必要时通过逻辑判断限制或禁止本次输出,不会严重影响系统的工作,而位置型控制算法的输出是控制量的全量输出,因而误动作的影响大。

(3) 采用增量型控制算法易于实现从手动到自动的无扰动切换。

因此,在实际控制中,增量型控制算法要比位置型控制算法应用得更为广泛。

4. 数字 PID 控制算法流程

图 9-15 给出了数字 PID 增量型控制算法的流程图。实际上,利用增量型控制算法也可得到位置型控制算法,即

$$\begin{aligned} u(k) &= u(k-1) + \Delta u(k) \\ &= u(k-1) + q_0 e(k) + q_1 e(k-1) + q_2 e(k-2) \end{aligned} \tag{9-64}$$

9.2.4 改进的数字 PID 控制算法

用计算机实现 PID 控制,不只是简单地把模拟 PID 离散化,而是要充分发挥计算机的运算速度快、逻辑判断功能强、编程灵便等优势,使 PID 控制更加灵活多样,更能够满足对控制系统提出的各种要求。下面介绍几种改进的数字 PID 控制算法。

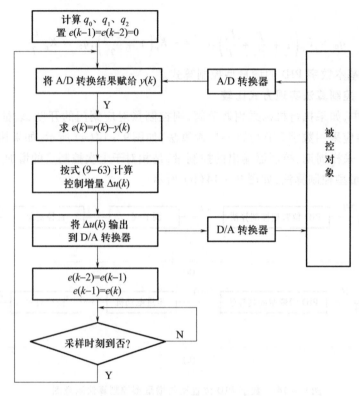

图 9 - 15 数字 PID 增量型控制算法流程图

1. 积分分离算法

一般的 PID 控制算法中,当有较大的扰动或大幅度改变设定值时,由于短时间内出现大的偏差,加上系统本身具有的惯性和滞后,在积分的作用下,将引起系统过量的超调和长时间的波动。特别是对于温度、成分等大惯性、大滞后的系统,这一现象更为严重。考虑到积分的主要作用是消除系统的稳态偏差,在偏差较大的过程中,积分的作用并不明显,为此可以通过下面的积分分离措施来改变这一情况。

积分分离措施是设置一个积分分离阈值 β,即在系统的设定值附近画一条带域,其宽度为 2β。当偏差较大时取消积分作用,当偏差较小时才投入积分作用,即有以下两种情况:

当 $|e(k)|>\beta$ 时,采用 PD 控制,可使超调量大幅度减小;

当 $|e(k)|\leqslant\beta$ 时,采用 PID 控制,可保证稳态误差为零。

积分分离阈值 β 是一个根据具体对象及控制要求来确定的相对值。若 β 值过大,则达不到积分分离的目的;若 β 值过小,一旦被控量 y 无法跳出积分分离区,则只进行 PD 控制,将无法消除残差;只有 β 值适中,才能达到兼顾稳态偏差与动态品质的积分分离目的。对于同一控制对象,分别采用普通 PID 控制和积分分离式 PID 控制,其响应曲线如图 9 - 16 所示。

积分分离除了采用上述简单的积分"开关"控制外,还可以采用所谓变速积分的算法。变速积分的基本思想是改变积分增益的大小,使其与输入偏差的大小相对应:偏差越大,积分作用越弱,反之则越强。

下面介绍一种变速积分的算法:设置一系数 $f[e(k)]$,它是 $e(k)$ 的函数,当 $|e(k)|$ 增大时, f 减小,反之增大。变速积分 PID 的积分项表达式为

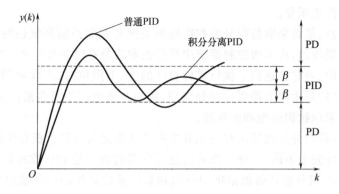

图 9-16　积分分离式 PID 控制效果

$$u_i(k) = K_i\left\{\sum_{j=0}^{k-1} e(j) + f[e(k)]e(k)\right\} \qquad (9-65)$$

f 与偏差当前值 $|e(k)|$ 的关系设为

$$f[e(k)] = \begin{cases} 1 & |e(k)| \leq B \\ \dfrac{A - |e(k)| + B}{A} & B < |e(k)| \leq A + B \\ 0 & |e(k)| > A + B \end{cases} \qquad (9-66)$$

$f[e(k)]$ 在 0~1 区间内变化:当偏差大于所给分离区间 $A+B$ 后,$f[e(k)]=0$,即积分项不再继续累加当前值 $e(k)$;当偏差小于 B 时,加当前值 $e(k)$,即积分项与普通 PID 积分项相同,积分动作达到最高速;而当偏差在 B 与 $A+B$ 之间时,则累加进的是部分当前值,其值在 0~$e(k)$ 之间且随着 $e(k)$ 的大小反向变化。

显然,变速积分是普通积分分离算法的一种改进。与普通 PID 算法相比,积分分离算法的优点是可以减小系统的超调量,容易使系统稳定,提高控制系统的品质。

2. 抗积分饱和算法

虽然 PID 控制系统是作为线性系统来分析处理的,但在某些情况下往往存在不可避免的非线性因素,如所有的执行机构、阀门以及 D/A 转换输出都有限幅,具有上下限的限制。控制系统在运行过程中,控制量输出是一个动态过程(不是与当前的被控量一一对应的),有时不可避免地使控制输出达到系统的限幅值。这时的执行器将保持在极限位置而与过程变量无关,相当于控制系统处于开环状态。此时,若控制器具有积分作用,输入偏差的存在可能导致持续积分,积分项可能会进一步使 PID 计算的控制输出超出系统的限幅值。当偏差反向时,系统需要很长的时间才能使积分作用返回有效的正常值。这一现象称为积分饱和,积分饱和现象会使控制系统的品质变差。

从上面积分饱和现象的分析,很容易得到一种简单的抗积分饱和的办法,即当出现积分饱和时,通过停止积分作用的方法来抑制积分的饱和。具体的办法是,当控制输出达到系统的上、下限幅值时,停止对某一方向的积分。设控制器输出满足 $u_{\min} \leq u(k) \leq u_{\max}$,其中 $u_{\max}$ 和 $u_{\min}$ 分别为控制量容许的上、下限值,当 $u(k)$ 超出此范围时,采取停止积分的措施。以采用正作用的 PID 控制为例,若 $u(k) \geq u_{\max}$,且 $e(k) > 0$,则令积分增益 $K_i = 0$ 停止积分,防止计算控制量 u 的继续增加;类似地,若 $u(k) \leq u_{\max}$,且 $e(k) < 0$,同样积分增益 $K_i = 0$ 停止积分,防止计算控制量 u 的继续减小。当然,在要求不高时,也可以不考虑偏差 $e(k)$ 的方向,只要达到控制量容

许的上、下限值,就停止积分。

这里要特别注意,是否采取抗积分饱和措施的关键是判断控制系统最终的控制输出是否超出了系统要求的限幅值。在串级控制系统中积分饱和现象有时非常严重,这时控制最后的输出是副调节器的输出,当它已达到了执行机构容许的上、下限值时,不仅副调节器要采取抗积分饱和措施,更重要的是主调节器要抗积分饱和,例如在火电厂主蒸汽温度的串级控制中,一般主调节器就必须采取抗积分饱和的算法。

从形式上看,尽管积分分离算法和抗积分饱和算法都是通过停止积分作用实现的,但它们判断停止积分的条件完全不同。积分分离算法进行分离的依据是 PID 控制器的输入偏差 e,而抗积分饱和算法的抗积分饱和依据是抗积分饱和算法系统最终的控制输出量 u。如果用一句通俗简单的话来总结积分分离算法和抗积分饱和算法的特点,就是"大偏差时不积分(积分分离),输出超限时也不积分(抗饱和)"。

3. 不完全微分 PID 控制算法

首先,基本数字 PID 控制算式,对具有高频扰动的生产过程,微分作用响应过于灵敏,容易引起控制过程振荡,降低调节品质。其次,即使因输入偏差变化大而导致的 $u(k)$ 有较大的输出变化,但由于计算机对每个控制回路的输出时间是短暂的,而驱动执行器动作又需要一定时间,这会造成短暂时间内执行器达不到应有的开度,使输出失真。为了克服这一缺点,同时又使微分作用有效,可以在 PID 控制输出端串联一个一阶惯性环节,组成一个不完全微分的数字 PID 控制器,如图 9 – 17 所示。其传递函数为

$$G(s) = \frac{U(s)}{E(s)} = K_p \frac{1}{1 + T_f s}\left(1 + \frac{1}{T_i s} + T_d s\right)$$

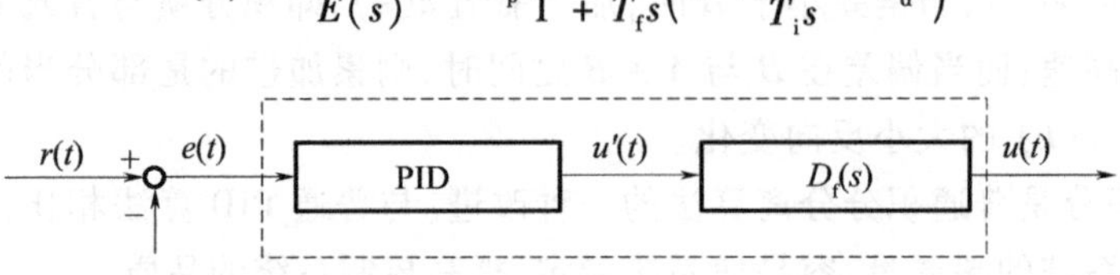

图 9 – 17 不完全微分数字 PID 控制器

图中,一阶惯性环节 $D_f(s)$ 的传递函数为

$$D_f(s) = \frac{1}{T_f s + 1} \tag{9-67}$$

因为

$$u'(t) = K_p\left[e(t) + \frac{1}{T_i}\int_0^t e(t)\mathrm{d}t + T_d \frac{\mathrm{d}e(t)}{\mathrm{d}t}\right]$$

$$T_f \frac{\mathrm{d}u(t)}{\mathrm{d}t} + u(t) = u'(t)$$

所以

$$T_f \frac{\mathrm{d}u(t)}{\mathrm{d}t} + u(t) = K_p\left[e(t) + \frac{1}{T_i}\int_0^t e(t)\mathrm{d}t + T_d \frac{\mathrm{d}e(t)}{\mathrm{d}t}\right] \tag{9-68}$$

对式(9 – 68)进行离散化(微分用后向差分替代、积分用求和替代),可得不完全微分数字 PID 位置型控制算式

$$u(k) = \alpha u(k-1) + (1-\alpha)u'(k) \tag{9-69}$$

式中

$$u'(k) = K_p\left[e(k) + \frac{T}{T_i}\sum_{i=0}^{k}e(i) + T_d\frac{e(k)-e(k-1)}{T}\right]$$

$$\alpha = \frac{T_f}{T_f + T}$$

与基本 PID 控制器一样,不完全微分 PID 控制器也有增量型控制算式,即

$$\Delta u(k) = \alpha \cdot \Delta u(k-1) + (1+\alpha) \cdot \Delta u'(k) \tag{9-70}$$

式中

$$\Delta u'(k) = K_p[e(k) - e(k-1)] + K_i e(k) + K_d[e(k) - 2e(k-1) + e(k-2)]$$

图 9-18 分别表示基本 PID 算法和不完全微分 PID 算法的阶跃响应曲线。显然,基本 PID 算法的微分作用仅局限于第一个采样周期,而在其他时间内不起作用;同时由于在第一个采样周期有一个大幅度的输出,还容易引起振荡。而不完全微分 PID 算法由于惯性滤波的存在,有效地避免了上述问题的产生,因而具有更好的控制性能。

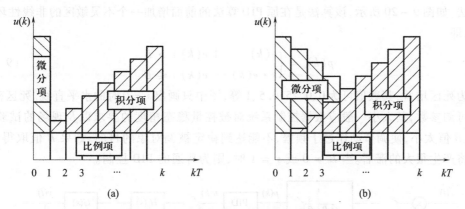

图 9-18　两种微分 PID 控制作用的阶跃响应
(a) 基本 PID 算法;(b) 不完全微分 PID 算法。

4. 微分先行 PID 控制算法

为了避免给定值的升降给控制系统带来冲击,如超调量过大,调节阀动作剧烈,可采用一种微分先行的 PID 控制算法,如图 9-19 所示,其传递函数为

$$G(s) = \frac{U(s)}{E(s)} = K_p \frac{1+T_d s}{1+\frac{T_d}{K_d}s}\left(1+\frac{1}{T_i s}\right) \tag{9-71}$$

式中:K_d 为微分增益系数。

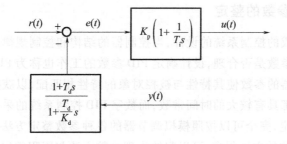

图 9-19　微分先行 PID 控制算法示意图

它和基本 PID 控制的不同之处在于,只对被控量(测量值)$y(t)$ 微分,不对偏差 $e(t)$ 微分,也就是说对给定值 $r(t)$ 无微分作用,这种方法称为微分先行(或测量值微分)PID 控制算法,很适合于给定值频繁升降的控制系统。

除此之外,还有其他形式的微分改进算法,如式 (9 - 72) 等。

$$G(s) = \frac{U(s)}{E(s)} = K_p \left(1 + \frac{1}{T_i s} + \frac{T_d s}{1 + \frac{T_d}{K_d} s} \right) \tag{9 - 72}$$

感兴趣的读者可以对上述控制器的传递函数用后向差分或双线性变换法进行离散化。

5. 带死区的数字 PID 算法

在许多实际的控制系统中,并不要求被控量十分精确地与设定值相等,而是容许偏差在一定范围内变化。在这种情况下,计算机控制中为了避免控制动作过于频繁,以消除由于执行机构或阀门的频繁动作所引起的系统振荡,有时采用所谓带死区的数字 PID 算法,也称带不灵敏区的算法。如图 9 - 20 所示,该算法是在原 PID 算法的前面增加一个不灵敏区的非线性环节来实现的,即

$$p(k) = \begin{cases} e(k) & |e(k)| > B \\ s \cdot e(k) & |e(k)| \leq B \end{cases} \tag{9 - 73}$$

式中:s 为死区增益,其数值可为 0、0.25、0.5、1 等,图中只画出 $s = 0$ 时的水平直线。死区范围 B 是一个可调参数,其大小一般应根据控制系统对被控量稳态精度的要求以及现场的试验结果来确定。B 值太小,使调节动作过于频繁,不能达到稳定被调对象的目的。如果 B 值取得太大,则系统将产生很大的滞后。当 $B = 0$ 或 $s = 1$ 时,则为普通的 PID 控制。

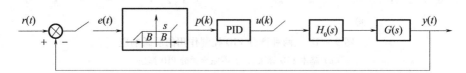

图 9 - 20 带死区的计算机 PID 控制系统

需要指出的是,死区是一个非线性环节,不能像线性环节一样随便移到 PID 控制器的后面,对控制量输出设定一个死区,这样做的效果是完全不同的。在生产现场有时为了延长执行机构或阀门使用寿命,有一种错误的做法,即不按设计规范的要求片面地增大执行机构或阀门的不灵敏区,希望能避免执行机构或阀门频繁动作,这就相当于将死区移到了 PID 控制器后面,这样有时会适得其反。

9.2.5 数字 PID 参数的整定

对由数字 PID 构成的控制系统的设计,当控制器的结构和控制规律已经确定,系统控制质量的好坏主要取决于参数是否合理,设计确定 PID 参数的工作也称为 PID 的参数整定。整定的实质是通过调整控制器的参数使其特性与被控对象的特性相匹配,以获得满意的控制效果。

一般的生产过程都具有较大的时间常数,而数字 PID 控制系统的采样周期则要小得多,所以数字 PID 的参数整定,完全可以按照模拟调节器的各种参数整定方法进行分析和综合。

整定 PID 控制参数的方法很多,可以归纳为理论整定法与工程整定法两大类。

理论整定法以被控对象的数学模型为基础,通过理论计算如根轨迹、频率特性等方法直接

求得控制器参数。理论整定需要知道被控对象的精确数学模型,否则整定后的控制系统难以达到预期的效果。而实际问题的数学模型往往都是一定条件下的近似,所以这种方法主要用于理论分析,在工程上用的并不是很多。

实际中应用最多的是工程整定法,即一种近似的经验方法。由于其方法简单,便于实现,特别是不必依赖控制对象的数学模型,且能解决控制工程中的实际问题,因而被工程技术人员广泛采用。下面将主要介绍在数字 PID 整定应用较多的扩充临界比例带法与扩充响应曲线法。

数字控制器与模拟控制器相比,除了需要整定 PID 参数,即比例系数 K_p、积分时间 T_i 和微分时间 T_d 外,还有一个重要参数——采样周期 T。

1. 采样周期 T 的确定

合理地选择采样周期 T,是数字控制系统设计的关键问题之一。

由香农(Shannon)采样定理可知,当采样频率 $f_s \geq 2f_{max}$ 时,系统可由离散的采样信号真实地恢复到原来的连续信号,这应当是选择采样周期 T 的理论基础和最低要求。从理论上讲,采样频率越高,失真越小。

从控制性能来考虑,采样周期越短越好。但是,考虑到计算机软件和硬件的制约,即硬件成本和控制软件的负荷,采样周期又不能太短。当然,目前随着计算机技术的飞速发展,这方面的制约越来越小。

从控制系统方面考虑,影响采样周期 T 选择的因素主要包括以下几种。

1) 对象的动态特性

对象的动态特性主要与被控对象的惯性时间常数 T_p 和纯滞后时间 τ 有关。在不考虑计算机的制约因素条件下,对具有自平衡能力的被控对象,如果用 $G_p(s) = \dfrac{K_p e^{-\tau}}{1 + T_p s}$ 来近似描述对象的特性,则采样周期的选择有如下经验公式,即

$$T_s \leq \frac{1}{5 \sim 15}(T_p + \tau) \tag{9-74}$$

2) 扰动的特性

在控制系统中,施加到系统的扰动包括两大类:一类是需要控制系统克服的频率较低的主要扰动;另一类是频率较高的随机高频干扰,如测量噪声等,这是采样时要忽略的。这样,采样频率应选择在这两类干扰的频率之间。一般地,采样频率应满足

$$f_s \geq (5 \sim 10)f_b \tag{9-75}$$

式中:f_b 为需要克服的主要扰动的频率。

3) 控制算法

不同的控制算法对采样周期有不同的影响。例如,采用模拟化连续设计数字控制器时,若忽略零阶保持器,就要求系统具有足够高的采样频率,以使采样控制系统更接近于连续系统。又如,考虑到控制量的幅度都是受限的,对某些直接离散化设计方法,如最小方差控制、最小拍控制等算法,采样周期又不能太小,否则控制量容易超限。

4) 执行机构的速度

执行机构的响应速度都是有限的,过高的采样频率对控制来说不仅无意义,有时还起了不好的作用。

5) 跟踪性能的要求

对于要求输出 y 对参考输入 r 具有很好跟踪响应性能的随动系统,从采样原理出发,就是

要求输出 y 能复现参考输入信号 r，因此，一般这时的采样频率应当大于 5 倍～10 倍的参考输入信号频率。

由于生产过程千变万化，非常复杂，上面介绍的仅是一些初略的设计原则，实际的采样周期需要经过现场调试后确定。表 9-2 列出了采样周期 T 的一组经验数据。

表 9-2 采样周期 T 的经验数据

被测参数	采样周期/s	备注	被测参数	采样周期/s	备注
流量	1～5	优先选用 1s～2s	温度	15～20	取纯滞后时间
压力	3～10	优先选用 6s～8s	成分	15～20	优先选用 18s
液位	6～8	优先选用 7s			

2. 扩充临界比例带法

扩充临界比例带法是模拟调节器中使用的临界比例带法（也称稳定边界法）的扩充，是一种闭环整定的实验经验方法。按该方法整定 PID 参数的步骤如下：

(1) 选择一个足够短的采样周期 T_{min}，一般为对象纯滞后时间的 1/10 以下。

(2) 将数字 PID 控制器设定为纯比例控制，并逐步减小比例带 $\delta(\delta = 1/K_p)$，使闭环系统产生临界振荡。此时的比例带和振荡周期称为临界比例带 δ_k 和临界振荡周期 T_k。

(3) 选定控制度。所谓控制度，就是以模拟调节器为基准，将 DDC 的控制效果与模拟调节器的控制效果相比较。控制效果的评价函数通常采用 $\min \int_0^\infty e^2(t) dt$（最小的误差平方积分）表示，即

$$控制度 = \frac{\left[\min \int_0^\infty e^2(t) dt\right]_D}{\left[\min \int_0^\infty e^2(t) dt\right]_A} \qquad (9-76)$$

实际应用中并不需要计算出两个误差的平方积分，控制度仅表示控制效果的物理概念。例如，当控制度为 1.05 时，就是指 DDC 控制与模拟控制效果基本相同；控制度为 2.0 时，是指 DDC 控制只有模拟控制效果的一半。

(4) 根据选定的控制度查表 9-3，求得 T、K_p、T_i、T_d 的值。

表 9-3 按扩充临界比例带法整定 T、K_p、T_i、T_d

控制度	控制规律	T	K_p	T_i	T_d
1.05	PI	$0.03T_k$	$0.53\delta_k$	$0.88T_k$	—
	PID	$0.014T_k$	$0.63\delta_k$	$0.49T_k$	$0.14T_k$
1.2	PI	$0.05T_k$	$0.49\delta_k$	$0.91T_k$	—
	PID	$0.043T_k$	$0.47\delta_k$	$0.47T_k$	$0.16T_k$
1.5	PI	$0.14T_k$	$0.42\delta_k$	$0.99T_k$	—
	PID	$0.09T_k$	$0.34\delta_k$	$0.43T_k$	$0.20T_k$
2.0	PI	$0.22T_k$	$0.36\delta_k$	$1.05T_k$	—
	PID	$0.16T_k$	$0.27\delta_k$	$0.40T_k$	$0.22T_k$

(5) 按求得的整定参数投入运行，在投运中观察控制效果，再适当调整参数，直到获得满意的控制效果。

3. 扩充响应曲线法

与上述闭环整定方法不同,扩充响应曲线法是一种开环整定方法。如果可以得到被控对象的动态特性曲线,那么就可以与模拟调节系统的整定一样,采用扩充响应曲线法进行数字 PID 的整定。其步骤如下:

(1) 使系统的数字控制器处于手动操作状态下,将被控量调节到给定值附近,当系统达到平衡时,人为地改变手操值,给对象施加一个阶跃输入信号。

(2) 记录被控量在此阶跃作用下的变化过程曲线(广义对象的飞升特性曲线),如图 9-21 所示。

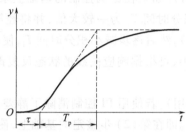

图 9-21 广义对象的阶跃飞升特性曲线

(3) 根据飞升特性曲线,求得被控对象纯滞后时间 τ 和等效惯性时间常数 T_p,以及它们的比值 T_p/τ。

(4) 由求得的 T_p 和 τ 以及它们的比 T_p/τ,选择某一控制度,查表 9-4,即可求得数字 PID 的整定参数 T、K_p、T_i、T_d 的值。

表 9-4 按扩充响应曲线法整定 T、K_p、T_i、T_d

控制度	控制规律	T	K_p	T_i	T_d
1.05	PI	0.1τ	$0.84T_p/\tau$	3.4τ	—
	PID	0.05τ	$1.15T_p/\tau$	2.0τ	0.45τ
1.2	PI	0.2τ	$0.78T_p/\tau$	3.6τ	—
	PID	0.16τ	$1.0T_p/\tau$	1.9τ	0.55τ
1.5	PI	0.5τ	$0.68T_p/\tau$	3.9τ	—
	PID	0.34τ	$0.85T_p/\tau$	1.62τ	0.65τ
2.0	PI	0.8τ	$0.57T_p/\tau$	4.2τ	—
	PID	0.6τ	$0.6T_p/\tau$	1.5τ	0.82τ

(5) 按求得的整定参数投入到运行中观察控制效果,再适当调整参数,直到获得满意的控制效果。

4. 凑试法

凑试法是通过模拟或实际的系统闭环运行情况,观察系统的响应曲线(例如阶跃响应),然后根据各调节参数对系统响应的大致影响,反复凑试参数,以达到满意的效果,从而确定 PID 调节参数。凑试时要注意以下特点:

(1) 增大比例系数 K_p,会加快系统的响应,有利于减少静差,但 K_p 过大会使系统产生较大的超调,甚至振荡,使稳定性变坏。

(2) 增大积分时间 T_i,有利于减少超调,减少振荡,使稳定性增加,但系统静差的消除将随之减慢。

(3) 增大微分时间 T_d,有利于加快系统的响应,使超调量减少,稳定性增加,但系统对扰动的抑制能力减弱,对扰动有敏感响应的系统不宜采用微分环节。

在具体的凑试过程中,应参考以上参数对控制过程的影响趋势,对参数实行下述的先比例、后积分、再微分的整定步骤。

(1) 整定比例部分(纯 P 作用)。比例系数 K_p 由小变大,观察相应的系统响应,直到得到反应快、超调小的响应曲线。系统若无静差或静差已小到允许范围内,并且响应曲线已符合性能要求,那么只须用比例控制即可。

(2) 加入积分环节(PI 作用)。如果在比例控制的基础上系统静差不能满足设计要求,则需加入积分控制。整定时先置积分时间 T_i 为一较大值,并将经第(1)步整定得到的比例系数 K_p 减小些(如缩小为原来的 4/5),然后逐步减小积分时间 T_i,使系统在保持良好动态性能的情况下,直至消除静差。在此过程中,可根据响应曲线的状态反复改变 K_p 及 T_i,以期得到满意的调节效果。

(3) 加入微分环节(PID 作用)。若使用 PI 控制消除了静差,但动态过程仍不能满意,则可再加入微分环节,构成 PID 控制。即在第(2)步整定的基础上,使微分时间 T_d 由 0 逐步增大,同时相应地改变 K_p 和 T_i,逐步试凑以获得满意的调节效果。

5. 仿真寻优法

如果能像扩充响应曲线法一样得到被控对象的动态特性曲线,可以利用计算机系统的强大计算能力,通过辨识、仿真以及寻优等过程,整定获得一定意义下最优的 PID 参数。其主要步骤如下:

(1) 与扩充响应曲线法类似,通过被控对象的阶跃实验,获得广义对象的飞升特性曲线。

(2) 通过各种适合飞升特性曲线的辨识方法(如面积法等),得到被控对象的粗略控制模型,例如,对象的静态增益 K_p、纯滞后时间 τ 和等效惯性时间常数 T_p 等(即对象模型用 $G_p(s) = \dfrac{K_p e^{-\tau}}{1 + T_p s}$ 描述)。

(3) 如需要将控制模型离散化,与数字 PID 控制器一起,编程实现一个单回路的计算机仿真系统,也可以采用 Matlab 等仿真工具。

(4) 在上述仿真系统的基础上,选择某一积分型的性能指标函数,选用各种合适的优化方法,如单纯形法、梯度法等,通过寻优得到在选定性能指标下的优化 PID 参数。常用的积分型性能指标函数主要有

$$\text{ISE} = \int_0^\infty e^2(t)\,\mathrm{d}t \tag{9-77}$$

$$\text{IAE} = \int_0^\infty |e(t)|\,\mathrm{d}t \tag{9-78}$$

$$\text{ITAE} = \int_0^\infty t|e(t)|\,\mathrm{d}t \tag{9-79}$$

$$J = \int_0^\infty [e^2(t) + \rho u^2(t)]\,\mathrm{d}t \tag{9-80}$$

式中:$\rho > 0$ 为控制量的加权系数。

最优的整定参数应使这些积分指标最小,不同的积分指标所对应的系统输出被控量响应曲线稍有差别。一般情况下,ISE 指标的超调量大,上升时间快;IAE 指标的超调量适中,上升时

间稍快;ITAE 指标的超调量小,调整时间也短。加入控制量加权函数的指标,是为了限制控制量过大,以减小控制量的频繁波动。

(5) 考虑到实际控制系统的复杂性,适当改变仿真对象的参数,通过仿真验证控制效果,使控制系统对模型一定程度的失配具有一定的鲁棒性。

(6) 按求得的优化整定参数投入运行,在投运中观察控制效果,再适当调整参数,直到获得满意的控制效果。

9.3 数字控制器离散化设计

随着辨识技术的发展,某些对象的特性可以精确获得,这时可以一开始就把系统看成是数字系统,然后按采样控制理论,以 z 变换为工具,以脉冲传递函数为数学模型,直接设计满足指标要求的数字控制器 $D(z)$,这称为数字控制器的直接离散化设计法,或称直接解析设计法。

9.3.1 数字控制器的离散化设计步骤

研究如图 9-22 所示的典型的计算机控制系统。

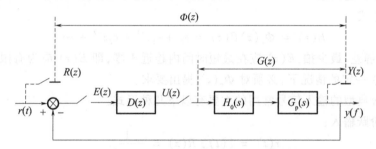

图 9-22 典型的计算机控制系统结构图

图中:$G_p(s)$ 为被控对象;$H_0(s) = \dfrac{1 - \mathrm{e}^{-Ts}}{s}$ 为零阶保持器;$G(z)$ 是 $H_0(s)$ 和 $G_p(s)$ 相乘后的等效脉冲传递函数,$D(z)$ 是需要设计的数字控制器。该系统的闭环脉冲传递函数为

$$\Phi(z) = \frac{Y(z)}{R(z)} = \frac{D(z)G(z)}{1 + D(z)G(z)} \tag{9-81}$$

误差脉冲传递函数为

$$\Phi_e(z) = \frac{E(z)}{R(z)} = \frac{1}{1 + D(z)G(z)} = 1 - \Phi(z) \tag{9-82}$$

直接离散化设计的目标就是根据预期的控制指标,直接设计满足要求的数字控制器 $D(z)$,而预期的控制指标通常是由理想的闭环脉冲传递函数或误差脉冲传递函数来体现的。由此可得出数字控制器的离散化设计步骤如下:

(1) 当设计要求一旦确定,即根据控制系统的性能指标要求和其他约束条件,确定所需的闭环脉冲传递函数 $\Phi(z)$ 或误差脉冲传递函数 $\Phi_e(z)$。

(2) 根据被控对象和零阶保持器的传递函数求出广义对象的脉冲传递函数 $G(z)$。

(3) 由式(9-81)、式(9-82)可推出数字控制器的脉冲传递函数 $D(z)$,即

$$D(z) = \frac{\Phi(z)}{G(z)[1 - \Phi(z)]} = \frac{\Phi(z)}{G(z)\Phi_e(z)} \tag{9-83}$$

上述设计的基本思想与我们熟悉的模拟化设计方法有很大不同:模拟化设计方法是根据被控对象,结合期望的控制性能,设计出合适的控制器结构及参数,最后再验证闭环的控制效果是否满足性能指标的要求;而直接离散化设计是先根据期望的控制性能指标,设计出满足性能指标的闭环脉冲传递函数,然后再逆推出控制器 $D(z)$。

下面将分别介绍两种运用直接离散化数字控制器的设计方法,即最少拍控制算法和大林控制算法。

9.3.2 最少拍控制系统的设计

所谓最少拍控制系统是指系统在典型输入信号作用下,具有最快的响应速度。也就是说,系统经过最少个采样周期(或节拍),就能结束瞬态过程,使稳态偏差为零。由于最少拍控制系统主要用于随动系统,因此也称之为最少拍随动系统。最少拍控制系统又可分为有纹波最少拍系统和无纹波最少拍系统两种。

1. 最少拍控制系统 $D(z)$ 的设计

设计最少拍系统的数字控制器 $D(z)$,最重要的就是要研究如何根据性能要求,构造一个理想的闭环脉冲传递函数。

由误差表达式

$$E(z) = \Phi_e(z)R(z) = e_0 + e_1 z^{-1} + e_2 z^{-2} + \cdots \quad (9-84)$$

可知,要实现无静差、最少拍,$E(z)$ 应在最短时间内趋近于零,即 $E(z)$ 应为有限项多项式。因此,在输入 $R(z)$ 一定的情况下,必须对 $\Phi_e(z)$ 提出要求。

最少拍系统典型的输入信号常用的主要有以下几种形式:

(1) 单位阶跃输入:

$$r(t) = 1(t), \; R(z) = \frac{1}{1-z^{-1}} \quad (9-85)$$

(2) 单位速度输入:

$$r(t) = t, \; R(z) = \frac{Tz^{-1}}{(1-z^{-1})^2} \quad (9-86)$$

(3) 单位加速度输入:

$$r(t) = \frac{1}{2}t^2, \; R(z) = \frac{T^2 z^{-1}(1+z^{-1})}{2(1-z^{-1})^3} \quad (9-87)$$

输入信号的一般表达式可表示为

$$R(z) = \frac{A(z)}{(1-z^{-1})^N} \quad (9-88)$$

将式(9-88)代入误差表达式,得

$$E(z) = \Phi_e(z)R(z) = \frac{\Phi_e(z)A(z)}{(1-z^{-1})^N} \quad (9-89)$$

要使式(9-89)中 $E(z)$ 为有限项多项式,$\Phi_e(z)$ 应能被 $(1-z^{-1})^N$ 整除,即 $\Phi_e(z)$ 应取 $(1-z^{-1})^N F(z)$ 的形式。要实现最少拍,$E(z)$ 应尽可能简单,故取 $F(z) = 1$。这样,经过简单计算可以容易地得到在不同典型输入情况下,$\Phi_e(z)$ 或 $\Phi(z)$ 的表达式,进而设计出最少拍控制器 $D(z)$,如表 9-5 所列。从表中还可以看到,在单位阶跃、单位速度和单位加速度输入的情况下,最少拍系统分别经过一拍(T)、二拍($2T$)和三拍($3T$)的调整时间后,系统偏差就可消失,且过渡时间最短。

表 9 – 5 各种典型输入下的最少拍系统

典型输入 $r(t)$	典型输入 $R(z)$	误差脉冲传递函数 $\varPhi_e(z)$	闭环脉冲传递函数 $\varPhi(z)$	最少拍调节器 $D(z)$	调节时间
$1(t)$	$R(z) = \dfrac{1}{1-z^{-1}}$	$1-z^{-1}$	z^{-1}	$\dfrac{z^{-1}}{(1-z^{-1})G(z)}$	T
t	$R(z) = \dfrac{Tz^{-1}}{(1-z^{-1})^2}$	$(1-z^{-1})^2$	$2z^{-1}-z^{-2}$	$\dfrac{2z^{-1}-z^{-2}}{(1-z^{-1})^2 G(z)}$	$2T$
$\dfrac{1}{2}t^2$	$R(z) = \dfrac{T^2 z^{-1}(1+z^{-1})}{2(1-z^{-1})^3}$	$(1-z^{-1})^3$	$3z^{-1}-3z^{-2}+z^{-3}$	$\dfrac{3z^{-1}-3z^{-2}+z^{-3}}{(1-z^{-1})^3 G(z)}$	$3T$

例 9 – 15 在如图 9 – 22 所示系统中,设被控对象的传递函数 $G_p(s) = \dfrac{10}{s(s+1)}$,采样周期 $T = 1\mathrm{s}$,试在单位速度输入下设计一个最少拍数字控制器 $D(z)$。

解:被控对象与零阶保持器的等效脉冲传递函数为

$$G(z) = (1-z^{-1})Z\left[\frac{G_p(s)}{s}\right] = (1-z^{-1})Z\left[\frac{10}{s^2(s+1)}\right]$$

$$= 10(1-z^{-1})Z\left[\frac{1}{s^2} - \frac{1}{s} + \frac{1}{s+1}\right]$$

$$= 10(1-z^{-1})\left[\frac{z^{-1}}{(1-z^{-1})^2} - \frac{1}{1-z^{-1}} + \frac{1}{1-e^{-1}z^{-1}}\right]$$

$$= \frac{3.68z^{-1}(1+0.718z^{-1})}{(1-z^{-1})(1-0.368z^{-1})}$$

根据最少拍系统设计的要求,对单位速度输入应选 $\varPhi_e(z) = (1-z^{-1})^2$,代入式(9 – 83)可得

$$D(z) = \frac{1-\varPhi_e(z)}{G(z)\varPhi_e(z)}$$

$$= \frac{1-(1-z^{-1})^2}{\dfrac{0.368z^{-1}(1+0.718z^{-1})}{(1-z^{-1})(1-0.368z^{-1})} \cdot (1-z^{-1})^2}$$

$$= \frac{0.543(1-0.5z^{-1})(1-0.368z^{-1})}{(1-z^{-1})(1+0.718z^{-1})}$$

此时输出

$$Y(z) = \varPhi(z)R(z) = [1-\varPhi_e(z)]R(z)$$

$$= (2z^{-1}-z^{-2})\frac{z^{-1}}{(1-z^{-1})^2} = 2z^{-2} + 3z^{-3} + 4z^{-4} + \cdots$$

误差为

$$E(z) = \varPhi_e(z)R(z) = (1-z^{-1})^2 \cdot \frac{z^{-1}}{(1-z^{-1})^2} = z^{-1}$$

输出和误差变化的波形如图 9 – 23 所示。从图中可以看出,系统经过了两个采样周期以后,输出完全跟踪了输入,稳态误差为零。

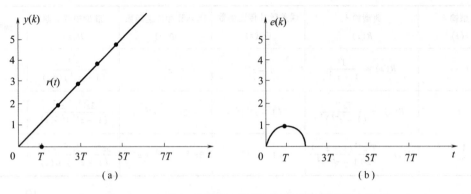

图 9 - 23 单位速度输入下输出和误差变化波形

该系统是针对单位速度输入设计的最少拍系统,那么这个系统对其他输入是否还能成为最少拍呢?下面对单位阶跃和单位加速度输入下该系统的响应情况进行分析。

在单位阶跃输入时,输出量为

$$Y(z) = \Phi(z)R(z) = (2z^{-1} - z^{-2}) \cdot \frac{1}{1 - z^{-1}} = 2z^{-1} + z^{-2} + z^{-3} + \cdots$$

即输出序列为

$$y(0) = 0, y(1) = 2, y(2) = y(3) = \cdots = 1$$

输出响应如图 9 - 24 所示,从图中可以看出,该系统在单位阶跃输入下,经过两个采样周期就稳定在设定值上,但在第一个采样点上有 100% 的超调量。

单位加速度输入时,输出量为

$$Y(z) = \Phi(z)R(z) = (2z^{-1} - z^{-2}) \cdot \frac{z^{-1}(1 + z^{-1})}{2(1 - z^{-1})^3} = z^{-2} + 3.5z^{-3} + 7z^{-4} + 11.5z^{-5} + \cdots$$

即输出序列为

$$y(0) = 0, y(1) = 0, y(2) = 1, y(3) = 3.5, y(4) = 7, y(5) = 11.5\cdots$$

此时单位加速度输入 $\frac{1}{2}t^2$ 的采样函数 $r(kT) = \frac{1}{2}(kT)^2$,输入序列为 $r(0) = 0, r(1) = 0.5, r(2) = 2, r(3) = 4.5, r(4) = 8, r(5) = 12.5\cdots$。从第二拍开始,输出与输入的误差为 1,跟踪波形如图 9 - 25 所示。

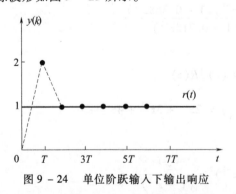

图 9 - 24 单位阶跃输入下输出响应

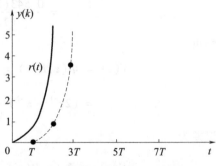

图 9 - 25 单位加速度输入下输出响应

由上面的分析,进一步可以得出结论:按照某种典型输入设计的最少拍系统,对其他输入函数的响应并不是最少拍系统,可见最少拍系统对输入函数的适应性很差。一般地,按某一种典型输入设计的最少拍系统,用于阶次较低的输入函数时,系统将出现较大的超调,同时响应时间也增加,但是还能保持在采样时刻稳态无差。相反地,当用于阶次较高的输入函数时,输出不能完全跟踪输入,存在静差。

2. 最少拍控制器 $D(z)$ 设计的限制条件

前面在讨论最少拍控制器 $D(z)$ 的设计时,并没有考虑控制器 $D(z)$ 物理上是否能实现以及控制器是否稳定的问题,而仅是由式(9 – 83)简单的求得,显然位于分母的被控对象 $G(z)$ 将影响到控制器 $D(z)$ 的物理可实现性和稳定性。

设被控对象 $G(z)$ 具有如下一般形式:

$$G(z) = \frac{Kz^{-r}\prod_{i=1}^{m}(1 - z_i z^{-1})}{\prod_{i=1}^{n}(1 - p_i z^{-1})} \quad (9-90)$$

式中:r 为纯滞后;K 为静态增益;z_i 和 p_i 分别为对象的零点和极点;n 和 m 分别为分母和分子的阶次。则

$$D(z) = \frac{z^r \Phi(z)\prod_{i=1}^{n}(1 - p_i z^{-1})}{K\Phi_e(z)\prod_{i=1}^{m}(1 - z_i z^{-1})} \quad (9-91)$$

由式(9 – 93)可见,若 $D(z)$ 中存在 z^r 环节,则表示数字调节器具有超前特性,即在环节施加输入信号之前的 r 个采样周期就有输出,这样的超前环节在物理上是不可能实现的。所以,当 $G(z)$ 分子中含有 z^{-r} 因子时,就必须使闭环脉冲传递函数 $\Phi(z)$ 的分子中也含有 z^{-r} 因子,抵消 $G(z)$ 中的 z^{-r} 因子,以免 $D(z)$ 中存在超前环节 z^r。

在式(9 – 93)中,若在 $\prod_{i=0}^{m}(1 - z_i z^{-1})$ 中,存在单位圆上($z_i = 1$ 除外)和单位圆外的不稳定零点 z_i 时,则 $D(z)$ 将是发散、不稳定的,因此,$D(z)$ 中不容许包含 $G(z)$ 的这类零点,这样只能把 $G(z)$ 中 $|z_i| \geq 1$($z_i = 1$ 除外)的零点作为 $\Phi(z)$ 的零点,从而保证 $D(z)$ 的稳定。当然,这样将会使最少拍系统的调节时间加长。

由式(9 – 83),最少拍系统的闭环脉冲传递函数可表示为

$$\Phi(z) = D(z)G(z)\Phi_e(z) \quad (9-92)$$

若对象 $G(z)$ 的极点 $\prod_{i=0}^{n}(1 - p_i z^{-1})$ 中,存在单位圆上($p_i = 1$ 除外)和单位圆外的不稳定极点时,从形式上看可由 $D(z)$ 或 $\Phi_e(z)$ 的零点抵消掉。但实际上,不可能由控制器 $D(z)$ 的不稳定零点完全抵对象 $G(z)$ 的不稳定极点,这是因为数字系统实现时总是具有截断误差的,对象 $G(z)$ 的模型也不可能完全准确,且实际对象也是时变的,任何小的误差随时间的积累都会使闭环系统不稳定。这样,$G(z)$ 的不稳定极点只能由误差传递函数 $\Phi_e(z)$ 的零点来抵消。同样,由于要求 $\Phi_e(z)$ 的零点包含 $G(z)$ 的不稳定极点,会使 $\Phi_e(z)$ 变得复杂,误差 $E(z)$ 的展开项数增加,这样将会使最少拍系统的过渡过程时间加长。

根据上面的分析,设计最少拍系统时,考虑到控制器的可实现性和系统的稳定性,必须考虑以下几个条件:

(1) 为实现无静差调节,选择 $\Phi_e(z)$ 时,必须针对不同的输入选择不同的形式,通式为 $\Phi_e(z) = (1 - z^{-1})^N F(z)$;

(2) 为保证系统的稳定性，$\Phi_e(z)$ 的零点应包含 $G(z)$ 的所有不稳定极点；

(3) 为保证控制器 $D(z)$ 物理上的可实现性，$G(z)$ 的所有不稳定零点和滞后因子均应包含在闭环脉冲传递函数 $\Phi(z)$ 中；

(4) 为实现最少拍控制，$F(z)$ 应尽可能简单。$F(z)$ 的选择要满足恒等式

$$\Phi_e(z) + \Phi(z) \equiv 1 \tag{9-93}$$

例 9-16 在如图 9-22 所示单位反馈线性离散系统中，设被控对象的传递函数 $G_p(s) = \dfrac{10}{s(0.1s+1)(0.05s+1)}$，采样周期 $T = 0.2\text{s}$，试在单位阶跃输入下设计最少拍数字控制器 $D(z)$。

解：被控对象与零阶保持器的等效脉冲传递函数为

$$G(z) = (1 - z^{-1})Z\left[\frac{G_p(s)}{s}\right]$$

$$= (1 - z^{-1})Z\left[\frac{10}{s^2(0.1s+1)(0.05s+1)}\right]$$

$$= \frac{0.76z^{-1}(1+0.05z^{-1})(1+1.065z^{-1})}{(1-z^{-1})(1-0.135z^{-1})(1-0.0185z^{-1})}$$

式中：有一个零点 ($z = -1.065$) 在单位圆外和一个滞后因子 z^{-1}。

根据设计最少拍系统的限制条件，可假设

$$\Phi_e(z) = (1 - z^{-1})F(z) \tag{9-94}$$

$$\Phi(z) = az^{-1}(1 + 1.065z^{-1}) \tag{9-95}$$

由 $\Phi_e(z) = 1 - \Phi(z)$ 可知，$\Phi_e(z)$、$\Phi(z)$ 应当是同阶次多项式，且尽可能简单，故可取

$$F(z) = (1 + bz^{-1}) \tag{9-96}$$

式 (9-95) 和式 (9-96) 中的 a 和 b 为待定系数。将式 (9-94)、式 (9-95) 和式 (9-96) 分别代入恒等式 $\Phi_e(z) + \Phi(z) \equiv 1$，可得

$$az^{-1}(1+1.065z^{-1}) + (1-z^{-1})(1+bz^{-1}) = 1$$

解得 $a = 0.484$, $b = 0.516$。可知

$$\Phi(z) = 0.484z^{-1}(1 + 1.065z^{-1})$$

$$\Phi_e(z) = (1 - z^{-1})(1 + 0.516z^{-1})$$

由式 (9-85) 得

$$D(z) = \frac{\Phi(z)}{G(z)\Phi_e(z)}$$

$$= \frac{0.484z^{-1}(1+1.065z^{-1})}{\dfrac{0.76z^{-1}(1+0.05z^{-1})(1+1.065z^{-1})}{(1-z^{-1})(1-0.135z^{-1})(1-0.0185z^{-1})} \cdot (1-z^{-1})(1+0.516z^{-1})}$$

$$= \frac{0.636(1-0.0185z^{-1})(1-0.135z^{-1})}{(1+0.05z^{-1})(1+0.516z^{-1})}$$

系统经 $D(z)$ 数字校正后，在单位阶跃输入作用下，系统输出响应为

$$Y(z) = \Phi(z)R(z) = 0.484z^{-1}(1+1.065z^{-1}) \cdot \frac{1}{1-z^{-1}}$$

$$= 0.484z^{-1} + z^{-2} + z^{-3} + \cdots$$

该式说明输出响应 $y(k)$ 经两拍后,完全跟踪输入,稳态误差为零。显然,由于有单位圆外的零点,响应时间与表 9 – 5 相比,增加了一拍。

系统误差为

$$E(z) = \Phi_e(z)R(z) = (1 - z^{-1})(1 + 0.516z^{-1}) \cdot \frac{1}{1 - z^{-1}} = 1 + 0.516z^{-1}$$

3. 最少拍无纹波控制器的设计

最少拍控制器的设计方法虽然简单,但也存在一定的问题:一是对输入信号的变化适应性差;二是通过扩展 z 变换方法可以证明,最少拍系统虽然在采样点处可以实现无静差,但在采样点之间却有偏差,通常称之为纹波。这种纹波不但影响系统的控制质量,还会给系统带来功率损耗和机械磨损。为了准确地设计一个无纹波最少拍系统,下面通过一个例子分析最少拍系统中纹波产生的原因和解决办法。

例 9 – 17 在如图 9 – 22 所示系统中,设被控对象的传递函数

$$G_p(s) = \frac{10}{s(s+1)}$$

,采样周期 $T = 1\text{s}$。要求:

(1) 在单位阶跃输入下,设计一个最少拍数字控制器;
(2) 分析纹波产生的原因及解决的办法;
(3) 设计一个无纹波的数字控制器。

解:被控对象与零阶保持器的等效脉冲传递函数为

$$G(z) = (1 - z^{-1})Z\left[\frac{G_p(s)}{s}\right] = (1 - z^{-1})Z\left[\frac{10}{s^2(s+1)}\right]$$

$$= 10(1 - z^{-1})Z\left[\frac{1}{s^2} - \frac{1}{s} + \frac{1}{s+1}\right] = \frac{3.68z^{-1}(1 + 0.718z^{-1})}{(1 - z^{-1})(1 - 0.368z^{-1})}$$

(1) 根据最少拍系统的设计准则,在单位阶跃输入下,应取误差传递函数

$$\Phi_e(z) = (1 - z^{-1})F_1(z) \tag{9 - 97}$$

闭环脉冲传递函数

$$\Phi(z) = z^{-1}F_2(z) \tag{9 - 98}$$

在满足 $\Phi_e(z) = 1 - \Phi(z)$ 时,$F_1(z)$、$F_2(z)$ 的最简单形式是 $F_1(z) = 1, F_2(z) = 1$。分别代入式(9 – 97)和式(9 – 98)后,得数字控制器

$$D(z) = \frac{\Phi(z)}{G(z)\Phi_e(z)} = \frac{z^{-1}}{\frac{3.68z^{-1}(1 + 0.718z^{-1})}{(1 - z^{-1})(1 - 0.368z^{-1})} \cdot (1 - z^{-1})}$$

$$= \frac{0.272(1 - 0.368z^{-1})}{(1 + 0.718z^{-1})}$$

此时输出为

$$Y(z) = \Phi(z)R(z) = z^{-1}\frac{1}{1 - z^{-1}} = z^{-1} + z^{-2} + z^{-3} + z^{-4} + \cdots$$

误差为

$$E(z) = \Phi_e(z)R(z) = (1 - z^{-1}) \cdot \frac{1}{1 - z^{-1}} = 1 = z^0 + 0 \cdot z^{-1} + 0 \cdot z^{-2} + \cdots$$

对应 $y(k)$ 和 $e(k)$ 波形如图 9 – 26 所示。

(2) 分析纹波产生的原因及解决办法:从图 9 – 26 中可以看出,系统经过一拍以后就进入

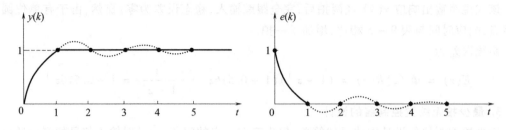

图 9 - 26 最少拍有纹波控制下 $y(k)$ 和 $e(k)$ 的波形

了稳定,但实际上此时控制器的输出为

$$U(z) = D(z)E(z) = \frac{0.272(1 - 0.368z^{-1})}{1 + 0.718z^{-1}} \times 1$$

$$= 0.272 + 0.295z^{-1} - 0.27z^{-2} + 0.248z^{-3} - 0.227z^{-4} + \cdots$$

上式说明,系统输出进入稳态后,控制器的输出并没有进入稳态,它作用到被控对象后就形成了纹波,即在采样点之间存在误差,输出在平衡点附近出现波动,如图 9 - 26 中的虚线所示。那么用什么办法使 $U(z)$ 在有限拍内结束过渡过程呢?根据 $U(z) = D(z)\Phi_e(z)R(z)$,可以证明,只要 $D(z)\Phi_e(z)$ 是关于 z^{-1} 的有限项多项式,那么在三种典型输入下,$U(z)$ 一定能在有限拍内结束过渡过程,实现无纹波。

现以单位阶跃输入和单位速度输入两种情况加以分析说明:

① 当输入为单位阶跃时,即 $R(z) = \frac{1}{1 - z^{-1}}$,如果 $D(z)\Phi_e(z) = a_0 + a_1 z^{-1} + a_2 z^{-2}$ 为有限项多项式,则

$$U(z) = D(z)\Phi_e(z)R(z) = \frac{a_0 + a_1 z^{-1} + a_2 z^{-2}}{1 - z^{-1}}$$

$$= a_0 + (a_0 + a_1)z^{-1} + (a_0 + a_1 + a_2)(z^{-2} + z^{-3} + z^{-4} + \cdots)$$

即从第二个采样周期开始,$u(k)$ 就稳定于一个常数。

② 当输入为单位速度时,即 $R(z) = \frac{Tz^{-1}}{(1 - z^{-1})^2}$,设 $D(z)\Phi_e(z) = a_0 + a_1 z^{-1} + a_2 z^{-2}$ 为有限项多项式,则

$$U(z) = D(z)\Phi_e(z)R(z) = (a_0 + a_1 z^{-1} + a_2 z^{-2}) \cdot \frac{Tz^{-1}}{(1 - z^{-1})^2}$$

$$= a_0 T z^{-1} + T(2a_0 + a_1)z^{-2} + T(3a_0 + 2a_1 + a_2)z^{-3} +$$

$$T(4a_0 + 3a_1 + 2a_2)z^{-4} + \cdots$$

由此可见,对 $u(k)$ 来说,从第三拍开始,$u(k) = u(k - 1) + T(a_0 + a_1 + a_2)$,即 $u(k)$ 按固定斜率增加且稳定。上述分析是取 $D(z)\Phi_e(z)$ 的项数为三项时的特例。实际上当 $D(z)\Phi_e(z)$ 为其他有限项时,或输入为单位加速度输入时,仍有上面的结论。

下面讨论使 $D(z)\Phi_e(z)$ 为有限项多项式时所必须满足的条件。

由 $D(z) = \frac{\Phi(z)}{G(z)\Phi_e(z)}$ 知

$$D(z)\Phi_e(z) = \frac{\Phi(z)}{G(z)} \tag{9 - 99}$$

设被控对象 $G(z) = Q(z)/P(z)$,$P(z)$ 和 $Q(z)$ 分别是 $G(z)$ 的分母和分子多项式,且无公因子。代入式(9 - 85)中得

$$D(z)\Phi_e(z) = \Phi(z)/\frac{Q(z)}{P(z)} = \frac{\Phi(z)P(z)}{Q(z)}$$

显然，只要闭环脉冲传递函数 $\Phi(z)$ 中包含 $G(z)$ 的全部零点 $Q(z)$，则 $\Phi(z)P(z)$ 就可以被 $Q(z)$ 整除，从而 $D(z)\Phi_e(z)$ 必定为有限项。因此可以得出设计无纹波最少拍系统的全部条件：

① 为实现无静差调节，应取 $\Phi_e(z) = (1-z^{-1})^N F(z)$，$N$ 可根据三种典型输入分别取 1、2、3。
② 为保证系统的稳定性，$\Phi_e(z)$ 的零点应包含 $G(z)$ 的所有不稳定极点。
③ 要实现无纹波控制，闭环脉冲传递函数 $\Phi(z)$ 应包含 $G(z)$ 的全部零点。
④ 为实现最少拍控制，$F(z)$ 应尽可能简单。

(3) 无纹波数字控制器设计：因为被控对象等效脉冲传递函数为

$$G(z) = \frac{3.68z^{-1}(1+0.718z^{-1})}{(1-z^{-1})(1-0.368z^{-1})}$$

所以根据无纹波系统的设计条件，可取

$$\Phi_e(z) = (1-z^{-1})(1+az^{-1}), \quad \Phi(z) = bz^{-1}(1+0.718z^{-1})$$

式中：a 和 b 为待定系数。

将上面两式代入 $\Phi(z) = 1 - \Phi_e(z)$ 中可解得 $a = 0.418, b = 0.582$，即

$$\Phi_e(z) = (1-z^{-1})(1+0.418z^{-1}), \quad \Phi(z) = 0.582z^{-1}(1+0.718z^{-1})$$

数字控制器为

$$D(z) = \frac{\Phi(z)}{G(z)\Phi_e(z)} = \frac{0.158(1-0.368z^{-1})}{1+0.418z^{-1}}$$

此时系统输出为

$$Y(z) = \Phi(z)R(z) = 0.582z^{-1}(1+0.718z^{-1}) \cdot \frac{1}{1-z^{-1}}$$
$$= 0.582z^{-1} + z^{-2} + z^{-3} + z^{-4} + \cdots$$

采样点的输出为

$$y(0) = 0, \quad y(1) = 0.582, \quad y(2) = y(3) = y(4) = \cdots = 1$$

误差为

$$E(z) = \Phi_e(z)R(z) = (1-z^{-1})(1+0.418z^{-1}) \cdot \frac{1}{1-z^{-1}} = 1 + 0.418z^{-1}$$

采样点的误差为

$$e(0) = 1, \quad e(1) = 0.418, \quad e(2) = e(3) = e(4) = \cdots = 0$$

图 9 – 27 所示为最少拍无纹波控制下 $y(k)$ 和 $e(k)$ 的波形，可见系统经过两拍后，实现了无静差完全跟踪。要验证系统是否有纹波，只要看其控制器输出能否在有限拍内结束过渡过程即可。

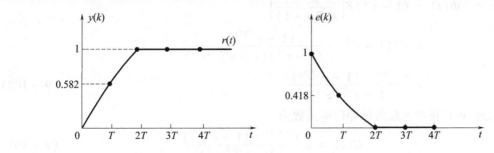

图 9 – 27　最少拍无纹波控制下 $y(k)$ 和 $e(k)$ 的波形

此时控制器输出为

$$U(z) = D(z)E(z) = D(z)\Phi_e(z)R(z)$$
$$= \frac{0.158(1 - 0.368z^{-1})}{1 + 0.418z^{-1}} \cdot (1 + 0.418z^{-1})$$
$$= 0.158 - 0.0581z^{-1}$$

可见，控制信号在第二拍后，$u(2) = u(3) = \cdots = 0$，进入稳态，故保证了系统输出无纹波。

当然，由于引入了无纹波条件，其过渡过程时间 $2T$ 比普通的最少拍系统增加了一拍。

9.3.3 纯滞后控制

工业过程中的许多对象具有纯滞后特性。例如，物料经皮带传送到秤体，蒸汽在长管道内流动至加热罐，都要经过一定的时间后才能将控制作用送达被控量。这个时间滞后使控制作用不能及时达到效果，扰动作用不能及时被察觉，会延误了控制，引起系统的超调和振荡。分析表明，时间滞后因素 $e^{-\tau s}$ 将直接进入闭环系统的特征方程，使系统的设计十分困难，极易引起系统的不稳定。

研究表明，当对象的纯滞后时间 τ 与主过程对象的惯性时间常数 T 之比，即 $\tau/T \geq 0.5$ 时，常规的 PID 控制很难获得良好控制效果。长期以来，人们对纯滞后对象的控制作了大量的研究，比较有代表性的方法有大林控制算法和施密斯预估控制算法。

1. 大林(Dahlin)控制算法

1968 年，美国 IBM 公司的大林(E. B. Dahlin)提出了一种控制算法，对被控对象具有纯滞后的过程控制，具有良好的效果。

1) 大林算法的基本形式

设有一阶惯性的纯滞后对象 $G(s) = \dfrac{Ke^{-\tau s}}{T_1 s + 1}$，其中 T_1 为被控对象的时间常数，τ 为纯滞后时间，且 τ 为采样周期 T 的整数倍，即 $\tau = NT$。

大林算法的设计目标：设计一个合适的数字控制器 $D(z)$，使系统在单位阶跃函数的作用下，整个系统的闭环传递函数为一个延迟环节（考虑系统的物理可实现性）和一个惯性环节（使输出平滑，解决超调）相串联的形式，即理想的闭环传递函数为 $\Phi(s) = \dfrac{e^{-\tau s}}{T_0 s + 1}$，$T_0$ 为闭环系统的等效时间常数。由于是在 z 平面上讨论数字控制器的设计，如采用零阶保持器，且采样周期为 T，则整个闭环系统的脉冲传递函数

$$\Phi(z) = (1 - z^{-1})Z\left[\frac{e^{-NTs}}{s(T_0 s + 1)}\right]$$
$$= z^{-N}(1 - z^{-1}) \cdot \frac{(1 - e^{-T/T_0})z^{-1}}{(1 - z^{-1})(1 - e^{-T/T_0}z^{-1})}$$
$$= \frac{z^{-(N+1)} \cdot (1 - e^{-T/T_0})}{(1 - e^{-T/T_0}z^{-1})} \quad (9-100)$$

类似地，可得被控对象的脉冲传递函数为

$$G(z) = K\frac{z^{-(N+1)} \cdot (1 - e^{-T/T_1})}{(1 - e^{-T/T_1}z^{-1})} \quad (9-101)$$

根据直接离散化设计的原理可得

$$D(z) = \frac{\Phi(z)}{G(z)[1-\Phi(z)]}$$

$$= \frac{\dfrac{z^{-(N+1)} \cdot (1-e^{-T/T_0})}{(1-e^{-T/T_0}z^{-1})}}{\dfrac{Kz^{-(N+1)} \cdot (1-e^{-T/T_1})}{(1-e^{-T/T_1}z^{-1})}\left[1-\dfrac{z^{-(N+1)} \cdot (1-e^{-T/T_0})}{(1-e^{-T/T_0}z^{-1})}\right]}$$

$$= \frac{(1-e^{-T/T_0})(1-e^{-T/T_1}z^{-1})}{K \cdot (1-e^{-T/T_1})[1-e^{-T/T_0}z^{-1}-(1-e^{-T/T_0})z^{-(N+1)}]} \qquad (9-102)$$

式(9-102)即为被控对象为带有纯滞后的一阶惯性环节时,大林控制器的表达式,显然 $D(z)$ 可由计算机直接实现。

对带有纯滞后的二阶惯性环节的被控对象,即 $G(s) = \dfrac{Ke^{-\tau s}}{(T_1 s+1)(T_2 s+1)}$,设闭环脉冲传递函数仍为式(9-102),则

$$D(z) = \frac{(1-e^{-T/T_0})(1-e^{-T/T_1}z^{-1})(1-e^{-T/T_2}z^{-1})}{K \cdot (c_1+c_2 z^{-1})[1-e^{-T/T_0}z^{-1}-(1-e^{-T/T_0})z^{-(N+1)}]} \qquad (9-103)$$

式中

$$c_1 = 1 + \frac{1}{T_2-T_1}(T_1 e^{-T/T_1} - T_2 e^{-T/T_2})$$

$$c_2 = e^{-T(1/T_1+1/T_2)} + \frac{1}{T_2-T_1}(T_1 e^{-T/T_2} - T_2 e^{-T/T_1})$$

2) 振铃现象及消除方法

人们发现,直接用上述控制算法构成闭环控制系统时,计算机的输出 $U(z)$ 常常会以 1/2 采样频率大幅度上下振荡。这一振荡将使执行机构的磨损增加,而且影响控制质量,甚至可能破坏系统的稳定,必须加以消除。通常这一振荡现象被称为振铃现象。

为了衡量振荡的强烈程度,可引入振铃幅度 RA 的概念。RA 的定义:在单位阶跃输入作用下,数字控制器 $D(z)$ 的第 0 次输出与第 1 次输出之差为振铃幅度,即 RA = $U(0) - U(1)$。表 9-6 给出了 $D(z)$ 在不同形式下的振铃特性。

从表 9-6 中可以看出:当极点 $z = -1$ 时,振铃幅度 RA = 1;当极点 $z = -0.5$ 时,振铃幅度 RA = 0.5。当右半 z 平面上有极点时,振铃减轻;当右半 z 平面上有零点时,振铃加剧。可以证明,振铃的根源就是 $z = -1$ 附近的极点所致,且 $z = -1$ 处振铃最严重。

为了消除振铃,大林提出了一个切实可行的办法,就是先找到 $D(z)$ 中可能产生振铃的极点($z = -1$ 附近的极点),然后令该极点的 $z = 1$。这样,既取消了这个极点,又不影响系统的稳态输出。因为根据终值定理,系统的稳态输出 $Y(\infty) = \lim\limits_{z \to 1}(z-1)Y(z)$,显然系统进入稳态后 $z = 1$。

下面讨论消除振铃后数字控制器的形式。将式(9-102)的分母进行分解,得

$$D(z) = \frac{(1-e^{-T/T_0})(1-e^{-T/T_1}z^{-1})}{K \cdot (1-e^{-T/T_1})(1-z^{-1})[1+(1-e^{-T/T_0})(z^{-1}+z^{-2}+z^{-3}+\cdots+z^{-N})]}$$

显然,式中极点 $z = 1$,是不会引起振铃的。引起振铃的可能因子是 $[1+(1-e^{-T/T_0})(z^{-1}+z^{-2}+z^{-3}+\cdots+z^{-N})]$ 项。

当 $N = 0$ 时,此因子不存在,无振铃可能;

当 $N = 1$ 时,有一个极点 $z = -(1-e^{-T/T_0})$;

表 9-6 单位阶跃输入下的振铃特性

数字控制器 $D(z)$	输出 $u(k)$	振铃幅度 RA	输出序列图
$\dfrac{1}{1+z^{-1}}$	1 0 1 0 1	1	
$\dfrac{1}{1+0.5z^{-1}}$	1.0 0.5 0.75 0.625 0.646	0.5	
$\dfrac{1}{(1+0.5z^{-1})(1-0.2z^{-1})}$	1.0 0.7 0.89 0.803 0.848	0.3	
$\dfrac{(1-0.5z^{-1})}{(1+0.5z^{-1})(1-0.2z^{-1})}$	1.0 0.2 0.5 0.37 0.46	0.8	

在 $T_0 \ll T$ 时,$z \to -1$,存在严重的振铃现象。为消除振铃,可令 $z=1$,因子变为 $1+(1-\mathrm{e}^{-T/T_0})z^{-1} = 2-\mathrm{e}^{-T/T_0}$,此时

$$D(z) = \frac{(1-\mathrm{e}^{-T/T_0})(1-\mathrm{e}^{-T/T_1}z^{-1})}{K \cdot (1-\mathrm{e}^{-T/T_1})(1-z^{-1})(2-\mathrm{e}^{-T/T_0})} \qquad (9-104)$$

同理 $N=2$ 时,因子变为(令 $z=1$)$1+(1-\mathrm{e}^{-T/T_0})(z^{-1}+z^{-2}) = 3-2\mathrm{e}^{-T/T_0}$,此时

$$D(z) = \frac{(1-\mathrm{e}^{-T/T_0})(1-\mathrm{e}^{-T/T_1}z^{-1})}{K \cdot (1-\mathrm{e}^{-T/T_1})(1-z^{-1})(3-2\mathrm{e}^{-T/T_0})} \qquad (9-105)$$

式(9-104)和式(9-105)就是对纯滞后对象($N=1$ 和 $N=2$ 时)用大林算法设计出的数字控制器 $D(z)$。

例 9-18 已知被控对象 $G(s) = \dfrac{\mathrm{e}^{-s}}{s+1}$,设采样周期 $T=0.5\mathrm{s}$,设闭环传递函数的时间常数 $T_0 = 0.1\mathrm{s}$,试按大林算法设计数字控制器 $D(z)$,并分析系统是否会产生振铃现象?若有如何消除?

解:系统带有纯滞后的一阶惯性环节,将带有一阶惯性的被控对象的通用传递函数 $G(s) = \dfrac{K\mathrm{e}^{-\tau s}}{1+T_1 s}$ 同已知被控对象的传递函数比较,得出被控对象放大系数 $K=1$,系统的纯滞后时间 $\tau = NT = 1$,则 $N=2$,被控对象的时间常数 $T_1 = 1$,被控对象传递函数的 z 变换为

$$G(z) = (1-z^{-1})Z\left[\frac{G(S)}{S}\right] = (1-z^{-1})Z\left[\frac{\mathrm{e}^{-s}}{s(s+1)}\right]$$

$$= z^{-(N+1)} \frac{1 - e^{-T/T1}}{1 - e^{-T/T1} z^{-1}} = z^{-3} \frac{1 - e^{-0.5}}{1 - e^{-0.5} z^{-1}}$$

$$= \frac{0.3935 z^{-3}}{1 - 0.6065 z^{-1}}$$

由大林算法的设计思想所构造的闭环传递函数为 $\Phi(z) = \frac{(1 - e^{-T/T\tau}) z^{-(N+1)}}{1 - e^{-T/T\tau} z^{-1}}$，则

$$D(z) = \frac{\varphi(z)}{G(z)[1 - \varphi(z)]} = \frac{(1 - e^{-T/T0})(1 - e^{-T/T1} z^{-1})}{K(1 - e^{-T/T1})[1 - e^{-T/T0} z^{-1} - (1 - e^{-T/T0}) z^{-(N+1)}]}$$

$$= \frac{(1 - e^{-5})(1 - e^{-0.5} z^{-1})}{(1 - e^{-0.5})[1 - e^{-5} z^{-1} - (1 - e^{-5}) z^{-3}]} = \frac{2.524(1 - 0.6065 z^{-1})}{(1 - z^{-1})[1 + 0.9933 z^{-1} + 0.9933 z^{-2}]}$$

由此可见，$D(z)$ 有三个极点，分别为 $z = 1, z = -0.4967 \pm j0.864$，极点 $z = -0.4967 \pm j0.864$ 产生振铃现象，为了消除振铃现象，将 $z = 1$ 代入式 $1 + 0.9933 z^{-1} + 0.9933 z^{-2}$ 中，得

$$D(z) = \frac{2.524(1 - 0.6065 z^{-1})}{(1 - z^{-1})[1 + 0.9933 + 0.9933]} = \frac{0.8451(1 - 0.6065 z^{-1})}{(1 - z^{-1})}$$

此时闭环传递函数相当于一个纯滞后的一阶惯性环节，振铃现象消除。

2. 施密斯(Smith)预估控制算法

1957 年，施密斯(Smith)提出了一种纯滞后的补偿模型，但当时的模拟仪表无法实现，直至后来利用计算机可以完成大滞后时间补偿的预估控制。

如图 9 - 28 所示，$G_p(s)$ 和 τ 分别为控制对象的不包含滞后环节的传递函数和纯滞后时间，该算法的核心是控制回路中增加 Smith 预估器 $G_p(s)(1 - e^{-\tau s})$，与常规控制器 $D(s)$ 并联共同组成纯滞后补偿控制器，即

$$D'(s) = \frac{D(s)}{1 + D(s) G_p (1 - e^{-\tau s})}$$

经补偿后的系统闭环传递函数为

$$\Phi(s) = \frac{D'(s) G_p(s) e^{-\tau s}}{1 + D'(s) G_p(s) e^{-\tau s}} = \frac{D(s) G_p(s)}{1 + D(s) G_p(s)} e^{-\tau s} \qquad (9 - 106)$$

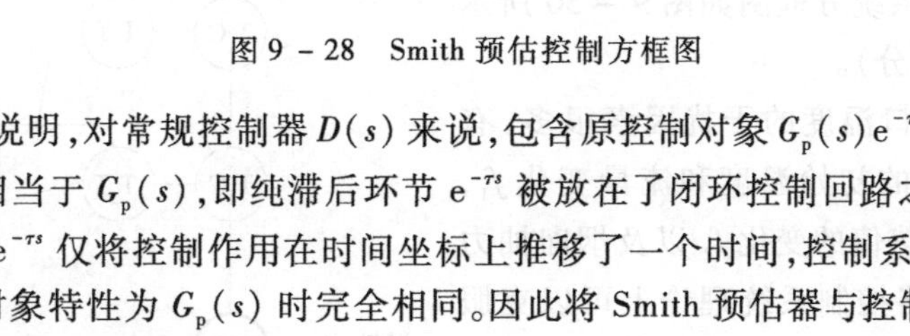

图 9 - 28 Smith 预估控制方框图

式(9 - 106)说明，对常规控制器 $D(s)$ 来说，包含原控制对象 $G_p(s) e^{-\tau s}$ 与 Smith 预估器的广义被控对象只相当于 $G_p(s)$，即纯滞后环节 $e^{-\tau s}$ 被放在了闭环控制回路之外。拉普拉斯变换的位移定理说明，$e^{-\tau s}$ 仅将控制作用在时间坐标上推移了一个时间，控制系统的过渡过程及其他性能指标都与对象特性为 $G_p(s)$ 时完全相同。因此将 Smith 预估器与控制器并联，理论上可以使控制对象的时间滞后得到完全补偿。

采用模拟调节仪表实现上述 Smith 预估器比较困难，这是因为对象模型 $G_p(s)$ 各式各样，纯滞后环节由模拟电路 $e^{-\tau s}$ 模拟也很麻烦。相反地，由计算机来实现 Smith 预估器却很容易。考

虑到计算机控制系统中控制输出后具有零阶保持器,为了与离散化的被控对象对应,Smith 预估器的离散化也采用零阶保持器法,设 Smith 预估器的等效脉冲传递函数为 $G_\tau(z)$,则

$$G_\tau(z) = (1-z^{-1})Z\left[\frac{G_\tau(s)}{s}\right] = (1-z^{-1})Z\left[(1-e^{-\tau s})\frac{G_p(s)}{s}\right]$$

$$= (1-z^{-1})(1-z^{-N})Z\left[\frac{G_p(s)}{s}\right] \tag{9-107}$$

式中:$N=(\text{int})(\tau/T)$,一般地采样周期 T 取纯滞后时间 τ 的整倍数关系。

上述 Smith 预估器 $G_\tau(z)$ 的输入为控制器 $D(z)$ 的输出,式(9-107)中后移算子 z^{-1}、z^{-N} 可以通过计算机存储单元的移位方便地实现。而数字控制器 $D(z)$ 除了最常用的 PID 外,还可以是其他的控制算法。

一般认为,Smith 预估补偿方法是解决大滞后问题的有效方法,预估系统在模型基本准确时表现出良好的性能,但预估器对模型的精度或运行条件的变化十分敏感,对预估模型的精度要求较高,鲁棒性较差。研究表明,简单 PID 控制系统承受对象参数变化的能力要强于带有 Smith 预估器的系统。正是由于上述 Smith 预估器对模型误差敏感的原因,限制了 Smith 预估补偿方法在工业过程控制系统中的推广应用。为了克服 Smith 预估器对模型误差敏感、鲁棒性差的不足,国内外控制界针对 Smith 预估器还提出了各种各样的改进算法,这里就不一一介绍了。

9.4 数字串级控制器的设计

串级控制是在单回路 PID 控制的基础上发展起来的一种控制技术。当 PID 控制应用于单回路控制一个被控量时,其控制结构简单,控制参数易于整定。但是,当系统中同时有几个因素影响同一个被控量时,如果只控制其中一个因素,将难以满足系统的控制性能。串级控制针对上述情况,在原控制回路中,增加一个或几个控制内回路,用以控制可能引起被控量变化的其他因素,从而有效地抑制了被控对象的时滞特性,提高了系统动态响应的快速性。

9.4.1 串级控制的结构和原理

图 9-29 是一个燃油加热炉的油温控制系统。该加热炉对输入的原料油进行加热,要求达到一定的出口温度,供下道工序使用。为了达到工艺要求,这里采用传感变送器检测油温,送入控制器中并与设定值进行比较,利用二者的偏差以 PID 控制规律操纵燃料油管道阀门的开度,如此构成一个单回路反馈控制系统(不包括图中虚线部分),其相应的控制系统方框图如图 9-30 所示(不包括图中虚线部分)。

影响原料油出口温度的干扰因素很多,有来自于入口原料油的初始温度和流量变化 f_1,燃料油压力波动及热值的变化 f_2 以及烟囱抽力变化 f_3 等。该单回路控制系统理论上可以克服这些干扰,但是对象的调节通道(包括炉膛、管壁及原料油本身)通道很长,时间常数大,容量滞后大,调节作用不可能及时,所以出口温度难

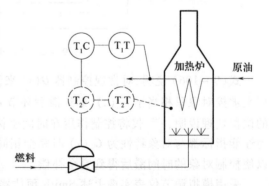

图 9-29 加热炉油温(串级)控制系统

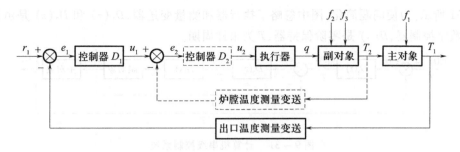

图 9 - 30　加热炉油温（串级）控制系统方框图

以达到工艺指标要求。

上述三个干扰，是从不同部位进入系统的。f_2、f_3 首先影响炉膛温度。由于炉膛热惯性小，f_2、f_3 的变化可以在炉膛温度 T_2 上很快反映出来，所以如果设计以炉膛温度 T_2 为被控制量来控制燃料油的控制回路，就可以及时克服 f_2 及 f_3 的影响。对于 f_1 的影响，仍保留原有的控制回路。这样形成了包括两个回路的串级控制系统，如图 9 - 29、图 9 - 30（含所有虚、实线）所示。

两图中，控制器 D_1 的输出值 u_1 作为控制器 D_2 的给定。当 T_1 下降时，D_1 的计算结果使 u_1 升高，D_2 的作用使阀门开度增大，从而使 T_1 升高，可见两个系统是串联工作的。D_1 称为主控制器，D_2 为副控制器，D_1 和 T_1 形成的回路称为主回路，D_2 和 T_2 形成的回路称为副回路。这种主、副回路串接工作，主回路的输出作为副回路的给定值，由副控制器操纵调节阀的系统称为串级控制系统。由于副回路的加入，干扰进入副回路所引起的主参数的偏差只有单回路时的 1/20 ~ 1/10。对于进入主回路的干扰，由于副回路改善了对象特性，提高了系统的工作频率，加快了过渡过程，所以其对主参数造成的偏差只有单回路时的 1/5 ~ 1/2。

9.4.2　串级控制系统的确定

1. 副回路的确定

副回路的构成是串级控制系统的关键。构成副回路时，首先应当把较多的干扰，尤其是主要干扰包括在副回路内。其次要注意主、副回路时间常数的匹配。如果二者时间常数太接近，不仅会使副回路反应迟钝，失去副回路的优越性，而且由于主、副对象联系十分密切，万一主、副参数中有一个发生振荡，必然引起另一参数振荡而发生"共振效应"，所以副回路的时间常数应小于主回路的时间常数的 1/3。

2. 控制规律的确定

串级控制系统中，主、副控制器担负着不同的任务。

副控制器的任务是迅速克服副回路内的扰动影响，并不要求稳态余差很小，所以一般只用比例控制作用，且比例系数可取得较大；但是，当副参数是压力或流量时，由于时间常数小，比例系数不能太大时，则应加入积分作用。总之，副回路应具有 P 或 PI 控制规律。

对于主控制器，为了减少系统主参数的稳态余差，提高系统控制精度，主回路应具有积分作用；对于大容量滞后过程，尤其是温度对象，为了使反应灵敏动作迅速，还要加入微分作用，即主回路应具有 PI 或 PID 控制规律。

9.4.3　数字串级控制算法

根据图 9 - 30，主、副控制器 D_1 和 D_2 若由计算机来实现时，则计算机串级控制系统如

图 9 – 31 所示。为使问题简化,图中忽略了执行器和测量变送器,$D_1(z)$ 和 $D_2(z)$ 是由计算机实现的数字控制器,$H(s)$ 是零阶保持器,T 为采样周期。

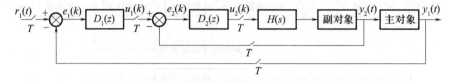

图 9 – 31 计算机串级控制系统

不管串级控制有多少级,计算的顺序总是从最外面的回路向内进行。对图 9 – 31 所示的双回路串级控制系统,其计算顺序如下:

(1)计算主回路的偏差 $e_1(k)$:

$$e_1(k) = r_1(k) - y_1(k) \tag{9-108}$$

(2)计算主控制器 $D_1(z)$ 的输出 $u_1(k)$:

$$u_1(k) = u_1(k-1) + \Delta u(k) \tag{9-109}$$

$$\Delta u(k) = K_{p_1}[e_1(k) - e_1(k-1)] + K_{i_1}e_1(k) + K_{d_1}[e_1(k) - 2e_1(k-1) + e_1(k-2)] \tag{9-110}$$

式中 K_{p_1}——比例增益;

K_{i_1}——积分系数,$K_{i_1} = K_{p_1}T/T_{i_1}$;

K_{d_1}——微分系数,$K_{d_1} = K_{p_1}T_{d_1}/T$。

(3)计算副回路的偏差 $e_2(k)$

$$e_2(k) = u_1(k) - y_2(k) \tag{9-111}$$

(4)计算副控制器 $D_2(z)$ 的输出 $u_2(k)$

$$\Delta u_2(k) = K_{p_2}[e_2(k) - e_2(k-1)] + K_{i_2}e_2(k) + K_{d_2}[e_2(k) - 2e_2(k-1) + e_2(k-2)] \tag{9-112}$$

$$u_2(k) = u_2(k-1) + \Delta u_2(k) \tag{9-113}$$

式中 K_{p_2}——比例增益;

K_{i_2}——积分系数,$K_{i_2} = K_{p_2}T/T_{i_2}$;

K_{d_2}——微分系数,$K_{d_2} = K_{p_2}T_{d_2}/T$。

9.5 数字程序控制器的设计

在机械制造工业中,绝大多数加工量为单件与小批量生产的零件,生产工艺要求高精度高效率而加工形状又十分复杂,这对一般的自动机床、组合机床或专用机床都是难以胜任的。由此,数控技术和数控机床便应运而生。数字程序控制主要应用于机床中机械运动的轨迹控制,如用于铣床、车床、加工中心、线切割机的自动控制系统中,采用数字程序控制的机床叫做数控机床。

9.5.1 数字程序控制基础

所谓数字程序控制,就是计算机根据输入的指令和数据,控制生产机械按规定的工作顺序、运动轨迹、运动距离和运动速度等规律自动地完成工作的自动控制。数字程序控制系统一般由输入装置、输出装置、控制器、伺服驱动装置等组成。随着计算机技术的发展,早期以数字电路技术为基础的数控 NC(Numerical Control)已逐渐被淘汰,取而代之的是计算机数字控制 CNC(Computer Numerical Control)。在计算机数控系统中,控制器、插补器及部分输入/输出功能都由计算机来完成。

1. 数字程序控制原理

首先分析如图 9 - 32 所示的平面曲线图形,如何用计算机在绘图仪或数控机床上重现,以此来说明数字程序控制的基本原理。

1) 曲线分割

将所需加工的轮廓曲线分割成机床能够加工的曲线线段,依据的原则是保证线段所连的曲线(或折线)与原图形的误差在允许范围之内。如将图 9 - 32 所示的曲线分割成直线段 $\overline{ab}$、$\overline{cd}$ 和圆弧曲线 bc 三段,然后把 a、b、c、d 四点坐标记下来并送给计算机。

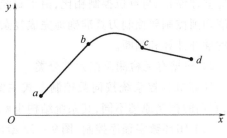

图 9 - 32 曲线分段

2) 插补计算

根据给定的各曲线段的起点、终点坐标(a、b、c、d 各点坐标),以一定的规律定出一系列中间点,要求用这些中间点所连接的曲线段必须以一定的精度逼近给定的线段。确定各坐标值之间的中间值的数值计算方法称为插值或插补。常用的插补形式有直线插补和二次曲线插补两种形式:直线插补是指在给定的两个基点之间用一条近似直线来逼近,当然由此定出中间点连接起来的折线近似于一条直线,而并不是真正的直线;二次曲线插补是指在给定的两个基点之间用一条近似曲线来逼近,也就是实际的中间点连线是一条近似于曲线的折线弧。常用的二次曲线有圆弧、抛物线和双曲线等。对图 9 - 32 所示的曲线,ab 和 cd 段用直线插补,bc 段用圆弧插补比较合理。

3) 脉冲分配

根据插补运算过程中定出的各中间点,对 x、y 分配脉冲信号,以控制步进电机的旋转方向、速度及转动的角度,步进电机带动刀具,从而加工出所要求的轮廓。根据步进电机的特点,每一个脉冲信号将控制步进电机转动一定的角度,从而带动刀具在 x 或 y 方向移动一个固定的距离。把对应于每个脉冲移动的相对位置称为脉冲当量或步长,常用 Δx 和 Δy 来表示,并且 $\Delta x = \Delta y$。很明显,脉冲当量也就是刀具的最小移动单位,Δx 和 Δy 的取值越小,所加工的曲线就越逼近理想的曲线。

2. 数字程序控制方式

1) 按控制对象的运动轨迹分类

(1) 点位控制。只要求控制刀具行程终点的坐标值,即工件加工点的准确定位,至于从一个定位点到另一个定位点的刀具运动轨迹并无严格要求,并且在移动过程中不做任何加工,只是在准确到达指定位置后才开始加工。在机床加工业中,采用这类控制的有数控钻床、数控镗床和数控冲床等。

(2) 直线切削控制。除了要控制点到点的准确定位外,还要控制两相关点之间的移动速度和路线,运动路线只是相对于某一直角坐标轴做平行移动,且在运动过程中能以指定的进给速度进行切削加工。需要这类控制的有数控铣床、数控车床、数控磨床和加工中心等。

(3) 轮廓切削控制。能够对两个或两个以上的运动坐标的位移和速度同时进行控制。控制刀具沿工件轮廓曲线不断地运动,并在运动过程中将工件加工成某一形状。这种方式是借助于插补器进行的,插补器根据加工的工件轮廓向每一坐标轴分配速度指令,以获得给定坐标点之间的中间点。这类控制用于数控铣床、数控车床、数控磨床、齿轮加工机床和加工中心等。

在上述三种控制方式中,点位控制最简单,因为它的运动轨迹没有特殊要求,运动时又不加工,所以它的控制电路简单,只需实现记忆和比较功能。记忆功能是指记忆刀具应走的移动量和已走过移动量;比较功能是指将记忆的两个移动量进行比较,当两个数值的差为零时,刀具应立即停止。与点位控制相比,由于直线切削控制进行直线加工,所以控制电路要复杂一些。轮廓切削控制要控制刀具准确地完成复杂的曲线运动,所以控制电路更复杂,且需要进行一系列的插补计算和判断。

2) 根据有无检测反馈元件分类

计算机数控系统按伺服控制方式主要分为开环数字程序控制和闭环数字程序控制两大类,它们的控制原理不同,其系统结构也就有较大的差异。

(1) 闭环数字程序控制。图 9 – 33 给出了闭环数字程序控制的原理图,测量元件采用光电编码器、光栅或感应同步器,随时检测移动部件的位移量,及时反馈给数控系统并与插补运算所得到的指令信号进行比较,其差值通过驱动电路控制驱动伺服电机,以带动移动部件消除位移误差。该控制方式控制精度高,主要用于大型精密加工机床,但其结构复杂,难以调整和维护,一些简易的数控系统很少采用。

图 9 – 33　闭环数字程序控制原理图

(2) 开环数字程序控制。开环数字程序控制的原理如图 9 – 34 所示,这种控制方式没有反馈检测元件,一般由步进电机作为驱动装置。步进电机根据指令脉冲作相应的旋转,把刀具移动到指令脉冲相当的位置,至于刀具是否准确到达指令脉冲规定的位置,不做任何检测,因此这种控制的精度和可靠性基本上由步进电机和转动装置来决定。

图 9 – 34　开环数字程序控制原理图

开环数字程序控制虽然控制精度低于闭环系统,但具有结构简单、成本低、易于调整和维护等优点,因此在各类数控机床、线切割机、低速小型数字绘图仪等设备中得到了广泛的应用。

9.5.2　逐点比较法插补原理

逐点比较法插补原理:每当画笔或刀具向某一方向移动一步,就进行一次偏差计算和偏差判别,也就是到达新的点位置和理想线型上对应点的理想位置坐标之间的偏离程度,然后根据偏差的大小确定下一步的移动方向,使画笔或刀具始终紧靠理想线型运动,获得步步逼近的效果。由于采用的是"一点一比较,一步步逼近"方法,因此称为逐点比较法。

逐点比较法是以直线或折线(阶梯状的)来逼近直线或圆弧等曲线的,它与给定轨迹之间的最大误差为一个脉冲当量,因此只要把运动步距取得足够小,便可精确地跟随给定轨迹,已达到精度的要求。

下面分别介绍逐点比较法直线和圆弧插补原理、插补计算及其程序实现方法。

1. 逐点比较法直线插补

1) 第一象限内的直线插补

(1) 偏差计算公式。设加工的轨迹为第一象限中的一条直线 OA,如图9 – 35所示。

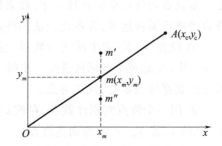

图 9 – 35　第一象限有线插补判别函数区域图

设加工起点为坐标原点,沿直线 OA 进给到终点 $A(x_e, y_e)$。点 $m(x_m, y_m)$ 为加工点(动点),若点 m 在直线 OA 上,则有

$$\frac{x_m}{y_m} = \frac{x_e}{y_e}$$

即

$$y_m x_e - x_m y_e = 0$$

定义直线插补的偏差判别式为

$$F_m = y_m x_e - x_m y_e \tag{9-114}$$

显然,若 $F_m = 0$,则表明 m 点在直线段 OA 上;若 $F_m > 0$,则 m 点在直线段 OA 上方,即点 m' 处;若 $F_m < 0$,则 m 点在直线段 OA 下方,即点 m'' 处。函数 F_m 的正负反映了刀具与曲线的相对位置关系,这样,根据 F_m 值的大小,就可以控制刀具的进给方向。

由此可得第一象限直线逐点比较法插补的原理是:从直线的起点(坐标原点)出发,当 $F_m \geq 0$ 时,向 $+x$ 方向走一步;$F_m < 0$ 时,向 $+y$ 方向走一步;当两方向所走的步数与终点坐标 (x_e, y_e) 相等时,即刀具到达了直线终点,完成了直线插补。

按式(9 – 114)计算偏差,要做两次乘法一次减法。下面介绍一种简化的偏差计算公式。

① 设加工点正处于 m 点,当 $F_m \geq 0$ 时,表明 m 点在直线段 OA 上或 OA 上方,为逼近给定曲线,应沿 $+x$ 方向走一步至 $m+1$,该点的坐标值为

$$\begin{cases} x_{m+1} = x_m + 1 \\ y_{m+1} = y_m \end{cases}$$

该点的偏差为

$$F_{m+1} = y_{m+1} x_e - x_{m+1} y_e = y_m x_e - (x_m + 1) y_e = F_m - y_e \tag{9-115}$$

② 设加工点正处于 m 点,当 $F_m < 0$ 时,表明 m 点在直线段 OA 下方,为逼近给定曲线,应沿 $+y$ 方向走一步至 $m+1$,该点的坐标值为

$$\begin{cases} x_{m+1} = x_m \\ y_{m+1} = y_m + 1 \end{cases}$$

该点的偏差为

$$F_{m+1} = y_{m+1} x_e - x_{m+1} y_e = (y_m + 1) x_e - x_m y_e = F_m + x_e \tag{9-116}$$

由式(9 – 115)和式(9 – 116)可见,新的加工点的偏差 F_{m+1} 都可以由前一点偏差 F_m 和终点坐标相加或相减得到,且加工的起点是坐标原点,起点偏差是已知的,即 $F_0 = 0$。

(2) 终点判断方法。刀具到达终点 (x_e, y_e) 时必须自动停止进给。因此,在插补过程中,每

走一步就要和终点坐标比较一下,如果没有到达终点,就继续插补运算;如果已到达终点就必须自动停止插补运算。逐点比较法的终点判断有多种方法,下面介绍两种方法。

① 设置 N_x、N_y 两个减法计数器,在加工开始前,在 N_x、N_y 计数器中分别存入终点坐标值 x_e、y_e,当 x 坐标或 y 坐标每进给一步时,就在 N_x 计数器或 N_y 计数器中减去1,直至这两个计数器中的数都减到零时,到达终点。

② 用一个终点判别计数器,存放 x 和 y 两个坐标进给的总步数 N_{xy},x 或 y 坐标每进给一步,N_{xy} 就减1,若 $N_{xy}=0$,即到达终点。

(3) 直线插补计算过程。综上所述,逐点比较法直线插补工作过程可归纳为以下4步。

① 偏差判别:判断上一步进给后的偏差值 $F \geqslant 0$ 还是 $F<0$。

② 坐标进给:根据偏差判别的结果和所在象限决定在哪个方向上进给一步。

③ 偏差计算:计算出进给一步后的新偏差值,作为下一步进给的判别依据。

④ 终点判别:终点判别计数器减1,判断是否到达终点,若已到达终点,则就停止插补,若未到达终点,则返回到第一步,如此不断循环直至到达终点为止。

2) 四个象限的直线插补

设 A_1、A_2、A_3、A_4 分别表示第一、第二、第三、第四象限的四种线型,它们的加工起点均从坐标原点开始,则刀具进给方向如图9-36所示。四个象限的进给脉冲和偏差计算如表9-7所示,当 $F_m \geqslant 0$ 时,向 x 方向进给,在第一、四象限向 $+x$ 方向进给,在第二、第三象限,向 $-x$ 方向进给;当而 $F_m<0$ 时,向 y 方向进给,在第一、第二象限向 $+y$ 方向进给;在第三、第四象限,向 $-y$ 方向进给。不管是哪个象限,都采用与第一象限相同的偏差计算公式,只是式中的终点坐标值均取绝对值。

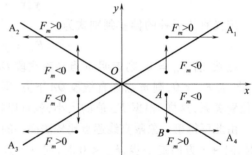

图9-36 四个象限直线的偏差符号和进给方向

表9-7 四个象限进给脉冲和偏差计算

偏差判别		$F_m \geqslant 0$	$F_m < 0$
进给	A_1	$+\Delta x$	$+\Delta y$
	A_2	$-\Delta x$	$+\Delta y$
	A_3	$-\Delta x$	$-\Delta y$
	A_4	$+\Delta x$	$-\Delta y$
偏差计算		$F_{m+1}=F_m-|y_e|$	$F_{m+1}=F_m+|x_e|$

3) 直线插补计算的程序实现

在计算机的内存中开辟6个单元 XE、YE、NXY、FM、XOY 和 ZF,存放终点横坐标 x_e、终点纵坐标 y_e、总步数 N_{xy}、加工点偏差 F_m、直线所在象限 F_m 和走步方向标志。这里,$N_{xy}=N_x+N_y$,xOy 等于1、2、3、4分别代表第一、第二、第三、第四象限,xOy 的值由终点坐标 (x_e,y_e) 的正、负符号来确定,F_m 的初值 $F_0=0$,ZF 等于1、2、3、4分别代表 $+x$、$-x$、$+y$、$-y$ 的走步方向。

图9-37为直线插补计算的程序流程图,它是按照插补计算过程的四个步骤即偏差判别、坐标进给、偏差计算、终点判断来实现插补计算程序的。

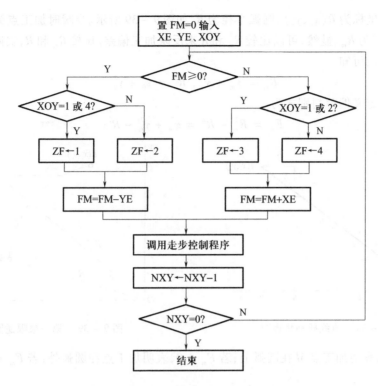

图 9-37 四个象限直线插补计算流程图

例 9-19 设给定的加工轨迹为第一象限的直线 OP，起点为坐标原点，终点坐标 $A(x_e, y_e)$，其值为 (5,4)，试进行插补计算并作出走步轨迹图。

解：计算过程如表 9-8 所列。表中的终点判断采用上述的第二种方法，计算长度 $N_{xy} = x_e + y_e = 5 + 4 = 9$，即 x 方向走 5 步，y 方向走 4 步，共 9 步。插补过程如图 9-38 所示。

表 9-8 直线插补过程

序列	偏差判别	进 给	偏差计算	终点判别
0			$F_0 = 0$	$N_{xy} = 9$
1	$F_0 = 0$	$+\Delta x$	$F_1 = F_0 - y_e = -4$	$N_{xy} = 8$
2	$F_1 = -4 < 0$	$+\Delta y$	$F_2 = F_1 + x_e = 1$	$N_{xy} = 7$
3	$F_2 = 1 > 0$	$+\Delta x$	$F_3 = F_2 - y_e = -3$	$N_{xy} = 6$
4	$F_3 = -3 < 0$	$+\Delta y$	$F_4 = F_3 + x_e = 2$	$N_{xy} = 5$
5	$F_4 = 2 > 0$	$+\Delta x$	$F_5 = F_4 - y_e = -2$	$N_{xy} = 4$
6	$F_5 = -2 < 0$	$+\Delta y$	$F_6 = F_5 + x_e = 3$	$N_{xy} = 3$
7	$F_6 = 3 > 0$	$+\Delta x$	$F_7 = F_6 - y_e = -1$	$N_{xy} = 2$
8	$F_7 = -1 < 0$	$+\Delta y$	$F_8 = F_7 + x_e = 4$	$N_{xy} = 1$
9	$F_8 = 4 > 0$	$+\Delta x$	$F_9 = F_8 - y_e = 0$	$N_{xy} = 0$

注：$+\Delta x$ 表示向 $+x$ 方向进给一步；$+\Delta y$ 表示向 $+y$ 方向进给一步

2. 逐点比较法圆弧插补

1) 第一象限内的圆弧插补

(1) 偏差计算公式。设要加工逆圆弧 $\overparen{AB}$，圆弧的圆心在坐标原点，已知圆弧的起点坐标为

$A(x_0,y_0)$,终点坐标为 $B(x_e,y_e)$,圆弧半径为 R,如图 9-39 所示。令瞬时加工点为 $M(x_m,y_m)$,它与圆心的距离为 R_m。显然,可以比较 R_m 和 R 来反映加工偏差。比较 R_m 和 R,实际上是比较它们的平方值。由图可知

$$R_m^2 = x_m^2 + y_m^2, \quad R^2 = x_0^2 + y_0^2$$

因此,可以定义偏差判别式为

$$F_m = R_m^2 - R^2 = x_m^2 + y_m^2 - R^2 \tag{9-117}$$

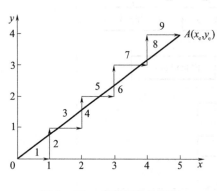

图 9-38 直线插补轨迹图

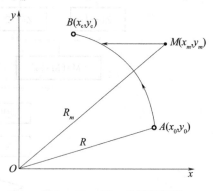

图 9-39 第一象限逆圆弧

若 $F_m = 0$,表明加工点 M 在圆弧上;若 $F_m > 0$,表明加工点在圆弧外;若 $F_m < 0$,表明加工点在圆弧内。

由此可得第一象限内逆圆弧逐点比较插补的原理是:从圆弧的起点出发,若 $F_m \geq 0$,为了逼近圆弧,下一步向 $-x$ 方向进给一步,并计算新的偏差;若 $F_m < 0$,为了逼近圆弧,下一步向 $+y$ 方向进给一步,并计算新的偏差。如此一步步计算和一步步进给,并在达到终点后停止计算,就可插补出如图所示的逆圆弧 $\overset{\frown}{AB}$。

依据式(9-117)计算偏差 F_m,需进行三次乘方和两次加减运算,比较费时,下面推导出简化的递推计算公式。

① 设加工点正处于 $M(x_m,y_m)$ 点,当 $F_m \geq 0$ 时,应沿 $-x$ 方向进给一步至 $M'(x_{m+1},y_{m+1})$ 点,其坐标值为

$$\begin{cases} x_{m+1} = x_m - 1 \\ y_{m+1} = y_m \end{cases} \tag{9-118}$$

新的加工点偏差为

$$F_{m+1} = x_{m+1}^2 + y_{m+1}^2 - R^2 = (x_m - 1)^2 + y_m^2 - R^2 = F_m - 2x_m + 1 \tag{9-119}$$

② 设加工点正处于 $M(x_m,y_m)$ 点,当 $F_m < 0$ 时,应沿 $+y$ 方向进给一步至 $M'(x_{m+1},y_{m+1})$ 点,其坐标值为

$$\begin{cases} x_{m+1} = x_m \\ y_{m+1} = y_m + 1 \end{cases} \tag{9-120}$$

新的加工点偏差为

$$F_{m+1} = x_{m+1}^2 + y_{m+1}^2 - R^2 = x_m^2 + (y_m + 1)^2 - R^2 = F_m + 2y_m + 1 \tag{9-121}$$

由式(9-121)和式(9-123)可知,只要知道前一点的偏差和坐标值,就可以求出新的一点的偏差。因为加工点是从圆弧的起点开始,故起点的偏差 $F_0 = 0$。

(2) 终点判断方法。圆弧插补的终点判断方法与直线插补相同。可将 x 方向上的走步步数

$N_x = |x_e - x_0|$ 和 y 方向上的走步步数 $N_y = |y_e - x_0|$ 的总和 N_{xy} 作为一个减法计数器，每走一步就从在 N_{xy} 计数器中减去 1，当 $N_{xy} = 0$ 时发出终点到信号，则插补结束。

(3) 插补计算过程。圆弧插补计算过程比直线插补计算过程多一个环节，即要计算加工点瞬时坐标（动点坐标）值，其计算公式为式(9-120)和式(9-122)。因此圆弧插补计算过程分为五个步骤：偏差判别、坐标进给、偏差计算、坐标计算和终点判断。

2) 四个象限的圆弧插补

在实际应用中，要加工的圆弧可以在不同的象限中，而且可以按逆时针方向，也可以按顺时针方向。其他三个象限的逆圆、顺圆的偏差计算公式可通过与第一象限的逆圆、顺圆相比较而得到。为了导出其他各象限的圆弧插补计算，下面先来推导第一象限顺圆弧的偏差计算公式。

(1) 第一象限顺圆弧的插补计算。设第一象限顺圆弧 $\overparen{CD}$，圆弧的圆心在坐标原点，并已知起点坐标为 $C(x_0, y_0)$，终点坐标为 $D(x_e, y_e)$，如图 9-40 所示。

设加工点现处于 $M(x_m, y_m)$ 点，若 $F_m \geq 0$，则沿 $-y$ 方向进给一步到 $M'(x_{m+1}, y_{m+1})$ 点，新加工点坐标将是 $(x_m, y_m - 1)$，可求出新的偏差为

$$F_{m+1} = F_m - 2y_m + 1 \tag{9-122}$$

若 $F_m < 0$，则沿 $+x$ 方向进给一步到 $M'(x_{m+1}, y_{m+1})$ 点，新加工点的坐标将是 $(x_m + 1, y_m)$，同样可求出新的偏差为

$$F_{m+1} = F_m + 2x_m + 1 \tag{9-123}$$

(2) 四个象限的圆弧插补计算。式(9-119)、式(9-121)~式(9-123)给出了第一象限逆、顺圆弧的插补计算公式，其他象限的圆弧插补可与第一象限的情况相比较而得出，因为其他各象限的所有圆弧总是与第一象限中的逆圆弧或顺圆弧互为对称，如图 9-41 所示。图中用 SR 和 NR 分别表示顺圆弧和逆圆弧，所以可用 SR_1、SR_2、SR_3、SR_4 分别表示第一、二、三、四象限中的顺圆弧，用 NR_1、NR_2、NR_3、NR_4 分别表示第一、二、三、四象限中的逆圆弧。

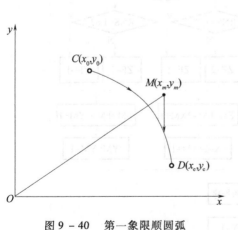

图 9-40 第一象限顺圆弧

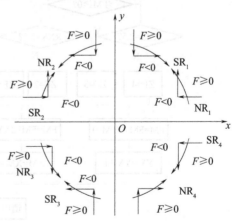

图 9-41 四个象限圆弧插补的对称关系

图 9-41 中，SR_1 与 NR_2 对称于 $+y$ 轴，SR_3 与 NR_4 对称于 $-y$ 轴，NR_4 与 SR_1 对称于 $+x$ 轴，NR_2 与 SR_3 对称于 $-x$ 轴，SR_1 与 NR_4 对称于 $+x$ 轴，SR_3 与 NR_2 对称于 $-x$ 轴，NR_2 与 SR_1 对称于 $+y$ 轴，NR_4 与 SR_3 对称于 $-y$ 轴。所有四个象限，8 种圆弧插补时的偏差计算公式和坐标进给方向列于表 9-9。

表 9-9 圆弧插补计算公式和进给方向

偏差	圆弧种类	进给方向	偏差计算	坐标计算
$F_m \geq 0$	SR_1、NR_2	$-\Delta y$	$F_{m+1} = F_m - 2y_m + 1$	$x_{m+1} = x_m$
	SR_3、NR_4	$-\Delta y$		$y_{m+1} = y_m - 1$
	NR_1、SR_4	$-\Delta x$	$F_{m-1} = F_m - 2x_m + 1$	$x_{m+1} = x_m - 1$
	NR_3、SR_2	$+\Delta x$		$y_{m+1} = y_m$
$F_m < 0$	SR_1、NR_4	$+\Delta x$	$F_{m+1} = F_m + 2x_m + 1$	$x_{m+1} = x_m + 1$
	SR_3、NR_2	$-\Delta x$		$y_{m+1} = y_m$
	NR_1、SR_2	$+\Delta y$	$F_{m+1} = F_m + 2y_m + 1$	$x_{m+1} = x_m$
	NR_3、SR_4	$-\Delta y$		$y_{m+1} = y_m + 1$

3) 圆弧插补计算的程序实现

在计算机的内存中开辟 8 个单元 X0、Y0、NXY、FM、RNS、XM、YM 和 ZF,分别存放起点的横坐标 x_0、起点的纵坐标 y_0、总步数 N_{xy}、加工点偏差 F_m、圆弧种类值 RNS、x_m、y_m 和走步方向标志。这里,$N_{xy} = |x_e - x_0| + |y_e - y_0|$,RNS 等于 1、2、3、4 和 5、6、7、8 分别代表 SR_1、SR_2、SR_3、SR_4 和 NR_1、NR_2、NR_3、NR_4,RNS 的值可由起点和终点的坐标的正、负符号来确定,F_m 的初值 $F_0 = 0$,x_m、y_m 的初值为 x_0、y_0,ZF 等于 1、2、3、4 分别代表 $+x$、$-x$、$+y$、$-y$ 的走步方向。

图 9-42 为圆弧插补计算的程序流程图,该图按照插补计算的 5 个步骤即偏差判别、坐标进给、偏差计算、坐标计算、终点判断来实现其插补计算程序的。

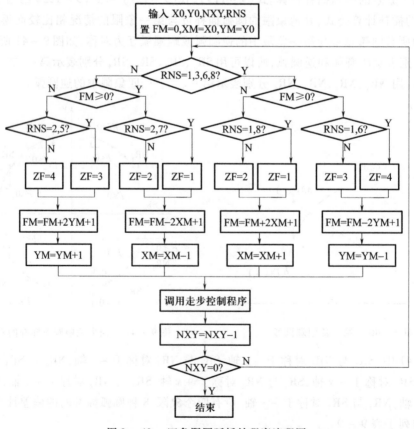

图 9-42 四象限圆弧插补程序流程图

例 9-20 设加工第一象限逆圆弧$\overset{\frown}{AB}$,已知起点坐标为$A(4,0)$,终点坐标为$B(0,4)$,试进行插补计算并作出走步轨迹图。

解:插补计算过程如表 9-10 所列。

表 9-10 圆弧插补计算过程

步数	偏差判别	坐标进给	偏差计算	坐标计算	终点判断
起点			$F_0 = 0$	$x_0 = 4, y_0 = 0$	$N_{xy} = 8$
1	$F_0 = 0$	$-\Delta x$	$F_1 = F_0 - 2x_0 + 1 = -7$	$x_1 = x_0 - 1 = 3, y_1 = 0$	$N_{xy} = 7$
2	$F_1 < 0$	$-\Delta y$	$F_2 = F_1 + 2y_1 + 1 = -6$	$x_2 = 3, y_2 = y_1 + 1 = 1$	$N_{xy} = 6$
3	$F_2 < 0$	$-\Delta y$	$F_3 = F_2 + 2y_2 + 1 = -3$	$x_3 = 3, y_3 = y_2 + 1 = 2$	$N_{xy} = 5$
4	$F_3 < 0$	$-\Delta y$	$F_4 = F_3 + 2y_3 + 1 = 2$	$x_4 = 3, y_4 = y_3 + 1 = 3$	$N_{xy} = 4$
5	$F_4 > 0$	$-\Delta x$	$F_5 = F_4 - 2x_4 + 1 = -3$	$x_5 = x_4 - 1 = 2, y_5 = 3$	$N_{xy} = 3$
6	$F_5 < 0$	$+\Delta y$	$F_6 = F_5 + 2y_5 + 1 = 4$	$x_6 = 2, y_6 = y_5 + 1 = 4$	$N_{xy} = 2$
7	$F_6 > 0$	$-\Delta x$	$F_7 = F_6 - 2x_6 + 1 = 1$	$x_7 = x_6 - 1 = 1, y_7 = 4$	$N_{xy} = 1$
8	$F_7 > 0$	$-\Delta x$	$F_8 = F_7 - 2x_7 + 1 = 0$	$x_8 = x_7 - 1 = 0, y_8 = 4$	$N_{xy} = 0$

根据表 9-10,可作出走步轨迹如图 9-43 所示。

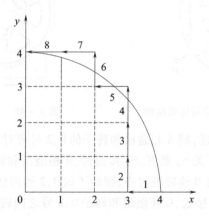

图 9-43 圆弧插补走步轨迹图

9.5.3 步进电机控制技术

步进电机又称脉冲电机,是一种能将电脉冲信号直接转变成与脉冲数成正比的角位移或直线位移量的执行部件,其位移速度与脉冲频率成正比。由于其输入为电脉冲,因而易与计算机或其他数字元器件接口,广泛应用于自动控制和精密仪器等领域,如仪器仪表、数控机床及计算机外围设备中(打印机和绘图仪等)。

步进电机按转矩产生的原理可分为反应式(VR,Variable Reluctance)、永磁式(PM,Permanent Magnet)及混合式(HB,Hybrid)三类。由于反应式步进电机的性价比较高,因此应用最为广泛。本节仅对这种类型步进电机的工作原理和控制方法加以介绍。

1. 步进电机的工作原理

1)反应式步进电机结构

图 9-44 所示为一个三相反应式步进电机结构图,由转子和定子两大部分组成。

定子是由硅钢片叠成的，每相有一对磁极（N、S极），每个磁极的内表面都分布着多个小齿，它们大小相同，间距相同。该定子上共有3对磁极，每对磁极都缠有同一绕组，即形成一相。这样3对磁极有3个绕组，形成三相。同理，四相步进电机有4对磁极、四相绕组，五相步进电机有5对磁极、5相绕组；依次类推。

转子是由软磁材料制成的，其外表面也均匀分布着小齿，这些小齿与定子磁极上的小齿的齿距相同，形状相似。

2）反应式步进电机的工作原理

步进电机的工作就是步进转动。在一般的步进电机工作中，其电源都采用单极性的直流电源。要使步进电机转动，就必须对步进电机定子的各相绕组以适当的时序进行通电。步进电机的步进过程可以用图9-45来说明，其定子的每相都有一对磁极，每个磁极都只有一个齿，即磁极本身，故三相步进电机有3对磁极共6个齿；其转子有4个齿，分别称为0、1、2、3齿。直流电源 U 通过开关 S_A、S_B、S_C 分别对步进电机的 A、B、C 相绕组轮流通电。

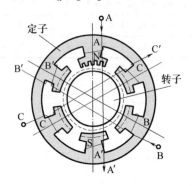
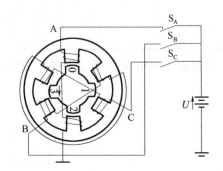

图9-44　三相反应式步进电机结构　　图9-45　步进电机的工作原理分析图

初始状态时，开关 S_A 接通，则A相磁极和转子的0、2号齿对齐，同时转子的1、3号齿和B、C相磁极形成错齿状态。当开关 S_A 断开、S_B 接通时，B相绕组和转子的1、3号齿之间的磁力线作用，使得转子的1、3号齿与B相磁极对齐，则转子的0、2号齿就与A、C相绕组磁极形成错齿状态。此后，开关 S_B 断开、S_C 接通，C相绕组和转子0、2号之间磁力线的作用，使得转子0、2号齿和C相磁极对齐，这时转子的1、3号齿与A、B相绕组磁极产生错齿。当开关 S_C 断开、S_A 接通后，A相绕组磁极和转子1、3号齿之间磁力线的作用，使转子1、3号齿和A相绕组磁极对齐，这时转子的0、2号齿和B、C相绕组磁极产生错齿。很明显，这时转子移动了一个齿距角。

如果对一相绕组通电的操作称为一拍，那么对A、B、C三相绕组轮流通电则需要三拍。对A、B、C三相绕组轮流通电一次成为一个周期。从上面分析看出，该三相步进电机转子转动一个齿轮，需要三拍操作。由于 A→B→C→A 相轮流通电，此磁场沿 A、B、C 方向转动了360°空间角，而这时转子沿ABC方向转动了一个齿距的位置，图9-45中的转子的齿数为4，故齿距角为90°，转动了一个齿锯也即转动了90°。

对于一个步进电机，如果它的转子齿数为 z，则它的齿距角为

$$\theta_z = 2\pi/z = \frac{360°}{z} \tag{9-124}$$

而步进电机运行 n 拍可使转子转进一个齿锯位置。实际上，步进电机每一拍就执行一次步进，所以步进电机的步距角 θ 可以表示为

$$\theta = \theta_z/n = 360°/nz \tag{9-125}$$

式中:n 是步进电机工作拍数;z 是转子的齿数。

对于图 9 - 44 所示的三相反应式步进电机,若采用三拍方式,则它的步距角为

$$\theta = \frac{360°}{3 \times 4} = 30°$$

对于转子有 40 个齿且采用三拍方式的步进电机而言,其步距角为

$$\theta = \frac{360°}{3 \times 40} = 3°$$

2. 步进电机的工作方式

步进电机有三相、四相、五相、六相等多种形式,为了分析方便,下面仍以三相步进电机为例进行分析和讨论。步进电机可工作于单相通电方式,也可工作于双相通电方式或单相、双相交叉通电方式。选用不同的工作方式,可使步进电机具有不同的工作性能,如减小步距、提高定位精度和工作稳定性等。对于三相步进电机,则有单拍(简称单三拍)方式、双相三拍(简称双三拍)方式、三相六拍方式:

(1) 单三拍工作方式,通电顺序为 A → B → C → A → …;
(2) 双三拍工作方式,通电顺序为 AB → BC → CA → AB → …;
(3) 三相六拍工作方式,通电顺序为 A → AB → B → BC → C → CA → A → …。

如果按上述三种通电方式和通电顺序进行通电,则步进电机正向转动;反之,如果通电方向与上述顺序相反,则步进电机反向转动。

3. 步进电机控制接口及输出字表

过去常规的步进电机控制电路主要由脉冲分配器和驱动电路组成。采用微机控制,主要取代脉冲分配器,而给步进电机提供驱动电源的驱动电路是必不可少的,同时用微机实现对步进电机的走步数、转向以及速度控制等。

1) 步进电机控制接口

假定微型计算机同时控制 x 轴和 y 轴两台三相步进电机,有一种常用的控制接口如图 9 - 46 所示。此接口电路选用可编程并行接口芯片 8255,8255PA 口的 PA0、PA1、PA2 控制 x 轴三相步进电机,8255PB 口的 PB0、PB1、PB2 控制 y 轴三相步进电机。只要确定了步进电机的工作方式,就可以控制各相绕组的通电顺序,实现步进电机正反转。

2) 步进电机输出字表

在图 9 - 46 所示的步进电机控制接口电路中,选定由 PA0、PA1、PA2 通过驱动电路来控 x 轴步进电机,由 PB0、PB1、PB2 通过驱动电路来控制 y 轴步进电机,并假定数据输出为"1"时,相应的绕组通电;为"0"时,相应的绕组断电。下面以三相六拍控制方式为例确定步进电机控制的输出字。

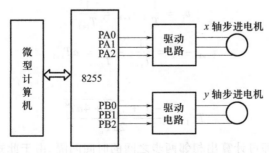

图 9 - 46 两台三相步进电机控制接口示意图

当步进电机的相数和控制方式确定之后，PA0～PA2和PB0～PB2输出数据变化的规律就确定了，这种输出数据变化规律可用输出字来描述。为了便于寻找，输出字以表的形式放在计算机指定的存储区域。表9-11给出了三相六拍控制方式的输出字表。

表9-11　三相六拍控制方式输出字表

x轴步进电机输出字表		y轴步进电机输出字表	
存储地址标号	PA口输出字	存储地址标号	PB口输出字
ADX1	00000001 = 01H	ADY1	00000001 = 01H
ADX2	00000011 = 03H	ADY2	00000011 = 03H
ADX3	00000010 = 02H	ADY3	00000010 = 02H
ADX4	00000110 = 06H	ADY4	00000110 = 06H
ADX5	00000100 = 04H	ADY5	00000100 = 04H
ADX6	00000101 = 05H	ADY6	00000101 = 05H

显然，若要控制步进电机正转，则按 ADX1 → ADX2 → … → ADX6 和 DY1 → ADY2 → … → ADY6 顺序向 PA 口和 PB 口送输出字；若要控制步进电机反转，则按相反的顺序送输出字。

4. 步进电机控制程序

1）步进电机走步控制程序

若用 ADX 和 ADY 分别表示 x 轴和 y 轴步进输出字表的取数地址指针，且仍用 ZF = 1、2、3、4 分别表示 -x、+x、-y、+y 走步方向，则步进电机的走步控制程序流程如图9-47所示。

若将走步控制程序和插补计算程序结合起来，并修改程序的初始化和循环控制等内容，便可很好地实现 xOy 坐标平面的数字程序控制，为机床的自动控制提供了有力的手段。

2）步进电机速度控制程序

如前所述，按正序或反序取输出字来控制步进电机的正转或反转，输出字更换得越快，则步进电机的转速就越高。因此，控制图9-47中的延时时间，即可达到调速的目的。步进电机的工作过程是"走一步停一步"的循环过程，也即步进电机的步进时间是离散的，步进电机的速度控制就是控制步进电机产生步进动作的时间，从而使步进电机按照给定的速度规律进行工作。

若 T_i 为相邻两次走步之间的时间间隔(s)，v_i 为进给一步后的末速度(步/s)，a 为进给一步的加速度(步/s^2)，则有

$$v_i = \frac{1}{T_i}, \quad v_{i+1} = \frac{1}{T_{i+1}}$$

$$v_{i+1} - v_i = \frac{1}{T_{i+1}} - \frac{1}{T_i} = aT_{i+1}$$

从而有

$$T_{i+1} = \frac{-1 + \sqrt{1 + 4aT_i^2}}{2aT_i} \tag{9-126}$$

根据式(9-126)即可计算出相邻两步之间的时间间隔。由于此式的计算比较繁琐，因此一般不采用在线计算来控制速度，而是采用离线计算求得各个 T_i，通过一张延时时间表把 T_i

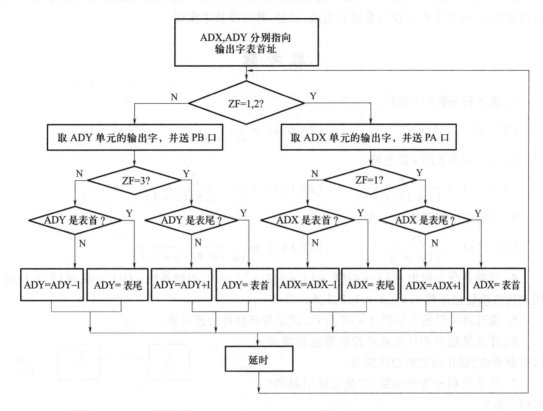

图 9-47 步进电机三相六拍直步控制程序流程

编入程序中,然后按照表地址依次取出下一步进给的 T_i 值,通过延时程序或定时器产生给定的时间间隔,发出相应的走步命令。若采用延时程序来获得进给时间,则 CPU 在控制步进电机期间不能做其他工作,CPU 读取 T_i 值后,就进入循环延时程序,当延时时间到,便发出走步控制命令,并重复此过程,直到全部进给完毕为止;若采用定时器产生给定的时间间隔,速度控制程序应在进给一步后,把下一步的 T_i 值送入定时器的时间常数寄存器,之后 CPU 就进入等待中断状态或处理其他事务,当定时时间一到,就向 CPU 发出中断请求,CPU 接收中断后立即响应,发出走步控制命令,并重复此过程,直到全部进给结束为止。

本 章 小 结

计算机控制系统的核心是数字控制器。

本章首先介绍了数字控制系统的数学描述和分析方法,包括差分方程、z 变换分析法、脉冲传递函数及在系统框图中的应用变换规则。在此基础上分析了数字控制器连续化设计方法的设计步骤,讨论了数字 PID 控制算法及其各种改进算法,阐述了 PID 参数的整定内容以及广泛应用的工程整定方法。

接着讨论了数字控制器直接离散化的设计步骤,着重分析了最少拍控制算法的基本原理、限制条件以及有纹波和无纹波两类最少拍控制器的设计方法;介绍了滞后对象的大林控制算法及 Smith 预估控制算法。

最后讨论了过程复杂控制中的串级控制的结构、原理及算法实现以及运动控制中的一种常用方法——数字程序控制系统的组成、原理、算法及技术实现。

思 考 题

1. 求下列函数的 z 变换。

   (1) $f(t) = 1 - e^{-at}$ (2) $G(s) = \dfrac{k}{s(s+a)}$

2. 求下列函数的 z 反变换。

   (1) $F(z) = \dfrac{6z}{(z+1)(z+5)}$ (2) $F(z) = \dfrac{z^2}{(z-0.6)(z-1)}$

3. 试确定下列函数的终值。

   (1) $E(z) = \dfrac{Tz^{-1}}{(1-z^{-1})^2}$ (2) $E(z) = \dfrac{z^2}{(z-0.8)(z-0.1)}$

4. 已知差分方程为 $c(k) - 4c(k+1) + c(k+2) = 0$。初始条件: $c(0) = 0, c(1) = 1$。试用迭代法求输出序列 $c(k), k = 1,2,3,4$。

5. 设开环采样系统如图 9-48 所示,试求开环脉冲传递函数。

6. 什么是数字 PID 位置式控制算法和增量式控制算法?试比较它们的优缺点。

7. 什么是积分饱和现象?它是怎样引起的?如何消除?

8. 什么是数字 PID 的积分分离算法?它有何优点?

9. 试分析说明理想微分 PID 与实际微分 PID 输出控制作用有何区别?实际微分 PID 有何优越性?

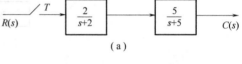

(a)

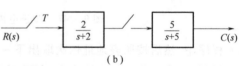

(b)

图 9-48 题 5 图

10. 何为 PID 控制器参数的整定?整定的实质是什么?采样周期如何确定?

11. 设采样周期 $T = 1$,试根据实际微分 PID 算式

$$G(s) = \dfrac{U(s)}{E(s)} = K_p \dfrac{1}{1+T_f s}\left(1 + \dfrac{1}{T_i s} + T_d s\right)$$

采用双线性变换法离散化,推导其数字算式。

12. 设被控对象的传递函数 $G_p(s) = \dfrac{5}{s(0.1s+1)(0.05s+1)}$,采样周期 $T = 0.1\text{s}$,试在单位速度输入下设计最少拍有纹波和无纹波数字控制器 $D(z)$。

13. 什么是大林算法?振铃现象产生的原因是什么?如何消除?

14. 已知被控对象 $G(s) = \dfrac{e^{-s}}{0.1s+1}$,设采样周期 $T = 0.5\text{s}$,试按大林算法设计数字控制器 $D(z)$,并分析系统是否会产生振铃现象?若有试求出 RA,并消除之。

15. 画出计算机串级控制系统的方框图,并推导其主、副控制器的输出。

16. 什么是数字程序控制?数字程序控制有哪几种方式?

17. 什么是逐点比较插补法?

18. 直线插补过程分为哪几个步骤？有几种终点判断方法？
19. 设给定的加工轨迹为第一象限的直线 OP，起点为坐标原点，终点坐标为 $A(x_e, y_e)$，其值为 $(6,4)$，试进行插补计算，作出走步轨迹图，并标明进给方向和步数。
20. 三相步进电动机有哪几种工作方式？分别画出每种工作方式的各相通电顺序。

第10章　控制网络技术

本章要点

1. 数据通信有关通信方式、制式、编码、复用、同步及传输介质等基础知识
2. 网络拓扑结构、网络控制方法、差错控制技术及网络体系结构
3. 串行通信总线中的 RS-232C 通信总线与 RS-422/485 通信总线
4. 工业以太网的概念、技术、协议及其控制网络系统

随着计算机、通信、网络、控制等学科领域的发展,控制网络技术日益为人们所关注。控制网络,即网络化的控制系统,简称工控网。正是借助于计算机网络,单台的工业控制计算机被连成多处理器结构,使系统在实现分散控制的同时,还能够达到集中监视、集中管理和资源共享的目的。

控制网络技术源于计算机网络技术,因此,控制网络一方面与一般计算机网络有许多共同之处,另一方面又具有其特殊的可靠性高、实时性好及互操作性好的特点。

10.1　数据通信基础

计算机网络就是利用通信线路和通信设备,把分布在不同地理位置上的具备独立功能的多台计算机、终端及其附属设备连接起来的一种网络。配以相应的网络软件,使网络用户能够共享网络中的硬件、软件和数据等资源。

数据通信是计算机控制网络的基础。因此,首先应了解数据通信的基本概念。

10.1.1　数据通信系统

1. 通信系统构成

计算机与计算机或设备之间的数据交换称为数据通信。数据通信的实质是以计算机为中心,通过某些通信线路与设备,对二进制编码的字母、数字、符号以及数字化的声音、图像信息进行的传输、交换和处理。一个数据通信系统主要由以下五部分组成,如图10-1所示。

（1）报文:报文即需要传送的数据,它可以是文本、数字、图像、声音等,或上述内容的组合。

（2）发送设备:可以是计算机、工作站、电话机、摄像机等。

（3）接收设备:可以是计算机、工作站、电话机、电视机等。

（4）传输介质:发送设备与接收设备之间的物理通路,如双绞线、同轴电缆、光纤、无线电波等。

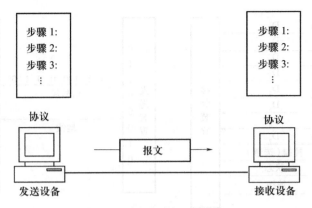

图 10-1 数据通信系统的构成

(5)协议:控制数据通信的一系列规则。发送设备与接收设备都要按相同的通信协议工作,如同两个谈话的人使用同一种语言一样。

数据通信过程一般按以下步骤进行:

(1)数据打包。数据打包就是对需要传送的数据进行包装,形成数据包或报文。报文内除了数据本身外,还有报头、报尾等一些附加信息,如报文说明、长度、校验等。

(2)数据转换与编码。数据转换与编码就是对报文作适当变换,以适应传输要求。如串行通信中的并—串转换,0、1 的传输编码(归零编码、不归零编码等),信号电平的选择,以及信号的调制形式等。

(3)数据传输。经过转换与编码后,将代表报文的信号(数字信号或模拟信号)放到传输介质上,发往接收设备。

(4)数据转换与译码。接收设备将接收到的信号经转换与译码后,形成报文。

(5)数据解包。接收设备根据数据打包时的协议从报文中去除附加信息,得到最终需要的数据。

2. 数据通信方式

数据通信的基本传输方式有并行通信和串行通信两种。

1)并行通信

并行通信是指所传送数据的各位同时发送或接收。数据有多少位,就要多少根传输线,如图 10-2(a)所示。计算机中表示数据的最基本单位是位(bit),但为了处理得方便与快捷,往往将多个位一起使用,形成一个字(word)或字节(byte)。并行通信时常以字节为单位进行信号连接与数据传送,由于一个字节为 8 位(8bit),故最少需要 8 条数据线。并行通信的特点是传送速度快,但由于连线较多致使成本高,只适合于近距离计算机或设备之间的数据通信。如计算机与打印机之间通常采用并行通信方式。另外,在过程控制系统中,处于同一机柜内的主计算机(上位机)与通道计算机(下位机)之间也常用并行通信方式传送数据。

2)串行通信

串行通信是指所传送数据的各位按顺序一位一位地发送或接收,如图 10-2(b)所示。其特点是只需一对传输线,适合于长距离传输,但通信速度较并行通信时慢。随着通信技术的发展,串行通信速度不断提高,使得计算机网络通信普遍采用串行通信方式。计算机控制系统中各站间的数据传递及与信息管理系统间的数据交换都采用了串行通信方式。

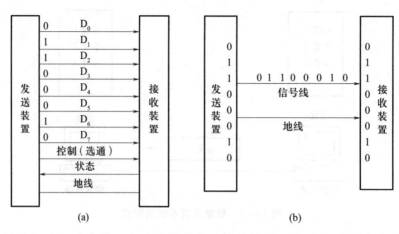

图 10-2 并行通信与串行通信
(a) 并行通信；(b) 串行通信。

波特率(Baud Rate)是串行通信中的一个重要指标。它定义为每秒钟传送二进制数码的位数,单位是位每秒,用 b/s 表示。

在串行异步通信中,波特率为每秒传送的字符数与每个字符位数的乘积。例如,如果传送的速率为 120 字符/s,而每个字符包含 10b(1 个起始位、7 个数据位、1 位奇偶校验位、1 个停止位),则波特率为

$$120 \text{ 字符}/s \times 10b/\text{字符} = 1200b/s$$

现在异步通信的波特率可达 100Mb/s,当采用光纤作为传输介质时,传输波特率更高。

3. 数据通信制式

按通信线路上信息传送方向与时间的关系,可分为 3 种通信制式:单工通信、半双工通信和全双工通信,如图 10-3 所示。

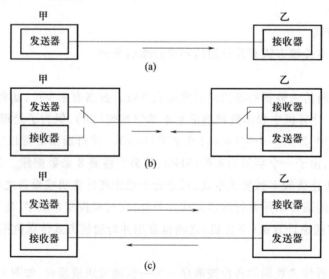

图 10-3 三种通信制式
(a) 单工通信；(b) 半双工通信；(c) 全双工通信。

(1) 单工制式。在单工制式下,通信线的一端接发送器,另一端接接收器,它们形成单向连

接,只允许数据按照一个固定的方向传送。如图 10 -3(a)所示,数据只能由甲站传送到乙站。

(2) 半双工制式。在半双工制式下,系统中的两个站都由一个发送器和一个接收器组成,通过收发开关接到一根通信线上,如图 10 -3(b)所示。在这种制式下,数据能从甲站传送到乙站,也能从乙站传送到甲站,但是不能同时在两个方向上传送,只能交替地发送和接收。其收发开关是由软件控制的电子开关,通过半双工协议进行功能切换的。

(3) 全双工制式。在全双工制式下,两个站的每端都含有发送器和接收器,通过两条通信线可以同时传送两个方向的数据流,而不是交替进行,如图 10 -3(c)所示。

10.1.2 数据传输编码

数据通信中需要传输数据信息,而信息必须转换为数字的或模拟的信号后才能通过通信线路传送,这种信息转换称为传输编码。它有多种方式,这里只讨论数字信息的数字信号编码与数字信息的模拟信号编码两种。

1. 数字信息的数字信号编码

在众多数字信息的数字信号编码方法中,这里仅介绍常用的几种:单极性编码方法、不归零编码方法及归零编码方法中的曼彻斯特码与差动曼彻斯特码,如图 10 -4 所示。

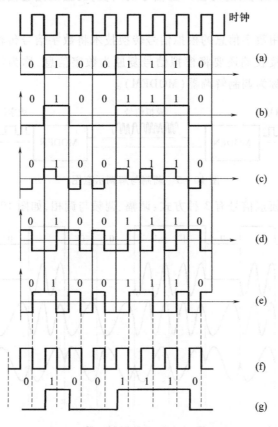

图 10 -4 数字信息的数字信号编码

单极性码如图 10 -4(a)所示,它是编码中最简单、最原始的一种。单极性码用一种电平代表"1",用另一种电平代表"0",而且通常其中的一种电平(如"0"对应的电平)为 0V。但由于单极性码具有直流成分且不含同步信息,因此影响了单极性码的应用。

双极性码如图 10-4(b)所示,它使用正、负两种电平,因此有效地减小了传输线上的直流分量,但不归零码仍然没有彻底解决信号同步问题。

归零编码如图 10-4(c)所示,它使用正、负、零 3 种电平,信号在数据位的中间发生变化。"正"到"零"的跳变代表"1","负"到"零"的跳变代表"0"。归零码较好地解决了信号同步问题,但由于每一位数据都要产生两次跳变,因此占用更多的带宽。

曼彻斯特码如图 10-4(d)所示,它也是在数据位的中间产生跳变,用该跳变的方向表示数值。"负"到"正"的跳变代表"1","正"到"负"的跳变代表"0"。该跳变还被用作信号同步,即编码数据中自带时钟信息,保证了收发双方的绝对同步。以太网中就使用了曼彻斯特码。

差动曼彻斯特码如图 10-4(e)所示,它用数据位中间的跳变携带同步信息,但由数据位起始处是否有跳变来传递数值。有跳变表示"0",无跳变表示"1"。令牌环网中就使用了差动曼彻斯特码。

图 10-4(f)、(g)分别表示接收端从编码数据中分离出的解码时钟与解码数据。

2. 数字信息的模拟信号编码

数字信号传送时要求传输线的频带很宽,而在长距离通信时,通常是用电话线进行传送的,其带宽往往不能满足要求,这时会产生信号的畸变,而且数据通信速率越高,信号畸变越严重。

一种解决方案是采用数字信息的模拟信号转换技术将数字信号传输变为模拟信号传输,称为信号调制。在数据接收端还要将模拟信号复原为数字信息,称为解调,如图10-5所示。完成调制与解调的装置称为调制解调器(MODEM)。

图 10-5 调制与解调示意图

将数字信号调制为模拟信号有 3 种方式:调幅、调频与调相,如图 10-6 所示。

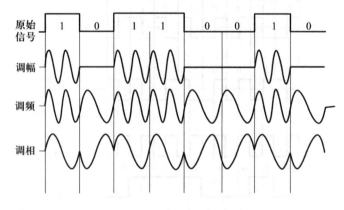

图 10-6 3 种调制信号

调幅又称调幅键控(ASK,Amplitude Shift Keying),就是用原始数字信号去控制载波的振幅变化,这种调制是利用数字信号的 1 或 0 去接通或断开连续的载波。图 10-6 中,正常幅度的正弦波表示 1,幅度为 0 的表示 0。调幅方式很容易受干扰信号的影响,因此仅用于非常低速的信号传输,或与其他调制方式(如相位调制)结合使用。

调频又称调频键控(FSK,Frequency Shift Keying),就是用原始数字信号去控制载波的频率变化,如用一种频率的正弦波信号表示 1,而用另一种频率(通常为低频)的正弦波信号表示 0。调频方式可以削弱干扰对信号的影响,但它占用较宽的频带,受传输介质制约较大。

调相又称调相键控(PSK,Phase Shift Keying),就是用原始数字信号去控制载波的相位变化,最简单的调相方法是使正弦波相位相差 180°来表示 0 和 1。图 10-6 中,相位为 0°的正弦波信号表示 1,相位为 180°(反相)的正弦波信号表示 0,这种方式称为 2-PSK 方式。调相方式比调幅方式有较好的抗干扰能力,比调频方式节省带宽,因此得到广泛应用。

更复杂的调制称为正交调制 QAM,它是 ASK 与 PSK 的结合。QAM 方式可以有效提高数字信号的传送速率,也是目前 MODEM 中普遍使用的方法。

3. 基带传输与频带传输

按照传输线上信号的种类,数据通信可以分为基带传输与频带传输两种。

所谓基带,是指电信号所固有的频带。所谓基带传输,是指直接用电脉冲信号代表数字信号 0 或 1 进行传输。基带传输的优点是安装、维护投资小,但存在信息传送容量小,每条传输线只可传送一路信号且传送距离短的缺点。

所谓频带传输是指用基带信号对载波信号调制后进行传输。利用载波传输信号可以减小线路干扰对传输信号的影响,实现远距离传输。用这种传输技术,可以在一条通信线路上,通过频分复用(FDM)将其划分为几个信道,从而支持多路信号的传输。频带传输的安装维护费用较基带传输时高,但是它具有较高的信息传递量,且可覆盖较大的范围。

10.1.3 多路复用技术

所谓多路复用技术是指把多路独立信号在一条信道上进行传输的技术,其作用相当于把单条传输信道划分成多个子信道,以实现网络中若干节点共享通信信道的目的,提高通信线路的利用率。通常的多路复用技术主要有两种:频分多路复用和时分多路复用。

1. 频分多路复用(FDM)

频分多路复用技术是将单个物理信道的频谱分割成若干个互不重叠的小频段,每个小频段都可以看作是一个子信道,如图 10-7 所示。从图中可以看出,每个小频段是互不重叠的,

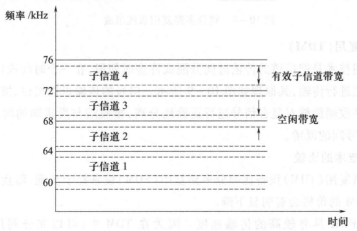

图 10-7 物理信道的频谱分割图

而且相邻频段之间留有一空闲频段,以保证数据在各自频段上可靠地传输。这种方法实现时需要使用多个 MODEM。

采用多路复用技术时,数据在各个子信道上以并行方式传输,也就是说,可以在各个子信道上同时传输不同的信号。当然,也可以将一个符号的各位在不同的信道上进行传输,相当于一个符号以并行方式进行传输。

传输信号的带宽与分配给每个子信道的带宽之间的转换是通过调制技术进行的。从图 10-8 可以看出,一个频率多路复用系统是由若干个并行通路组成的,每个通路均有调制器与相应的滤波器组成,由于各个通道是独立的,所以,一个通道发生故障不致于影响其他通道。终端的输出首先进入一个低通滤波器,目的在于压抑信号中高次谐波的作用,然后再进入调制器。信号经过调制后进入带通滤波器,带通滤波器的作用在于防止各个相邻子信道间发生干扰现象。各个子信道上的信号同时馈送至通信信道上,从而实现多路信号共享一个公用的通信信道之目的。

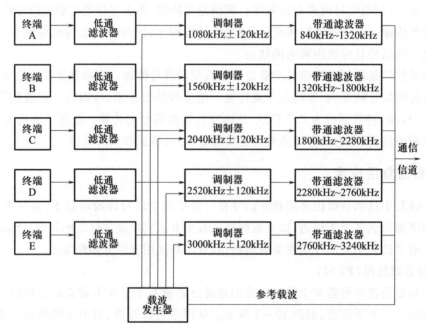

图 10-8 频分多路复用系统组成

2. 时分多路复用(TDM)

时分多路复用技术是把信道的传输时间分隔成许多时间段,在一个时间段内,一路信号占用整个信道的带宽进行传输,其原理如图 10-9 所示。信号的传输可以按位、按符号或按组方式进行。为了在接收端能够对复合信号进行正确地分离,接收端与发送端的时序必须严格同步,否则将造成信号间的混淆。

3. 两种复用技术的比较

(1) 时分多路复用(TDM)设备比频分多路复用(FDM)设备易于实现,而且随着大规模集成电路的发展,TDM 的价格会有明显下降。

(2) TDM 较 FDM 具有较高的传输速度。因为在 TDM 中,可以充分利用信道的全部带宽。

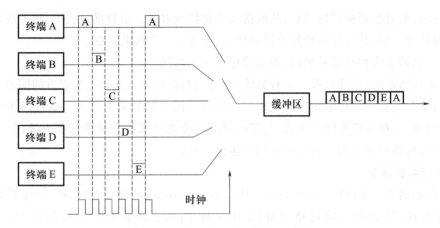

图 10-9 时分多路复用系统原理图

(3) 在 TDM 中,只需要一个 MODEM 就可以了;而在 FDM 中,每个通道均需要一个 MODEM。

(4) 在 FDM 中,通常需要模/数转换设备;而在 TDM 中,由于具有明显的数字形式,因此特别适用于与计算机直接相连的系统。

(5) TDM 能混合不同速率和同步方式的终端,能适应新型数据通信网。

(6) 在进行数据传输的差错控制和校正操作时,TDM 比 FDM 会产生较多的时间延迟。

FDM 技术在模拟通信系统中应用较多,在数字通信系统中应用较少。这是因为,在不同的调制解调器载波频带之间应有一定的间隔,以防止相互干扰,故使线路的利用率降低。另外由于超大规模集成电路技术的发展,研制 TDM 器件比研制 FDM 器件容易,成本较低,故在数字通信系统中,将主要采用 TDM 技术。

采用多路复用技术有许多优点:一是成本较低;二是时间延迟较少(因为线路中用的缓冲部件较少);三是透明性好,从主机或通信处理机到终端是透明的,用户并未感到多路器的存在。其不足之处是采用多路器后,线路的带宽和传送速率未能充分利用,另外对主机 I/O 端口的要求并未减少。

10.1.4 通信同步技术

无论是并行通信,还是串行通信,数据都是按时间顺序传送出去的。为保证发送与接收过程正确无误,必须使用同步技术,也就是使接收端和发送端在时间上取得一致。否则将会导致通信质量下降,甚至完全不能工作。

1. 通过控制线实现收发双方同步

所谓并行同步通信方式,是指在并行通信中通过控制线实现收发双方同步。数据收发双方除了数据线相连外,还有若干控制信号线,用来传送发送与接收装置的状态。对于图 10-2(a)所示并行通信连接方法,进行一次数据传送的过程如下:

(1) 发送装置在发送前,首先检查接收装置的状态。

(2) 若接收装置处于非就绪状态,返回(1)继续等待;若接收装置处于就绪状态,表示可以接收数据,发送装置将数据放到数据线上,并发出控制信号,告诉接收装置数据已准备好。

（3）接收装置收到控制信号后，从数据线上将数据取走。取数据过程中，状态线置为非就绪状态，取数完成后，状态线重新处于就绪状态，等待下一次接收数据。

（4）发送装置将控制信号撤回，准备发送下一次数据。

而在串行通信中，往往只有一对数据线，没有控制信号线。此时收发双方的同步是靠同步信号来实现的，而且一对传输线同时完成传送数据与同步信号双重任务。串行通信中的同步方式又有两种：一种是启停同步方式，与其相对应的传输方式称为异步通信方式；另一种是自同步方式，与其相对应的传输方式称为同步通信方式。

2. 串行异步通信

串行异步通信（ASYNC，Asynchronous Data Communication）是一个字符一个字符地按帧传送数据的方式，其传送一帧的格式如图 10 – 10 所示。开头是一个起始位"0"，接着是 5 位 ~ 8 位数据位，且规定低位在前、高位在后，然后是一个奇偶校验位，最后加上一个停止位"1"表示字符的结束。若数据没有准备好，则以空闲字符"1"来填充，直到数据准备好形成下一帧。

图 10 – 10 中说明，一帧信息包含 1 个起始位、5 个 ~ 8 个数据位、1 个奇偶校验位、1 个 ~ 2 个停止位。无信号传送时，为停止位（高电平）状态，当出现起始位（低电平）时，表示数据传送开始。因此停止位到起始位的电平转换，即为同步信息。

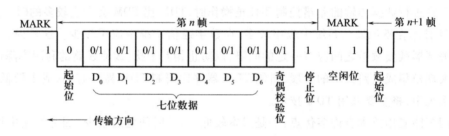

图 10 – 10　串行异步通信的信息帧格式

进行异步通信时，收发双方必须有两项约定：一是帧信息格式，即字符的编码形式、奇偶校验形式、起始和停止位的格式等；二是传送速率。

串行异步通信在向外发送字符时，由于在字符的首尾分别附加了一个起始位和停止位，因此，传送效率较低，传送速率较慢。

能够完成异步通信的硬件称为通用异步收发器（UART，Universal Asynchronous Receiver/Transmitter），典型的 UART 接口电路芯片有 Intel8250 及 MC6850 等。

3. 串行同步通信

串行同步通信（SYNC，Synchronous Data Communication）是一种连续传送数据块的方式，每次传送 n 个字节的数据块。用 1 个 ~ 2 个同步字符表示数据传送的开始，接着是 n 个字节的数据块，字符之间不允许留空隙，当没有字符可发送时，则连续发送同步字符，如图 10 – 11 所示。

同步字符可以选择一个特殊的 8 位二进制码，如 01111110 作为同步字符（称单同步字符），或两个连续的 8 位二进制码作为同步字符（称双同步字符）。为了保证收发双方同步，收发双方必须使用相同的同步字符，而且往往采用可以生成解码时钟的编码方式。

串行同步通信的传送速率高于串行异步通信，且传送的数据块越长，越显示其优越性。

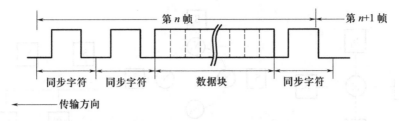

图 10-11 串行同步通信信息帧格式

能够完成同步通信的硬件称为通用同步收发器(USRT, Universal Synchronous Receiver/Transmitter)。既能够完成异步通信,又能够完成同步通信的硬件称为通用同步异步收发器(USART),典型的 USART 接口电路芯片有 Intel8251 等。

10.1.5 常用传输介质

传输介质是连接站与站间的物理信号通路。目前使用的传输介质主要有 3 种:双绞线、同轴电缆和光纤。表 10-1 给出了这几种传输介质主要性能的比较。

表 10-1 传输介质主要性能比较

类型 项目	双绞线	基带同轴电缆	宽带同轴电缆	光纤
传输信号	数字、模拟	数字	数字、模拟	模拟
最大带宽	100kHz~1MHz	10MHz~50MHz	300MHz~400MHz	实际不受限制
互连复杂性	不复杂	不太复杂	较复杂	复杂
噪声抑制能力	外层有屏蔽,较好	好	好	非常好
最大传输距离	100m	2.5km	300km	100km

10.2 通信网络技术

按网络作用范围的大小,计算机网络可以分成两大类:一类是分布在广大地理范围内的广域网;另一类为分布在一定区域内的局域网。计算机控制系统的通信网络属于后一类。决定局域网特性的要素有传输介质、拓扑结构和介质访问控制方法。

10.2.1 网络拓扑结构

在计算机网络中,抛开网络中的具体设备,将工作站、服务器等网络单元抽象为"点",将网络中的电缆等通信介质抽象为"线",这样从拓扑学(Topology)的观点观察计算机通信网络系统,就形成了点和线组成的几何图形,从而抽象出了网络系统的具体结构。因此,计算机通信网络的拓扑结构,是指网络中的各台计算机以及设备之间相互连接的方式。常见的网络拓扑结构有星型、环型和总线型三种,如图 10-12 所示。

星型结构是将分布于各处的多个站($S_1 \sim S_n$)连到处于中心位置的中央节点(N)上,任何两个站的通信都要通过中央节点。这种连接方式简单直观,但中央节点负荷较重,势必造成中央节点复杂。另外,中央节点的故障将造成系统通信中断。为提高网络的可靠性,常采取中央

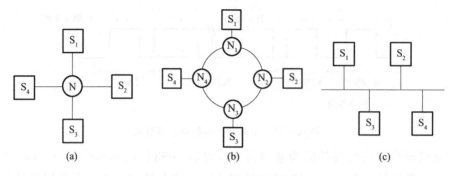

图 10-12 网络拓扑结构
(a) 星型结构；(b) 环型结构；(c) 总线型结构。

节点冗余的方法。

环型结构中每个站都是通过节点 N_i（或称中继器）连接到环形网上，所有的节点共享一条物理通道，信息沿单方向围绕环路进行循环，按点对点方式传输。由一个工作站发出的信息传递到相邻的下一节点，该节点对信息进行检查，若不是信息目的站，则依次向下一节点传递，直至到达目的站。为避免某节点故障阻塞信息通路，环型网各节点应有旁路措施。

总线型结构中，网上所有节点通过硬件接口直接连到一条公共通信线路上，任何站都可随机发送信息，并能被其他站所接收。总线型网络具有易于扩充、可靠性高的特点。但因为总线为所有站共同使用，为避免发送冲突，应规定介质访问控制协议来分配信道，以保证在任一时刻只有一个节点发送信息。

10.2.2 网络控制方法

网络控制方法就是研究在通信网络中，信息如何从源站迅速、正确地传递到目的站。网络控制方法与所使用的网络拓扑结构有关，常用的有查询、CSMA/CD、令牌传送、时间片寄存器输入、存储转发等，下面仅介绍其中几种。

1. 查询法

查询法用于主从结构网络中，如星型网络或具有主站的总线型网络。主站依次询问各站是否需要通信，收到通信应答后再控制信息的发送与接收。当多个从站要求通信时，按站的优先级安排发送。

2. CSMA/CD

CSMA/CD(Carrier Sense Multiple Access with Collision Detection)，即带有冲突检测的载体监听多重访问技术，是一种竞争方式，适用于总线型网络结构。在这种方式中，网上各站是平等的，任何一个站在任何时刻均可以广播式向网上发送信息。信息中包含有目的站地址，其他各站接收到后确定是否为发给本站的信息。由于总线结构网络中线路是公用的，因此竞争发送所要解决的问题是当有多个站同时发送信息时的协调问题。CSMA/CD 采取的控制策略是竞争发送、广播式传输、载体监听、冲突检测、冲突后退、再试发送。

当工作站有数据需要发送时，首先监听线路是否空闲，若空闲，则该站就可发送数据。载体监听技术虽然能够减少线路冲突，但还不能完全避免冲突。如两个工作站同时监听到线路空闲时，会同时发送数据，造成数据作废。解决的办法是在发送数据的同时，发送站还进行冲突检测，当检测到冲突发生时，工作站将等待一段随机时间再次发送。

CSMA/CD 遵守 IEEE802.3 标准。

3. 令牌传送

这种方式中,有一个称为令牌(Token Passing)的信息段在网络中各节点间依次传递。令牌有空、忙两种状态,开始时为空。节点只有得到空令牌时才具有信息发送权,同时将令牌置为忙。令牌绕节点一周且信息被目标节点取走后,令牌被重新置为空。

令牌传送既适合于环型网(称为令牌环——TOKEN RING),又适合于总线型网(称为令牌总线——TOKEN BUS)。在总线型网情况下,各站被赋予一逻辑位置,所有站形成一个逻辑环。令牌环遵守 IEEE802.5 标准,令牌总线遵守 IEEE802.4 标准。

令牌传送效率高、信息吞吐量大,实时性好。

4. 存储转发式

存储转发式的信息传送过程为:源节点发送信息,到达它的相邻节点;相邻节点将信息存储起来,等到自己的信息发送完,再转发这个信息,直到把此信息送到目的节点;目的节点加上确认信息(正确)或否认信息(出错),向回发送直至源站;源节点根据返回信息决定下一步动作,如取消信息或重新发送。

存储转发式不需要交通指挥器,允许有多个节点发送和接收信息,信息延时小,带宽利用率高。

10.2.3 差错控制技术

由于通信线路周围电磁干扰的存在,以及收发器件噪声的影响,信息在发送、接收及传递过程中难免出现差错。通信网络的差错控制技术就是要及时将差错检测出来,并采取适当的纠正措施,以确保接收信息的准确性。

差错控制技术包括检验错误与纠正错误两种。

1. 检验错误

检测传输错误最简单的方法是将同一数据发送多次,在接收端进行逐位比较。但这样做是很不经济的。一方面降低了传送速率,另一方面逐位比较也浪费时间。当前检错中普遍使用的冗余技术也利用了这种思路,只不过冗余数据量要小得多。

源节点在发送数据时,除基本数据外,还包含附加校验位,附加校验位与基本数据有一定关系,如为基本数据按指定规则的运算结果。目的节点接收到数据后,仍按相同规则对基本数据进行计算并将计算结果与接收到的附加校验位相比较,若二者相同,则认为所接收数据正确,否则认为所接收数据错误。

不难理解,校验位越多,校验准确性越高,但传送效率越低。

常用的校验方法有垂直冗余码校验或奇偶校验(VRC)、纵向冗余码校验(LRC)、循环冗余校验(CRC)以及校验和(Checksum)等几种。下面简要介绍奇偶校验和循环冗余校验的原理和基本方法。

1) 奇偶校验(VRC)

奇偶校验是在传递字节最高位后附加一位校验位。该校验位根据字节内容取 1 或 0,奇校验时传送字节与校验位中"1"的数目为奇数,偶校验时传送字节与校验位中"1"的数目为偶数。接收端按同样的校验方式对收到的信息进行校验。如发送时规定为奇校验时,若收到的字符及校验位中"1"的数目为奇数,则认为传输正确;否则,认为传输错误。

例如采用偶校验方法传送一个字节 01100001,发送端在字节最高位后添加校验位 1,使带校验位数据中 1 的个数为偶数,即 101100001。接收端收到该数据后,同样检查数据中 1 的个数,若为偶数,认为数据正确,将 01100001 取走;若为奇数,表明有传输错误,采取进一步措施。

不难发现,奇偶校验只能检测出单个信息位出错而不能确定差错位置,因此这种校验方式检错能力低。

2) 循环冗余校验(CRC)

采用循环冗余校验时,发送端发送的信息由基本信息位与校验冗余位两部分组成。发送端在发送基本信息位的同时,发送端的 CRC 校验位生成器自动生成 CRC 校验位(由基本信息除以所谓生成多项式 $G(x)$ 而得),一旦基本信息位发送完,就将 CRC 校验位紧随其后发送。接收端用接收到的基本信息及校验位除以同一多项式 $G(x)$,如果这种除法的余数为 0,即能被除尽,则认为传输正确;否则认为传输错误。

与奇偶校验不同,循环冗余校验是一个数据块校验一次。在同步串行通信中,几乎都采用循环冗余校验,例如对磁盘信息读/写的校验等。

常用的生成多项式 $G(x)$ 主要有:

CRC – 16: $G(x) = x^{16} + x^{15} + x^2 + 1$

SDLC: $G(x) = x^{16} + x^{12} + x^5 + 1$

任何一个由二进制数据组成的代码都可以和一个只包含 0 和 1 两个系数的多项式建立一一对应关系。例如,代码 1011011 对应的多项式为

$$1 \cdot x^6 + 0 \cdot x^5 + 1 \cdot x^4 + 1 \cdot x^3 + 0 \cdot x^2 + 1 \cdot x^1 + 1 \cdot x^0 = x^6 + x^4 + x^3 + x + 1$$

而多项式 $x^5 + x^4 + x^2 + x$ 与代码 110110 对应。一般地,一个 n 位代码和一个 $n-1$ 次多项式对应。

现假定,k 位要发送的信息对应的 $k-1$ 次多项式为 $K(x)$,r 位 CRC 校验位对应的 $r-1$ 次多项式为 $R(x)$。由信息位产生 CRC 校验位的过程是一个已知 $K(x)$ 求 $R(x)$ 的过程。具体做法是:用一个事先约定的 r 次生成多项式 $G(x)$ 去除 $x^r \cdot K(x)$,把所得的余式作 $R(x)$。由此构成的 $k+r$ 位发送代码所对应的 $k+r-1$ 次多项式为

$$T(x) = x^r K(x) + R(x)$$

注意这里的除法是指所谓的二进制除法。

设 $G(x)$ 除 $x^r \cdot K(x)$ 的商式为 $Q(x)$,则 $x^r \cdot K(x) = G(x)Q(x) + R(x)$。若传输无误,则接收到的代码所对应的多项式也为 $T(x)$,因为

$$T(x) = x^r K(x) + R(x) = G(x)Q(x) + R(x) + R(x) = G(x)Q(x)$$

即 $T(x)$ 能被 $G(x)$ 整除。这样接收端的校验过程可用 $G(x)$ 去除收到的代码的多项式来实现。

CRC 校验码在发送端的产生和接收端的校验,目前一般都是由硬件 CRC 校验电路自动实现的,当然也可以通过软件实现(此时通信速度受到软件执行时间的限制)。

2. 纠正错误

常用的纠错方式有 3 种:重发纠正错误、自动纠正错误、混合纠正错误。

(1) 重发纠正错误:当接收端检测出接收错误时,以适当方式将检测结果反馈给发送端,发送端重新发送该信息。这种过程可以重复多次,直至接收端接收正确为止。

(2) 自动纠正错误:发送端在发送数据时,还带有能够纠正错误的信息码。接收端检测出错误后,按纠错码自动进行纠正。这种方式要考虑纠错能力与发送效率间的权衡。

(3) 混合纠正错误:上述两种方式的综合。当接收端检测出错误时,若判断为在纠错能力之内,则进行自动纠错;否则进行重发纠错。

理论上,任何错误都是可以自动纠正的。但实际上由于自动纠错需要较多的冗余信息,且

纠错算法复杂,因此自动纠错仅限于错误位数较少时的情况。

10.3 网络体系结构

计算机网络就是要实现资源共享。但是,由于挂在网上的计算机或设备可能出自于不同的生产厂,型号也不尽相同,硬件和软件上的差异给通信带来困难。因此,在网络中应有一系列供全网"成员"共同遵守的有关信息传递的人为约定,以实现正常通信和共享资源,这就是通信网络协议或称规范,其最好的组织方式是层次结构模型。因此,计算机网络层次结构模型与各层协议的集合被定义为计算机网络体系结构。在计算机网络的发展过程中,许多制造厂商均发表了各自的网络体系结构以支持本公司的计算机产品的联网,但其通用性差,不便于不同厂商的网络产品进行互联。

为此,国际标准化组织(ISO)于1977年成立了专门机构研究该问题。不久,他们就提出了一个试图使各种计算机在世界范围内互联成网的标准框架,这就是著名的开放系统互联参考模型(OSI/RM,Open System Interconnection/Reference Model,简称为OSI),从而形成了网络体系结构的国际标准,使得任何两个遵守OSI协议的系统可以相互连接。

OSI将数据传输过程分解为一系列功能元素,把相关的功能组合在一起称为层,每一层完成一项通信子功能,并且下层为上层提供服务。分层结构具有易于理解和灵活的特点,更重要的是,OSI使得不兼容系统之间的通信是透明的。

OSI由7层组成,从下至上分别为物理层、链路层、网络层、传输层、会话层、表示层及应用层,如图10-13所示。

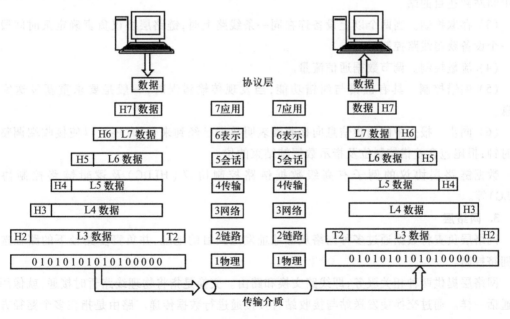

图 10-13 OSI 7 层结构

在传送一组数据(报文)时,要经过第7层~第2层的封装,到第2层形成的信息整体称为帧(Frame)。所谓封装实际上就是在原始数据上附加报头H或报尾T,一般在第7层、第6层、第5层、第4层、第3层、第2层上加报头,第2层上加报尾。封装后的信息由物理层放到通信线路上传输。接收过程中分别去除报头与报尾,最后获得所需数据。图10-13中L3~L7表示相应层的数据,H7~H2代表相应层上附加的报头,T2为第2层上附加的报尾。

下面简要介绍OSI模型各层的基本含义。

1. 物理层

物理层用来提供通信设备的机械特性、电气特性、功能特性和过程特性,并在物理线路上传输数据位流。如规定"1"与"0"的电平值,1位数据的宽度,连接器引脚数及其含义,数据收发的时序等。物理层标准的例子有RS-232C,RS-499/422/423/485等。

物理层所关心的内容主要包括:

(1) 线路结构。两个或多个设备是如何物理相连的?线路共享还是独占?

(2) 数据传送方式。两设备间是单向传递还是双向传递?

(3) 网络拓扑结构。网络设备是如何布局的?设备间直接传递数据还是要通过中间设备?

(4) 信号及编码。用什么信号传送信息?0与1是如何表示的?

(5) 介质。用什么介质传送数据?

2. 链路层

链路层负责将被传送的数据按帧结构格式化,从一个站无差错地传送到下一个站。该层从第3层接收数据,加上报头与报尾形成数据帧,其中包含地址及其他控制信息。

链路层的主要职责如下:

(1) 节点至节点的数据发送。

(2) 地址功能。报头与报尾中含有当前站与下一站的物理地址,保证使数据从发送站经过中间站到达目的站。

(3) 存取控制。当两个以上设备连在同一条线路上时,链路层协议负责确定某时间段内哪一个设备获得线路控制权。

(4) 流量控制。调节数据通信流量。

(5) 差错控制。具有检错与纠错功能,当发现传输错误时,一般是要求重新发送完整信息。

(6) 同步。报头中的同步信息向接收端表明数据已经到来,同时还可以使接收端调整接收时钟;报尾包含差错控制位及指示数据帧结束的位。

数据链路层协议的例子有高级数据链路控制协议(HLDC)及逻辑链路控制协议(LLC)等。

3. 网络层

网络层负责将数据通过多种网络从源地址发送到目的地址,并负责多路径下的路径选择和拥挤控制。

网络层提供两种相关服务,即线路交换和路由。交换是指将物理线路暂时接通,就像用电话通话一样。通过交换使发送站与接收站直接接通进行数据传递。路由是指在多个路径方案中选择最佳路径,如速度、造价、可靠性等。每个数据块可能选择不同的路径,在达到目的站后重新组装成完整的数据。

网络层添加的报头中包含数据包源地址与目的地址的信息。这些地址与数据链路层中的地址是不同的,前者是当前站与下一个要经过站的物理地址,传输过程中是不断改变的,网络层中的地址是逻辑地址,在传输过程中是不变的。

4. 传输层

传输层负责源端到目的端完整数据的传送,在这一点上与网络层是有区别的,网络层只负责数据包的传送,它并不关心数据包之间的关系。

计算机通常是多任务的,同时有若干个程序在运行。因此,源地址到目的地址的数据发送不仅仅是从一台计算机发送到另一台计算机上,而应是从一台计算机的应用程序发送到另一台计算机的应用程序上。传输层的数据头中包含了服务点(端口地址或套接字地址)的信息。也就是说,网络层负责把数据包传送到正确的计算机,而传输层则是把完整的数据传送到计算机的应用程序上。

当传输层从会话层接到数据后,将其分解为适合传输的数据段,在数据头中标明数据段的顺序,以便目的站的数据恢复。

为了提高安全性,传输层可以建立源站与目的站之间的"连接"。所谓"连接"是一个连接源站与目的站的逻辑通路,一个信息中的所有数据段都从这一通路通过,此时传输层还要考虑更多的顺序控制、流量控制、差错控制等。

5. 会话层

会话层为网络的会话控制器,负责通信设备间交互作用的建立、维护与同步,同时还负责每一会话的正常关闭,即不会造成会话的突然中断。例如,一用户需要发送长度为 200 页的文件,但当发送到 52 页时突然中断。这时有两种处理方法:一种方法是取消本次传送,重新建立会话并从第 1 页开始新一次发送;另一种方法是将大的会话分割成若干子会话,如每 10 页为一个子会话,当重新建立会话后,则从第 51 页开始新一次发送。会话层中采用后一种方法。

会话层通过在会话中插入校验点的方法将其划分为子会话,这样可保证当出现故障时不用从头开始。根据不同传输任务的要求,校验点可能非常重要,也可能根本不用。

会话层完成的其他工作还有用户的身份检查(如口令与登录名等)和控制数据的交换方向(双向或单向)等。

会话层的数据头包含控制信息如数据的类型及同步点信息等。

6. 表示层

表示层使数据格式不同的设备之间可以进行通信,如设备分别采用不同的编码,表示层具有代码翻译功能,使设备间能够互相理解。

表示层还负责数据的加密、解密、压缩、解压等功能。

表示层的数据头包含传输类型、参数及长度等信息。

7. 应用层

应用层是面向用户的,为用户程序(或进程)提供访问 OSI 环境的服务,例如通信服务、虚拟终端服务、网络文件传送、网络设备管理等。该层还具有相应的管理功能,支持分布应用的通用机制,解决数据传输完整性问题或收、发设备的速度匹配问题。

根据上述介绍,我们可以得出信息在 OSI 中各层传递过程特点为:物理层面向"位",链路层面向"帧",网络层面向"信息包",而在传输层则是以"报文"为单位,一个报文可分为几个信息包向下传递。一般分类是,低 4 层负责用户数据的透明传输,高 3 层对数据进行分析、转换和利用。

分层模型的主要优点在于便于结构化设计的实现、修改和扩充。开放系统互联 OSI 不是网络协议标准,它仅仅是为协议标准提供了一种主体结构,供各种协议标准选择。其中选用最多的是物理层和链路层,其他各层按需要选用,并把第 3 层及其以上各层称为高层。例如,目前应用的局域网络只选用了物理层和链路层,其余统称为高层。

实际的通信网络协议有多种,在计算机控制系统中有着广泛的应用,包括目前应用最广的局域网(LAN)的网络协议、各种 DCS 的通信协议、各种 FCS 的通信协议、工业以太网以及串行通信总线的通信协议等。

10.4 串行通信总线

计算机控制网络中的计算机之间、计算机与远程终端、计算机与外部设备以及计算机与测量仪表之间的通信,多数情形下采用串行通信方式,而且借助于标准的物理层接口——串行通信总线。总线是信息传送的通道,是各部件之间的实际互联线。到目前为止,串行通信总线有很多种,如 RS-232C、RS-422、RS-485、SPI 总线、I^2C 总线、SMBus 总线,以及现场总线等。

下面主要介绍两种适用于中小型工业控制系统的常用串行通信总线标准,即 RS-232C 和 RS-422/485。

10.4.1 RS-232C 通信总线

RS-232C 总线是由美国电子工业协会(EIA)于 1969 年修订的一种通信接口标准,专门用于数据终端设备(DTE)和数据通信设备(DCE)之间的串行通信。数据终端设备(DTE,Data Terminal Equipment)是数据的源点或归宿,通常是指输入、输出设备和传输控制器或者计算机等数据处理装置及其通信控制器。数据通信设备(DCE,Data Communication Equipment)的任务是实现由源点到目的点的传输,通常是指自动呼叫应答设备、调制解调器以及其他一些中间装置的集合。目前 RS-232C 接口已成为计算机的标准配置,如串行口 COM1、COM2 均为 RS-232C 总线接口标准。

1. 信号定义

标准的 RS-232C 接口定义了 25 个信号针,采用 25 针接插件 DB-25,并规定 DTE 的接插件为凸形,DCE 的接插件为凹形,如图 10-14(a)所示。对不需要 25 针的系统来说,常用 9 针的简化接插件,如图 10-14(b)所示。表 10-2 给出了常用的 9 根引脚的信号功能。

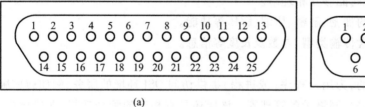
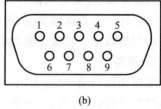

(a)   (b)

图 10-14 RS2332-C 接插件
(a) 25 针凸形 DB-25P;(b) 9 针凸形 DB-9P。

表 10-2 常用的 RS-232 总线接口信号

符 号	25 针引脚	9 针引脚	信号流向	功 能
TxD	2	3	输出	发送数据
RxD	3	2	输入	接收数据
RTS	4	7	输出	请求发送

(续)

符 号	25 针引脚	9 针引脚	信号流向	功 能
CTS	5	8	输入	清除发送
DSR	6	6	输入	数据装置准备好
GND	7	5		信号地
DCD	8	1	输入	数据载体检测
DTR	20	4	输出	数据终端准备好
RI	22	9	输入	振铃指示

2. 电气特性

由于 RS-232C 是早期为促进公用电话网络进行数据通信而制定的标准。为了增加信号在线路上的传输距离和提高抗干扰能力,RS-232C 采用了较高的传输电平,且为双极性、公共地和负逻辑,即规定逻辑"1"状态电平为 -15V ~ -5V,逻辑"0"状态电平为 +5V ~ +15V,其中 -5V ~ +5V 用作信号状态的变迁区。

而计算机均采用 TTL 逻辑电平。TTL 电平规定低电平"0"在 0V ~ +0.8V 之间,高电平"1"在 +2.4V ~ +5V 之间,因此在 TTL 电路与 RS-232C 总线之间要进行电平的转换及正反逻辑的转换,否则将使 TTL 电路烧毁。

3. 接口电路

这种电平与逻辑的转换是用专门的集成电路芯片来完成的,早期常用 MC1488 和 MC1489 作发送器和接收器。如图 10-15 所示,发送器 MC1488 可实现 TTL 到 RS-232C 的电平转换,所用正负电源分别是 ±12V;接收器 MC1489 可实现 RS-232C 到 TTL 的电平转换,所用电源是 +5V。由于需要 ±12V 与 +5V 供电电压,因此现在更愿意使用一种新的单一电源供电的 MAX232 芯片。

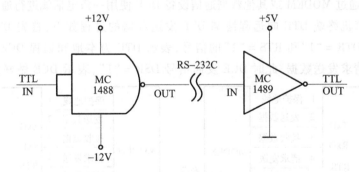

图 10-15 MC1488/MC1489 发送/接收示意图

MAX232 芯片的引脚结构及发送/接收过程如图 10-16 所示,它是一个含有两路发送器和接收器的 16 脚 DIP/SO 封装型工业级 RS-232C 标准接口芯片。芯片内部有一个电源电压变换器,可以把输入的 +5V 电源电压变换为 RS-232C 输出电平所需的 ±10V 电压。所以,采用此芯片接口的串行通信系统只需单一的 +5V 电源就可以。图 10-16 中给出了其中的一路发送器和接收器,$T1_{IN}$ 引脚为 TTL 电平输入端,转换后的 RS-232C 电平由 $T1_{OUT}$ 送出;而 $R1_{IN}$ 引脚接受 RS-232C 电平,转换后的 TTL 电平由 $R1_{OUT}$ 输出。如此,完成了 TTL 到 RS-232C(发送)以及 RS-232C 到 TTL(接收)的电平与逻辑的转换。

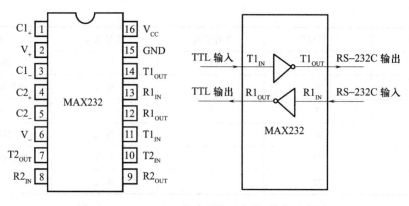

图 10-16 MAX232 芯片引脚及发送/接收示意图

由于采用单端输入和公共信号地线，容易引进干扰。为了保证数据传输的正确，RS-232C 总线的传送距离一般不超过 15m，传送信号速率不大于 20kb/s。

需要指出的是，一般 PC 机如 Intel 的×86 系列等各种 CPU 内均没有串行接口，因此在进行串行通信时，都需配备适当的接口适配器，如 Intel8250、Intel8251 等，以完成 CPU 与串行接口之间发送数据的并/串转换与接收数据的串/并转换。当然，作为自动化系统的设计者，一般并不关心已成为计算机标准配置的 RS-232C 接口的内部电路，更关心如何利用 PC 机的 RS-232C 接口构建与外部其他计算机（包括本身带有串行接口的单片微型计算机）或数据通信设备的串行通信问题。

4. RS-232C 的应用

RS-232C 总线标准中包含两个信道——主信道和次信道，表 10-2 中仅给出了常用的主信道接口信号。根据具体的应用场合不同，RS-232C 通信主要有以下几种连接方式：

1）PC 机与 PC 机之间使用 MODEM 连接

计算机之间通过 MODEM 或其他数据通信设备 DCE 使用一条电话线进行通信，如图 10-17 所示。图中，计算机终端 DTE 向远程终端 DTE 发送数据的过程如下：首先 DTE 向本地 DCE (MODEM) 发出 DTR = "1"和 RTS = "1"的信号，表示 DTE 为本地和远程 DCE 之间建立通道开了绿灯，同时请求发送数据；此时 DCE 发回信号 DSR = "1"，表示 DCE 做好发送数据准备，

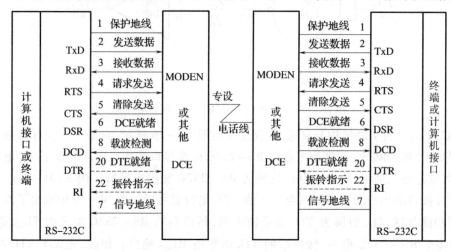

图 10-17 使用 MODEM 时 RS-232C 引脚的连线

又向 DTE 发回 CTS ="1",表示准备向 DTE 发送数据。只有当 DTE 收到从本地 DCE 发回肯定的 DSR 和 CTS 信号后,DTE 才能由 TxD 线向 DCE 发送数据。因此,RTS、DTR、DSR、CTS 四个信号同时为"1"是 TxD 发送数据的条件。

当接收数据时,DTE 先向本地 DCE 发出 DTR ="1"信号,表示本地和远程 DCE 之间可以建立通道;一旦通道建立好了,DCE 向 DTE 发出 DSR ="1"信号;这时,数据就可以通过 RxD 线传到 DTE。因此,RxD 信号产生的条件是 DTR 和 DSR 两个信号同时为"1"。至于 RxD 线上是否有信号,取决于远程 DTE 是否发送数据。

2) PC 机与 PC 机之间直接连接

当计算机和终端之间不使用 MODEM 或其他通信设备(DCE)而直接通过 RS-232C 接口连接时,一般只需要 5 根线(不包括保护地线以及本地 4、5 之间的连线),但其中多数应采用反馈与交叉相结合的连接法,如图 10-18 所示。

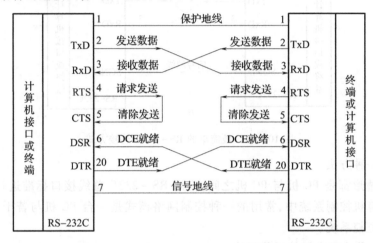

图 10-18 使用 RS-232C 的直接连接法

图 10-18 中,2→3 交叉线为最基本的连线,以保证 DTE 和 DCE 间能正常地进行全双工通信。20→6 也是交叉线,用于两端的通信联络,使两端相互检测出对方"数据已就绪"的状态。4→5 为反馈线,使传送请求总是被允许的。由于是全双工通信,这根反馈线意味着任何时候都可以双向传送数据,用不着再去发"请求发送"(RTS)信号。这种没有 MODEM 的串行通信方式,一般只用于近程通信。

3) PC 机与 PC 机之间三线连接法

这是一种最简单的 RS-232C 连线,只需 2→3 交叉连接线以及信号地线,而将各自的 RTS 和 DTR 分别接到自己的 CTS 和 DSR 端,如图 10-19 所示。

图 10-19(a)中,只要一方使自己的 RTS 和 DTR 为"1",那么它的 CTS、DSR 也就为"1",从而进入了发送和接收的就绪状态,这种接法常用于一方为主动设备,而另一方为被动设备的通信中。如计算机与打印机或绘图仪之间的通信。这样,被动的一方 RTS 与 DTR 常置"1",因而 CTS、DSR 也常置"1",因此,使其长期处于接收就绪状态,只要主动一方令线路就绪(DTR ="1"),并发出发送请求(RST ="1"),即可立即向被动的一方传送信息。

图 10-19(b)为更简单的连接方法,如果说图 10-19(a)所示的连接方法在软件设计上还需要检测"清除发送"(CTS)和"数据设备就绪"(DSR)的话,那么图 10-19(b)所示的连接方法则完全不需要检测上述信号,随时都可发送和接收。这种连接方法无论在软件和硬件上,

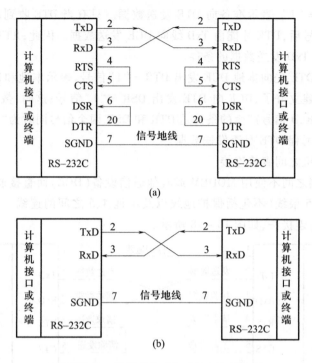

图 10-19 最简单的 RS-232C 连接方式

都是最简单的一种方法。

上述几种情形都是 PC 机与 PC 机之间，应用 RS-232C 总线接口标准进行串行通信的。而在中小型计算机控制系统中，常用的一种控制网络模式是一台 PC 机与若干台单片机系统构成的分散型测控系统。

4) PC 机与单片机之间的通信网络

这种模式是把以单片机为核心的智能式测控仪表作为从机（又称下位机），完成对工业现场的数据采集和控制任务，而 PC 机作为主机（又称上位机）将上传数据和下达指令，以实现集中管理和最优控制。

图 10-20 给出了 PC 机与多个单片机构成的 RS-232C 通信网络示意图。PC 机作主机、n 个单片机智能仪表为从机，构成了主从方式的 RS-232C 串行总线网络。PC 机串行口给出

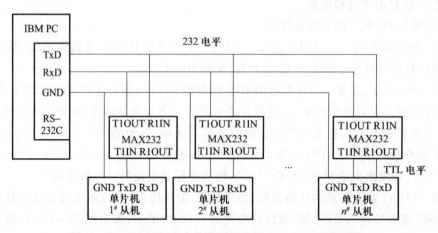

图 10-20 PC 机与多个单片机构成的 RS-232C 通信网络

的已是标准的 RS-232C 电平,而单片机则为 TTL 电平,采用 MAX232 芯片就可实现电平的转换和驱动(可参考图 10-16)。

10.4.2 RS-422/485 通信总线

RS-232C 虽然使用很广,但由于推出时间比较早,所以在现代通信网络中已暴露出明显的缺点,主要表现在:传输速率不够快;传输距离不够远;未明确规定连接器;接口使用非平衡发送器和接收器;接口处各信号间容易产生串扰。所以 EIA 在 1977 年作了部分改进,制定了新标准 RS-449:除了保留与 RS-232C 兼容外,还在提高传输速率、增加传输距离、改进电气特性等方面做了很多努力,增加了 RS-232C 没有的环测功能,明确规定了连接器,解决了机械接口问题。

在 RS-449 标准下,推出的子集有 RS-423A/RS-422A,以及 RS-422A 的变型 RS-485。

1. RS-423A/RS-422A

RS-423A/RS-422A 总线标准的数据线也是负逻辑且参考电平为地,与 RS-232C 规定为 -15V~+15V 有所不同,这两个标准规定为 -6V~+6V。

与 RS-232C 的单端驱动非差分接收方式相比,RS-423A 是一个单端驱动差分接收方式,而 RS-422A 则是平衡驱动差分接收方式,因此抗干扰能力一个比一个强,数据传输速率与传输距离也更快、更远。RS-423A 在传输速率为 1kb/s 时,传输距离可达 1200m,在速率为 100kb/s 时,距离可达 90m;而 RS-422A 可以在 1200m 距离内把传输速率提高到 100kb/s,或在 12m 内提高到 10Mb/s。图 10-21 给出了 RS-232C、RS-423A/RS-422A 的数据传送电气接口电路。

如图 10-21(a)所示,RS-232C 所采用的单端发送、单端接收电路。该电路的特点是传

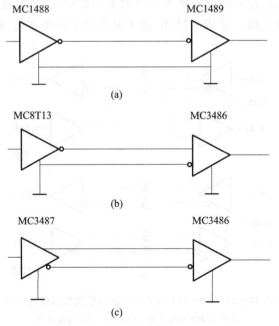

图 10-21 RS-232C、RS-423A/RS-422A 接口电路
(a) RS-232C 单端驱动非差分接收电路;(b) RS-423A 单端驱动差分接收电路;(c) RS-422A 平衡驱动差分接收电路。

送信号只用一根导线,对于多路信号线,其地线是公共的。因此,它是最简单的连接结构,但缺点是易收干扰信号的影响。而 RS-423A 采用了单端发送、双端接收的传送方式,如图 10-21(b)所示,利用差分接收器的另一端接发送端的信号地,因而大大地减少了地线的干扰。RS-422A 则更进一步采用了双端发送、双端接收的传送方式,如图 10-21(c)所示,这种平衡驱动和差分接收方法从根本上消除了地线干扰。这种发送器相当于两个单端发送器,它们的输入是同一个信号,而一个发送器的输出正好与另一个反相。当干扰信号作为共模信号出现时,接收器则接收差分输入电压。只要接收端具有足够的抗共模电压工作范围,它就能识别这两种信号而正确接收传送信号。

RS-423A/RS-422A 的另一个优点是允许传送线上连接多个接收器。虽然在 RS-232C 系统中可以使用多个接收器循环工作,但它每一时刻只允许一个接收器工作,RS-423A/RS-422A 可允许 10 个以上接收器同时工作。

2. RS-485

在许多工业过程控制中,往往要求用最少的信号线来完成通信任务。目前广泛应用的 RS-485 串行接口总线就是为适应这种需要应运而生的。它实际就是 RS-422 总线的变型,二者不同之处在于:RS-422 为全双工,采用两对差分平衡信号线;而 RS-485 为半双工,只需一对平衡差分信号线。RS-485 更适合于多站互联(已经具备了现场总线的概念),一个发送驱动器最多可连接大于 32 个负载设备,负载设备可以是被动发送器、接收器和收发器。其电路结构是在平衡连接的电缆上挂接发送器、接收器或组合收发器,且在电缆两端各挂接一个终端电阻用于消除两线间的干扰。

1) 传送方式

图 10-22 给出了 RS-485 与 RS-422 总线的两种数据传送方式。图 10-22(a)为 RS-485 半双工连接方式,任一时刻只能有一个站发送数据,一个站接收数据。因此,其发送电路必须由使能站加以控制。图 10-22(b)由于是全双工连接方式,故两站都可以同时发送和接收。

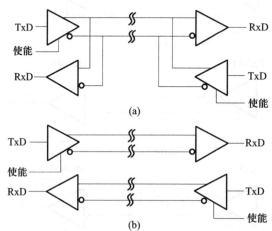

图 10-22 RS-485 与 RS-422 总线的数据传送方式
(a) RS-485 连接电路;(b) RS-422 连接电路。

2) 接口电路

与 RS-232C 标准总线一样,RS-422 和 RS-485 两种总线也需要专用的接口芯片完成电平转换。MAX481E/MAX488E 分别是只用 +5V 电源的 RS-485/RS-422 的 8 引脚收发器,其结构及引脚如图 10-23 所示。两个芯片的共同点是都含有一个发送器 D 和一个接收器 R,其中 DI 是发送输入端,RO 是接收输出端。不同的是,图 10-23(a) 中只有两根信号线 A 和 B,信号线 A 为同相接收器输入和同相发送器输出,信号线 B 为反相接收器输入和反相发送器输出,由于是半双工,所以有发送与接受的使能端 DE 与 $\overline{RE}$ 引脚。而在图 10-23(b) 中,有两对 4 根信号线 A、B 和 Y、Z,其中 A、B 专用作接收器输入,A 为同相、B 为反相;而 Y、Z 专用作发送器输出,Y 为同相、Z 为反相,所以构成了全双工通信。

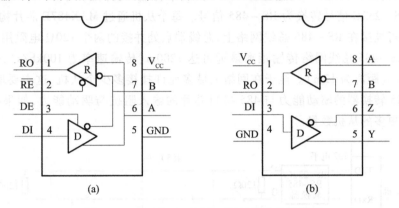

图 10-23 MAX481E/MAX488E 结构及引脚图
(a) MAX481E/MAX483E/MAX485E/MAX487E/1487E;(b) MAX488E/MAX490E。

在控制领域中,以微处理器为核心构成的测控仪表的一个重要技术指标就是具有串行通信接口功能,以前主要是采用 RS-232C 接口,现在无一例外地是 RS-485 接口。图 10-24 给出了 AT89C52 单片机与芯片 MAX487E 构成的 RS-485 接口电路,用单片机的 P1.7 口控制 MAX487E 的数据发送和接收,当数据发送时置 P1.7 为高电平,则使能端 DE=1 打开发送器 D 的缓冲门,发自单片机 TxD 端的数据信息经 DI 端分别从 D 的同相端与反相端传到 RS-485 总线上。当接收数据时把 P1.7 置于低电平,此时使能端 $\overline{RE}$ =0 打开接收器 R 的缓冲门,来自于 RS-485 总线上的数据信息分别经 R 的同相端与反相端从 RO 端传出进入单片机 RxD 端。

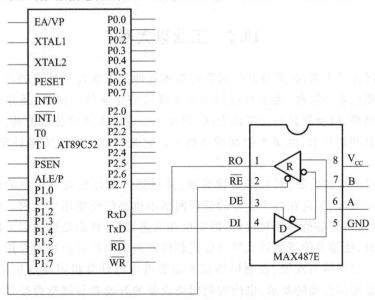

图 10-24 单片机系统中的 RS-485 接口电路

RS-485总线上的A正(高)B负(低)电平对应的是逻辑"1",而RS-485总线上的A负(低)B正(高)电平对应的是逻辑"0"。一般地,A与B之间的正负(高低)电压之差在0.2V~2.5V之间。

3) 通信网络

图10-25所示为以PC机作主机,n个单片智能设备为从机,工作于主从方式的RS-485总线网络的结构图。利用PC机配置的RS-232C串行端口,外配一个RS-232C/RS-485转换器,可将RS-232C信号转换为RS-485信号。每个从机通过MAX487E芯片构建RS-485通信接口,就可挂接在RS-485总线网络上,总线端点处并接的两个120Ω电阻用于消除两线间的干扰。RS-485总线网络传输距离最远可达1200m(传输速率为100kb/s),传输速率最高可达10Mb/s(距离为12m)。至于在网络上最多允许挂接多少个从机,这主要取决于RS-232C/RS-485转换器的驱动能力与485接口芯片的输入阻抗与驱动能力,如果再加上中继站,可以增加更多的从机数量。

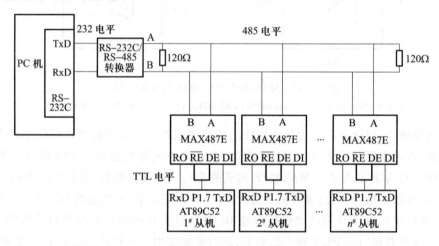

图10-25 PC机与多个单片机系统构成的RS-485通信网络

10.5 工业以太网

工业以太网是以太网、甚至是互联网系列技术延伸到工业应用环境的产物。工业以太网涉及企业网络的各个层次,无论是应用于工业环境的企业信息网络,还是基于普通以太网技术的控制网络,以及新兴的实时以太网,均属于工业以太网的技术范畴。因此,工业以太网既属于信息网络技术,也属于控制网络技术。它是一揽子解决方案的集合,是一系列技术的总称。

以太网经过多年的发展,其技术日臻成熟,并得到广大开发商与用户的认同。目前不仅在办公自动化领域,而且在各个企业的管理网络中也都广泛使用以太网。由于其技术成熟,连接电缆和接口设备价格相对较低,带宽也在飞速增长,特别是快速以太网与交换式以太网技术的出现,使物美价廉的以太网设备代替控制网络中相对昂贵的专用总线设备成为可能。而随着工控网络的发展,控制网络技术需要考虑与计算机网络连接的一致性,需要提高对现场设备通信性能的要求,也使控制网络设备的开发者与制造商把目光转向以太网技术。

10.5.1 以太网及其优势

以太网是 IEEE802.3 所支持的局域网标准,最早由 Xerox(施乐)公司创建,后经 DEC(数字设备公司)和 Intel(英特尔)的联合开发扩展,按照国际标准化组织开放系统互联参考模型(OSI)的 7 层结构,以太网标准只定义了链路层和物理层,而作为一个完整的通信系统,它需要高层协议的支持。APARNET(互联网前身)在制定了传输控制协议/网际协议(TCP/IP, Transmission Control Protocol/Internet Protocol)高层通信协议之后,以太网便和 TCP/IP 紧密地捆绑在一起了。以后,由于国际互联网采用了以太网和 TCP/IP 协议,人们甚至把如超文本链接 HTTP 等与 TCP/IP 协议组放在一起,俗称为以太网技术。

以太网由于其应用的广泛性和技术的先进性,已逐渐垄断了商用计算机的通信领域和过程控制领域中上层的信息管理与通信,并且有进一步直接应用到工业现场的趋势。与目前的现场总线相比,以太网具有以下优点。

1. 应用广泛

以太网是目前应用最为广泛的计算机网络技术,受到广泛的技术支持。几乎所有的编程语言都支持以太网的应用开发,如 Java、Visual C++、Visual Basic 等。这些编程语言由于得到广泛使用,并受到软件开发商的高度重视,具有很好的发展前景。因此,如果采用以太网作为现场总线,可以保证有多种开发工具、开发环境可供选择。

2. 成本低廉

由于以太网的应用最为广泛,因此受到硬件开发与生产厂商的高度重视与广泛支持,已有多种硬件产品可供用户选择,而且硬件价格也相对低廉。目前以太网网卡的价格只有 PROFI-BUS、FF 等现场总线网卡的 1/10,而且随着集成电路技术的发展,其价格还会进一步下降。

3. 通信速率高

目前通信速率为 10Mb/s、100Mb/s 的快速以太网已开始广泛应用,1000Mb/s 以太网技术也逐渐成熟,10Gb/s 以太网也正在研究。其速率比目前的现场总线快得多。以太网可以满足对带宽有更高要求的需要。

4. 软硬件资源丰富

由于以太网已应用多年,人们对以太网的设计、应用等方面有很多经验,对其技术也十分熟悉。大量的软件资源和设计经验可以显著降低系统的开发和培训费用,从而可以显著降低系统的整体成本,并大大加快系统的开发和推广。

5. 可持续发展潜力大

由于以太网的广泛应用,使它的发展一直受到广泛的重视和大量的技术投入;并且,在这信息瞬息万变的时代,企业的生存与发展将很大程度上依赖于一个快速而有效的通信管理网络,信息技术与通信技术的发展将更加迅速,也更加成熟,由此保证了以太网技术持续地向前发展。

10.5.2 工业以太网的关键技术

为了促进以太网在工业领域中的应用,国际上成立了工业以太网协会(IEA)、工业自动化开放网络联盟(IAONA)等组织,目标是在世界范围内推进工业以太网技术的发展、教育和标准化管理,促进以太网进入工业自动化的现场级,推动以太网技术在工业自动化领域和嵌入式系统的应用。为了满足工业控制现场的特殊性,工业以太网需要解决的问题包括通信实时性、总线供电、网络生存性、网络安全性、互操作性等关键技术。

1. 通信实时性

长期以来,以太网通信响应的不确定性是它在工业现场设备中应用的致命弱点和主要障碍之一。以太网由于采用冲突检测载波监听多点访问(CSMA/CD,Carrier Sense Multiple Access with Collision Detection)机制解决通信介质层的竞争,导致了非确定性的产生。因为在一系列碰撞后,报文可能会丢失,节点与节点之间的通信将无法得到保障,从而使控制系统需要的通信确定性和实时性难以保证。

随着互联网技术的发展和大面积推广应用,在网络设计上采用相应的技术可以使以太网通信确定性和实时性得到增强。比如在网络拓扑上采用星型连接代替总线型结构,使用网桥或路由器等设备将网络分割成多个网段;使用以太网交换技术,将网络冲突域进一步细化;还可以采用全双工通信技术,可以使设备端口间两对双绞线(或两根光纤)上可以同时接收和发送报文帧,从而也不再受到 CSMA/CD 的约束,这样任意节点发送报文帧时不会再发生碰撞,冲突域也就不复存在。此外,通过降低网络负载和提高网络传输速率,可以使传统共享式以太网上的碰撞大大降低。

2. 总线供电

所谓总线供电或总线馈电,是指连接到现场设备的线缆不仅传送数据信号,还能给现场设备提供工作电源。采用总线供电可以减少网络线缆,降低安装复杂性与费用,提高网络和系统的易维护性。特别是在环境恶劣与危险场合,总线供电具有十分重要的意义。由于以太网以前主要用于商业计算机通信,一般的设备或工作站(如计算机)本身已具备电源供电,没有总线供电的要求,因此传输媒体只用于传输信息。

3. 互操作性

互操作性是指连接到同一网络上不同厂家的设备之间通过统一的应用层协议进行通信与互用,性能类似的设备可以实现互换。基于以太网的工业现场设备之间的互操作性问题就是通过在以太网+TCP(UDP)/IP 协议的基础上,制定统一并适用于工业现场控制的应用层技术规范,便于实现不同自动化制造商的工控产品之间的互可操作性。

4. 网络生存性

网络生存性是指以太网应用于工业现场控制时,必须具备较强的网络可用性。任何一个系统组件发生故障,不管它是否是硬件,都会导致操作系统、网络、控制器和应用程序以致整个系统的瘫痪,说明该系统的网络生存能力非常弱。而工业以太网以其高可靠性、可恢复性、可维护性解决了其网络生存性。

5. 网络安全性

目前工业以太网已经把传统的 3 层网络系统(即信息管理层、过程监控层、现场设备层)合成一体,使数据的传输速率更快、实时性更高,同时它可以接入 Internet,实现了数据的共享,使工厂高效率地运作,但与此同时也引入了一系列的网络安全问题。对此,一般可采用网络隔离(如网关隔离)的办法。如采用具有包过滤功能的交换机将内部控制网络与外部网络系统分开。还可以采用防火墙机制,进一步实现对内部控制网络访问进行限制,防止非授权用户得到网络的访问权。

10.5.3 基于以太网的控制网络系统

目前,以太网用于控制层和设备层已是一种发展趋势,几乎所有的 PLC 和远程 I/O 供应商都能提供支持 TCP/IP 的以太网接口产品。采用以太网构架以后,控制器的位置也可以突破传统网络构架的限制,可以位于现场,也可以位于中央控制室。图 10-26 所示是采用以太网和现场总线相结合构成的新型控制网络系统,一般可分为 3 个层次,自上而下依次为信息管理层、过程监控层和现场设备层(传感/执行层)。

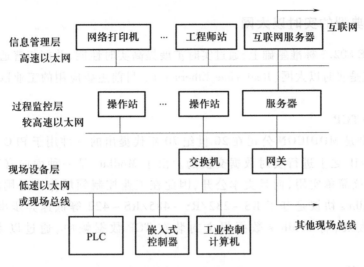

图 10-26　基于以太网的控制网络系统

1. 信息管理层

信息管理网络位于最上层,由工程师站、网络打印机、互联网服务器等组成。它主要用于企业的生产调度、计划、销售、库存、财务、人事等经营管理方面信息的传输。该层连接企业各个局域网,并通过互联网服务器完成信息的全球发布,因此位于办公室或远在千里的领导,也可以随时随地掌握企业的运转情况,使远程办公、远程领导真正成为现实。

管理层上各终端设备之间一般以发送电子邮件、下载网页、数据库查询、打印文档、读取文件等方式进行信息的交换,数据报文比较长,数据吞吐量比较大,而且数据传输的发起是随机的、无规则的。因此要求网络必须具有较大的带宽。目前企业管理网络主要由快速以太网如 100Mb/s、1000Mb/s、10Gb/s 等组成。

2. 过程监控层

过程监控网络位于中间,由操作站、服务器等组成,主要用于将采集到的现场信息置入实时数据库,进行先进控制与优化计算、集中显示、过程数据的动态趋势与历史数据查询、报表打印,并统一管理和保存,通过 WEB 浏览的方式向上层管理部门发布。

这部分网络主要由传输速率较高的网段如 10Mb/s、100Mb/s 以太网等组成。

3. 现场设备层

现场设备层网络位于最底层,主要用于控制系统中大量现场设备之间测量与控制信息以及其他信息的传输,并通过以太网接口与上层进行通信。控制设备可以是工业控制计算机(通过以太网卡接入网络交换机或交换式集线器)、PLC(带以太网卡的 PLC 通过以太网卡接入交换机或集线器,不带以太网卡的 PLC 将通过 RS-485/RS-232C 转换及工控机接入交换机或集线器)、嵌入式控制器(通过自带的以太网卡接入交换机或集线器)、现场总线控制网络(通过数据网关与以太网控制网络互联)。

这些信息报文的长度一般都比较小,通常仅为几位或几个字节,因此对网络传输的吞吐量要求不高，但对通信响应的实时性和确定性要求较高。目前现场设备网络主要由现场总线，如FF、Profibus、WorldFIP、DeviceNet、P2NET等低速网段组成。

总之，这种工业控制网络结构可以充分发挥现场总线和以太网各自的优势，使得工业生产过程的控制和管理更好地结合起来，加强企业的信息化建设。

10.5.4 几种典型的实时以太网

建立在 IEEE 802.3 标准基础上，通过实时扩展提高实时性能，并能与普通以太网无缝连接的 Ethernet，就是实时以太网（Real Time Ethernet）。目前主要应用的工业以太网协议有以下几种。

1. Modbus/TCP

Modbus/TCP 是 MODICON 公司在 20 世纪 70 年代提出的一种用于 PLC 之间通信的协议，它是在 TCP/IP 之上进行实时数据交换的。由于 Modbus 是一种面向寄存器的主从方式通信协议，协议简单实用，而且文本公开，因此在工业控制领域作为通用的通信协议使用。最早的 Modbus 协议是基于 RS-232/RS-485/RS-422 等低速异步串行通信接口，随着以太网的发展，将 Modbus 数据报文封装在 TCP 数据帧中，通过以太网实现数据通信。

2. Ethernet/IP

EtherNet/IP 指的是"以太网工业协议"（Ethernet Industrial Protocol）。它定义了一个开放的工业标准，将传统的以太网与工业协议相结合。该标准是由国际控制网络 CI 和开放设备网络供应商协会 ODVA 在工业以太网协会 IEA 的协助下联合开发，并得到了 Rockwell 公司的强大支持。其原理与 Modbus/TCP 相似，只是将 ControlNET 和 DeviceNET 使用的 CIP（Control Information Protocol）报文封装在 TCP 数据帧中，通过以太网实现数据通信。满足 CIP 的 3 种协议 Ethernet/IP、ControlNET 和 DeviceNET 共享相同的对象库、行规和对象，相同的报文可以在 3 种网络中任意传递，实现即插即用和数据对象的共享。

3. PROFInet

PROFInet 是由西门子公司和 Profibus 用户协会开发的基于以太网的自动化标准，是在 Profibus 的基础上纵向发展形成的一种综合系统解决方案。PROFInet 主要基于 Microsoft 的 DCOM 中间件，实现对象的实时通信。

4. EPA

EPA（Ethernet for Plant Automation）是在国家科技部"863"计划的支持下，由浙江大学、浙大中控、中科院沈阳自动化所、清华大学、大连理工大学等单位联合组成的工作组制定的我国拥有自主知识产权的实时以太网标准。

EPA 由现场设备级和过程监控级两级网络组成。现场设备级用于工业生产现场各种设备之间以及现场设备与过程监控级的连接；过程监控级主要用于控制室仪表、装置及人机接口之间的连接。在 EPA 系统中，将控制网络分为若干个微网段。每个微网段通过 EPA 网桥与其他网段分隔，处于不同微网段内的 EPA 设备间的通信由相应的 EPA 网桥转发控制。该规范结合工程应用实践，形成微网段化系统结构、确定性通信调度、总线供电、分层网络安全控制策略、冗余管理、基于 XML 的设备描述语言等方面的特色，并具有多种 EPA 产品，还研发了现场设备通信模块的专用 ASIC 芯片。

本 章 小 结

计算机控制网络,即网络化的计算机控制,已成为当今自动化领域技术发展中的热点。

本章首先介绍了计算机控制网络的数据通信基础知识,包括数据通信系统、数据传输编码、多路复用技术、通信同步技术与常用传输介质;然后阐述了网络拓扑结构、网络控制方法与差错控制技术等通信网络技术,并简述了网络体系结构标准——开放系统互联参考模型(OSI/RM)的 7 层组成及其功能,分析讨论了两种工业控制常用的串行通信总线——RS-232C 总线和 RS-485 总线的接口电路及通信网络;最后介绍了工业以太网及其优势、关键技术、控制网络系统和几种典型的实时以太网。

思 考 题

1. 数据通信的实质是什么?比较说明并行通信和串行通信的概念及其特点。
2. 画图说明串行通信的 3 种制式。
3. 串行异步通信和同步通信如何实现收、发双方的同步,两者有何区别?
4. CSMA/CD 和令牌传送在原理和控制策略上有什么不同?
5. 频分多路与时分多路是如何实现多路复用的?试比较两种方式的特点。
6. 设要发送的基本信息位为 11010111,附加 16 位 CRC 校验信息位,生成多项式为 $G(x) = x^{16} + x^{15} + x^2 + 1$,求发送代码多项式 $T(x)$。
7. OSI 参考模型的各层分别是什么?完成什么功能?
8. 对比说明 RS-232C 总线标准与 TTL 逻辑电平的电气特性,它们之间如何进行接口?
9. RS-232C 总线在实际应用中有几种接线方式?都应用在何种场合?
10. 结合图 10-16 与图 10-20,分析说明 PC 机与多个单片机构成的 RS-232C 通信网络。
11. 结合图 10-24 与图 10-25,分析说明 PC 机与多个单片机构成的 RS-485 通信网络。
12. 借助于以太网的控制系统有什么优点?
13. 工业以太网的关键技术是什么?
14. 新型控制网络系统可分为哪 3 个层次?简述每层的功能作用。

第 11 章 IPC 与 PLC

本章要点

1. IPC 的结构组成、总线技术和模板化结构
2. IPC 的功能特点与主要模板
3. PLC 的结构组成、工作过程和功能特点
4. S7-200 系列 PLC 的系统组成与主要模块

在采用计算机控制系统的工业生产过程中,特别是对于具有一定规模的工程项目而言,出于可靠性实时性好、功能丰富配套完善与扩充灵活开发周期短的考虑,人们更愿意选用专用于工业控制的现成的通用控制计算机。

工业控制机 IPC 与可编程控制器 PLC 是应用十分广泛但结构显著不同的两种计算机控制系统。它们不仅在中小型控制系统中担当主要控制装置,而且还可以作为大型网络控制系统中最基层的一种控制单元。

11.1 IPC 结构组成

随着计算机设计的日益科学化、合理化和标准化,计算机总线概念与模板化结构已经形成且完善起来。IPC 在硬件上,由计算机生产厂家按照某种标准总线,设计制造出符合工业标准的主机板及各种 I/O 模板,所以控制系统的设计者只要选用相应的功能模板,像搭积木似的灵活地构成各种用途的计算机控制装置;而在软件上,利用熟知的系统软件和工具软件,编制或组态出相应的应用软件,就可以非常便捷地完成对生产流程的集中控制与调度管理,并进一步向综合自动化、网络化方向发展。

11.1.1 硬件组成

为了提高 IPC 的通用性、灵活性和扩展性,IPC 的各部件均采用模板化结构,即在一块无源的并行底板总线上,插接多个功能模板组成一台 IPC 的硬件装置。其硬件组成框图如图 11-1 所示,除了构成计算机基本系统的主机板、人机接口、系统支持板、磁盘系统、通信接口板外,还有 AI、AO、DI、DO 等数百种工业 I/O 接口板可供选择。其选用的各个模板彼此通过内部总线相连,而由中央处理器(CPU)通过总线直接控制数据的传送和处理。下面分别介绍各个组成部分。

1. 内部总线和外部总线

内部总线是 IPC 内部各组成部分进行信息传送的公共通道,是一组信号线的集合。常用的内部总线有 PC 总线、STD 总线,以及 VME 总线和 MULTIbus 等总线。

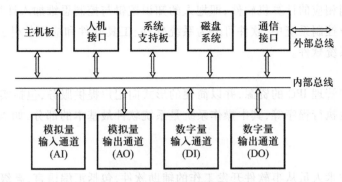

图 11-1　IPC 的硬件组成框图

外部总线是 IPC 与其他计算机或智能设备进行信息传送的公共通道。常用的外部总线有 RS-232C、RS-485 和 IEEE-488 通信总线等。

2. 主机板

主机板由中央处理器(CPU)、内存储器(RAM、ROM)等部件组成,它是 IPC 的核心。

3. 人机接口

人机接口是人与计算机交流的一种外设。它由标准的 PC 键盘、鼠标、显示器和打印机等组成。

4. 系统支持板

IPC 的系统支持板主要包括如下部分:

(1) 程序运行监视系统,即看门狗定时器:当系统出现异常时能使系统自动恢复运行。

(2) 电源掉电检测:其目的是及时检测到电源掉电后,立即保护当时的重要数据和各寄存器的状态。

(3) 保护重要数据的后备存储器:采用带有后备电池的 SRAM、NOVRAM、EEPROM,能在系统掉电后保证数据不丢失。

(4) 实时日历时钟:用于定时自动执行某些控制功能和自动记录某个控制是在何时发生的。

5. 磁盘系统

磁盘系统有半导体虚拟磁盘以及通用的软磁盘和硬磁盘。

6. 通信接口

通信接口是 IPC 和其他计算机或智能外设的接口,常用的接口有 RS-232C、RS-485 和 IEEE-488 等。

7. 输入/输出模板

输入/输出模板是 IPC 和生产过程之间信号传递和变换的连接通道。它包括模拟量输入(AI 或 A/D)模板、模拟量输出(AO 或 D/A)模板,数字量输入(DI)模板、数字量输出(DO)模板等种类。

由于输入或输出均涉及到生产现场被控参数的种类、个数、精度、干扰等等,因而其该类模板是系统中性能差异最大,品种类型最多,也是用户选择最为丰富的一种。在第 2 章至第 4 章、第 8 章讨论过的接口电路技术就是此类模板的构成基础,也是选用这类模板性能指标的理论依据。

11.1.2　软件组成

IPC 的硬件构成了工业控制机系统的设备基础,要真正实现生产过程的计算机控制,必须为硬件提供或研制相应的计算机软件,即把人的知识逻辑与控制思维加入计算机中,才能实现控制任务。在工业控制系统中,软件可分为系统软件、工具软件和应用软件三大部分,有时也将工具软件归于系统软件。

1. 系统软件

系统软件用来管理 IPC 的资源,并以简便的形式向用户提供服务,包括实时多任务操作系统、引导程序、调度执行程序等,其中操作系统是系统软件最基本的部分,如 MS–DOS 和 Windows 等系统软件。

2. 工具软件

工具软件是技术人员从事软件开发工作的辅助软件,包括汇编语言、高级语言、编译程序、编辑程序、调试程序、诊断程序等,借以提高软件生产效率,改善软件产品质量。

3. 应用软件

应用软件是系统设计人员针对某个生产过程现时编制的控制和管理程序,它往往涉及应用领域的专业知识。它包括过程输入程序、过程控制程序、过程输出程序、人机接口程序、打印显示程序和控制程序等。

当今工业自动化的发展趋势是计算机控制技术的控制与管理一体化,以便适应不断变化的市场需求。而工业控制的应用软件就起着关键性的作用,因此它应具有通用性、开放性、实时性、多任务性和网络化的特点。

现在许多专业化公司开发生产了商品化的工业控制软件,如数据采集软件、工控组态软件、过程仿真软件等,这些都为应用软件的开发提供了绝佳的使用平台。

11.2 IPC 总线结构

IPC 的模板结构正是依存于它的总线结构。总线是一组信号线的集合,它定义了各引线的信号特性、电气特性和机械特性。使计算机机箱内各模板之间以及主机与外部设备之间建立起信号联系,进行信息传送和通信。因此总线是 IPC 的重要组成部分,它分内部总线与外部总线两种。

11.2.1 内部总线

内部总线是指 IPC 内部各个功能模板之间的信息通路,它是构成完整的计算机系统的内部信息枢纽,也称为系统总线。尽管各种总线的引线数目不同,但按功能都是分为数据总线 DB、地址总线 AB、控制总线 CB 和电源总线 PB 四大部分。

内部总线是一块置于机箱内的无源底板上的多组并列插槽,各插槽上的同号引脚是电气相连的,从而完成插入槽内的各功能模板之间的信息传送(可参见图 11–4)。显然,内部总线对计算机设计者和用户都是十分重要的一种设计标准。采用总线标准设计、组装的计算机模板与设备的兼容性很强,因为接插件的机械尺寸、各引脚的信号定义、逻辑关系、时序要求和驱动能力等都遵守统一的总线标准。

由于历史的原因,存在着多种总线标准。目前工控领域里应用最广的两种总线是 STD 总线和 PC 总线。

1. STD 总线

STD 总线是美国 PRO–LOG 公司 1978 年推出的一种工业控制计算机的标准系统总线,

STD 是 Standard 的缩写。该总线结构简单,全部 56 根引脚线都有确切的定义。STD 总线定义了一个 8 位微处理器总线标准,其中有 8 根数据线、16 根地址线、22 根控制线和 10 根电源线,可以兼容各种通用的 8 位微处理器,如 8080、8085、6800、Z80、NSC800 等。通过采用周期窃取和总线复用技术,还可以定义 16 根数据线、24 根地址线,使 STD 总线升级为 8 位/16 位微处理器兼容总线,可以容纳 16 位微处理器,如 8086、68000、80286、80386 等。

表 11-1 列出了 STD 总线的 56 根引脚分配,其中:电源线和辅助电源线为引脚 1～6 和 53～56,数据总线为引脚 7～14,地址总线为引脚 15～30,控制总线为引脚 31～52。

表 11-1 STD 总线 56 根引脚分配

		元 件 面				线 路 面		
	引脚	名称	流向	说明	引脚	名称	流向	说明
逻辑电源	1	V_{CC}	入	+5V(DC)	2	V_{CC}	入	+5V(DC)
	3	GND	入	逻辑地	4	GND	入	逻辑地
	5	$V_{BB}1^\#/V_{BAT}$	入	偏压 1#/后备电源	6	$V_{BB}2^\#/DCP$	入	偏压 2#/直流掉电信号
数据总线	7	D_3/A_{19}	入/出	数据总线/地址扩展	8	D_7/A_{23}	入/出	数据总线/地址扩展
	9	D_2/A_{18}	入/出		10	D_6/A_{22}	入/出	
	11	D_1/A_{17}	入/出		12	D_5/A_{21}	入/出	
	13	D_0/A_{16}	入/出		14	D_4/A_{20}	入/出	
地址总线	15	A_7	出	地址总线	16	A_{15}/D_{15}	出/入	地址总数/数据总线扩展
	17	A_6	出		18	A_{14}/D_{14}	出/入	
	19	A_5	出		20	A_{13}/D_{13}	出/入	
	21	A_4	出		22	A_{12}/D_{12}	出/入	
	23	A_3	出		24	A_{11}/D_{11}	出/入	
	25	A_2	出		26	A_{10}/D_{10}	出/入	
	27	A_1	出		28	A_9/D_9	出/入	
	29	A_0	出		30	A_8/D_8	出/入	
控制总线	31	$\overline{WR}$	出	写存储器或 I/O	32	$\overline{RD}$	出	读存储器或 I/O
	33	$\overline{IORQ}$	出	I/O 地址请求	34	$\overline{MEMRQ}$	出	存储器地址要求
	35	$\overline{IOEXP}$	入/出	I/O 扩展	36	$\overline{MEMEX}$	入/出	存储器扩展
	37	$\overline{REFRESH}$	出	刷新定时	38	$\overline{MCSYNC}$	出	CPU 机器周期同步
	39	$\overline{STATUS1}$	出	CPU 状态	40	$\overline{STATUS0}$	出	CPU 状态
	41	$\overline{BUSAK}$	出	总线响应	42	$\overline{BUSRQ}$	入	总线请求
	43	$\overline{INTAK}$	出	中断响应	44	$\overline{INTRQ}$	入	中断请求
	45	$\overline{WAITRQ}$	入	等待请求	46	$\overline{NMIRQ}$	入	非屏蔽中断
	47	$\overline{SYSRESET}$	出	系统复位	48	$\overline{PBRESET}$	入	按钮复位
	49	CLOCK	出	处理器时钟	50	CRTRL	入	辅助定时
	51	PCO	出	优先级链输出	52	PCI	入	优先级链输入
控制电源	53	AUXGND	入	辅助地	54	AUXGND	入	辅助地
	55	AUX + V	入	辅助正电源(+12V(DC))	56	AUX - V	入	辅助负电源(-12V(DC))

注:——表示低电平有效

1987年,STD总线被国际标准化会议定名为IEEE961。随着32位微处理器的出现,通过采用附加金手指或系统总线与局部总线转换等技术,1989年美国的EAITECH公司又开发出对32位微处理器兼容的STD32总线。

STD总线IPC由于具有小模板结构、开放式结构和兼容式总线结构的几大优点,以及价格较低,因而成为20世纪80年代~90年代的主流机型。

2. PC总线

PC总线是IBM PC总线的简称,PC总线因IBM PC及其兼容机的广泛普及而成为全世界用户承认的一种事实上的标准。PC总线IPC,或称为工业PC机即IPC,即是脱胎于IBM PC机发展起来的。

IBM PC总线共有62根引脚线,其CPU是Intel公司准16位的8088或16位的8086,随着CPU的更新换代,PC总线也随之扩充,诸如支持80286CPU的ISA总线、支持80486和奔腾系列的PCI总线、VESA总线等。

表11-2列出了PC总线的62根引脚分配,其中:电源线和辅助电源线为11根,数据总线为8根,地址总线为20根,控制总线为21根,另外还有外态线2根,即 $\overline{I/O\ CHCK}$(I/O通道检查)、I/O CH RDY(I/O通道准备好)。

表11-2　PC总线62根引脚分配

B面引脚	符号	名称	A面引脚	符号	名称
B_1	GND	地	A_1	$\overline{I/O\ CHCK}$	I/O通道校验
B_2	RESET DRV	复位	A_2	D_7	
B_3	+5V	电源	A_3	D_6	
B_4	IRQ_2	中断请求2	A_4	D_5	
B_5	-5V	电源	A_5	D_4	8条数据总线(双向)
B_6	DRQ_2	DMA请求2	A_6	D_3	
B_7	-12V	电源	A_7	D_2	
B_8	$\overline{RESERVED}$	保留	A_8	D_1	
B_9	+12V	电源	A_9	D_0	
B_{10}	GND	地	A_{10}	I/O CH RDY	I/O通道准备就绪
B_{11}	$\overline{MEMW}$	存储器写	A_{11}	AEN	DMA控制
B_{12}	$\overline{MEMR}$	存储器读	A_{12}	A_{19}	
B_{13}	$\overline{IOW}$	输入输出写	A_{13}	A_{18}	
B_{14}	$\overline{IOR}$	输入输出读	A_{14}	A_{17}	
B_{15}	$\overline{DACK_3}$	DMA响应3	A_{15}	A_{16}	
B_{16}	DRQ_3	DMA请求3	A_{16}	A_{15}	20条地址线
B_{17}	$\overline{DACK_1}$	DMA响应1	A_{17}	A_{14}	
B_{18}	DRQ_1	DMA请求1	A_{18}	A_{13}	
B_{19}	$\overline{DACK0}$	DMA响应0	A_{19}	A_{12}	
B_{20}	CLOCK	时钟	A_{20}	A_{11}	

(续)

B面引脚	符号	名称	A面引脚	符号	名称
B_{21}	$\overline{IRQ_7}$	中断请求7	A_{21}	A_{10}	
B_{22}	$\overline{IRQ_6}$	中断请求6	A_{22}	A_9	
B_{23}	$\overline{IRQ_5}$	中断请求5	A_{23}	A_8	
B_{24}	$\overline{IRQ_4}$	中断请求4	A_{24}	A_7	
B_{25}	$\overline{IRQ_3}$	中断请求3	A_{25}	A_6	
B_{26}	$\overline{DACK_2}$	DMA响应2	A_{26}	A_5	20条地址线
B_{27}	T/C	终止计数	A_{27}	A_4	
B_{28}	ALE	地址锁存使能	A_{28}	A_3	
B_{29}	+5V	电源	A_{29}	A_2	
B_{30}	OSC	主振信号	A_{30}	A_1	
B_{31}	+GND	地	A_{31}	A_0	

注：——表示低电平有效

PC总线IPC由于既兼顾了STD总线IPC的抗干扰性能，又与PC机及其不断升级的硬件、软件资源完全兼容，因而近年来已成为工控领域中的主流机型。

11.2.2 外部总线

外部总线是指计算机与计算机之间、计算机与远程终端之间、计算机与外部设备以及测量仪器仪表之间的信息通路，常称为通信总线。通信总线的数据传输方式可以是并行的，也可以是串行的，可分别称为并行通信总线和串行通信总线。详见第10章。

11.3 IPC功能特点

IPC是一种专用于工业场合下的控制计算机。一方面工业环境常常处于高温、高湿、腐蚀、振动、冲击、灰尘，以及电磁干扰严重、供电条件不良等恶劣环境中；另一方面工业生产过程因行业、原料、产品的不同，而使生产过程、工艺要求也五花八门。这些都是工业自动化控制中要解决的重要课题。由于IPC采用了总线技术和模板化结构，再加上采取了多重抗干扰措施，因而使IPC系统具有其他计算机系统无法比拟的功能特点。

1. 可靠性和可维修性好

可靠性和可维修性是生产过程中两个非常重要的先决因素，它们决定着系统在控制上的可用程度。可靠性的简单含义是指设备在规定的时间内运行不发生故障，可维修性是指工业控制机发生故障时，维修快速、简单方便。

IPC把计算机系统的各种功能分解到每一块只具备单一功能的模板上。而模板结构的小型化，使之机械强度好，抗震动能力强；模板功能的单一，便于对系统故障的诊断与维修，甚至可做到模板的带电插拔；模板的线路设计布局合理，即由总线缓冲模块到功能模块、再到I/O驱动输出模块，使信号流向基本为直线到达，降低了信号间的相互干扰；另外在结构配置上还采取了许多措施，如密封机箱正压送风，使用工业电源，带有看门狗系统支持板等。所有这一切多重抗干扰措施都大大提高了系统的可靠性和可维护性。

2. 通用性和扩展性好

通用性和扩展性也是生产过程中两个重要的因素,它们关系着系统在控制领域中的使用范围。通用性的简单含义是指适合于各种行业、各种工艺流程或设备的自动化控制,扩展性是指当工艺变化或生产扩大时,IPC 能灵活地扩充或增加功能。

IPC 针对各种控制对象进行分析与综合后,设计出几大类上百个不同功能的输入/输出模板,足以满足各种需求。比如某工控公司的模拟量输入模板有如下几种主要产品:二阶有源低通滤波器板、4 路/8 路热电阻信号调理板、16 路差分输入 I/V 变换板、32 路单端输入 I/V 变换板、64 路带光隔模拟量输入扩展板等。

所以通过对模板品种和数量的选择与组合,并插入底板总线插槽,就十分方便地配置成不同生产过程所需要的 IPC。其灵活性、通用性和扩展性显而易见。

3. 软件丰富编程趋向组态

IPC 已配备完整的操作系统、适合生产过程控制的工具软件以及各种控制软件包。工业控制软件正向结构化、组态化方向发展,详情见第 13 章。

4. 控制实时性强

IPC 配有实时操作系统和中断系统,因而具有时间驱动和事件驱动能力,能对生产过程的工况变化实时地进行监视和控制。

5. 精度和速度适当

一般生产过程,对于精度和运算速度要求并不苛刻。通常字长为 8 位 ~ 32 位,速度在每秒几万次至几百万次。但随着自动化程度的提高,对于精度和运算速度的要求也在不断提高,IPC 相应地也配有不同层次的机型。

总之,总线式 IPC 具有小型化、模板化、组合化、标准化的设计特点,能满足不同层次、不同控制对象的需要,又能在恶劣的工业环境中可靠地运行。因而,它广泛应用于各种控制场合,尤其是中等规模的控制系统中。

11.4 IPC 产品简介

目前国内外生产总线式 IPC 的专业厂家很多,著名品牌比比皆是,如爱瑞、研华、研祥、凌华、中泰、康泰克、康拓、威达、华控、浪潮等。现以深圳研祥工控集团研制的 PC 总线工业计算机产品为例做一说明。

研祥的 PC 总线工业计算机共有 14 种系列:工业计算机机箱,工业一体化工作站,工业平板电脑/显示器,便携式工业计算机,工业级 CPU 卡,工业级底板,工业计算机外设,亚当系列远端数据采集与控制模块,基于 ISA 总线数据采集与控制卡,基于 PC 总线数据采集与控制卡,端子板和附件,工业通信,应用软件等;每一种系列又有几种至十几种规格型号。以下简单介绍公司的几种产品。

11.4.1 工业计算机机箱

研祥的机箱按带不带底板和电源,安装形式是桌面、壁挂还是上架以及尺寸长度不同等,又可分为二十几种型号。图 11 - 2 所示为 IPC - 810/811 型号的 14 槽上架型计算机机箱。

其产品特性为:19 英寸上架型,符合 EIA RS - 310C 标准,14 槽 ISA/PCI/PICMG 无源底板,提供三个 3.5 英寸和两个 5.25 英寸磁盘驱动器空间,前面板带电源开关,CPU 复位按钮,

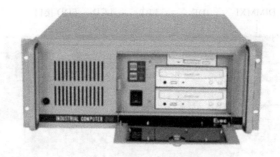

图 11-2 IPC-810/811 机箱

键盘锁开关,电源开关 LED 和 HDD LED,防尘带锁门保护控制部件,前后面板均带键盘接口,防止插卡振动的防震压条,支持 PS/2 规格电源,尺寸为 177mm(高)×482mm(宽)×452mm(深),支持 ATX 母板。

11.4.2 工业级底板

研祥的底板按插槽种类、槽数多少、电源种类以及配置不同等,又可分为三十几种型号。图 11-3 所示为 IPC-6114P4A 型号的 14 槽底板。

图 11-3 IPC-6114P4A 14 槽底板

产品规格:最大扩展槽 14,最大分段 1,ISA 槽 9,PCI 槽 4,PICMG 槽 1,电源 LED ±5V、±12V、+3V,可能配置 14(1-PCI 系统),尺寸为 322mm×300mm。

11.4.3 工业级 CPU 卡

研祥的 CPU 卡按 CPU 种类、存储器容量、显示方式、主板长短以及 I/O 接口不同等,又可分为十几种型号。图 11-4 所示为 IPC-586VDNH(GX)CPU 卡。

1. 产品简介

IPC-586VDNH(GX)采用美国国家半导体公司低功耗 586 级处理器 GX1 系列设计,单 5V 供电,板上集成了 VGA/LCD 控制器,支持 18 位 TFT 显示;作为 486 及以下主板替代产品,IPC-586VDNH(GX)支持 168 线内存(代替 30 线、72 线旧产品),网络接口升速至 100Mb/s,增加了两个广泛使用的 USB 接口,处理器达到 586 多媒体级性能,在 0℃~60℃工作范围内无

图 11 - 4 IPC - 586VDNH(GX)CPU 卡

需风扇,极大提高了系统的可靠性。IPC - 586VDNH(GX)既可通过工业底版机箱组成工业级应用产品,也可作为嵌入式单板使用。可广泛应用于工业产品、仪器仪表、Internet 设备、各种智能仪器仪表。

2. 产品规格

总线类型:ISA 总线半长卡。

处理器:板上增强型低功耗 NS GXLV 2.2V 200MHz/233MHz CPU,无需 CPU 风扇可正常工作。

系统芯片集:NS Cx5530A。

系统内存:168 线 DIMM×1,最大 128MB 内存。

BIOS:Award PnP BIOS。

在板视频:NS CX5530 支持 CRT/LCD 显示,显示内存 1.5MB ~ 4MB,分辨率 1024×768×24(CRT)、1024×768×18(LCD)、18 位 TFT LCD 接口。

在板 LAN:RTL8139C 10/100Mb/s Ethcrnet 控制器,RJ - 45 接口。

固态盘接口:M - System DiskOnChip Flash 盘。

IDE 控制器:一个 Ultra DMA33 通道,可接 2 个设备。

USB 接口:2 个 USB 接口。

多 I/O 接口:PC97317I/O 接口芯片,一个 FDD 接口,一个并口,一个 RS - 232 接口,一个 RS - 232/422/485 接口,一个键盘,一个鼠标接口,一个 115kb/s IrDA 接口。

电源: +5V 单电源。

扩充总线:PC/104 扩充总线。

外形尺寸:185mm×122mm。

工作温度:0℃ ~ 60℃。

相对湿度;5% ~ 90%,非凝结。

11.4.4 PCI 总线 I/O 卡

研祥的 I/O 卡按模拟量输入路数与极性、采样速率、模拟量输出范围以及数字 I/O 通道的不同等,又可分为十余种型号。图 11-5 所示为 PCI-64AD 系列数据采集与控制卡。

图 11-5　PCI-64AD 系列 I/O 卡

1. 特性

32 位 PCI 总线,即插即用;

64 路单端或 32 路双端模拟输入通道;

双极性模拟输入范围;

板上 A/D 带有 1KB FIFO 内存;

自动扫描通道选择;

最高至 100kHz 采样速率;

可编程增益 ×1、×10、×100、×1000;

软件触发、定时器触发和外部触发 3 种触发模式;

16 通道 DI 和 16 DO;

紧凑型,半长 PCB。

2. 规格

模拟量输入(A/D):

转换器和分辨率:12 位 ADS774 或兼容芯片。

通道数:64 单端/32 双端。

模拟信号输入范围(软件控制):

双极性: ±10V、±1V、±0.1V、±0.01V。

转换时间:8μs。

数据吞吐量:100kHz(最大)。

过电压保护:连续 ±35V 最大。

精度:增益为 1 或 10 时,精度为 1% ±1LSB;增益为 100 或 1000 时,精度为 0.02% ± 1LSB。

输入阻抗:10MΩ。

触发模式:软件、定时触发或外部触发。

数据传输:程序控制、中断。

FIFO 大小:1024B。

3. 可编程计数器

器件:8254。

A/D 定时触发器:32 位定时器(两个 16 位计数器级连),带一个 2MHz 的时基。

定时触发器输出:0.00046Hz ~ 0.5MHz。

4. 通用规范

工作温度:0℃ ~ 55℃。

储存温度:-20℃ ~ 80℃。

湿度:5% ~ 95%,无凝结。

功耗:+5V,600mA 典型值;+12V,100mA 典型值。

尺寸:紧凑型,107mm × 172mm。

5. 数字 I/O

输入通道数:16 DI。

输出通道数:16 DO。

信号类型:TTL 兼容。

11.5 PLC 结构组成

与 IPC 在功能应用上并驾齐驱而又在结构组成上大相径庭的是可编程控制器,即 PLC。由于其自身一方面向高性能、高速度、大容量发展,另一方面又注重发展微型机,以及智能型 I/O 模块和分布式子系统,从而使 PLC 成为应用场合最多、使用最普及的另一种通用工业控制装置。

尽管目前世界上出现了几十种品牌的 PLC,而且它们的指令系统与编程语言都不相同,但其结构组成却大致一样。如图 11-6 所示,PLC 主要由 CPU 模块、输入模块、输出模块、编程装置和电源等组成。

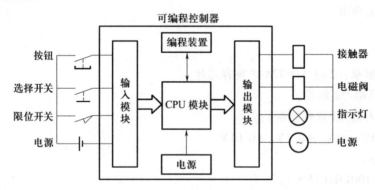

图 11-6 PLC 的结构及系统

11.5.1 CPU 模块

在 PLC 控制系统中,CPU 模块相当于人的大脑,它不断地采集输入信号,执行用户程序,刷新系统的输出。CPU 模块主要由 CPU 芯片和存储器组成。

1. CPU 芯片

CPU 芯片负责输入/输出处理、程序解算、通信处理等功能。一般 PLC 使用下列 CPU

芯片：

(1) 通用微处理器，如 Intel 公司的 8086、80186 到 Pentium 系列芯片。

(2) 单片微处理器(单片机)，如 Intel 公司的 MCS-96 系列单片机。

(3) 位片式微处理器，如 AMD 2900 系列位片式微处理器。

2. 存储器

存储器分为系统程序存储器和用户程序存储器两种：系统程序存储器用来存放 PLC 的系统软件；用户程序存储器用来存放 I/O 状态及用户程序。

PLC 使用以下几种物理存储器：

(1) 随机存储器 RAM。用户可以用编程装置读出 RAM 中的内容，也可以将用户程序写入 RAM，因此 RAM 又叫读/写存储器。它是易失性的存储器，在电源中断后，储存的信息将会丢失。

RAM 的工作速度高，价格便宜，改写方便。在关闭 PLC 的外部电源后，可用锂电池保存 RAM 中的用户程序和某些数据。锂电池可用 2 年~5 年，需要更换锂电池时，由 PLC 发出信号，通知用户。现在部分 PLC 仍用 RAM 来储存用户程序。

(2) 只读存储器 ROM。ROM 的内容只能读出，不能写入。它是非易失的，在电源消失后，仍能保存储存的内容。ROM 一般用来存放 PLC 的系统程序。

(3) 可电擦除可编程的只读存储器 EEPROM。它是非易失性的，可以用编程装置对它编程，兼有 ROM 的非易失性和 RAM 的随机存取优点，但是将信息写入它所需的时间比 RAM 长得多。EEPROM 用来存放用户程序和需长期保存的重要数据。

11.5.2 I/O 模块

输入(Input)模块和输出(Output)模块简称为 I/O 模块，它们是系统的眼、耳、手、脚，是联系外部现场和 CPU 模块的桥梁。

输入模块用来接收和采集输入信号。数字量输入模块用来接收从按钮、选择开关、数字拨码开关、限位开关、接近开关、光电开关、压力继电器等来的数字量输入信号；模拟量输入模块用来接收电位器、测速发电机和各种变送器提供的连续变化的模拟量电流电压信号。数字量输出模块用来控制接触器、电磁阀、电磁铁、指示灯、数字显示装置和报警装置等输出设备，模拟量输出模块用来控制调节阀、变频器等执行装置。

CPU 模块的工作电压一般是 5V(DC)，而 PLC 的输入/输出信号电压一般较高，如 24V(DC)或 220V(AC)。从外部引入的尖峰电压和干扰噪声可能损坏 CPU 模块中的元器件，或影响 PLC 的正常工作。在 I/O 模块中，用光耦隔离器、小型继电器等器件来隔离外部输入电路或负载。I/O 模块除了传递信号外，还有电平转换与隔离的作用。

各 I/O 点的通断状态均用发光二极管显示，外部接线一般接在模块面板的接线端子上。

1. 输入模块

输入电路中设有 RC 滤波电路，以防止由于输入触点抖动或外部干扰脉冲引起错误的输入信号。滤波电路延迟时间的典型值为 10ms~20ms(信号上升沿)和 20ms~50ms(信号下降沿)，输入电流为数毫安。

交流输入方式适合于在有油雾、粉尘的恶劣环境下使用，输入电压有 110V、220V 两种。直流输入电路的延迟时间较短，可以直接与接近开关、光电开关等电子输入装置连接。

2. 输出模块

输出模块的功率放大元件有驱动直流负载的大功率晶体管和场效应管、驱动交流负载的双向晶闸管，以及既可以驱动交流负载又可以驱动直流负载的小型继电器。输出电流的典型值为 0.5A~2A，负载电源由外部现场提供。

晶体管型与双向晶闸管型模块分别用于直流负载和交流负载，它们的可靠性高，反应速度快，寿命长，但是过载能力稍差。继电器输出模块的使用电压范围广，导通压降小，承受瞬时过电压和过电流的能力较强，但是动作速度较慢，寿命（动作次数）有一定的限制。如果系统输出量的变化不是很频繁，建议优先选用继电器型的。

除了输入模块和输出模块，还有一种既有输入电路又有输出电路的模块，输入、输出的点数一般相同，这使用户在确定 PLC 系统的硬件配置上更为方便。

11.5.3 编程装置

编程装置用来生成用户程序，并对它进行编辑、检查和修改。手持式编程器不能直接输入和编辑梯形图，只能输入和编辑指令表程序，因此又叫做指令编程器。它的体积小，价格便宜，一般用来给小型 PLC 编程，或者用于现场调试和维修。

现在多数情况是使用基于个人计算机 PC 的编程软件，可以在计算机屏幕上直接生成和编辑梯形图、指令表、功能块图和顺序功能图程序，并可以实现不同编程语言的相互转换。程序被编译后下载到 PLC，也可以将 PLC 中的程序上传到计算机。程序可以存盘或打印，通过网络，还可以实现远程编程和传送。

可以用编程软件设置 PLC 的各种参数。通过通信，可以显示梯形图中触点和线圈的通断情况，以及运行时 PLC 内部的各种参数，对于查找故障非常有用。

11.5.4 电源

PLC 使用 220V 交流电源或 24V 直流电源。内部的开关电源为各模块提供 5V、±12V、24V 等直流电源。小型 PLC 一般都可以为输入电路和外部的电子传感器（如接近开关）提供 24V 直流电源，驱动 PLC 负载的直流电源一般由用户提供。

11.5.5 PLC 的物理结构

针对不同控制点数，PLC 在物理结构上分为整体式和模块式两种。

1. 整体式 PLC

整体式又叫做单元式或箱式，它的体积小、价格低，小型 PLC 一般采用整体式结构。

整体式 PLC 是将图 11-6 所示的 CPU 模块、I/O 模块和电源装在一个箱型机壳内，称为基本单元，如德国西门子的 S7-200 系列 PLC（图 11-7）。图中的"前盖"下面有 RUN/STOP 开关、模拟量电位器和扩展 I/O 连接器。S7-200 系列 PLC 提供多种具有不同 I/O 点数的 CPU 模块和数字量、模拟量 I/O 扩展模块供用户选用。CPU 模块和扩展模块用扁平电缆连接，可选用不同型号的 I/O 扩展单元来改变输入/输出的通道点数。

整体式 PLC 还配备有许多专用的特殊功能模块，如模拟量输入/输出模块、热电偶、热电阻模块、通信模块等，使 PLC 的功能得到扩展。

2. 模块式 PLC

大、中型 PLC 如西门子的 S7-300 和 S7-400 系列一般采用模块式结构，用搭积木的方式

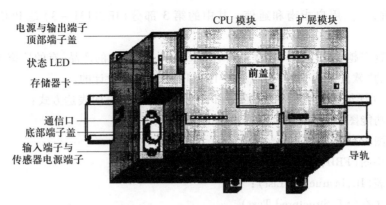

图 11-7　S7-200 PLC

组成系统,它由机架和模块组成,如图 11-8 所示。模块插在模块插座上,后者焊在机架中的总线连接板上。PLC 厂家备有不同槽数的机架供用户选用,如果一个机架容纳不下所选用的模块,可以增设一个或数个扩展机架,各机架间用 I/O 扩展电缆相连。这种模块式结构类似于总线式 IPC,不同的是 IPC 模板插装在封闭的机箱内,而 PLC 呈敞开型,一般架装在控制柜内。

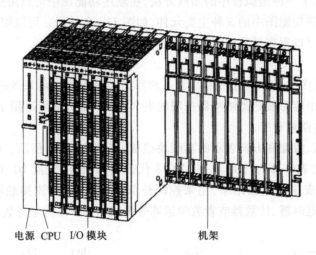

图 11-8　S7-400 模块式 PLC

用户可以选用不同档次的 CPU 模块、品种繁多的 I/O 模块和特殊功能模块,对硬件配置的选择余地较大,维修时更换模块也很方便。

整体式 PLC 每一 I/O 点的平均价格比模块式的便宜,在小型控制系统中上一般采用整体式结构。但是模块式 PLC 的硬件组态方便灵活,I/O 点数的多少、输入点数与输出点数的比例、I/O 模块的种类和块数、特殊 I/O 模块的使用等方面的选择余地都比整体式 PLC 大得多,维修时更换模块、判断故障范围也很方便。因此较复杂的、要求较高的系统一般选用模块式 PLC。

11.6　PLC 编程语言

国际电工委员会 IEC 于 1994 年 5 月公布了可编程控制器标准(IEC1131),该标准鼓励不同的 PLC 制造商提供在外观和操作上相似的指令。它由以下 5 部分组成:通用信息、设备与测试要求、编程语言、用户指南和通信。其中的第 3 部分(IEC1131-3)是 PLC 的编程语言标准。

目前已有越来越多的生产厂家提供符合 IEC1131-3 标准的产品,有的厂家推出的在个人计算机上运行的"软件 PLC"软件包也是按 IEC1131-3 标准设计的。

IEC1131-3 详细地说明了句法、语义和下述 5 种编程语言的表达方式：

(1) 顺序功能图(SFC,Sequential Function Chart);

(2) 梯形图(LD,Ladder Diagram);

(3) 功能块图(FBD,Function Block Diagram);

(4) 指令表(IL,Instruction List);

(5) 结构文本(ST,Structured Text)。

标准中有两种图形语言——梯形图和功能块图,两种文字语言——指令表和结构文本,可以认为顺序功能图是一种结构块控制程序流程图。

1. 顺序功能图(SFC)

这是一种位于其他编程语言之上的图形语言,用来编制顺序控制程序。

顺序功能图提供了一种组织程序的图形方法,在顺序功能图中可以用别的语言嵌套编程。步、转换和动作是顺序功能图中的 3 种主要元件,如图 11-9 所示。可以用顺序功能图来描述系统的功能,根据它可以很容易地画出梯形图程序。

2. 梯形图(LD)

梯形图是用得最多的 PLC 图形编程语言。梯形图与继电器控制系统的电路图很相似,具有直观易懂的优点,很容易被熟悉继电器控制的电气人员掌握,特别适用于开关量逻辑控制。有时把梯形图称为电路或程序。

梯形图是由触点、线圈和方框表示的功能块组成,如图 11-10 所示。触点代表逻辑输入条件,如 I0.1、I0.2 代表外部的开关、按钮,M0.3 代表内部条件;线圈 Q1.1(西门子公司是用大括号表示线圈)代表逻辑输出结果,用来控制外部的指示灯、交流接触器或内部的输出条件;功能块用来表示定时器、计数器或者数学运算等附加指令,C5 为增计数器。

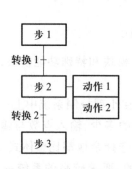

图 11-9 顺序功能图

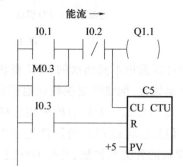

图 11-10 梯形图

在分析梯形图中的逻辑关系时,为了借用继电器电路图的分析方法,可以想象左右两侧垂直母线之间有一个左正右负的直流电源电压,S7-200 的梯形图中省略了右侧的垂直母线。当图 11-10 中的 I0.1 与 I0.2 的触点接通,或 M0.3 与 I0.2 的触点接通时,有一个假想的"能流"(Power Flow)流过 Q1.1 的线圈。利用能流这一概念,可以帮助我们更好地理解和分析梯形图,能流只能从左向右流动。同样,若 I0.3 触点接通,对计数器 C5 清零,若 I0.3 触点在不接通的状态中,每次 Q1.1 的上升沿,计数器 C5 将自动增加 1。

触点和线圈等组成的独立电路称为网络(Network),用编程软件生成的梯形图和语句表程序中有网络编号,允许以网络为单位,给梯形图加注释。在网络中,程序的逻辑运算按从左到右的方向执行,与能流的方向一致。各网络按从上到下的顺序执行,执行完所有的网络后,返回最上面的网络重新执行。

使用编程软件可以直接生成和编辑梯形图,并将它下载到 PLC 中。

3. 功能块图(FBD)

这是一种类似于数字逻辑门电路的编程语言,有数字电路基础的人很容易掌握。如图 11-11(a)所示,该编程语言用类似与门、或门的方框来表示逻辑运算关系,方框的左侧为逻辑运算的输入变量,右侧为输出变量,输入端的小圆圈表示"非"运算,方框被"导线"连接在一起,信号自左向右流动。图 11-11(a)中的控制逻辑与图 11-10 中除计数器 C5 外的其余部分相同。西门子公司的 LOGO! 系列微型可编程控制器使用功能块图语言。除此之外,国内很少有人使用功能块图语言。

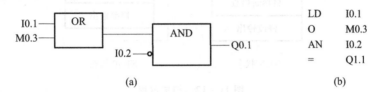

图 11-11 功能块图与语句表
(a)功能块图;(b)语句表。

4. 语句表(STL)

S7 系列 PLC 将指令表称为语句表。PLC 的指令是一种与计算机汇编语言中的指令相似的助记符表达式,如图 11-11(b)所示。由指令组成的程序叫做指令表程序或语句表程序。

语句表比较适合熟悉 PLC 和逻辑程序设计的经验丰富的程序员,语句表可以实现某些不能用梯形图或功能块图实现的功能。

S7-200 CPU 在执行程序时要用到逻辑堆栈,梯形图和功能块图编辑器自动地插入处理栈操作所需要的指令。在语句表中,必须由编程人员加入这些堆栈处理指令。

5. 结构文本(ST)

结构文本是为 IEC1131-3 标准创建的一种专用的高级编程语言。与梯形图相比,它能实现复杂的数学运算,编写的程序非常简洁和紧凑。

在 S7-200 的编程软件中,用户可以选用梯形图、功能块图和语句表这三种编程语言。语句表不使用网络,但是可以用 Network 这个关键词对程序分段,这样的程序可以转换为梯形图。

语句表程序较难阅读,其中的逻辑关系很难一眼看出,所以在设计复杂的开关量控制程序时一般使用梯形图语言。语句表可以处理某些不能用梯形图处理的问题,梯形图编写的程序一定能转换为语句表。

梯形图程序中输入信号与输出信号之间的逻辑关系一目了然,易于理解,与继电器电路图的表达方式极为相似,设计开关量控制程序时建议选用梯形图语言。语句表输入方便快捷,梯形图中功能块对应的语句只占一行的位置,还可以为每一条语句加上注释,便于复杂程序的阅读。在设计通信、数学运算等高级应用程序时建议使用语句表语言。

PLC 的控制程序可由主程序、子程序和中断程序组成。

11.7 PLC 工作过程

PLC 通电后,需要对硬件和软件做一些初始化的工作。为了使 PLC 的输出及时地响应各种输入信号,初始化后反复不停地分阶段处理各种不同的任务,如图 11-12 所示。这种周而复始的循环工作方式称为扫描工作方式。

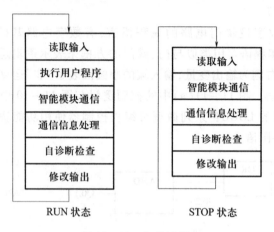

图 11-12 扫描过程

1. 读取输入

在 PLC 的存储器中,设置了一块区域来存放输入信号和输出信号的状态,它们分别称为输入映像寄存器和输出映像寄存器。CPU 以字节(8 位)为单位来读写输入/输出(I/O)映像寄存器。

在读取输入阶段,PLC 把所有外部数字量输入电路的开、断(1/0)状态读入输入映像寄存器。外接的输入电路闭合时,对应的输入映像寄存器为 1 状态,梯形图中对应的输入点的常开触点接通,常闭触点断开。外接的输入电路断开时,对应的输入映像寄存器为 0 状态,梯形图中对应的输入点的常开触点断开,常闭触点接通。

2. 执行用户程序

PLC 的用户程序由若干条指令组成,指令在存储器中按顺序排列。在 RUN 工作方式的程序执行阶段,在没有跳转指令时,CPU 从第一条指令开始,逐条顺序地执行用户程序,直至遇到结束(END)指令。遇到结束指令时,CPU 检查系统的智能模块是否需要服务。

在执行指令时,从 I/O 映像寄存器或别的位元件的映像寄存器读出其 0/1 状态,并根据指令的要求执行相应的逻辑运算,运算的结果写入到相应的映像寄存器中。因此,各映像寄存器(只读的输入映像寄存器除外)的内容随着程序的执行而变化。

在程序执行阶段,即使外部输入信号的状态发生了变化,输入映像寄存器的状态也不会随之而变,输入信号变化了的状态只能在下一个扫描周期的读取输入阶段被读入。执行程序时,对输入/输出的存取通常是通过映像寄存器,而不是实际的 I/O 点,这样做有以下好处:

(1) 程序执行阶段的输入值是固定的,程序执行完后再用输出映像寄存器的值更新输出点,使系统的运行稳定。

(2) 用户程序读写 I/O 映像寄存器比读写 I/O 点快得多,这样可以提高程序的执行速度。

(3) I/O 点必须按位来存取,而映像寄存器可按位、字节、字或双字来存取,灵活性好。

3. 通信处理

在智能模块通信处理阶段,CPU 模块检查智能模块是否需要服务,如果需要,则读取智能模块的信息并存放在缓冲区中,供下一扫描周期使用。在通信信息处理阶段,CPU 处理通信口接收到的信息,在适当的时候将信息传送给通信请求方。

4. CPU 自诊断测试

自诊断测试包括定期检查 EEPROM、用户程序存储器、I/O 模块状态以及 I/O 扩展总线的一致性,将监控定时器复位,以及完成一些别的内部工作。

5. 修改输出

CPU 执行完用户程序后,将输出映像寄存器的 0/1 状态传送到输出模块并锁存起来。梯形图中某一输出位的线圈"通电"时,对应的输出映像寄存器为 1 状态。信号经输出模块隔离和功率放大后,继电器型输出模块中对应的硬件继电器的线圈通电,其常开触点闭合,使外部负载通电工作。若梯形图中输出点的线圈"断电",对应的输出映像寄存器中存放的二进制数为 0,将它送到继电器型输出模块,对应的硬件继电器的线圈断电,其常开触点断开,外部负载断电,停止工作。

当 CPU 的工作方式从 RUN 变为 STOP 时,数字量输出被置为系统块中的输出表定义的状态,或保持当时的状态。默认的设置是将数字量输出清零,模拟量输出保持最后写的值。

6. 中断程序的处理

如果在程序中使用了中断,中断事件发生时立即执行中断程序,中断程序可能在扫描周期的任意点上被执行。

7. 立即 I/O 处理

在程序执行过程中使用立即 I/O 指令可以直接存取 I/O 点。用立即 I/O 指令读输入点的值时,相应的输入映像寄存器的值未被更新。用立即 I/O 指令来改写输出点时,相应的输出映像寄存器的值被更新。

PLC 在 RUN 工作状态时,执行一次如图 11 - 12 所示的扫描操作所需的时间称为扫描周期,其典型值为 1ms ~ 100ms。指令执行所需的时间与用户程序的长短、指令的种类和 CPU 执行指令的速度有很大的关系。用户程序较长时,指令执行时间在扫描周期中占相当大的比例。

8. 输入/输出滞后时间

输入/输出滞后时间又称系统响应时间,是指 PLC 的外部输入信号发生变化的时刻至它控制的有关外部输出信号发生变化的时刻之间的时间间隔,它由输入电路滤波时间、输出电路的滞后时间和因扫描工作方式产生的滞后时间三部分组成。

输入模块的 RC 滤波电路用来滤除由输入端引入的干扰噪声,消除因外接输入触点动作时产生的抖动引起的不良影响,滤波电路的时间常数决定了输入滤波时间的长短,有的 PLC 如 S7 - 200 的部分输入点的输入延迟时间可以设置。

输出模块的滞后时间与模块的类型有关,继电器型输出电路的滞后时间一般在 10ms 左右;双向晶闸管型输出电路在负载接通时的滞后时间约为 1ms,负载由导通到断开时的最大滞后时间为 10ms;晶体管型输出电路的滞后时间小于 1ms。

由扫描工作方式引起的滞后时间最长可达两个多扫描周期。

PLC 总的响应延迟时间一般只有几十毫秒,对于一般的系统是无关紧要的。要求输入和输出信号之间的滞后时间尽量短的系统,可以选用扫描速度快的 PLC 或采取其他措施。

11.8 PLC 功能特点

随着 PLC 性能价格比的不断提高,它已经广泛地应用在所有的工业部门中。现在的 PLC 不仅可以代替继电器进行组合逻辑控制、定时控制与顺序逻辑控制等数字量逻辑控制,而且能够实现用于各种机械加工装配的运动控制、连续过程的闭环控制、大型控制系统的数据处理以及与其他智能控制设备的通信联网。在工业控制领域中,PLC 的特点十分显著。

1. 编程简单,方法易学

梯形图是使用得最多的 PLC 的编程语言,其电路符号和表达方式与继电器电路原理图相似。梯形图语言形象直观,易学易懂,这也是它使用普及的一个重要原因。梯形图实际上是一种面向用户的高级语言,PLC 在执行梯形图程序时,用解释程序将它"翻译"成汇编语言后再去执行。

2. 功能强大,性价比高

一台小型 PLC 内有成百上千个可供用户使用的编程元件,有很强的功能,可以实现由简单到复杂的各种控制功能。与相同功能的继电器系统相比,具有很高的性能价格比。PLC 还可以通过通信联网,实现大型的分散控制、集中管理的 DCS 系统。

3. 配套齐全,使用方便

PLC 产品已经标准化、系列化、模块化,配备有品种齐全的各种硬件装置,用户能灵活方便地进行系统配置,组成不同功能、不同规模的系统。PLC 有较强的带负载能力,可以直接驱动一般的电磁阀和交流接触器。

硬件配置确定后,可以通过修改用户程序,方便快速地适应工艺条件的变化。

4. 可靠性高,抗干扰强

传统的继电器控制系统中使用了大量的中间继电器、时间继电器。由于触点接触不良,容易出现故障。PLC 用软件代替大量的中间继电器和时间继电器,仅剩下与输入和输出有关的少量硬件,接线可减少到继电器控制系统的 1/100～1/10,因触点接触不良造成的故障大为减少。

PLC 采取了一系列硬件和软件抗干扰措施,具有很强的抗干扰能力,平均无故障时间达到数万小时以上,可以直接用于有强烈干扰的工业生产现场,PLC 被广大用户公认为最可靠的工业控制设备之一。

5. 工作量大为减少

PLC 用软件功能取代了继电器控制系统中大量的中间继电器、时间继电器、计数器等器件,使控制柜的设计、安装、配线、维修的工作量大大减少。

PLC 的用户程序可以在实验室模拟调试,输入信号用小开关来模拟,通过 PLC 上的发光二极管可观察输出信号的状态。PLC 的安装接线也很方便,一般用接线端子连接外部接线,在完成了系统的安装和接线后,在现场统调过程中发现的问题一般通过修改程序就可以解决,系统的设计和调试时间比继电器系统少得多。

PLC 的故障率很低,且有完善的自诊断和显示功能。PLC 或外部的输入装置和执行机构发生故障时,可以根据 PLC 上的发光二极管或编程器提供的信息迅速地查明故障的原因,用更换模块的方法可以迅速地排除故障。而模块使用可拆卸的插座型端子板,不需断开端子板上的外部连线,就可以迅速地更换模块。

6. 体积小，能耗低

对于复杂的控制系统，使用 PLC 后，可以减少大量的中间继电器和时间继电器，因此可将开关柜的体积缩小到原来的 1/2～1/10，而且 PLC 的配线比继电器控制系统的配线少得多，故可以省下大量的配线和附件，减少大量的安装接线工时，加上开关柜体积的缩小，可以节省大量的费用。

11.9 PLC 产品简介

世界上生产 PLC 的专业厂家很多，目前国内工控市场使用的品牌主要有德国的西门子、美国的罗克韦尔自动化(A-B)、法国的施耐德、日本的欧姆龙、三菱、松下等。现以近年来国内应用较多的德国西门子 S7 系列为例做一说明。

西门子公司的 S7 系列又分 S7-400、S7-300 和 S7-200 等大、中、小型 PLC 以及微型 LOGO!，本节只介绍小型机 S7-200。S7-200 虽然是小型机，但它不仅可用于代替继电器的简单控制场合，也可以用于复杂的自动化控制系统。由于它有极强的通信功能，在大型网络控制系统中也能充分发挥其作用。

S7-200 的可靠性高，可用梯形图、语句表(即指令表)和功能块图 3 种语言来编程。它的指令丰富，指令功能强，易于掌握，操作方便。内置有高速计数器、高速输出、PID 控制器、RS-485 通信/编程接口、PPI 通信协议、MPI 通信协议和自由方式通信功能，I/O 端子排可以很容易地拆卸。最大可扩展到 248 点数字量 I/O 或 35 路模拟量 I/O，最多有 26KB 程序和数据存储空间。

下面介绍 S7-200PLC 的主要模块。

11.9.1 CPU 模块

S7-200 有 5 种 CPU 模块。CPU221 无扩展功能，适于用做小点数的微型控制器。CPU222 有扩展功能，CPU224 是具有较强控制功能的控制器，CPU226 和 CPU226 XM 适用于复杂的中小型控制系统。

S7-200 CPU 的指令功能强，有传送、比较、移位、循环移位、产生补码、调用子程序、脉冲宽度调制、脉冲序列输出、跳转、数制转换、算术运算、字逻辑运算、浮点数运算、开平方、三角函数和 PID 控制指令等。采用主程序、最多 8 级子程序和中断程序的程序结构，用户可使用 1ms～255ms 的定时中断。用户程序可设 3 级口令保护，监控定时器(看门狗)的定时时间为 300ms。

数字量输入中有 4 个用做硬件中断，6 个用于高速功能。32 位高速加/减计数器的最高计数频率为 30kHz，可对增量式编码器的两个互差 90°的脉冲序列计数，计数值等于设定值或计数方向改变时产生中断，在中断程序中可及时地对输出进行操作。两个高速输出可输出最高 20kHz 频率和宽度可调的脉冲序列。

RS-485 串行通信口的外部信号与逻辑电路之间不隔离，支持 PPI、MPI、自由通信口协议和 PROFIBUS 点对点协议(使用 NETR/NETW 指令)。PPI/MPI 协议的波特率为 9.6kb/s、19.2kb/s 和 187.5kb/s；自由口协议的波特率为 0.3kb/s、0.6kb/s、1.2kb/s、2.4kb/s、4.8kb/s、9.6kb/s、19.2kb/s 和 38.4kb/s。单段网络最大电缆长度：38.4kb/s 时为 1200m，187.5kb/s 时为 1000m。每个网络最多 126 个站，最多 32 个主站。MPI 共有 4 个连接，2 个分别保留给编程

器(PG)和操作员面板(OP)。通信接口可用于与运行编程软件的计算机通信,与人机接口(操作员界面)TD200 和 OP 通信,以及与 S7-200 CPU 之间的通信。通过自由通信口协议,可与其他设备进行串行通信。通过 AS-i 通信接口模块,可接入 496 个远程数字量输入/输出点。

用户数据存储器可永久保存,或用超级电容和电池保持。超级电容充电 20min,可充 60% 的电量。可选的存储器卡可永久保存程序、数据和组态信息,可选的电池卡保存数据的时间典型值为 200 天。

DC 输出型有高速脉冲输出,边沿中断为 4 个上升沿和/或 4 个下降沿。

高速计数器的单相逻辑 1 电平为 15V(DC)～30V(DC)时,时钟输入速率为 20kHz;单相逻辑 1 电平为 15V(DC)～26V(DC)时,时钟输入速率为 30kHz。两相逻辑 1 电平为 15V(DC)～30V(DC)时,时钟输入速率为 10kHz;两相逻辑 1 电平为 15V(DC)～26V(DC)时,时钟输入速率为 20kHz。实时时钟精度在 25℃ 时为 2min/月,0℃～55℃ 时为 7min/月。

S7-200 的 DC 输出型电路用场效应管(MOSFET)作为功率放大元件,继电器输出型用继电器触点控制外部负载。DC 输出的最高开关频率为 20kHz,继电器输出的最高输出频率为 1Hz。

11.9.2 数字量扩展模块

用户选用具有不同 I/O 点数的数字量扩展模块,可以满足不同的控制需要,节约投资费用。系统规模扩大后,增加 I/O 点数也很方便。用户可选用 8 点、16 点或 32 点的数字量输入/输出模块,除 CPU221 外,其他 CPU 模块均可配接多个扩展模块,连接时 CPU 模块放在最左侧,扩展模块用扁平电缆与左侧的模块相连。

11.9.3 模拟量扩展模块

模拟量 I/O 模块的主要任务就是实现 A/D 转换和 D/A 转换。

在工业控制中,某些输入量(如压力、温度、流量、转速等)是模拟量,某些执行机构(如晶闸管调速装置、电动调节阀和变频器等)要求 PLC 输出模拟信号,而 PLC 的 CPU 只能处理数字量。被控变量首先被传感器或变送器转换为标准的电流或电压信号,如 4mA～20mA、1V～5V、0V～10V,PLC 用 A/D 转换器将它们转换成数字量。这些数字量可能是二进制的,也可能是十进制的,带正、负号的电流或电压在 A/D 转换后用二进制补码表示。D/A 转换器将 PLC 的数字输出量转换为模拟电压或电流,再去控制执行器。这一控制过程同其他计算机控制系统如出一辙。

A/D、D/A 转换器的二进制位数反映了它们的分辨率。模拟量输入/输出模块的另一个重要指标是转换时间。

S7-200 有 3 种模拟量扩展模块。S7-200 的模拟量扩展模块中 A/D、D/A 转换器的位数均为 12 位。模拟量输入、输出有多种量程供用户选用,如 0mV～100mV,0V～5V,0V～10V,0mA～20mA,±100mV,±5V,±10V 等。量程为 0V～10V 时的分辨力为 2.5mV。

A/D 转换的时间小于 250μs,模拟量输入的阶跃响应时间为 1.5ms(达到稳态值的 95% 时)。单极性全量程输入范围对应的数字量输出为 0～32000,双极性全量程输入范围对应的数字量输出为 -32000～+32000。输入阻抗大于等于 10MΩ。

模拟量输出的量程有 ±10V 和 0mA～20mA 两种,对应的数字量为 -32000～+32000 或 0～32000。满量程时电压输出和电流输出的分辨力分别为 12 位和 11 位,25℃ 时的精度为±0.5%。电压输出和电流输出的稳定时间分别为100μs和2ms。最大驱动能力如下：电压输出时负载电阻最小为5kΩ，电流输出时负载电阻最大为500Ω。

11.9.4 热电偶、热电阻扩展模块

EM231热电偶、热电阻模块具有冷端补偿电路，如果环境温度迅速变化，则会产生额外的误差，建议将热电偶和热电阻模块安装在环境温度稳定的地方。热电偶输出的电压范围为±80mV，模块输出15位加符号位的二进制数。

EM231热电偶模块可用于J、K、E、N、S、T和R型热电偶，用户用模块下方的DIP开关来选择热电偶的类型。

热电阻的接线方式有2线、3线和4线3种。4线方式的精度最高，因为受接线误差的影响，2线方式的精度最低。EM231热电阻模块可通过DIP开关来选择热电阻的类型与接线方式、测量单位和开路故障的方向。连接到同一个扩展模块上的热电阻必须是相同类型的。改变DIP开关后必须将PLC断电后再通电，新的设置才能起作用。

两种模块的采样周期为405ms(Pt10000为700ms)，重复性为满量程的0.05%。

11.9.5 通信模块

EM277 PROFIBUS-DP通信扩展从站模块用来将S7-200连接至PROFIBUS-DP网络，EM277模块通过串行I/O总线连接到S7-200 CPU模块，PROFIBUS-DP网络经过DP通信端口连接到EM277模块，这个端口可按9600b/s~12Mb/s之间的PROFIBUS波特率运行。作为从站，EM277模块接收从主站来的I/O配置，向主站发送数据和接收来自主站的数据。EM277可以读写S7-200 CPU中定义的变量存储区中的数据块，使用户能与主站交换各种类型的数据。类似地，从主站传来的数据存储在PLC的变量存储区后，可以传送到其他数据区。

EM277模块的DP端口可以连接到网络中的一个DP主站上，但是仍能作为一个MPI从站与同一网络的SIMATIC编程器、S7-300或S7-400 CPU等其他主站通信。模块共有6个连接，其中的两个分别保留给编程器(PG)和操作员面板(OP)。

11.9.6 通信处理器

SIMATIC NET CP243-2通信处理器是S7-200的AS-i主站，它最多可以连接31个AS-i从站。S7-200可以同时处理两个CP243-2，每个CP243-2的AS-i网络上最多能有124点开关量输入(DI)和124点开关量输出(DO)，通过AS-i网络可以增加S7-200的数字量输入、输出的点数。在S7-200的映像区中模块占用一个数字量输入字节(状态字节)、一个数字量输出字节(控制字节)、8个模拟量输入字和8个模拟量输出字。通过用户程序，用状态字节和控制字节设置模块的工作方式，模块可以在CPU的模拟地址区存储AS-i从站的I/O数据或存储诊断数据。或启动主站的调用，例如改变一个从站地址，通过按钮可以设置连接的所有AS-i从站。

11.9.7 中文显示屏

与西门子PLC主机配套的显示器种类很多，而TD200中文文本显示器是所有S7-200系列最简洁、价格最低的操作界面，而且连接简单，不需要独立电源，只需专用电缆连接到S7-200CPU的PPI接口上即可。

1. 功能

TD200 中文文本显示器为液晶显示覆膜键盘结构,如图 11-13 所示。显示器内置汉字库,可显示最多 80 条信息,可在线修改过程参数,可编程的 8 个功能键可作为测试时的设置和诊断,也可作为运行时的控制按钮(可以节省 8 个输入点),可设定实时时钟,提供强制 I/O 点诊断功能,提供密码保护功能,可选择通信速率,可选择显示信息刷新时间。

图 11-13 TD200 中文文本显示器

2. 编程

TD200 显示器用 STEP 7 - Micro/WIN 软件进行编程,无需其他的参数赋值软件。在 S7-200 系列的 CPU 中保留了一个专用区域用于与 TD200 交换数据,TD200 直接通过这些数据区访问 CPU 的必要功能。

11.9.8 编程软件

STEP 7 - Micro/WIN 是专门为 S7-200 设计的在个人计算机 Windows 操作系统下运行的编程软件,它的功能强大,使用方便,简单易学。CPU 通过 PC/PPI 电缆或插在计算机中的 CP5511、CP5611 通信卡与计算机通信。通过 PC/PPI 电缆,可以在 Windows 下实现多主站通信方式。

STEP 7 - Micro/WIN 的用户程序结构简单清晰,即通过一个主程序调用子程序或中断程序,还可以通过数据块进行变量的初始化设置。用户可以用语句表(STL)、梯形图(LD)和功能块图(FBD)编程,不同的编程语言编制的程序可以相互转换,可以用符号表来定义程序中使用的变量地址对应的符号,例如指定符号"启动按钮"对应于地址 I0.0,使程序便于设计和理解。

PID 控制器、PLC 之间的网络数据传输、高速计数器和 TD200 文本显示器的编程和程序设计是 S7-200 程序设计中的几个难点,STEP 7 - Micro/WIN 为此设计了指令向导和 TD200 向导,通过对话方式,用户只需要输入一些参数,就可以实现参数设置,自动生成用户程序。用户还可以通过系统块来完成大量的硬件设置。

STEP 7 - Micro/WIN 可为用户提供两套指令集,即 SIMATIC 指令集(S7-200 方式)和国际标准指令集(IEC1131-3 方式)。通过调制解调器可实现远程编程,可用单次扫描和强制输出等方式来调试程序和进行故障诊断。

本章小结

IPC 与 PLC 是两种最适于中小规模生产流程的计算机控制系统,目前广泛应用在自动化领域中。

　　本章分别介绍了这两种控制系统的结构组成、编程软件、功能特点及典型产品。上半部分重点讨论了 IPC 的总线技术和模板化结构的硬件组成，并结合研祥的 PC 总线工业计算机介绍了 IPC 的系列组成及其主要典型产品。下半部分重点讨论了 PLC 的基本组成和编程语言，并结合西门子 S7-200 系列 PLC 介绍了小型 PLC 的系统组成及其主要模块。

　　它们的相似之处都是基于总线和模板化或模块化的系统配置，但它们的外观结构与编程语言又显著不同。

思 考 题

1. 画图简要说明 IPC 的硬件组成。
2. 简述总线的概念。何为模板化结构？
3. 简要说明 IPC 的功能特点。
4. 画图说明 PLC 的结构组成？
5. 相比继电器控制，PLC 控制系统的优点在哪里？
6. 简述 PLC 的工作过程。
7. 假设一个控制系统，有开关量输入 40 点，开关量输出 32 点，模拟量输出 2 点，请用西门子 S7-200PLC 组成一个控制系统，需要选用哪些模块？

第 12 章 DCS 与 FCS

本章要点

1. DCS 的基本概念、体系结构与功能特点
2. FCS 的基本概念、体系结构与功能特点
3. DCS 与 FCS 的几种典型产品

分散控制系统 DCS 是以微型计算机为基础的集散型综合控制系统。它是为满足大型工业生产的要求,从综合自动化的角度,按控制功能分散、操作管理集中的原则设计的。自从美国霍尼韦尔公司 1975 年成功推出世界上第一套 DCS 以来,产品几经更新换代,技术性能日趋完善。二十几年来,DCS 首当其冲地成为大型工业生产过程的主流控制系统。

现场总线控制系统 FCS 是继 DCS 之后出现的新一代控制系统,它代表的是一种数字化、网络化到现场,控制管理到现场的发展方向。FCS 将要取代 DCS,或者说 DCS 已在吸纳 FCS。总之,FCS 已经成为当今世界范围内自动控制系统的热点。

12.1 DCS 体系结构

典型的 DCS 体系结构分为三层,如图 12-1 所示。第一层为分散过程控制级;第二层为集中操作监控级;第三层为综合信息管理级。层间由高速数据通路 HW 和局域网络 LAN 两级通信线路相连,级内各装置之间由本级的通信网络进行通信联系。

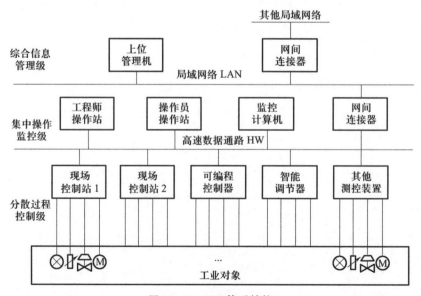

图 12-1 DCS 体系结构

12.1.1 分散过程控制级

分散过程控制级是 DCS 的基础层,它向下直接面向工业对象,其输入信号来自于生产过程现场的传感器(如热电偶、热电阻等)、变送器(如温度、压力、液位、流量等)及电气开关(输入触点)等,其输出去驱动执行器(如调节阀、电磁阀、电机等),完成生产过程的数据采集、闭环调节控制、顺序控制等功能;其向上与集中操作监控级进行数据通信,接收操作站下传加载的参数和操作命令,以及将现场工作情况信息整理后向操作站报告。

构成这一级的主要装置有现场控制站、可编程控制器、智能调节器及其他测控装置。

1. 现场控制站

现场控制站具有多种功能——集连续控制、顺序控制、批量控制及数据采集功能为一身。

1) 现场控制站的硬件构成

现场控制站一般是标准的机柜式机构,柜内由电源、总线、I/O 模块、处理器模件、通信模件等部分组成。

一般在机柜的顶部装有风扇组件,其目的是带走机柜内部电子部件所散发出来的热量;机柜内部设若干层模件安装单元,上层安装处理器模件和通信模件,中间安装 I/O 模件,最下边安装电源组件。机柜内还设有各种总线,如电源总线、接地总线、数据总线、地址总线、控制总线等。

现场控制站的电源不仅要为柜内提供电源,还要为现场检测器件提供外供电源,这两种电源必须互相隔离,不可共地,以免干扰信号通过电源回路耦合到 I/O 通道中去。

一个现场控制站中的系统结构如图 12-2 所示,包含一个或多个基本控制单元。基本控制单元是由一个完成控制或数据处理任务的处理器模件以及与其相连的若干个输入/输出模件构成的(有点类似于 IPC)。基本控制单元之间,通过控制网络 Cnet 连接在一起,Cnet 网络上的上传信息通过通信模件,送到监控网络 Snet,同理 Snet 的下传信息,也通过通信模件和 Cnet 传到各个基本控制单元。在每一个基本控制单元中,处理器模件与 I/O 模件之间的信息交换由内部总线完成。内部总线可能是并行总线,也可能是串行总线。近年来,多采用串行总线。

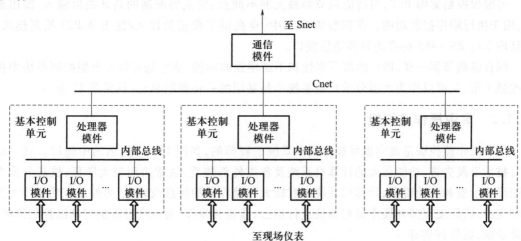

图 12-2 现场控制站的系统结构

2）现场控制站的软件功能

现场控制站的主要功能有6种，即数据采集功能、DDC控制功能、顺序控制功能、信号报警功能、打印报表功能、数据通信功能。

数据采集功能：对过程参数，主要是各类传感变送器的模拟信号进行数据采集、变换、处理、显示、存储、趋势曲线显示、事故报警等。

DDC控制功能：包括接受现场的测量信号，进而求出设定值与测量值的偏差，并对偏差进行PID控制运算，最后求出新的控制量，并将此控制量转换成相应的电流送至执行器驱动被控对象。

顺序控制功能：通过来自过程状态输入、输出信号和反馈控制功能等状态信号，按预先设定的顺序和条件，对控制的各阶段进行顺序控制。

信号报警功能：对过程参数设置上限值和下限值，若超过上限或下限则分别进行越限报警；对非法的开关量状态进行报警；对出现的事故进行报警。信号的报警是以声音、光或CRT屏幕显示颜色变化来表示。

打印报表功能：定时打印报表；随机打印过程参数；事故报表的自动记录打印。

数据通信功能：完成分散过程控制级与集中操作监控之间的信息交换。

2. 智能调节器

智能调节器是一种数字化的过程控制仪表，也称可编程调节器。其外形类似于一般的盘装仪表，而其内部是由微处理器CPU，存储器RAM、ROM，模拟量和数字量I/O通道、电源等部分组成的一个微型计算机系统。

智能调节器可以接受和输出4mA~20mA模拟量信号和开关量信号，同时还具有RS-232或RS-485等串行通信接口。一般有单回路、2回路或4回路的调节器，控制方式除一般的单回路PID之外，还可组成串级控制、前馈控制等复杂回路。因此，智能调节器不仅可以在一些重要场合下单独构成复杂控制系统，完成1个~4个过程控制回路，而且可以作为大型分散控制系统中最基层的一种控制单元，与上位机（即操作监控级）连成主从式通信网络，接受上位机下传的控制参数，并上报各种过程参数。

3. 可编程控制器

可编程控制器即PLC，与智能调节器最大的不同点：它主要配制的是开关量输入/输出通道，用于执行顺序控制功能。在新型的PLC中，也提供了模拟量输入/输出及PID控制模块，而且均带有RS-485标准的异步通信接口。

同智能调节器一样，PLC的高可靠性和不断增强的功能，使它既可以在小型控制系统中担当控制主角，又可以作为大型分散控制系统中最基层的一种控制单元（详见第11章）。

12.1.2 集中操作监控级

集中操作监控级是面向现场操作员和系统工程师的，如图12-1所示的中间层。这一级配有技术手段先进、功能强大的计算机系统及各类外部装置，通常采用较大屏幕、较高分辨率的图形显示器和工业键盘，计算机系统配有较大存储容量的硬盘或软盘，另外还有功能强大的软件支持，确保工程师和操作员对系统进行组态、监视和操作，对生产过程实行高级控制策略、故障诊断、质量评估等。

集中操作监控级以操作监视为主要任务：把过程参数的信息集中化，对各个现场控制站的数据进行收集，并通过简单的操作，进行工程量的显示、各种工艺流程图的显示、趋势曲线的显示以及改变过程参数(如设定值、控制参数、报警状态等信息);另一个任务是兼有部分管理功能:进行控制系统的组态与生成。

构成这一级的主要装置有:面向操作人员的操作员操作站、面向监督管理人员的工程师操作站、监控计算机及层间网络连接器。一般情况下,一个DCS系统只需配备一台工程师站,而操作员站的数量则需要根据实际要求配置。

1. 操作员操作站

DCS的操作员站是处理一切与运行操作有关的人机界面功能的网络节点,其主要功能是使操作员可以通过操作员站及时了解现场运行状态、各种运行参数的当前值、是否有异常情况发生等。并可通过输出设备对工艺过程进行控制和调节,以保证生产过程的安全、可靠、高效、高质。

1) 操作员站的硬件

操作员站由IPC或工作站、工业键盘、大屏幕图形显示器和操作控制台组成。这些设备除工业键盘外,其他均属于通用型设备。目前DCS一般都采用IPC作为操作员站的主机及用于监控的监控计算机。

操作员键盘多采用工业键盘,它是一种根据系统的功能用途及应用现场的要求进行设计的专用键盘,这种键盘侧重于功能键的设置、盘面的布置安排及特殊功能键的定义。

由于DCS操作员的主要工作基本上都是通过CRT屏幕、工业键盘完成的。因此,操作控制台必须设计合理,使操作员能长时间工作不感吃力。另外在操作控制台上一般还应留有安放打印机的位置,以便放置报警打印机或报表打印机。

作为操作员站的图形显示器均为彩色显示器,且分辨率较高、尺寸较大。

打印机是DCS操作员站的不可缺少的外设。一般的DCS配备两台打印机:一台为普通打印机,用于生产记录报表和报警列表打印;另一台为彩色打印机,用来拷贝流程画面。

2) 操作员站的功能

操作员站的功能主要是指正常运行时的工艺监视和运行操作,主要由总貌画面、分组画面、点画面、流程图画面、趋势曲线画面、报警显示画面及操作指导画面7种显示画面构成(详见6.3.2节图形显示画面)。

2. 工程师操作站

工程师站是对DCS进行离线的配置、组态工作和在线的系统监督、控制、维护的网络节点。其主要功能是提供对DCS进行组态,配置工具软件即组态软件,并通过工程师站及时调整系统配置及一些系统参数的设定,使DCS随时处于最佳工作状态之下。

1) 工程师站的硬件

对系统工程师站的硬件没有什么特殊要求,由于工程师站一般放在计算机房内,工作环境较好,因此不一定非要选用工业型的机器,选用普通的微型计算机或工作站就可以了,但由于工程师站要长期连续在线运行,因此其可靠性要求较高。目前,由于计算机制造技术的巨大进步,便得IPC的成本大幅下降,因而工程师站的计算机也多采用IPC。

其他外设一般采用普通的标准键盘、图形显示器,打印机也可与操作员站共享。

2) 工程师站的功能

系统工程师站的功能主要包括对系统的组态功能及对系统的监督功能。

组态功能:工程师站的最主要功能是对DCS进行离线的配置和组态工作。在DCS进行配置和组态之前,它是毫无实际应用功能的,只有在对应用过程进行了详细的分析、设计并按设计要求正确地完成了组态工作之后,DCS才成为一个真正适合于某个生产过程使用的应用控制系统。

系统工程师在进行系统的组态工作时,可依照给定的运算功能模块进行选择、连接、组态和设定参数,用户无须编制程序。

监督功能:与操作员站不同,工程师站必须对DCS本身的运行状态进行监视,包括各个现场I/O控制站的运行状态、各操作员站的运行情况、网络通信情况等。一旦发现异常,系统工程师必须及时采取措施,进行维修或调整,以使DCS能保证连续正常运行,不会因对生产过程的失控造成损失。另外还具有对组态的在线修改功能,如上限、下限值的改变,控制参数的修整,对检测点甚至对某个现场I/O站的离线直接操作。

在集中操作监控级这一层,当被监控对象较多时还配有监控计算机;当需要与上、下层网络交换信息时还需配备网间连接器。

12.1.3 综合信息管理级

这一级主要由高档微机或小型机担当的管理计算机构成,如图 12 – 1 所示的顶层部分。DCS的综合信息管理级实际上是一个管理信息系统(MIS,Management Information System),是由计算机硬件、软件、数据库、各种规程和人共同组成的工厂自动化综合服务体系和办公自动化系统。

MIS是一个以数据为中心的计算机信息系统。企业MIS可粗略地分为市场经营管理、生产管理、财务管理和人事管理四个子系统。子系统从功能上说应尽可能独立,子系统之间通过信息而相互联系。

DCS的综合信息管理级主要完成生产管理和经营管理功能。比如进行市场预测,经济信息分析;对原材料库存情况、生产进度、工艺流程及工艺参数进行生产统计和报表;进行长期性的趋势分析,作出生产和经营决策,确保最优化的经济效益。

目前国内使用的DCS重点主要放在底层与中层二级上。

12.1.4 通信网络系统

DCS各级之间的信息传输主要依靠通信网络系统来支持。通信网分成低速、中速、高速通信网络。低速网络面向分散过程控制级;中速网络面向集中操作监控级;高速网络面向管理级。

用于DCS的计算机网络在很多方面的要求不同于通用的计算机网络。它是一个实时网络,也就是说网络需要根据现场通信的实时性要求,在确定的时限内完成信息的传送。

根据网络的拓扑结构,DCS的计算机网络大致可分为星型、总线型和环型结构三种。DCS厂家常采用的网络结构是环型网和总线型网,在这两种结构的网络中,各个节点可以说是平等的,任意两个节点之间的通信可以直接通过网络进行,而不需要其他节点的介入。

在比较大的分散控制系统中,为了提高系统性能,也可以把几种网络结构合理地运用于一个系统中,以充分利用各网络结构的优点。

12.2 DCS 功能特点

由于DCS是多层体系结构,每层的硬件组成及其完成的功能不同,因而相应的软件系统也会不同。处于高层的DCS综合信息管理级是一个以数据处理为中心的管理信息系统,而从自动控制的角度出发,更关心用于底层与中间层的软件系统,它主要包括控制软件包、操作显示软件包等。

12.2.1 DCS 的软件

用于分散过程控制级的控制软件包为用户提供各种过程控制功能,包括数据采集和处理、控制算法、常用运算公式和控制输出等功能模块。由于构成这一级的可能是现场控制站、PLC 或智能调节器等不同的测控装置,而且既便是同一种装置,但厂家品牌、型号也可能不同,实际上支持这些硬件装置的软件平台和编程语言都不相同。归纳起来有图形化编程(又分功能块图、梯形图、顺序功能图)、文本化语言(又分指令表和结构化文本)、面向问题的语言(又分填表式和批处理两种)和通用的高级语言(又分 VB、VC 等)等多种。

当把相应的软件安装在控制装置中,用户可以通过组态方式自由选用各种功能模块,以便构成控制系统。

用于集中操作监控级的操作显示软件包为用户提供了丰富的人机接口联系功能。在显示器和键盘组成的操作站上进行集中操作监视,可以选择多种图形显示画面,如总貌显示、分组显示、回路(点)显示、趋势显示、流程显示、报警显示和操作指导等画面,并可以在图形画面上进行各种操作,所以它可以完全取代常规模拟仪表盘。

需要指出的是,当前国内市场上已经成功运行着十几种通用监控组态软件。比如 KingView 组态王,通过策略组态与画面组态,可以迅速方便地在工业控制机上实现对各种现场的监测与控制,而且能支持国内最流行的 400 多种硬件设备的驱动程序,包括各种 PLC、智能仪表、板卡、智能模块、变频器以及现场总线等,而且与大型数据库软件都有很好的接口,体现了良好的通用性和灵活性。

12.2.2 DCS 的特点

与一般计算机控制系统相比,DCS 具有以下几个特点:

(1) 硬件积木化。DCS 采用积木化硬件组装式结构,如果要扩大或缩小系统的规模,只需按要求在系统配置中增加或拆除部分单元,而系统不会受到任何影响。

(2) 软件模块化。DCS 为用户提供了丰富的功能软件,用户只需按要求选用即可,大大减少了用户的开发工作量。

(3) 通信网络的应用。通信网络是 DCS 的神经中枢,它将物理上分散的多台计算机有机地连接起来,实现了相互协调、资源共享的集中管理。通过高速数据通信线,将现场控制站、操作员站、工程师站、监控计算机、管理计算机连接起来,构成多级控制系统。

(4) 可靠性高。DCS 的可靠性高,体现在系统结构、冗余技术、自诊断功能、抗干扰措施和高性能的部件上。

12.3 DCS 产品简介

目前在我国的石油、化工、冶金、电力、纺织、建材、造纸、制药等行业上已装备了上千套 DCS,其中国外著名品牌占据多数。近十年来我国也正式推出了自行设计和制造的分散控制系统,并正在大力推广使用。表 12-1 列举了当前在我国应用较多的 DCS 产品。

表 12-1　国内外部分 DCS 产品

产品名称	生产厂家
TDC-2000,TDC-3000,TDC-3000/PM	Honeywell(美国霍尼威尔公司)
CENTUM,CENTUM-XL,μXL,CS	YOKOGAWA(日本横河机电公司)
SPECTRUM,I/A Series	Foxboro(美国福克斯波罗公司)
Network-90,INFI-90	Bailey Controls(美国贝利控制公司)
System RS3	Rosemount(美国罗斯蒙特公司)
MOD 300	Tayler(美国泰勒公司)
TELEPERM M,SIMATIC PCS7	Siemens(德国西门子公司)
HS-2000	中国北京和利时自动化工程有限公司
FB-2000	中国浙江威盛自动化有限公司
SUPCON JX	浙大中控自动化有限公司

下面简单介绍几种典型产品。

12.3.1　TDC-3000

1. 系统结构

Honeywell 公司 TDC-3000 的系统结构如图 12-3 所示。TDC-3000 主干网络称为局部控制网络(LCN,Local Control Network),在 LCN 上可以挂接通用操作站、历史模件、应用模件、存档模件、各种过程管理站及各种网关接口。TDC-3000 的下层网称为通用控制网络(UCN,Universal Control Network),在 UCN 上连接各种 I/O 与控制管理站。为了与 Honeywell 公司老的产品 Data Hi-way 相兼容,在 LCN 上设有专门的接口模块 Hiway,在其 Data Hi-way 上可以接有操作员站、现场 I/O 控制站等。

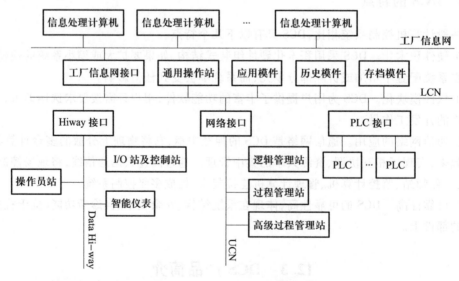

图 12-3　TDC-3000 系统结构图

2. 主要组成

(1) 通用操作站(US,UniVersal Station):完成人机接口功能,由监视器和带有用户定义的功能键盘组成。它可以监测控制过程和系统,通过组态实现控制方案、生成系统数据库、用户画面和报告、检测和诊断故障、维护控制室和生产过程现场的设备,评估工厂运行性能和操作员效率。

(2) 历史模块(HM,History Module):收集和存储包括常规报告、历史事件和操作记录在内的过程历史。作为系统文件管理员,提供模块、控制器和智能变送器、数据库、流程图、组态信息、用户源文件和文本文件等方面的系统储存库,完成趋势显示、下装批处理文件、重新下装控制策略、重新装入系统数据等功能。

(3) 存档模块(ARM,Archive Replay Module):完成数据存取、数据分析功能。存档模块中所处理的数据包括连续历史数据、系统报表和 ASCⅡ文件等。这些归档数据可在微型计算机上或在通用操作站上重现。

(4) 应用模块(AM,Application Module):工程师可以综合过程控制器(过程管理站、高级过程管理站和逻辑管理站)的数据,通过使用应用模块,完成高级控制策略,进行复杂的运算控制。

(5) 过程管理站(PM,Process Manager):提供常规控制、顺序控制、逻辑控制、计算机控制以及结合不同控制的综合控制功能。

(6) 高级过程管理站(APM,Advaced Process Manager):除提供 PM 的功能外,还可提供电动机控制、事件顺序记录、扩充的批量和连续量过程处理能力以及增强的子系统数据一体化。

(7) 逻辑管理站(LM,Logic Manager):适用于快速逻辑、连锁、顺序控制、批量处理和电动机控制。LM 可以控制离散的设备(包括非 Honeywell 的 ASCⅡ设备在内)并将其与 TDC-3000功能一体化。LM 可用继电器梯形图编程。

3. 功能特点

系统中设有分布式模块共享的全局数据库,并为非 Honeywell 产品提供数据存取途径。系统综合了数据采集常规过程控制、先进过程控制、过程和商业信息一体化各个层次的技术,为企业提供经营、管理和决策所必需的数据。系统提供与 DECNet-VAX 的接口、与通用微型计算机的接口、与 PLC 接口及 Honeywell 前一代产品的接口,并允许将多个 TDC-3000 系统通过网络连接在一起。

12.3.2 I/AS

1. 系统结构

Foxboro 公司的 I/AS 的系统结构如图 12-4 所示,它的主干是采用 OSI 通信规程,可与 MPA 协议兼容的 I/AS 宽带局域网 LAN 相连延伸至15km长,通过宽带接口 BLI 可与 64 条载波带 LAN 相连。载波带 LAN 也可与 MAP 兼容,每条长 2km,可挂 100 个节点,故系统总的规模可达 64×100 个节点。节点是系统结构的基本单元,它由各类处理机、载波带接口 CLI 及网间连接器等构成,可独立执行各种自动化功能。每一节点内最多可带 32 个站,相互间用节点总线(NODE BUS)连接。由节点内控制处理机、应用处理机、操作站处理机和通信处理机分别执行控制、管理、操作和通信的功能,控制处理机通过现场总线与现场的智能变送器和执行器相连。

2. 主要组成

I/AS 系统的节点主要由节点总线和节点工作站两部分组成。节点总线采用 IEEE802.3 通信规程,拓扑方式为总线型。它采用点对点串行通信方式使节点工作站互连。一个节点最

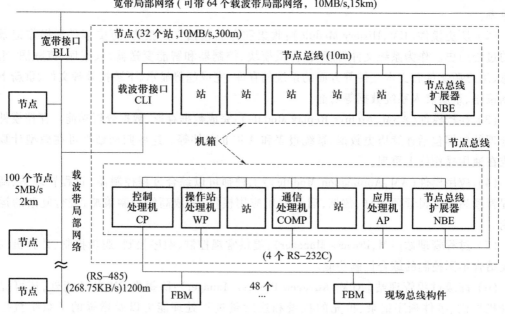

图 12-4 I/AS 的系统结构示意图

多可连 32 个工作站，它们具有相同的优先级，通信协议采用自由竞争式。节点工作站分为处理机组件、现场总线组件、接口组件、网间连接器和节点总线扩展组件五类。处理机组件完成集中监视、操作管理和分散控制的功能；现场总线组件是控制处理机与现场传感器、执行器的接口；接口组件实现与载波带 LAN、非 I/AS 计算机的接口功能；网间连接器专门用来和非 I/AS 通信链路相连；节点总线扩展组件用来延长节点总线的跨距。

1) 处理机组件

它是 I/AS 节点的重要组成部分，主要有控制处理机（CP）、应用处理机（AP）、操作站处理机（WP）和通信处理机（COMP）4 类。

控制处理机是 I/A 节点中的控制组件，可组态成 30 多种不同的功能块，具有连续控制、顺序控制和梯形逻辑控制等功能。

应用处理机是 I/A 节点的中心组件，它实质上是以微处理器为基础的计算机站或文件服务站。它与各种大容量的存储设备相连，完成大量的计算和文件服务，如网络管理、数据库管理、历史数据管理、控制功能、用户应用程序的开发和执行等功能。

操作站处理机与人机接口输入/输出设备一起工作。它接收应用处理机和其他站的图文信息，并在 CRT 上显示出来，所显示的信息包括文本、图形说明、表格和控制画面。

通信处理机为其他工作站提供与打印机、终端、调制解调器通信的功能。它有 4 个与 RS-232C 兼容的串行口。它的主要功能是完成报警、报表等报文的打印和处理工作，另外也提供给用户终端接口功能。

2) 现场总线组件

它直接与现场传感器、执行器相连，它通过现场总线与控制处理机通信。现场总线为 EIA RS-485。现场总线组件可接受直流电流、电压、热电偶、热电阻等模拟输入信号，也可接受脉冲信号或触点信号。

3)接口组件

它主要分为载波带 LAN 接口组件和信息网络接口组件两种。接口组件用来使节点与载波带 LAN 相连和与非 I/AS 计算机相连。

4)网间连接器

用来实现非 I/A 节点的互联。

5)节点总线

它与每个站中的节点总线接口电路一起工作,提供各站点间数据传输和总线存取。当接点所连的工作站不在同一个机箱时,要使用节点总线扩展器,以提供电源、信号放大和分立机壳中站的接地隔离。

3. 系统特点

I/AS 系统的通信规程采用 MAP 协议,使用户能兼收并蓄各家产品的长处,构成满意的综合控制系统。另外,I/AS 系统硬件品种少但通用性强,系统组态灵活,小规模系统由一个节点带少数几个模块构成,大规模系统可由几个载波带 LAN 连成一个宽带 LAN,达到最多 64×100 个节点的规模。另外,I/AS 软件系统提供了综合控制软件包,把连续量控制、梯形逻辑控制和顺序控制功能结合在一起。I/AS 系统的应用领域包括石化、建材等。

12.3.3 SUPCON JX-300

1. 系统结构

浙大中控的 SUPCON JX-300 采用三层通信网络结构,系统结构如图 12-5 所示。

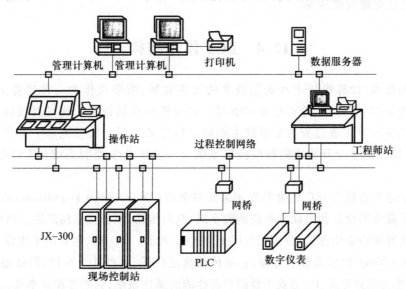

图 12-5 SUPCON JX-300 系统结构

系统最上层为管理层,采用符合 TCP/IP 协议的以太网,连接了操作站、工程师站、管理计算机等,是实现全厂综合管理的信息通道。

中间层为过程控制网(简称为 SCnet),采用符合 IEEE802.4 协议的冗余令牌网,连接操作站、工程师站与控制站,传输各种实时信息。

底层网络为控制站内部网络(简称为 SBUS),采用主控制卡指挥式令牌网,存储转发通信协议,是控制站各卡件之间进行信息交换的通道。

2. 主要组成

SUPCON JX - 300 主要有操作站、工程师站、现场控制站、过程控制网络等组成。

（1）操作站。它是由工业 PC、CRT、键盘、鼠标、打印机等组成的人机系统,是操作人员完成过程监控管理任务的环境。采用高性能工控机、卓越的流程图、多窗口画面显示功能,实现生产过程信息的集中显示、集中操作、集中管理。

（2）工程师站。它是为自动化专业工程技术人员设计的,内装有相应的组态平台,用组态平台生成适合于生产工艺要求的应用系统,包括系统生成、结构定义、操作组态、流程图画面组态、报表程序编制等。

（3）现场控制站。它是系统中直接与现场打交道的 I/O 处理单元(包括 PLC 和智能数字仪表),完成整个工业过程的实时监控功能。

（4）过程控制网络。用以实现操作站、工程师站、现场控制站的连接,完成信息、控制命令的传输,它采用双重化冗余设计。

3. 功能特点

SUPCON JX - 300 具备了大型分散系统所具有的安全性、冗余功能、网络扩展功能、集成的用户界面及信息存取功能;除了具有模拟量信号输入/输出、数字量信号输入/输出、回路控制等常规的 DCS 功能外,还具有高速数字量处理、高速顺序事件记录、可编程逻辑控制等特殊功能;它不仅提供了功能块图、梯形图等直观的图形组态工具,还提供了开发复杂高级控制算法(如模糊控制)的 C 语言编程环境;系统规模变换灵活,可以实现从一个单元的过程控制,到全厂范围的自动化集成控制等。

12.4 FCS 体系结构

随着控制技术、计算机技术和通信技术的飞速发展,数字化作为一种趋势正在从工业生产过程的决策层、管理层、监控层和控制层一直渗透到现场设备。现场总线的出现,是数字通信技术迅速占领工业过程控制系统中模拟量信号的最后一块领地。一种全数字化、全分散式、可互操作的和全开放式的新型控制系统——现场总线控制系统(FCS)已经成为当今的热点。

根据国际电工委员会 IEC 标准和现场总线基金会(FF,Fieldbus Foundation)的定义:现场总线是连接智能现场设备和自动化系统的数字式、双向传输、多分支结构的通信网络。

现场总线有两种应用方式,分别用代码 H_1 和 H_2 表示。H_1 方式主要用于代替直流0mA ~ 10mA 或 4mA ~ 20mA 以实现数字传输,它的传输速度较低,每秒几千波特,但传输距离较远,可达 1900m,称为低速方式;H_2 方式主要用于高性能的通信系统,它的传输速率高,达到1Mb/s,传输距离一般不超过 750m,称为高速方式。

FCS 的体系结构如图 12 - 6 所示,比较对照图 12 - 1 所示 DCS 的体系结构,FCS 主要表现在以下 6 个方面。

1. 现场通信网络

现场总线作为一种数字式通信网络一直延伸到生产现场中的现场设备,使以往(包括 DCS)采用点到点式的模拟量信号传输或开关量信号的单向并行传输变为多点一线的双向串行数字式传输。

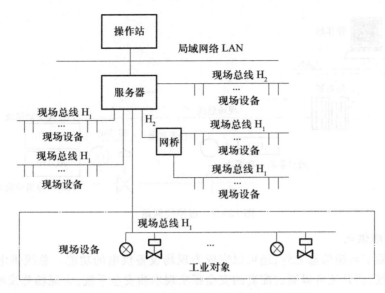

图 12 - 6 现场总线控制系统(FCS)体系结构

2. 现场设备互联

现场设备是指连接在现场总线上的各种仪表设备,按功能可分为变送器、执行器、服务器和网桥、辅助设备等,这些设备可以通过一对传输线即现场总线直接与现场互联,相互交换信息,这在 DCS 中是不可以的。现场设备如下:

(1) 变送器。常用的变送器有温度、压力、流量、物位等,每类又有多个品种。这种智能型变送器既有检测、变换和补偿功能,又有 PID 控制和运算功能。

(2) 执行器。常用的执行器有电动和气动两大类,每类又有多个品种。执行器的基本功能是控制信号的驱动和执行,还内含调节阀的输出特性补偿、PID 控制和运算,另外还有阀门特性自动校验和自动诊断功能。

(3) 服务器和网桥。服务器下接 H_1 和 H_2,上接局域网(LAN,Local Area Network);网桥上接 H_2,下接 H_1。

(4) 辅助设备。辅助设备有 H_1/气压转换器、H_1/电流转换器、电流/H_1 转换器、安全栅、总线电源、便携式编程器等。

3. 互操作性

现场设备种类繁多,没有任何一家制造厂可以提供一个工厂所需的全部现场设备。所以,不同厂商产品的交互操作与互换是不可避免的。用户不希望为选用不同的产品而在硬件或软件上花力气,而希望选用各厂商性能价格比最优的产品集成在一起,实现"即接即用",能对不同品牌的现场设备统一组态,构成所需要的控制回路。

4. 分散功能块

FCS 废弃了传统的 DCS 输入/输出单元和控制站,把 DCS 控制站的功能块分散地分配给现场仪表,从而构成虚拟控制站。由于功能分散在多台现场仪表中,并可统一组态,用户可以灵活选用各种功能块构成所需控制系统,实现彻底的分散控制,如图 12 - 7 所示。

图中差压变送器除了含有模拟量输入功能块(AI110)外,还含有 PID 控制功能块(没用此功能块),调节阀除了含有模拟量输出功能块(AO110),还含有 PID 控制功能块(PID110),这 3 个功能块即构成流量控制回路。

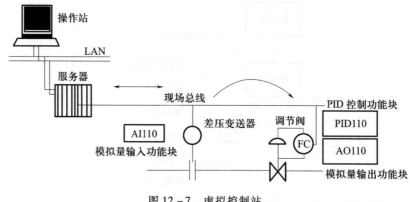

图 12-7 虚拟控制站

5. 现场总线供电

现场总线除了传输信息之外，还可以完成为现场设备供电的功能。总线供电不仅简化了系统的安装布线，而且还可以通过配套的安全栅实现本质安全系统，为现场总线控制系统在易燃易爆环境中的应用奠定了基础。

6. 开放式互联网络

现场总线为开放式互联网络，既可与同层网络互联，也可与不同层网络互联。现场总线协议不像 DCS 那样采用封闭专用的通信协议，而是采用公开化、标准化、规范化的通信协议，只要符合现场总线协议，就可以把不同制造商的现场设备互联成系统。开放式互联网络还体现在网络数据库的共享，通过网络对现场设备和功能块统一组态。

12.5 FCS 功能特点

现场总线技术是计算机技术、通信技术和控制技术的综合与集成。它的出现将使传统的模拟仪表、微型计算机控制以及 DCS 等自动化控制系统产生根本性的变革，包括变革传统的信号标准、通信标准和系统标准；变革传统的自动化系统体系结构、设计方法和安装调试方法。归纳起来，FCS 的优点十分显著。

12.5.1 FCS 的特点

1. 一对 N 结构

FCS 采用一对传输线、N 台仪表，双向传输多个信号，如图 12-6 所示。这种一对 N 结构使得接线简单、工程周期短、安装费用低、维护容易。如果增加现场设备或现场仪表，只需并行挂接到电缆上，无需架设新的电缆。而传统的控制是一对一模拟信号的传输结构，如图 12-1 所示，即一台仪表，一对传输线，单向传输一个信号。这种一对一结构造成接线庞杂、工程周期长、安装费用高、维护困难。

2. 可靠性高

FCS 是数字信号传输，因而抗干扰强、精度高，由于无需采用抗干扰和提高精度的措施，从而减少了成本。而传统的模拟信号传输，易受干扰精度低，为此采用各种抗干扰措施和提高精度的方法，其结果是增加了成本。

3. 可控状态

FCS 的操作员在控制室既能了解现场设备或现场仪表的工作状况，也能对其进行参数调整,还可预测或寻找故障,始终处于操作员的远程监视与可控状态,提高了系统的可靠性、可控性和可维护性。而传统控制的操作员在控制室既不了解模拟仪表的工作状况,也不能对其进行参数调整,更不能预测寻找故障,导致操作员对其处于"失控"状态。

4. 互换性

FCS 用户可以自由选择不同制造商所提供的性能价格比最优的现场设备或现场仪表进行互联互换。即使某台仪表出现故障,换上其他品牌的同类仪表照常工作,实现"即接即用"。而模拟仪表尽管统一了信号标准,但大部分技术参数仍由制造厂商自定,致使不同厂商的仪表无法互换。

5. 互操作性

FCS 用户可把不同制造商的各种品牌的仪表集成在一起,进行统一组态,构成所需的控制回路,不必为集成不同品牌的产品而在硬件或软件上花费力气或增加额外投资。

6. 综合功能

FCS 现场仪表既有检测、变换和补偿功能,又有控制和运算功能。实现一表多用,不仅方便了用户,也节省了成本。

7. 分散控制

FCS 的控制站功能分散在现场仪表中,通过现场仪表就可构成控制回路,实现了彻底的分散控制,提高了系统的可靠性、自治性和灵活性。

8. 统一组态

由于 FCS 中的现场设备或现场仪表都引入了功能块的概念,所有制造商都使用相同的功能块,并统一组态方法。这样就使组态变得非常简单,不必因为现场设备种类不同,而进行不同组态方法的培训或学习。

9. 开放式系统

见本章 12.4 节中的"开放式互联网络"所述。

12.5.2 FCS 的组态

FCS 的组态与 DCS 的组态方法是类似的。对用户而言,FCS 中有三种软件模块:功能块、转换块和资源块。当用一些功能块组成了某一装置的控制策略时,就把这些功能块的有序集合称为一个"功能应用块"。一个功能块应用可以和另一个功能块应用互联在一起,一个功能块应用也可以包含另一个功能块应用。关于组态软件的内容可参见第 13 章。

12.6 FCS 产品简介

现场总线是 FCS 的核心。目前,世界上出现了多种现场总线的企业或国家标准。这些现场总线技术各具特点,已经逐渐形成自己的产品系列,并占有相当大的市场份额。由于技术和商业利益的原因,尚没有统一。以下就是目前流行的几种著名的现场总线。

12.6.1 CAN

CAN 是 Control Area Network(控制局域网络)的缩写。它是由德国 Bosch 公司推出,最早用于汽车内部监测部件与控制部件的数据通信网络。现在已经逐步应用到其他控制领域。CAN 规范现已被国际标准化组织采纳,成为 ISO11898 标准。CAN 协议也是建立在 OSI 模型基础上的,它采用了 OSI 底层的物理层、数据链路层和高层的应用层,其信号传输介质为双绞线。最高通信速率为 1Mb/s(通信距离为 40m),最远通信距离可达 10km(通信速率为 5kb/s),节点总数可达 110 个。

CAN 的信号传输采用短帧结构,每一帧的有效字节数为 8 个,因而传输的时间短,受干扰的概率低,每帧信息均采用循环冗余校验 CRC 及其他检错措施,通信误码率极低。CAN 节点在错误严重的情况下,具有自动关闭总线的功能,这时故障节点与总线脱离,使其他节点的通信不受影响。

12.6.2　Lon Works

Lon Works 是 Local Operating Network(局部操作网络)的缩写。它是由美国 Echelon 公司研制,于 1990 年正式公布的现场总线网络。它采用了 ISO/OSI 模型中完整的七层通信协议,采用了面向对象的设计方法,通过网络变量把网络通信设计简化为参数设置,其最高通信速率为 1.25Mb/s(通信距离不超过 130m),最远通信距离为 27000m(通信速率为 78kb/s),节点总数可达 32000 个。网络的传输介质可以是双绞线、同轴电缆、光纤、射频、红外线、电力线等。

Lon Works 的信号传输采用可变长帧结构。每帧的有效字节可由 0 个 ~ 288 个。Lon Works 所采用的 Lon Talk 通信协议被封装在称为 Neuron 的神经元芯片中。芯片中有 3 个 8 位 CPU:第一个用于实现 ISO/OSI 模型中的第 1 层和第 2 层的功能,称为媒体访问控制处理器;第二个用于完成 3 层 ~ 6 层的功能,称为网络处理器;第三个对应于第 7 层,称为应用处理器。芯片中还具有信息缓冲区,以实现 CPU 之间的信息传递,并作为网络缓冲区和应用缓冲区。

12.6.3　PROFIBUS

PROFIBUS 是 Process Field Bus(过程现场总线)的缩写。它是德国国家标准 DIN 19245 和欧洲标准 EN 50170 所规定的现场总线标准。PROFIBUS 由三个兼容部分组成,即 PROFIBUS – DP、PROFIBUS – PA 和 PROFIBUS – FMS。其中 PRMUS – DP 是一种高速低成本通信系统,它按照 OSI 参考模型定义了物理层、数据链路层和用户接口;PROFIBUS – PA 专为过程自动化设计,可使变送器与执行器连接在一根总线上,并提供本质安全和总线供电特性,PROFIBUS – PA 采用扩展的 PROFIBUS – DP 协议,另外还有现场设备描述的 PA 行规;PROFIBUS – FMS 根据 OSI 参考模型定义了物理层、链路层和应用层,其中应用层包含了现场总线报文规范(FMS,FieldBus Message Specification)和低层接口(LLI,Lower Layer Interface),最高通信速率为 12Mb/s(通信距离不超过 100m),最大通信距离为 1200m(通信速率为 9.6kb/s),如果采用中继器可延长至 10km,其传输介质可以是双绞线或光缆,每个网络可挂 32 个节点,如带中继器,最多可挂 127 个节点。

PROFIBUS 采用定长或可变长帧结构,定长帧一般为 8 字节,可变长帧每帧的有效字节数为 1 个 ~ 244 个。近年来,多家公司联合开发 PROFIBUS 通信系统的专用集成电路芯片,目前已经能将 PROFIBUS – DP 协议全部集成在一块芯片之中。

12.6.4　WorldFIP

WorldFIP 是 World Factory Instrument Protocol(世界工厂仪表协议)的缩写。最初由 Cegelec 等几家法国公司在原有通信技术的基础上根据用户的要求所制定,随后即成为法国标准,后来又采纳了 IEC 物理层国际标准(IEC61158 – 2),并命名为 WorldFIP。WorldFIP 是欧洲现场总线标准 EN50170－3。WorldFIP 组织成立于 1987 年，目前包括有 ALSTOM、Schneider、Honeywell 等世界著名大公司在内的 100 多个成员。WorldFIP 协议按照 OSI 参考模型定义了物理层、数据链路层和应用层。WorldFIP 采用有调度的总线访问控制，通信速率分别为 31.35kb/s、1Mb/s、2.5Mb/s，对应的最大通信距离分别为 5000m、1000m、500m，其通信介质为双绞线。如果采用光纤，其最大通信距离可达 40km。每段现场总线的最大节点数为 32 个，使用分线盒可连接 256 个节点。整个网络最多可以使用 3 个中继器，连接 4 个网段。

WorldFIP 采用可变长帧结构，每帧的最大字节数为 256 个。适合于包括 TCP/IP 在内的各种类型的协议数据单元。WorldFIP 可以提供各种专用通信芯片。

12.6.5 HART

HART 是 Highway Addressable Remote Transducer（可寻址远程传感器数据通路）的缩写。最早由 Rosemount 公司开发，得到了 80 多家仪表公司的支持，并于 1993 年成立了 HART 通信基金会。HART 协议参考了 ISO/OSI 参考模型的物理层、数据链路层和应用层。其主要特点是采用基于 Bell 202 通信标准的频移键控 FSK 技术。在现有的 4mA～20mA 模拟信号上叠加 FSK 数字信号，以 1200Hz 的信号表示逻辑 1，以 2200Hz 的信号表示逻辑 0，通信速率为 1200b/s，单台设备的最大通信距离为 3000m，多台设备互联的最大通信距离为 1500m，通信介质为双绞线，最大节点数为 15 个。

HART 采用可变长帧结构，每帧最长为 25 个字节，寻址范围为 0～15。当地址为 0 时，处于 4mA～20mA 与数字通信兼容状态。而当地址为 1～15 时，则处于全数字状态。

12.6.6 FF

FF 是 Fieldbus Foundation（现场总线基金会）的缩写。现场总线基金会是国际公认的、唯一不附属于某企业的、非商业化的国际标准化组织。其宗旨是制定单一的国际现场总线标准。FF 协议的前身是以美国 Fisher－Rosemount 公司为首，联合 Foxboro、Yokogawa、ABB、Siemens 等 80 家公司制定的 ISP 协议，和以 Honeywell 公司为首、联合欧洲等地的 150 家公司制定的 Word FIP 协议。迫于用户的压力，支持 ISP 和 World FIP 的两大集团于 1994 年 9 月握手言和，成立了现场总线基金会 Fieldbus Foundation。FF 总线以 OSI 参考模型为基础，取其物理层、链路层和应用层为 FF 通信模型的相应层次，并在此基础上增加了用户层。FF 总线分为低速现场总线和高速现场总线两种通信速率。低速现场总线 H_1 的传输速率为 31.25kb/s，高速现场总线 HSE 的传输速率为 100Mb/s，H_1 支持总线供电和本质安全特性，最大通信距离为 1900m（如果加中继器可延长至 9500m，最多可直接连接 32 个节点（非总线供电）、13 个节点（总线供电）、6 个节点（本质安全要求）。如果加中继器最多可连接 240 个节点。通信介质为双绞线、光缆或无线电。

FF 采用可变长帧结构，每帧的有效字节数为 0 个～251 个。目前已经有 Smar、Fuji、National、Semiconductor、Siemens、Yokogawa 等 12 家公司可以提供 FF 的通信芯片。

目前，全世界已有 120 多个用户和制造商成为现场总线基金会的成员。基金会董事会囊括了世界上最主要的自动化设备供应商。基金会成员所生产的自动化设备占世界市场的 90% 以上。基金会强调中立与公正。所有的成员均可以参加规范的制定和评估，所有的技术成果由基金会拥有和控制。由中立的第三方负责产品的注册和测试等。因此，基金会现场总线具有一定的权威性、广泛性和公正性。

本 章 小 结

DCS 与 FCS 是最适于大中规模生产流程的计算机综合网络控制系统,目前正在现代企业中大量应用。

本章分别对比地介绍了这两种控制系统的体系结构、功能特点以及几种典型产品。重点讨论了 DCS 的多层体系结构以及 FCS 的全数字化、全分散式、可互操作和全开放式的新型体系结构;对比分析了它们的软件功能及系统特点;并简介了各自有代表性的几种流行产品。

需要指出的是,目前正挤身于工业自动化领域的还有一种称为工业以太网(Ethernet)的网络化控制系统,虽然还有一些关键技术尚待解决,但也预示着一种广阔的发展前景,有可能成为未来的主流趋势。

思 考 题

1. 画图简要说明 DCS 的三层体系结构及其功能作用。
2. 简要说明构成分散过程控制级的主要装置及其作用。
3. DCS 有哪些主要特点?
4. 目前较为流行的 DCS 有哪些?
5. 画图简要说明 FCS 的体系结构。
6. 画图简要说明 FCS 中虚拟控制站的组成。
7. FCS 有哪些主要特点?
8. 目前较为流行的现场总线有哪些?

第13章 控制系统设计与工程实现

本章要点

1. 学习计算机控制系统的设计原则
2. 初步掌握计算机控制系统的设计步骤
3. 学习实例,加深认识与初步掌握单片机、仪表、IPC 和 PLC 控制系统的设计思路

前面讨论了计算机控制系统各部分的结构组成、工作原理、硬件和软件技术、控制规律算法以及典型的控制装置类型,这就为计算机控制系统的设计与工程实现奠定了基础。由于控制对象多种多样,要求控制系统达到的功能也各不相同,这使得计算机控制系统的构成方式和规模大小也具有多样性。

13.1 控制系统的设计原则

对于不同的控制对象,系统的设计方案和具体的技术指标是不同的,但控制系统的设计原则是相同的。这就是满足工艺要求、可靠性高、操作性能好、实时性强、通用性好、经济效益高。

1. 满足工艺要求

在设计计算机控制系统时,首先应满足生产过程所提出的各种要求及性能指标。因为计算机控制系统是为生产过程自动化服务的,因此设计之前必须对工艺过程有一定的了解,系统设计人员应该和工艺人员密切配合,才能设计出符合生产工艺要求和性能指标的控制系统。设计的控制系统所达到的性能指标不应低于生产工艺要求,但片面追求过高的性能指标而忽视设计成本和实现上的可能性也是不可取的。

2. 可靠性要高

对工业控制的计算机系统最基本的要求是可靠性高。否则,一旦系统出现故障,将造成整个控制过程的混乱,会引起严重的后果,由此造成的损失往往大大超出计算机控制系统本身的价值。在工业生产过程中,特别是在一些连续生产过程的企业中,是不允许故障率高的设备存在的。

系统的可靠性是指系统在规定的条件下和规定的时间内完成规定功能的能力。在计算机控制系统中,可靠性指标一般用系统的平均无故障时间(MTBF)和平均维修时间(MTTR)来表示。MTBF 反映了系统可靠工作的能力,MTTR 表示系统出现故障后立即恢复工作的能力,一般希望 MTBF 要大于某个规定值,而 MTTR 值越短越好。因此,在系统设计时,首先要选用高性能的工业控制计算机,保证在恶劣的工业环境下仍能正常运行。其次是设计可靠的控制方案,并具备有各种安全保护措施,比如报警、事故预测、事故处理、不间断电源等。

为了预防计算机故障,还须设计后备装置。对于一般的控制回路,选用手动操作器作为后

备;对于重要的回路,选用常规控制仪表作为后备。这样,一旦计算机出现故障,就把后备装置切换到控制回路中去,以维持生产过程的正常运行。对于特殊的控制对象,可设计两台计算机互为备用地执行控制任务,成为双机系统。对于规模较大的系统,应注意功能分散,即可采用分散控制系统或现场总线控制系统。

3. 操作性能要好

操作性能好包括两个含义,即使用方便和维护容易。

首先是使用方便。系统设计时要尽量考虑用户的方便使用,尤其是操作面板的设计,既要体现操作的先进性,又要兼顾原有的操作习惯,控制开关不能太多、太复杂,尽量降低对使用人员专业知识的要求,使他们能在较短时间内熟悉和掌握操作。

其次是维修容易,即一旦发生故障,易于查找和排除。在硬件方面,从零部件的排列位置到标准化的模板结构以及能否便于带电插拔等都要通盘考虑;从软件角度而言,要配置查错程序和诊断程序,以便在故障发生时能用程序帮助查找故障发生的部位,从而缩短排除故障的时间。

4. 实时性要强

计算机控制系统的实时性,表现在对内部和外部事件能及时地响应,并作出相应的处理,不丢失信息,不延误操作。计算机处理的事件一般分为两类:一类是定时事件,如数据的定时采集、运算控制等,对此系统应设置时钟,保证定时处理;另一类是随机事件,如事故报警等,对此系统应设置中断,并根据故障的轻重缓急预先分配中断级别,一旦事故发生,保证优先处理紧急故障。

5. 通用性要好

工业控制的对象千差万别,而计算机控制系统的研制开发又需要有一定的投资和周期。一般来说,不可能为一台装置或一个生产过程研制一台专用计算机,常常是设计或选用通用性好的计算机控制装置灵活地构成系统。当设备和控制对象有所变更时,或者再设计另外一个控制系统时,通用性好的系统一般稍作更改或扩充就可适应。

计算机控制系统的通用灵活性体现在两方面:一是硬件设计方面,首先应采用标准总线结构,配置各种通用的功能模板或功能模块,以便在需要扩充时,只要增加相应板、块就能实现,即便当CPU升级时,也只要更换相应的升级芯片及少量相关电路即可实现系统升级的目的,其次,在系统设计时,各设计指标要留有一定的余量,如输入/输出通道指标、内存容量、电源功率等;二是软件方面,应采用标准模块结构,尽量不进行二次开发,主要是按要求选择各种软件功能模块,灵活地进行控制系统的组态。

6. 经济效益要高

计算机控制应该带来高的经济效益,要有市场竞争意识。经济效益表现在两方面:一是系统设计的性能价格比要尽可能的高,在满足设计要求的情况下,尽量采用物美廉价的元器件;二是投入产出比要尽可能的低,应该从提高生产的产品质量与产量、降低能耗、消除污染、改善劳动条件等方面进行综合评估。

13.2 控制工程的实现步骤

作为一个计算机控制系统的工程项目,在设计研制过程中应经过哪些步骤,这是需要认真考虑的。如果步骤不清,或者每一步需要做什么不明确,就有可能引起研制过程中的混乱甚至返工。计算机控制系统的研制过程一般可分为4个阶段:准备阶段、设计阶段、仿真及调试阶段和现场调试运行阶段。

13.2.1 准备阶段

在一个工程项目研制实施的开始阶段,首先碰到的问题是甲方和乙方之间的合同关系。甲方是任务的委托方,乙方是任务的承接方。图13-1给出了系统研制准备阶段的流程,该流程既适合于甲方,也适合于乙方。

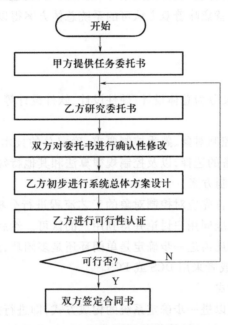

图13-1 系统研制准备阶段流程

1. 甲方提出任务委托书

在委托乙方承接系统项目前,甲方一定要提供正式的书面任务委托书,该委托书一定要有清楚准确的系统技术性能指标,还要包含经费、计划进度及合作方式等内容。

2. 乙方研究任务委托书

乙方在接到任务委托书后要认真阅读,并逐条进行研究。对含糊不清、认识上有分歧和需补充或删节的地方要逐条标出,并拟订出要进一步弄清的问题及修改意见。

3. 双方对委托书进行确认性修改

在乙方对委托书进行了认真研究之后,双方应就委托书的确认或修改事宜进行协商和讨论。经过确认或修改过的委托书中不应再有含义不清的词汇和条款,而且双方的任务和技术界面必须划分清楚。

4. 乙方初步进行系统总体方案设计

由于任务和经费没有落实,所以这时总体方案的设计只能是粗线条的。但应能反映出三大关键问题:技术难点、经费概算、工期。乙方应多做几个不同的方案以便比较。

5. 乙方进行方案可行性论证

方案可行性论证的目的是要估计承接该项任务的把握性,并为签合同后设计阶段的总体设计打下基础。论证的主要内容是技术可行性、经费可行性、进度计划可行性。特别要指出,对控制项目尤其是对可测性和可控性应给予充分重视。

如果论证的结果可行,接着就应做好签合同前的准备工作;如果不可行,则应与甲方进一步协商任务委托书的有关内容或对条款进行修改。若不能修改,则合同不能签订。

6. 签订合同书

这是准备阶段的最后一个步骤。合同书是双方达成一致意见的结果,也是以后双方合作的唯一依据和凭证。合同书应包含如下内容:双方的任务划分和各自应承担的责任、合作方式、付款方式、进度和计划安排、验收方式及条件、成果的归属、违约的解决办法等。

合同书的最后签订,也就意味着双方认可的系统总体方案得以确定,可以进入下一个设计阶段。

13.2.2 设计阶段

控制系统的设计阶段又分为总体设计、硬件设计、软件设计等几个步骤。

1. 总体设计

总体设计就是要了解控制对象、熟悉控制要求,确定总的技术性能指标,确定系统的构成方式及控制装置与现场设备的选择,以及控制规律算法和其他特殊功能要求。

1) 确定系统任务与控制方案

在进行系统设计之前,首先应对控制对象的工艺流程进行分析归纳,明确具体要求,确定系统所要完成的任务,一般应同用户讨论并得到用户的认可。然后根据系统要求,确定采用开环还是闭环控制;闭环控制还需进一步确定是单闭环还是多闭环;进而还要确定出整个系统是采用DDC,还是采用SCC,或者采用DCS或FCS。

2) 确定系统的构成方式

控制方案确定后,就可以进一步确定系统的构成方式,即进行控制装置机型的选择。目前已经生产出许多用于工业控制的计算机装置可供选择,如单片机、可编程调节器、IPC、PLC和DCS、FCS等。

在以模拟量为主的中小规模的过程控制环境下,一般应优先选择总线式IPC来构成系统的方式;在以数字量为主的中小规模的运动控制环境下,一般应优先选择PLC来构成系统的方式。IPC或PLC具有系列化、模块化、标准化和开放式系统结构,有利于系统设计者在系统设计时根据要求任意选择,像搭积木般地组建系统。这种方式可提高系统研制和开发速度,提高系统的技术水平和性能,增加可靠性。

当系统规模较小、控制回路较少时,可以考虑采用可编程调节器或控制仪表;如果是小型控制装置或智能仪器仪表的研制设计,则可以采用单片机系列。当系统规模较大,自动化水平要求高,甚至集控制与管理为一体的系统可选用DCS、FCS、高档PLC或其他工控网络构成。

3) 选择现场设备

主要包含传感器、变送器和执行器的选择。随着控制技术的发展,测量各种参数的传感器,如温度、压力、流量、液位、成分、位移、重量、速度等,种类繁多,规格各异;而执行器也有模拟量执行器、数字量执行器以及电动、气动、液动等之分。因此,如何正确选择这些现场设备,确实不是一件简单的事情,这其中的任何一个环节都会影响系统的控制任务和控制精度。

4) 确定控制算法

选用什么控制算法才能使系统达到要求的控制指标,也是系统设计的关键问题之一。控制算法的选择与系统的数学模型有关,在系统的数学模型确定后,便可推导出相应的控制算法。

所谓数学模型就是系统动态特性的数学表达式,它表示系统输入、输出及其内部状态之间的关系。一般多由实验方法测出系统的阶跃响应特性曲线,然后由曲线确定出其数学模型。当系统模型确定之后,即可确定控制算法。计算机控制系统的主要任务就是按此控制算法进行控制。因此,控制算法的正确与否,直接影响控制系统的调节品质。

由于控制对象多种多样,相应控制模型也各异,所以控制规律及其控制算法也是多种多样的。如一般简单的生产过程常采用 P、PI 或 PID 控制;对于工况复杂、工艺要求高的生产过程,一般的 PID 不能达到性能指标时,应采取其他控制规律,如串级、前馈、自适应等;对于快速随动系统,可选用最少拍控制;对具有纯滞后的控制对象,可选用纯滞后补偿或大林控制;对具有时变、非线性特性的控制对象以及难以建立数学模型的控制对象,可选用模糊控制;另外,还有随机控制、智能控制等其他控制算法。

5) 硬件、软件功能的划分

在计算机控制系统中,一些控制功能既能由硬件实现,亦能用软件实现。故系统设计时,硬件、软件功能的划分要综合考虑。用硬件来实现一些功能的好处是可以加快处理速度,减轻主机的负担,但要增加部件成本;而软件实现正好相反,可以降低成本,增加灵活性,但要占用主机更多的时间。一般的考虑原则是视控制系统的应用环境与今后的生产数量而定。对于今后能批量生产的系统,为了降低成本,提高产品竞争力,在满足指标功能的前提下,应尽量减少硬件器件,多用软件来完成相应的功能。如果软件实现很困难,而用硬件实现却比较简单,且系统的批量又不大的话,则用硬件实现功能比较妥当。

6) 其他方面的考虑

还应考虑人机界面、系统的机柜或机箱的结构设计、抗干扰等方面的问题。最后初步估算一下成本,做出工程概算。

对所提出的总体设计方案要进行合理性、经济性、可靠性以及可行性论证。论证通过后,便可形成作为系统设计依据的系统总体方案图和系统设计任务书,以指导具体的系统设计过程。

2. 硬件设计

对于通用控制系统,可以首选现成的总线式 IPC 系统或者 PLC 装置,以加快设计研制进程,使系统硬件设计的工作量减到最小。例如 STD 总线、PC 总线 IPC 有数十种国内外的品牌,PLC 也有十几种品牌几十种系列可供选择。这些符合工业化标准的控制装置的模板、模块产品都经过严格测试,并可提供各种软件、硬件接口,包括相应的驱动程序等。这些模板模块产品只要总线标准一致,买回后插入相应空槽即可运行,构成系统极为方便。所以,除非无法买到满足自己要求的产品,否则绝不要随意决定自行研制。

无论是选用现成的 IPC,还是采用 PLC 装置,设计者都要根据系统要求选择合适的模板或模块。选择内容一般包括:

(1) 根据控制任务的复杂程度、控制精度以及实时性要求等选主机板(包括总线类型、主机机型等);

(2) 根据 AI、AO 点数、分辨率和精度,以及采集速度等选 A/D 板、D/A 板(包括通道数量、信号类别、量程范围等);

(3) 根据 DI、DO 点数和其他要求,选择开关量输入/输出板(包括通道数量、信号类别、交直流和功率大小等);

(4) 根据人机联系方式选择相应的接口板或显示操作面板(包括参数设定、状态显示、手动自动切换和异常报警等);

(5) 根据需要选择各种外设接口、通信板块等;

(6) 根据工艺流程选择测量装置(包括被测参数种类、量程大小、信号类别、型号规格等);

(7) 根据工艺流程选择执行装置(包括能源类型、信号类别、型号规格等)。

采用通用控制装置构成系统的优点是:系统配置灵活,规模可大可小,扩充方便,维修简单,由于无需进行硬件线路设计,因而对设计人员的硬件技术水平要求不高。一般 IPC 都配有系统软件,有的还配有各种控制软件包;而有的 IPC 只提供硬件设计上的方便,而应用软件需自行开发,或者系统设计者愿意自己开发研制全部应用软件,以获取这部分较高的商业利润。

专用控制系统是指应用领域比较专一,或者是为某项应用而专门设计、开发的计算机控制系统,如数控机床控制设备、彩色印刷控制设备、电子称重仪及其他智能数字测控设备等专用的智能化仪器仪表及小型控制系统。另外,带有智能控制功能的家电产品也属这类系统。这些系统偏重于某几项特定的功能,系统的软硬件比较简单和紧凑,常用于批量的定型产品中。硬件完全按系统的要求进行配置,软件多采用固化的专用芯片和相应器件,一般可采用单片机系统或专用的控制芯片来实现,开发完成后一般不作较大的更动。这种方法的优点是系统针对性强、价格便宜,缺点是设计制造周期长,设计人员应具备较深的计算机知识,系统的全部硬件、软件均需自行开发研制。

3. 软件设计

用 IPC 或 PLC 来组建计算机控制系统不仅能减少系统硬件设计工作量,而且还能减少系统软件设计工作量。一般它们都配有实时操作系统或实时监控程序以及各种控制、运算软件和组态软件等,可使系统设计者在最短的周期内,开发出应用软件。

如果从选择单片机入手来研制控制系统,那系统的全部硬件、软件均需自行开发研制。自行开发控制软件时,应先画出程序总体流程图和各功能模块流程图,再选择程序设计语言,然后编制程序。程序编制应先模块后整体。软件设计应考虑以下几个方面:

1) 编程语言的选择

根据机型不同和控制工况不同,可以选择不同的编程设计语言。目前常用的语言有汇编语言、高级语言、组态语言等。

汇编语言是使用助记符代替二进制指令码的面向机器的语言。用汇编语言编出的程序质量较高,且易读、易记、易检查和修改,但不同的机器有不同的汇编语言,如 MCS51 单片机汇编语言、8086CPU 汇编语言等。编程者必须先熟悉这种机器的汇编语言才能编程,这就要求编程者要有较深的计算机软件和硬件知识以及一定程度的程序设计技能与经验。

高级语言更接近英语自然语言和数学表达式,程序设计人员只要掌握该种语言的特点和使用方法,而不必了解机器的指令系统就可以编程设计。因而它具有通用性好、功能强、更易于编写等特点,是近年来发展很快的一种编程方式。目前,AT89、51 系列单片机常用的高级语言有 C-51、PL/M-51 以及 MBASIC-51 等。

高级语言在编写控制算法和图形显示方面具有独特的优点,而汇编语言编写的程序比用高级语言编写的程序执行速度快、占用内存少。所以,一种较好的模式是混合使用两种语言,用汇编语言编写中断管理、输入/输出等实时性强的程序,而用高级语言编写计算、图形显示、打印等运算管理程序。

组态语言是一种针对控制系统而设计的面向问题的高级语言,它为用户提供了众多的功能模块。比如控制算法模块(如 PID)、运算模块(四则运算、开方、最大值/最小值选择、一阶惯性、超前滞后、工程量变换、上下限报警等数十种)、计数/计时模块、逻辑运算模块、输入模块、输出模块、打印模块、CRT 显示模块等。系统设计者只需根据控制要求,选择所需的模块就能十分方便地生成系统控制软件,因而软件设计工作量大为减少。常用的组态软件有 In-touch、FIX、WinCC、KingView 组态王、MCGS、力控等。

在软件技术飞速发展的今天,各种软件开发工具琳琅满目,每种开发语言都有其各自的长处和短处。在设计控制系统的应用程序时,究竟选择哪种语言编程,还是两种语言混合使用,这要根据被控对象的特点、控制任务的要求以及所具备的条件而定。

2) 数据类型和数据结构规划

系统的各个模块之间要进行各种信息传递,如数据采集模块和数据处理模块之间、数据处理模块和显示模块、打印模块之间的接口条件,也即各接口参数的数据结构和数据类型必须严格统一规定。

从数据类型上来分类,可分为逻辑型和数值型。通常将逻辑型数据归到软件标志中去考虑。数值型数据可分为定点数和浮点数,定点数具有直观、编程简单、运算速度快的优点,缺点是表示的数值动态范围小,容易溢出;而浮点数则相反,数值动态范围大、相对精度稳定、不易溢出,但编程复杂,运算速度低。

如果某参数是一系列有序数据的集合,如采样信号序列,则不只有数据类型问题,还有一个数据存放格式问题,即数据结构问题。具体说来,就是按顺序结构、链形结构还是树形结构来存放数据。

3) 资源分配

完成数据类型和数据结构的规划后,便开始分配系统的资源。系统资源包括 ROM、RAM、定时器/计数器、中断源、I/O 地址等。ROM 资源用来存放程序和表格,I/O 地址、定时器/计数器、中断源在任务分析时已经分配好了。因此,资源分配的主要工作是 RAM 资源的分配。RAM 资源规划好后,应列出一张 RAM 资源的详细分配清单,作为编程依据。

4) 控制软件的设计

计算机控制系统的实时控制应用程序一般包括以下几部分:

(1) 数据采集及数据处理程序。数据采集程序主要包括模拟量和数字量多路信号的采样、输入变换、存储等;数据处理程序主要包括数字滤波程序、线性化处理和非线性补偿、标度变换程序、越限报警程序等。

(2) 控制算法程序。它是计算机控制系统的核心程序,其内容由控制系统的类型和控制规律所决定。一般有数字 PID 控制算法、大林算法、Smith 补偿控制算法、最少拍控制算法、串级控制算法、前馈控制算法、解耦控制算法、模糊控制算法、最优控制算法等。实际实现时,可选择合适的一种或几种控制算法,来实现控制。

(3) 控制量输出程序。控制量输出程序实现对控制量的处理(上下限和变化率处理)、控制量的变换及输出,驱动执行机构或各种电气开关。控制量也包括模拟量和开关量输出两种。

(4) 人机界面程序。这是面板操作管理程序,包括键盘、开关、拨码盘等信息输入程序,显示器、指示灯、监视器和打印机等输出程序,事故报警以及故障检测程序等。

(5) 程序实时时钟和中断处理程序。计算机控制系统中有很多任务是按时间来安排的,因此实时时钟是计算机控制系统的运行基础。时钟有绝对时钟和相对时钟两种。绝对时钟与当地的时间同步,相对时钟与当地时间无关。

许多实时任务如采样周期、定时显示打印、定时数据处理等都必须利用实时时钟来实现,并由定时中断服务程序去执行相应的动作或处理动作状态标志。另外,事故报警、掉电保护等一些重要事件的处理也常常使用中断技术,以使计算机能对事件做出及时处理。

(6) 数据管理程序。这部分程序用于生产管理,主要包括画面显示、变化趋势分析、报警记录、统计报表打印输出等。

(7) 数据通信程序。数据通信程序主要完成计算机与计算机之间、计算机与智能设备之间的信息传递和交换。

5) 程序设计的方法

应用程序的设计方法可采用模块化程序设计和自顶向下程序设计等方法。

模块化程序设计是把一个较长的程序按功能分成若干个小的程序模块,然后分别进行独立设计、编程、测试和查错之后,最后把各调试好的程序模块连成一个完整的程序。模块化程序设计的特点是单个小程序模块的编写和调试比较容易;一个模块可以被多个程序调用;检查错误容易,且修改时只需改正该模块即可,无需牵涉其他模块。但这种设计在对各个模块进行连接时有一定困难。

自顶向下程序设计时,先从主程序进行设计,从属的程序或子程序用程序符号来代替。主程序编好后,再编写从属的程序,最后完成整个系统的程序设计。这种方法的特点是设计、测试和连接同时按一个线索进行,比较符合人们的日常思维方式,设计中的矛盾和问题可以较早发现和解决。但这种设计的最大问题就是上一级的程序错误将会对整个程序产生影响,并且局部的修改将牵连全局。

13.2.3 仿真及调试阶段

离线仿真及调试阶段一般在实验室进行,首先进行硬件调试与软件调试,然后进行硬件、软件统调,最后考机运行,为现场投运做好准备。

1. 硬件调试

对于各种标准功能模板,应按照说明书检查主要功能。比如主机板(CPU 板)上 RAM 区的读写功能、ROM 区的读出功能、复位电路、时钟电路等的正确性。

在调试 A/D 模板和 D/A 模板之前,必须准备好信号源、数字电压表、电流表等标准仪器。对这两种模板首先检查信号的零点和满量程,然后再分挡检查,并且上行和下行来回调试,以便检查线性度是否合乎要求。

利用开关量输入和输出程序来检查开关量输入(DI)和开关量输出(DO)模板。测试时可在输入端加开关量信号,检查读入状态的正确性;可在输出端用万用表或灯泡检查输出状态的正确性。

硬件调试还包括现场仪表和执行器,这些仪表必须在安装之前按说明书要求校验完毕。

如是 DCS 等通信网络系统,还要调试通信功能,验证数据传输的正确性。

2. 软件调试

软件调试的顺序是子程序、功能模块和主程序。

控制模块的调试应分为开环和闭环两种情况进行。开环调试是检查 PID 控制模块的开环阶跃响应特性,开环阶跃响应实验是分析记录在不同的 P、I、D 参数下,针对不同阶跃输入幅度、不同控制周期、正反两种作用方向时的纯比例控制、比例积分控制以及比例积分微分控制三种主要响应曲线,从而确定较佳的 P、I、D 参数。

在完成 PID 控制模块开环特性调试的基础上,还必须进行闭环特性调试,即检查 PID 控制模块的反馈控制功能。被控对象可以使用实验室物理模拟装置,也可以使用电子式模拟实验室设备。实验方法与模拟仪表调节器组成的控制系统类似,即分别做设定值和外部扰动的阶跃响应实验,改变 P、I、D 参数以及阶跃输入的幅度,分析被控制量的阶跃响应曲线和 PID 控制器输出控制量的记录曲线,判断闭环工作是否正确。在纯 PID 控制闭环实验通过的基础上,再逐项加入一些计算机控制的特殊功能,如积分分离、微分先行、非线性 PID 等,并逐项检查是否正确。

一般与过程输入/输出通道无关的程序,如运算模块都可用开发装置或仿真器的调试程序进行调试,有时为了调试某些程序,可能还要编写临时性的辅助程序。

一旦所有的子程序和功能模块调试完毕,就可以用主程序将它们连接在一起,进行整体调试。整体调试的方法是自底向上逐步扩大,首先按分支将模块组合起来,以形成模块子集,调试完各模块子集,再将部分模块子集连接起来进行局部调试,最后进行全局调试。这样经过子集、局部和全局三步调试,完成了整体调试工作。通过整体调试能够把设计中存在的问题和隐含的缺陷暴露出来,从而基本上消除了编程上的错误,为以后的系统仿真调试和在线调试及运行打下良好的基础。

3. 系统仿真

在硬件和软件分别调试后,必须再进行全系统的硬件、软件统调,即所谓的系统仿真,也称为模拟调试。所谓系统仿真,就是应用相似原理和类比关系来研究事物,也就是用模型来代替实际被控对象进行实验和研究。系统仿真有以下三种类型:全物理仿真(即在模拟环境条件下的全实物仿真);半物理仿真(即硬件闭路动态试验);数字仿真(即计算机仿真)。

系统仿真尽量采用全物理或半物理仿真。试验条件或工作状态越接近真实,其效果也就越好。对于纯数据采集系统,一般可做到全物理仿真;而对于控制系统,要做到全物理仿真几乎是不可能的。这是因为,我们不可能将实际生产过程搬到自己的实验室中。因此,控制系统只能做离线半物理仿真,被控对象可用实验模型代替。

4. 考机

在系统仿真的基础上,还要进行考机运行,即进行长时间的运行考验,有时还要根据实际的运行环境,进行特殊运行条件的考验,如高温和低温剧变运行试验、振动和抗电磁干扰试验、电源电压剧变和掉电试验等。

13.2.4 现场调试运行阶段

系统离线仿真和调试后便可将控制系统和生产过程连接在一起,进行在线现场调试和运行,最后经过签字验收,才标志着工程项目的最终完成。

尽管上述离线仿真和调试工作最终做到了天衣无缝,但现场调试和运行仍可能出现问题。现场调试与运行阶段是一个从小到大、从易到难、从手动到自动、从简单回路到复杂回路逐步过渡的过程。此前应制定一系列调试计划、实施方案、安全措施、分工合作细则等。为了做到有把握,在线调试前还要进行下列检查:

(1) 检测元件、变送器、显示仪表、调节阀等必须通过校验,保证精确度要求。作为检查,可进行一些现场校验。

(2) 各种电气接线和测量导管必须经过检查,保证连接正确。例如,传感器的极性不能接反,各个传感器对号位置不能接错,各个气动导管必须畅通,特别是不能把强电接在弱电上。

(3) 检查系统的干扰情况和接地情况,如果不符合要求,应采取措施。

(4) 对安全防护措施也要检查。

经过检查并已安装正确后,即可进行系统的投运和参数的整定。投运时应先切入手动,等系统运行接近于设定值时再切入自动。有关控制参数的整定,可按 9.1.4 节数字 PID 参数的整定方法进行。

在现场调试过程中,往往会出现错综复杂、时隐时现的奇怪现象,一时难以找到问题的根源。此时此刻,计算机控制系统的设计者们要认真地共同分析,不要轻易地怀疑别人所做的工作,以便尽快找到问题的根源并解决。

系统运行正常后,再试运行一段时间,即可组织签字验收。验收是系统项目最终完成的标志,应由甲方主持、乙方参加,双方协同办理。验收完毕应形成验收文件存档。

13.3 控制工程的应用实例

要真正成功地完成一个工程项目,除了要讲究科学的设计方法外,还要借助于丰富的实践经验。因此,我们应当总结和学习一些成功项目的实践经验。下面分别介绍四种典型控制装置的工程应用实例。

13.3.1 水槽水位单片机控制系统

对于小型测控系统或者某些专用的智能化仪器仪表,一般可采用以单片机为核心、配以接口电路和外围设备、再编制应用程序的模式来实现。下面以一个简单的水槽水位控制系统为例。

1. 系统概述

通过水槽水位的高低变化来启停水泵,从而达到对水位的控制目的,这是一种常见的工艺控制。如图 13-2 点划线框内所示,一般可在水槽内安装 3 个金属电极 A、B、C,它们分别代表

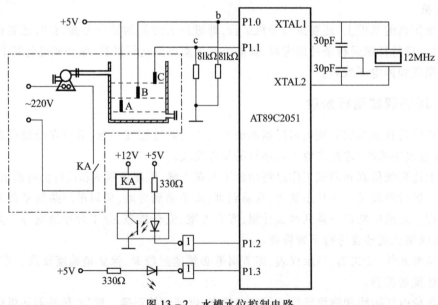

图 13-2 水槽水位控制电路

水位的下下限、下限与上限。工艺要求：当水位升到上限 C 以上时，水泵应停止供水；当水位降到下限 B 以下时，应启动水泵供水；当水位处于下限 B 与上限 C 之间，水泵应维持原有的工作状态。

2. 硬件电路

根据工艺要求，设计的控制系统硬件电路如图 13-2 所示，这是一个用单片机采集水位信号并通过继电器控制水泵的小型计算机控制系统。主要组成部分的功能如下：

(1) 系统核心部分：采用低档型 AT89C2051 单片机，用 P1.0 和 P1.1 端作为水位信号的采集输入口，P1.2 和 P1.3 端作为控制与报警输出口。

(2) 水位测量部分：电极 A 接 +5V 电源，电极 B、C 各通过一个电阻与地相连。b 点电平与 c 点电平分别接到 P1.0 和 P1.1 输入端，可以代表水位的各种状态与操作要求，共有 4 种组合，如表 13-1 所列。

表 13-1 水位信号及操作状态表

c(P1.1)	b(P1.0)	水位	操作
0	0	B 点以下	水泵启动
0	1	B、C 之间	维持原状
1	0	系统故障	故障报警
1	1	C 点以上	水泵停止

当水位降到下限 B 以下时，电极 B 与电极 C 在水面上方悬空，b 点、c 点呈低电平，这时应启动水泵供水，即是表中第一种组合；当水位处于下限与上限之间，由于水的导电作用，电极 B 连到电极 A 及 +5V，则 b 点呈高电平，而电极 C 仍悬空，则 c 点为低电平，这时不论水位处于上升或下降趋势，水泵都应继续维持原有的工作状态，见表中第二种组合；当水位上升达到上限时，电极 B、C 通过水导体连到电极 A 及 +5V，因此 b 点、c 点呈高电平，这时水泵应停止供水，如表中第四种组合；还有第三种组合即水位达到电极 C 却未达到电极 B，即 c 点为高电平而 b 点为低电平，这在正常情况下是不可能发生的，作为一种故障状态，在设计中还是应考虑的。

(3) 控制报警部分：由 P1.2 端输出高电平，经反相器使光耦隔离器导通，继电器线圈 KA 得电，常开触点 KA 闭合，启动水泵运转；当 P1.2 端输出低电平，经反相器使光耦隔离器截止，继电器线圈 J 失电，常开触点断开，则使水泵停转。由 P1.3 端输出高电平，经反相器变为低电平，驱动一支发光二极管发光进行故障报警。

3. 程序设计

程序流程如图 13-3 所示。

13.3.2 循环水装置 IPC 控制系统

在以模拟量为主的中小规模控制条件下，应优先选择 IPC 控制装置，下面介绍用一台 STD 总线 IPC 控制循环水动态模拟试验装置的实例。

1. 系统概述

大型化工企业普遍采用冷却水循环使用技术，但循环冷却水同时带来设备的结垢与腐蚀问题，为此利用循环水动态模拟试验装置，模拟生产现场的流态水质、流速、金属材质和循环冷

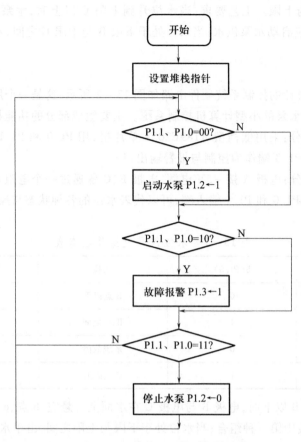

图 13-3 水槽水位控制程序流程图

却水进出口温度等主要参数,来评价稳定水质的配方、阻垢效果及寻求相应的操作工艺条件。

1) 工艺流程

模拟试验装置的主要流程如图 13-4 所示,左下方水槽中的冷水经水泵、调节阀打入换热器,与蒸汽换热后,导入冷却塔与冷风换冷,喷淋而下回落到水槽,再由水泵打循环。

2) 控制要求

通常情形是用户配置两套这样的模拟装置同时运行,因而计算机系统应同时面向两台模拟装置,集检测、控制与管理于一体,主要完成如下功能:

(1) 10 点参数检测功能。入口水温、出口水温、蒸汽温度、冷却塔底温度,共 8 路温度,量程为 0℃ ~100℃,检测精度为 0.2 级。两路循环水流量,量程为 200L/h ~1200L/h,检测精度为 1 级。还有计算显示出入口温差、瞬时污垢热阻、水阀与风阀门开度、试验时间与剩余时间。

(2) 22 个参数设定功能。换热器试管直径与长度、流量与温度的设定值、PID 控制的比例系数、积分时间、微分时间以及即时时间与试验时间。

(3) 10 个参数标定功能。对 8 路温度、2 路流量进行现场标定。

(4) PID 控制功能。实时控制 2 路入口水温与 2 路循环水流量,温度控制精度:设定值 ±0.5℃;流量控制精度:设定值 ±2% FS(FS 即 Full Scale,意为满刻度或满量程)。

(5) 工艺计算、列表绘图功能。根据污垢热阻计算公式计算并显示出瞬时污垢热阻,而且自动生成试验数据列表。自动绘制时间 - 污垢热阻曲线。

(6) 其他功能指标。所有参数的采样、计算、控制周期均为 0.25s,刷新显示周期为 2s,试

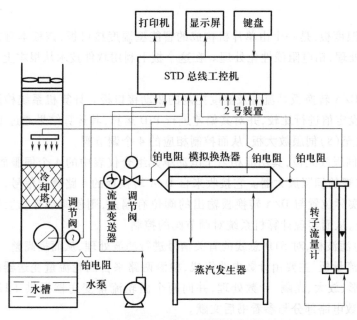

图 13-4 循环水动态模拟试验装置控制流程图

验数据记录时间间隔按工艺要求而定,数据保存时间为 10 年,系统内部设有软件、硬件自诊断、自恢复功能,具有永不"死机"的高度可靠性。

上述所有参数均以汉字分屏幕显示,且附有提示菜单以便操作。

2. 硬件设计

根据上述系统功能及技术指标的要求,采用一台现成的 STD 总线 IPC 较为适宜。选用北京工业大学电子工厂的 IPC 产品,共由 10 块功能模板及外设组成,如图 13-5 所示。

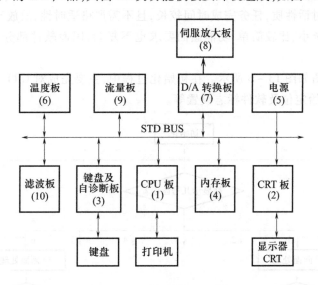

图 13-5 IPC 硬件组成框图

图 13-5 中(1)CPU 板及打印机、(2)CRT 板及 CRT、(3)键盘及自诊断板及键盘、(4)内存板、(5)电源,构成了 STD 工业控制机基本系统。在自诊断板中使用了 WDT 看门狗技术,无论何种原因引起死机,自诊断系统能在 1s~2s 内测出并恢复正常运行,整个计算机系统工作

十分可靠。

其中的(6)温度板,是一个由单片机构成的智能型温度接口板,该板本身能够完成8路温度的检测,滤波处理,铂电阻线性化处理。在这个板上利用软件技术从根本上克服了温度漂移问题。

其中的(7)D/A 转换板是流量及温度控制的驱动接口板。计算机系统检测两路塔底温度与两路流量,与设定值进行比较,并对其偏差进行 PID 运算,其运算结果通过 D/A 转换变成模拟电压信号输出至(8)伺服放大板,从而控制相应的4个调节阀。

其中的(8)伺服放大板,其功能相当于电动单元组合仪表中的4个伺服放大器,但其精度及可靠性优于常规的伺服放大器。它接收来自 D/A 转换板的4路阀位信号,并检测4个阀的实际位置,如果实际位置与 D/A 转换板输出的阀位有偏差,则使阀动作,达到与 D/A 输出一致的位置后停止,从而实现计算机系统对调节阀的控制。

其中的(10)滤波板,对 STD 总线的有关信号进行滤波处理,从而提高整个系统的可靠性。

其中的(9)流量板,主要由计数电路组成,检测两路来自涡轮流量变送器的脉冲信号。对其实行滤波、整形、放大、光隔、计数处理,并向两个涡轮流量变送器提供 +12V 电压,可参考 4.2.2 节脉冲计数电路部分与参看书后文献。

3. 软件设计

该系统采用了现成的 IPC,计算机厂家已提供了监控程序或系统程序,设计者的软件设计任务主要是进行系统的应用软件编制。

该应用软件主要完成两方面的任务:

(1) 8 路温度、两路流量的采集与处理,入口温度与流量的控制,定时存储实验数据;

(2) 允许操作者查看、打印各种数据,设定、标定各个参数。

由于前者任务要求适时性较强,且完成任务所需时间较短,故安排在中断服务子程序中完成。而后者属人机对话性质,任务完成时间较长,且不需严格适时性,故放于主程序中完成。

由于该控制系统小、比较简单,功能画面要求也不复杂,因而软件部分全部采用汇编语言编制。

主程序结构框图如图 13-6 所示。在初始化过程中,主要完成对 CRT、打印机工作方式设定,4 个调节阀门初始定位及软件标志设置等。

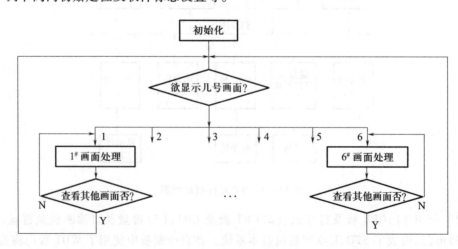

图 13-6 主程序结构框图

在每一个画面处理过程中,能够查看其他画面,同时完成本画面应完成的一些功能。

中断服务子程序如图 13-7 所示。这是一个时间中断子程序。系统设置每隔 250ms 中断一次,中断服务子程序中各个任务,应能在 250ms 内完成。每 4 次中断即时间间隔为 1s 时,刷新时钟,处理秒、分、时、日、月、年的递增,实现准确计时。每 8 次中断,即时间间隔为 2s 时,采集 8 路温度、2 路流量,利用软件实现滤波处理,以消除瞬间干扰的影响。控制采用传统的 PID 控制方式,实行输出速率限定,即在 2s 控制周期内,输出变化幅度不大于输出全范围的 5%。实验数据的存储,若系统在强稳过程中,则每隔 5min 记录一次,若系统在实验过程中,则每隔 120min 记录一次。实验记录数据、设定的实验条件及各参数的标定值存于系统的 E^2ROM 存储器中,有效保存时间为 10 年。

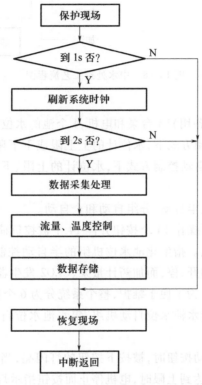

图 13-7 中断服务子程序

4. 功能画面

该系统共有 6 个功能画面,汉字显示且每个画面都有提示菜单,向操作者提示操作的方式。通过对这 6 个菜单的选择操作,便可实现本计算机系统的所有功能。

这 6 个功能画面分别是参数检测画面、参数设定画面、参数标定画面、数据列表画面、热阻曲线画面和系统状态画面。由于篇幅所限,不一一赘述,读者可查阅书后参考文献。

13.3.3 中水回用 PLC 控制系统

在以数字量为主的中小规模控制环境下,一般应首选 PLC 装置,下面介绍一个用西门子 PLC 监控中水处理流程的工程实例。

1. 系统概述

将生活污水进行几级处理,作为除饮用以外的其他生活用水,将形成一个非常宝贵的回用水资源。其中用 PLC 作为主要控制装置已成为一种共识。

1) 工艺流程

中水处理主要工艺流程如图 13-8 所示。生活污水首先通过格栅机滤除固态杂物，进入调节池缓冲，再进入生化池，利用生物接触氧化、化学絮凝和机械过滤方法使水中 COD、BOD5 等几种水质指标大幅度降低，再采用活性炭和碳纤维复合吸附过滤方式，使出水达到生活使用要求。

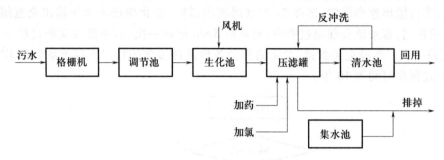

图 13-8 中水处理工艺流程图

2) 控制要求

该流程共有被控设备(含备用)14 台泵和电机，4 个池的水位需要检测。

水位计的作用：在任何控制方式下，水位计的上上限或下下限到位时，都将发出声光报警信号；在全自动、分组自动、半自动控制方式下，水位计的上限、下限分别作为该池排水泵自动开、停的 PLC 输入信号。

采用 4 种控制方式：手动、半自动、分组自动和全自动。

(1) 手动控制方式。用手操作 14 个按钮开停 14 个被控负荷，不受水位影响。

(2) 生化半自动控制方式。指生化池水位机组的半自动控制方式，也即由生化池水位的上限与下限自动控制生化泵的开、停，而加药计量泵、CLO2 发生器的开、停由手动操作。

(3) 分组自动控制方式。为了便于维护，整个系统分为 6 个独立的机组：调节池水位自动机组、生化池水位自动机组、清水池水位自动机组、集水池水位自动机组、溢流泵自动机组、罗茨风机自动机组。

控制要求：当按下分组自动按钮时，被按下按钮的灯闪亮，当选定主、备电机按钮后，分组自动按钮指示灯长亮；当水位达到上限时，电机停止而按钮指示灯转为闪亮。

(4) 全自动方式控制要求。就是当全自动准备按钮启动后，首先选择主、备用电机，然后启动全自动开停按钮，则整个系统进入全自动运行状态。

2. 硬件设计

1) PLC 系统配置

根据工艺流程与控制要求，要完成 14 台被控设备的启动、停止按钮操作，运行、停止、故障状态的灯指示以及 4 种控制方式，如果采用常规的控制模式，1 台设备需 5 个~6 个启、停按钮及状态指示灯等器件，整个控制盘面上大约需要 90 余个按钮与指示灯。这将带来器件成本的增高、控制盘面的增大、人工操作的杂乱。本系统采用软件编程的方法，充分利用 PLC 内部的输入、输出变量及软件计数器，使 1 个带灯按钮集成了 1 台设备的全部控制与状态指示功能，加上 4 种控制方式及其切换，总计只需配置 24 个带灯按钮，分别代表 14 台被控设备与 10 种控制方式。

整个系统需要开关量输入 40 点与开关量输出 32 点。因此，选用德国 SIEMENS 的

S7-200主机CPU226,有开关量24输入/16输出点,数字量扩展模块EM223,提供开关量16输入/16输出点,总计正好构成了系统要求的40点输入/32点输出。

操作界面选用TD200中文文本显示器。

2) PLC输入、输出接线图

PLC输入、输出接线如图13-9所示,输入按钮(AN)1~24分别对应PLC I0.0~I1.7与I4.0~I4.7计24个开关量输入点;4个水位计的16个水位电极点分别对应I2.0~I3.7计16

图13-9 PLC输入、输出接线图

个开关量输入点;PLC 输出点 Q0.0~Q0.7,Q1.0~Q1.5 分别对应于 14 台输出设备;输出点 Q1.6~Q3.7 分别对应于 8 台被控设备与 10 种控制方式的状态指示灯,共计 32 个开关量输出点;另外 6 台被控设备的运行指示灯由相应的中间继电器触点驱动。

3) TD200 中文显示器

与 SIEMENS 主机配套的显示器的种类很多,而 TD200 中文文本显示器是所有 SIMATIC S7-200 系列最简洁、价格最低的操作界面。而且连接简单,不需要独立电源,只需专用电缆连接到 S7-200CPU 的 PPI 接口上即可,如图 13-10 所示。

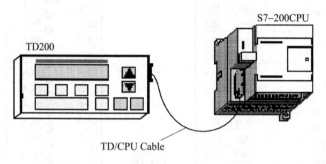

图 13-10 TD200 中文文本显示器及其连接

S7-200 系列的 CPU 中保留了一个专用区域用于与 TD200 交换数据,TD200 直接通过这些数据区访问 CPU。如信息显示内容"调节池水位已达上上限",其地址应来自于调节池水位计的上上限接点 I2.0 的输入响应。

3. 程序设计

1) 主程序流程图

S7-200 系列 PLC 使用基于 Windows 平台的 32 位编程软件包 STEP-7-Micro/WIN,通常采用语义直观、功能强大、适合修改和维护的梯形图语言。图 13-11 给出控制系统主程序

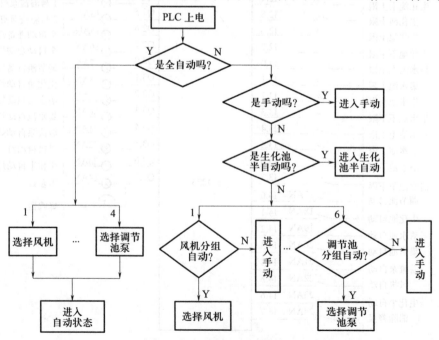

图 13-11 主要程序流程图

流程图,整个工艺过程分为4种控制方式,在全自动与分组自动方式下,首先要选择主、备用电机。

2) 功能按钮程序

24个带灯按钮,分别启停14台被控设备与10种操作方式。通过软件编程,使按钮第一次按下时有效,第二次按下时失效(复位)。

有关细节内容可查阅书后参考文献。

本设计完成了所有的工艺要求,实现了手动控制、半自动控制、分组自动控制和全自动控制4种控制方式,而且硬件器件少,控制盘面简洁,操作简单灵活,中文界面友好。在现场经过调试后已正常运行,工作可靠稳定。

13.3.4 聚合釜温压仪表控制系统

对于仅有几个或十几个测控回路且多以模拟量信号为主的小规模系统而言,采用以智能仪表为底层、计算机为上层的两级监控系统是一种性价比较高的控制模式。下面以4个聚合釜反应流程中的温度压力测控系统为例。

1. 系统概述

实验室中配置了4个白钢聚合釜,进行相同的间歇式反应过程。每个聚合釜浸在一个电加热的油浴里,釜的上部有一个高压组阀,分别开启反应物的进入与排出。

1) 工艺流程

当反应物流入聚合釜中,开始发生化学反应并产生气体,排出口引到气相色谱仪进行在线检测气体的成分和含量。釜内的反应物介质为酸性腐蚀性气体,且产生很高的压力。

2) 测控要求

工艺要求聚合釜内的温度应能控制,常态在200℃±5℃,釜内压力需要检测显示,最高可达10MPa。要求计算机显示屏上能实时显示、记录4个釜中的4点温度与压力的数据变化,而且显示记录参数的时间周期可以在秒、分、时之间任意调整。

电加热器的功率为1000W、220V(AC)。

2. 总体方案

该例采用底层测控、上层监视的上、下两层控制方案。因为整个系统只有4个温度控制回路和4个压力检测参数,且温度、压力传感器的输出信号均是模拟量信号,所以底层测控装置采用智能型数字仪表,同时通过RS-485现场总线连接到上位机,以实现计算机的数据采集、信号处理、数据列表、操作显示,以及人机对话等多个任务。

3. 硬件设计

根据控制方案,要完成的工程任务有工艺控制流程图设计、测量传感器选型、显示控制仪表选型、控制柜及其系统配线等。

1) 工艺控制流程图设计

在工艺流程图的基础上,设计出如图13-12所示的聚合釜温压测控系统的工艺控制流程图,共有4套温度控制系统与4路压力检测系统。

4套温度控制系统完全相同,聚合釜温度由热电偶传感器(TE-01/02/03/04)检测送出,当釜内温度与设定温度有偏差时,通过温度控制仪表(TC-01/02/03/04)输出,驱动固态继电器,并按时间比例控制电加热器的通断,以调节油浴温度使釜内温度恒定。

4路压力检测系统,由4台压力传感器(PE-01/02/03/04)与1台巡回检测仪表(PI-05-

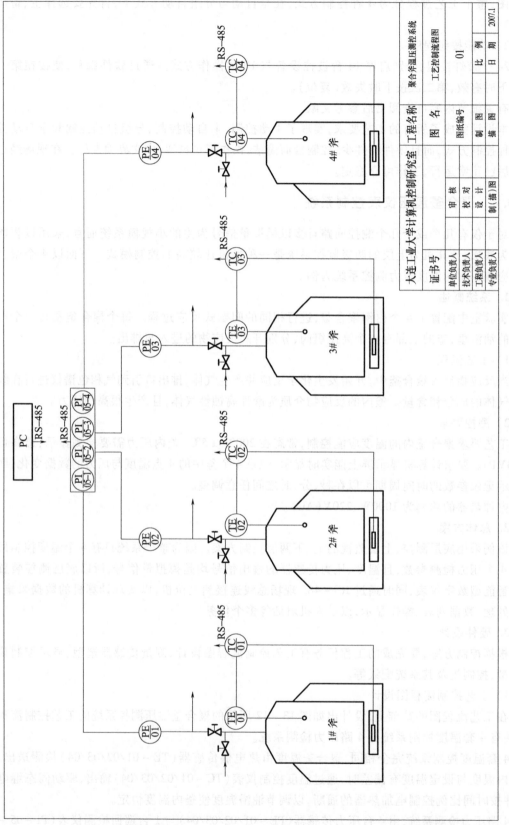

图 13-12 聚合釜工艺控制流程图

1/2/3/4)组成,分别检测4个聚合釜的压力参数。

上述4台温度控制仪表与1台压力巡回检测仪均通过各自的通信接口,经由 RS－485 总线把温度、压力测量参数传送到上位机中进行集中显示。

2)测量传感器选型

测量传感器的选型主要依据所测介质的物化特性、介质环境条件及工艺要求,在满足使用要求与测量精度的条件下,还要注意价格成本。

(1)温度传感器。聚合釜内反应物的温度在0℃~300℃范围,由于聚合釜在釜顶部已预设了直径仅为 $\phi2.0$mm 的传感器套管,还由于整个实验室的其他测温元件全部采用分度号为E型的铠装热电偶,所以该例选 WREK－191E 型铠装热电偶(热电势较大,中低温段稳定性好、价廉),规格为 $\phi1.5$mm×100mm×3000mm。

(2)压力传感器。聚合釜内的反应物介质为酸性腐蚀性气体,釜内气体压力最高可达10MPa,而温度在200℃上下,因而必须选择耐酸性腐蚀、耐高温、耐高压的接触式压力传感器。该例选定离子束薄膜压力传感器,型号为 TQ－551,量程为 0MPa~16MPa,工作电压为24V,输出电流为4mA~20mA,精度为0.1,适应于-40℃~+400℃的温度环境,而且具有高稳定性、抗震动冲击、耐腐蚀的全不锈钢结构。

3)温度显示控制仪选型

该例选用4台厦门宇光电子公司的 AI 人工智能工业调节器/温度控制器,型号为 AI－708/A/G/S,具备位式调节和 AI 人工智能调节功能,面板尺寸为96mm×96mm,配有固态继电器驱动电压输出模块,装有光电隔离的 RS－485 通信接口,供电电源为85V~265V(AC)。每台仪表可构成一个温度检测控制显示回路。

4)压力巡回检测仪表选型

该例同样选用厦门宇光电子公司的 AI 系列仪表,型号为 AI－704M/A/J5/J5/S4,是一台1~4路显示报警仪,面板尺寸同为96mm×96mm,具备4路二线制变送器输入模块,且内部自带24V 馈电电源,装有自带隔离电源的隔离 RS－485 通信接口模块,供电电源为85V~265V(AC)。一台仪表可同时测量4路压力传感器送来的电流信号,并具备输入数字校正及数字滤波功能。

5)测控系统及仪表盘设计

整个测控系统图如图13－13所示,4块温度控制器的配线完全一样,其输入端②、③接热电偶的负、正端,输出端⑤、⑦分别接固态继电器的直流输入负、正端,通信接口端⑰、⑱分别相串后接至 RS－485 总线的 B、A 线上;一块压力巡检仪的输入端⑰与⑲、⑰与⑱、⑭与⑯、⑭与⑮分别接到4块压力传感器的负、正端,通信接口端④、③接至 RS－485 总线的 B、A 线上;RS－485 总线经 RS－485/232 转换器接入上位计算机中。

另外,还有实验台仪表正面布置图及其相应的实验台仪表背面接线图,还有自控设备表等。由于篇幅有限,不再一一赘述,请参考书后参考文献[30]。

4. 软件设计

在上位机软件设计中,目前常用可视化组态软件、Visual Basic(VB)、Visual C++(VC++)等面向对象的多种编程工具。组态软件由于具备强大的图形处理、信息处理、通信、数学运算、数据采集、数据处理和数据存储等功能,特别适合于映射工业对象动作和各种特性的图形显示和动画处理,也具备较强的控制功能。

该例采用亚控公司的组态王软件进行编程。组态王具有实时多任务、使用灵活、运行可靠

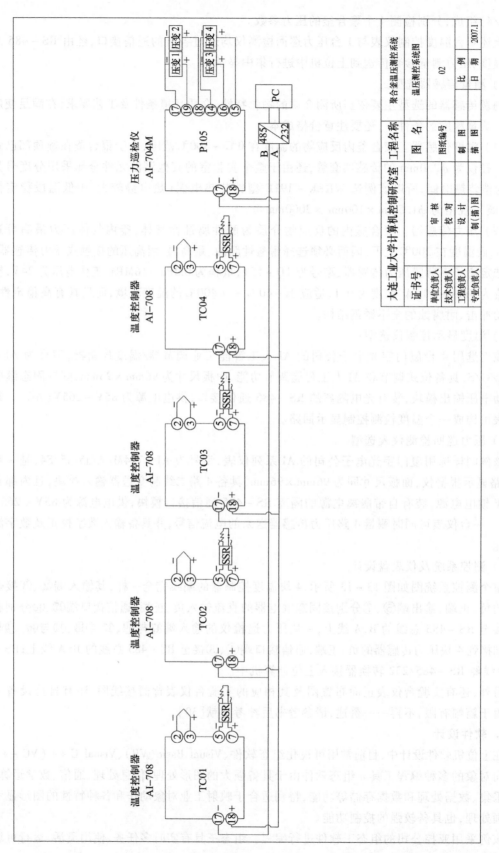

图 13-13 温压测控系统图

等特点。其中最突出的特点是它的实时多任务性,可以在一台计算机上同时完成数据采集、信号数据处理、数据图形显示,可以实现人机对话,实时数据的存储、历史数据的查询,实时通信等多个任务。

组态王软件包由工程浏览器(TouchExplorer)、工程管理器(ProjManager)、画面运行系统(TouchView)三部分组成。其中:在工程浏览器中可以查看工程的各个组成部分,也可以完成数据库的构造、定义外部设备等工作;工程管理器内嵌画面管理系统,用于新工程的创建和已有工程的管理。画面的开发和运行由工程浏览器调用画面制作系统 TOUCHMAK 和工程运行系统 TOUCHVIEW 来完成。

按照工艺要求,设计者为用户主要设计了聚合釜数据采集系统主画面、参数趋势曲线界面和参数数据报表界面等。图 13 - 14 给出了一幅聚合釜数据采集系统的主画面。

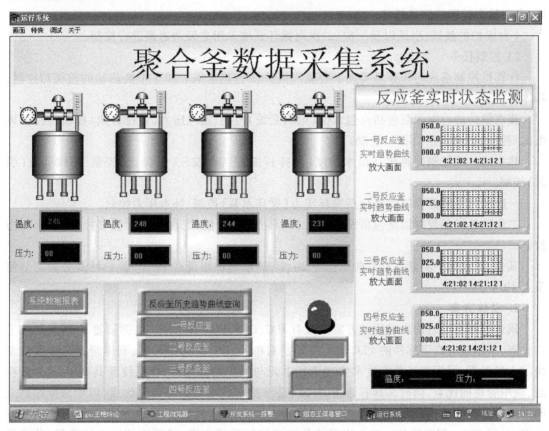

图 13 - 14　聚合釜主画面图

13.3.5　基于 PLC 与 IPC 的锅炉综合控制系统

锅炉是工业生产过程中的重要动力设备,锅炉控制不仅涉及到温度、压力等五大过程变量,而且也运用了串级、前馈等各种复杂的控制方案,因而它在自动控制领域中颇为经典。下面以大连某大学燃煤供热锅炉为例,介绍以 PLC 为下位机(辅以仪表)、IPC 为上位机的一种综合分散型控制系统(详细资料参见书后参考文献[30])。

1. 系统概述

众所周知,锅炉是对冷水加热使其转变为合格蒸汽或热水的设备,这个过程消耗大量的燃煤或燃油并造成严重的烟尘污染。采用计算机控制系统可以完成锅炉整个生产过程的数据采集及各控制回路的闭环控制,实现锅炉的优化燃烧,减少污染,从而达到节能减排的目的。

1) 对象简介

锅炉房配备 2 台 10t/h 热水锅炉、1 台 20t/h 热水锅炉和 1 台 6t/h 蒸汽锅炉,均为链条炉。其中蒸汽锅炉用于浴池、食堂、中央空调等供汽,必要时增加汽水换热装置用于补充供热。3 台热水锅炉用于全院教学区、宿舍区和家属区的供暖。由于校园分布面积较广,地势高低不平,为解决采用单一回路供热产生的供热不均、管网不平衡等问题,在设计中将全部供暖面积按地势及所处地理位置划分成 5 个独立的供热区域,分别为高区教学区、低区教学区、高区生活区、低区生活区和综合实验区,每个区域设置一个换热站,配 2 台板式水—水换热器实现各个区域的独立供热。这样,3 台热水锅炉作为供热系统的一次网循环,5 个换热站作为二次循环,实现整个校园的供热任务。

4 台锅炉的鼓风、引风以及一次、二次网循环泵均采用变频调速器进行控制。

2) 控制任务

计算机控制系统的任务是实现 1 台蒸汽锅炉、3 台热水锅炉和 5 个换热站的监视和控制,具体如下。

蒸汽锅炉的控制回路包括汽包水位(给水系统)控制、蒸汽压力(炉排转速)控制、鼓风(风煤比)控制、炉膛负压(引风)控制。

热水锅炉的控制回路包括出水温度(炉排转速)控制、鼓风(风煤比)控制、炉膛负压(引风)控制。

一次循环系统的控制回路包括循环压力(循环水泵)控制、补水压力控制。

二次换热站的控制回路包括循环压力(循环水泵)控制、二次网出水温度控制、补水压力控制。

其中,蒸汽锅炉测量点有汽包水位等 20 个、热水锅炉测量点 19 个、换热站及公共部分测量点 40 个。

2. 总体方案

锅炉控制系统目前所采用的方案大致有 IPC、DCS、FCS 等几种。该例借鉴了 DCS 结构上的优点,采用具有高可靠性的 PLC 作为现场控制单元,IPC 作为操作站,利用组态软件实现系统的人机界面,采用现场总线技术实现现场单元与操作站的连接,使系统既具有 DCS 分散控制、集中管理的优点,同时又具有通用、开放、易维护和成本低廉等诸多优点,PLC 与操作站之间采用现场总线通信使系统又带有 FCS 的性质。因此,该例吸收了 DCS、PLC 与 FCS 的各方优点,采用 IPC + 组态软件 + PLC 构成的分散型控制系统方案,其系统结构由管理层、监控层和现场控制层 3 个层次构成,如图 13 – 15 所示。

管理层主要由管理计算机、远程访问终端构成,安装于领导房间,利于领导对锅炉运行实现远程监督和调度。它主要通过企业或校园局域网网络接口访问锅炉运行数据,要通过管理计算机访问锅炉运行数据需要通过特殊授权、输入授权密码才能进行。

监控层由操作站、工程师站(图中的 1#、2#操作站)等构成,监控层位于锅炉控制室,网络采用以太网,这一层主要完成锅炉系统流程画面显示,运行数据监视和报警,实时趋势和历史趋势,数据存储和打印,对鼓引风、炉排、循环泵进行操作控制等监视、操作、控制功能。系统还可以支持 WEB 浏览功能,可以通过因特网查看锅炉运行情况。

现场控制层由现场控制站即两台西门子 S7 – 300 系列 PLC 构成,操作站和现场控制站之间采用现场总线 Profibus 构成网络系统,PLC 采集的数据经此现场网络传送到操作站进行显示和存储处理,操作人员可在操作站对锅炉进行操作和控制,其控制指令通过此现场网络发送给相应的 PLC,由 PLC 执行相应的指令完成对锅炉的控制输出。

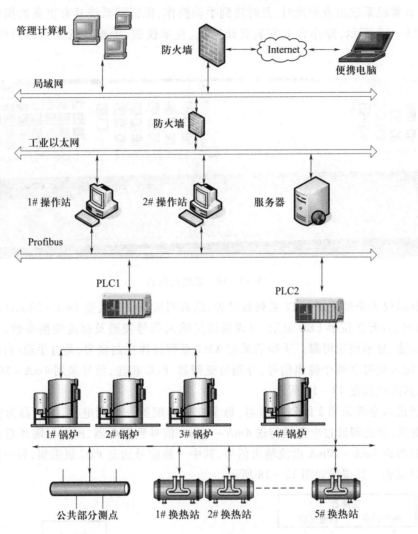

图 13-15 锅炉控制系统结构图

3. 硬件构成

1) 操作站

两台操作站均选用研华公司生产的 Pentium 4 工控机,并配置 10/100MHz 以太网卡和支持 Profibus、MPI、PPI 等总线方式的 5611 通信卡。

2) 现场控制站

(1) 1#控制站。PLC1 控制 1#、2#和 3#热水锅炉,每台炉有模拟量输入 18 个、模拟量输出 4 个,另需要 4 个控制回路的手动/自动状态的开关量输入 4 个、联锁输出和报警输出各需要一个开关量输出点。

(2) 2#控制站。PLC2 负责 4#蒸汽锅炉、公共部分和 5 个换热站的控制与监测任务,其中公共部分包括一次网、二次网的供水、出水参数监视及循环泵、补水泵控制,5 个换热站主要监视其供水、回水的参数和循环泵、补水泵控制。共有模拟量输入 50 点、模拟量输出 17 点、开关量输入 17 点、开关量输出 6 点。

(3) 操作台与仪表。除采用计算机系统外,还设置了一定数量的显示仪表和手动操作装置,以便在计算机系统出现故障时,及时转到手动操作,保证了系统具有更高的操作性和可靠性。如图 13-16 所示,操作台上安装有计算机、显示仪表、手操器及变频器的启动/停止按钮等。

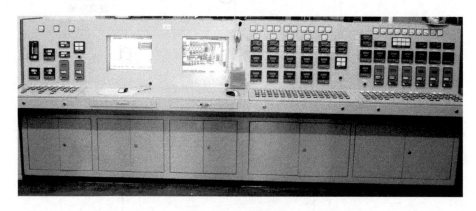

图 13-16 系统操作台

数字显示仪表全部采用 XMT 系列数显表,该系列数显仪表接受 4mA~20mA(DC)或 1V~5V(DC)信号,具有 3 位半 LED 显示,可现场设定输入信号类型及标度变换参数,并具有参数越限报警功能,显示稳定可靠。手操器采用 XMT 系列操作控制仪表,具有手动/自动的切换功能,有两个输入信号和两个输出信号,分别与变频器、PLC 相连,信号采用 4mA~20mA 的电流信号传输,其配线如图 13-17 所示。

现场变送器全部采用 2 线制变送器,每个变送器配置一台配电器,配电器为变送器提供 24V 直流电源,变送器通过电源线传送 4mA~20mA 信号到配电器,配电器隔离后产生与输入信号相同的两路 4mA~20mA 电流输出信号,其中一路信号送至 PLC 供采集,另一路信号则可提供给数显仪表。其接线如图 13-18 所示。

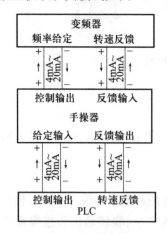

图 13-17 手操器配线示意图

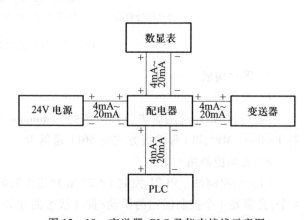

图 13-18 变送器、PLC 及仪表接线示意图

(4) 变频器。整个系统共有 4 台锅炉、5 个换热站,需配变频器的设备有鼓风机 4 台、引风机 4 台、给水泵 1 台以及一次网循环泵 3 台、二次网循环泵 10 台,共计 22 台变频器,全部选

用美国罗克韦尔公司(原美国 AB 公司)的风机、泵类专用变频器 PowerFlex400 系列。

现以一次网循环泵为例,变频器主电路原理图如图 13-19 所示,QS1 为断路器,KM1 为接触器的主触点,BP1 为变频器,MA1 为电机,TA1 为电流互感器,PA1 为电流表。变频器上电并启动后,通过改变速度给定值就可以改变其输出频率,实现对风机、循环水泵的无级调速。

4. 控制策略

现场控制站的 PLC 主要承担数据采集、数据处理、参数越限报警、连锁保护和闭环控制等任务。

1) 数据采集与处理

PLC 负责锅炉的所有重要工艺参数的数据采集工作,并对采集到的数据进行数字滤波、量纲标度变换、热电阻、热电偶的线性化等处理工作,同时还要对流量信号进行开方运算、温度压力补偿以及流量累积计算等。PLC 还通过间接测量的方法对锅炉给煤量进行计算,从而得到单台炉的耗煤量统计数据。

2) 汽包水位控制

汽包水位控制回路的主被控量是汽包水位,操纵量是给水流量,主要扰动量是蒸汽流量,同时锅炉水位还受锅炉蒸汽流量突然变化时引起的虚假水位影响。因此汽包水位回路采用串级加前馈构成的三冲量控制策略。

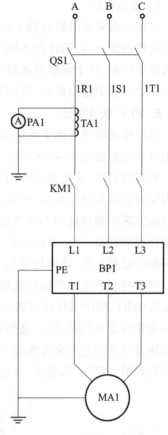

图 13-19 变频器主电路原理图

3) 蒸汽压力控制

锅炉汽压回路的被控量是蒸汽压力,主要扰动量是蒸汽负荷的改变,其主要调节量是给煤量,同时送风量大小对燃烧也有较大影响。系统采用智能 PID 算法对汽压控制回路进行控制,同时引入蒸汽流量作为前馈量以快速消除负荷扰动。

4) 锅炉鼓风控制

锅炉鼓风提供炉膛内煤燃烧时所需的氧气,鼓风量应与给煤量成一定的比例,即维持一定的风/煤配比以实现经济燃烧。由于不同煤质、煤种以及其他条件使得风/煤配比经常变化,因此系统中考虑了风/煤配比的自动寻优算法,根据锅炉燃烧状况以及锅炉热效率等指标,自动调整最佳风/煤配比曲线,使锅炉燃烧在不同的工况条件下均能保持最佳燃烧状态。

5) 炉膛负压控制

燃煤锅炉要求运行时炉膛内保持微负压,以防止飞灰和烟尘外逸,但负压不能过大,否则会使炉膛中的大量热量被排烟带走。炉膛负压的主要扰动量是鼓风量的改变,调整量为引风量。取鼓风量作为负压控制回路的前馈量可以使炉膛负压快速消除鼓风变化扰动,保持稳定。

6) 出水温度控制

锅炉出水温度控制回路的被控量是出水温度,其主要操纵量是给煤量,同时送风量大小对燃烧也有较大影响以至于对出水温度回路造成扰动。另外,为最大限度地节约成本,减少煤耗,还要根据不同情况调整供热策略,即锅炉出水温度的设定曲线是一条与室外温度和昼夜时间都相关的函数。

7）安全保护

系统具有完善的针对热水锅炉和蒸汽锅炉运行的安全保护功能,在出现异常情况时,系统根据故障的级别,自动进行不同级别的保护动作,直至停炉,包括蒸汽锅炉极限水位和极限压力的停炉保护,热水锅炉出水温度及出水压力超限的停炉保护,循环泵故障的停炉保护及循环泵与锅炉运行的连锁保护,管网超压泻压保护等。

5. PLC 软件设计

PLC 控制程序是整个系统的核心,它关系到整个控制系统的安全、稳定与正常运行。系统的主程序流程如图 13-20 所示。

系统启动后,首先分别调用子程序对 PID 运算块、定时器等进行初始化;然后以一定的采样周期对模拟量进行采集,将采集到的模拟量进行数字滤波;将滤波后的数据结果进行处理,转换成实际的物理量和 PID 模块的标准值;然后进行 PID 控制算法的运算;将 PID 运算结果转换成标准的控制信号,送到模拟量输出模块,控制执行机构的动作;该控制周期结束后,继续下一周期的数据采集、处理与控制。

整个控制系统采用结构化编程,将控制任务分解为能够反映某种过程工艺的功能(FC)或功能块(FB),程序运行时所需的大量数据和变量存储在数据块(DB)中。某些程序块可以用来实现相同或相似的功能,这些程序块是相对独立的,它们被组织块(OB)或别的程序块调用。组织块通过调用它们来完成整个自动化任务。程序块可以嵌套,最多可嵌套 8 级。系统软件中所用到的程序块、功能块、功能和数据块以及它们之间的调用关系如图 13-21 所示。

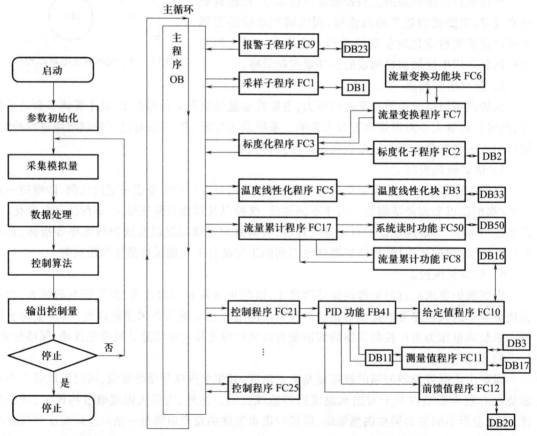

图 13-20　主程序流程图　　　　图 13-21　主程序块调用结构

6. 操作站软件设计

系统上位机由两个操作站构成，两个操作站具有同样的功能并互为备用。操作站软件采用西门子 WinCC6.0 设计。系统画面包括锅炉系统流程图、分系统流程图、换热站流程图等，可以形象动态地显示整个锅炉系统的工艺过程，另外还设计有总貌画面、报警显示画面、棒图显示画面、报表打印画面、实时趋势、历史趋势画面和系统自检画面等，以实现锅炉和供暖系统的监视控制功能。

图 13-22 仅给出一幅四号炉的主流程画面，它将现场控制站采集的四号炉现场数据及工艺参数显示在流程图的相应设备位置上，通过动画直观地显示锅炉运行状态及各种实时数据。操作人员可根据此画面了解整个锅炉系统的运行情况，并可以利用鼠标对阀门、电机转速等对象进行控制。

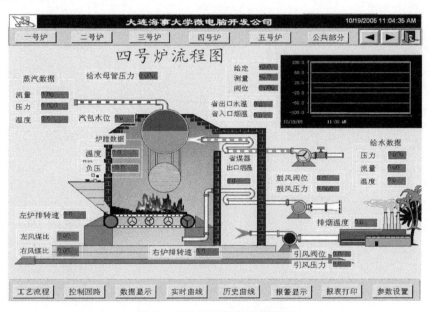

图 13-22 四号炉主流程画面

本 章 小 结

控制系统的设计与工程实现，既是一个理论方法问题，又是一个工程经验问题。要成功地完成一个工程项目的设计，除了要讲究科学的设计方法外，还要借助于丰富的实践经验。

本章在讨论计算机控制系统设计的一般原则和工程的实现步骤之后，分别介绍了针对不同控制对象的 5 种典型控制装置的工程应用实例，意在说明不同的控制对象总会有一种较优的控制装置以及如何融合硬件、软件技术。无疑，这将会对读者提供一个有益的借鉴。

思 考 题

1. 简述计算机控制系统的设计原则。
2. 在做计算机控制系统总体设计方案时，要考虑哪些问题？
3. 分析说明图 13-2 单片机控制水槽水位电路中各元器件的功能，并解释说明表13-2

所列出的水位操作控制码。

4. 结合图 13-4、图 13-5,请参考有关资料选用一种 PC 总线式 IPC,画出满足循环水装置控制系统的 PC 总线式 IPC 硬件组成框图。

5. 结合图 13-9,熟悉西门子 PLC 输入、输出配线,注意输入与输出的电源线的接法。

6. 简单说明本例中循环水装置、中水回用装置和聚合釜反应器分别选用总线式 IPC、PLC 和仪表控制系统的理由。

7. 分析说明图 13-15 所示的控制系统网络结构。

思考题参考答案

第1章

1. 以闭环系统为例。两种控制系统的基本结构框图见图1-1(a)和图1-2。

相同点:都是闭环系统;测量变送器对被控对象进行检测,把被控量如温度、压力等物理量转换成电信号再反馈到控制器中,控制器将此测量值与给定值进行比较,形成偏差输入,并按照一定的控制规律产生相应的控制信号驱动执行器工作,执行器产生的操纵变量使被控对象的被控量跟踪趋近给定值,从而实现自动控制稳定生产的目的。

不同点:

(1) 计算机闭环控制系统中用控制计算机即微型计算机及A/D(模/数)转换接口与D/A(数/模)转换接口代替常规仪表系统控制器;

(2) 计算机采用的是数字信号传递,而一次仪表多采用模拟信号传递,因此需要有A/D转换器将模拟量转换为数字量,作为其输入信号,以及D/A转换器将数字量转换为模拟量,作为其输出信号。

2. 参见1.1.2节。

3. 参见1.1.3节。

4. 数据采集系统(DAS)、操作指导控制系统(OGC)、直接数字控制系统(DDC)、监督计算机控制系统(SCC)、分散控制系统(DCS)、现场总线控制系统(FCS)和计算机集成制造系统(CIMS)。

5. 可编程控制器、可编程调节器、总线式工控机、嵌入式计算机系统、分散控制系统、现场总线控制系统等。

第2章

1. 参见第2章引言部分。
2. D/A转换器的性能指标有分辨率、转换精度、偏移量误差、线性误差、稳定时间。
3. 参见2.1.2节。
4. 参见2.2.1节。
5. 参见2.2.2节。
6. 参见2.3节。
7. 参见2.3.3节。
8. 参见2.4.1节。
9. 参见2.4.2节。

第3章

1. 参见第3章引言部分。

2. CD4051 结构原理:参见 3.2.1 节。下图为两个 CD4051 扩展为一个 8 路双端模拟开关的示意图。S_0、S_8 为双端输入的一组,其余类推。D_3 始终为低电平"0",或直接接地。

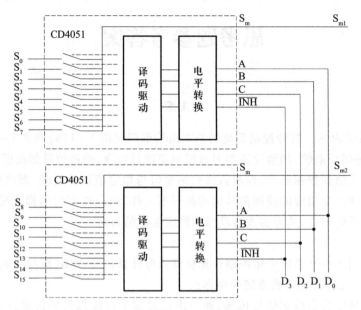

3. 参见 3.4.1 节。　4. 参见 3.4.3 节。　5. 参见 3.5.1 节。
6. 参见 3.5.2 节。　7. 参见 3.5.2 节。　8. 参见 3.6 节。

第 4 章

1. 参见 4.1.1 节。　2. 参见 4.1.1 节。　3. 参见 4.2.1 节。
4. 参见 4.2.2 节。　5. 参见 4.3 节。

6. 相同点:驱动电流为小电流。

不同点:普通三极管输出驱动为无触点控制,一般为小功率继电器、发光二极管等小负荷,不需要光电隔离;而继电器输出驱动为有触点开关量控制,通过弱电控制外界交流或直流的高电压、大电流设备,需要加光电隔离器及泄流二极管。

7. 相同点:都是弱电流控制大电流负载,都属于无触点开关。

不同点:

(1) 晶闸管输出驱动电路是由光耦隔离、触发控制、阻容吸收等各个分立件组合而成;而固态继电器本身就相当于晶闸管输出驱动电路的集成块。

(2) 晶闸管输出驱动电路常用于高电压、大电流的负载,不适宜与 CPU 直接相连,在实际使用时要采用隔离措施;固态继电器 SSR 内部含有光耦隔离,可以直接与 CPU 直接相连。

8. 参见 4.4 节。

第 5 章

1. 参见第 5 章引言。

2. 参见 5.1 节。

3. 相同点:每个按键必须占用一根 I/O 接口线;键盘处理程序思路基本相同;接口电路简单灵活,软件结构简单。

不同点:键盘处理的申请方式不同。图 5-3 为查询式,CPU 每隔一定时间主动扫描按键一次,如有键闭合,则消除抖动,再判断键号,然后转入相应的键处理。显然这种方式占用 CPU 时间比较多。图 5-5 为中断法,如果有按键按下,则相应端口向 CPU 申请中断,进入中断处理程序;如果没有键按下,则相应的 I/O 接口线均为高电平,也不会产生中断信号,CPU 继续运行其他程序。显然这种方式占用 CPU 时间比较少。

4. 参见 5.3.1 节。　5. 参见 5.4.2 节。　6. 参见 5.4.2 节。

第 6 章

1. 参见 6.1.1 节。　2. 参见 6.1.1 节。　3. 参见 6.1.2 节。
4. 参见 6.1.2 节。　5. 参见 6.1.3 节。　6. 参见 6.1.3 节。
7. 参见 6.2 节、6.2.1 节。　8. 参见 6.2.2 节。
9. 在计算机控制系统中,常用的监控显示画面有总貌画面、分组画面、点画面、流程图画面、趋势曲线画面、报警显示画面及操作指导画面。

第 7 章

1. 参见 7.1 节。　2. 参见 7.1.1 节。　3. 参见 7.2 节。
4. 参见 7.2.1 节至 7.2.4 节。　5. 参见 7.3 节。
6. $A_x = (150-0)\dfrac{N_x-0}{255-0} + 0 = \dfrac{30}{51}N_x = \dfrac{10}{17}N_x$。

7. 参见 7.3.4 节。　8. 参见 7.4 节、7.4.1 节。
9. 参见 7.4.2 节。　10. 参见 7.4.2 节。

第 8 章

1. 参见 8.1.1 节、8.1.2 节。　2. 参见 8.2.1 节。
3. 参见 8.2.2 节。　4. 参见 8.2.2 节。　5. 参见 8.2.4 节。
6. 参见 8.2.6 节。　7. 参见 8.4.1 节。

第 9 章

1. (1) $f(t) = 1 - e^{-at}$

方法 1:直接查表,$F(z) = \dfrac{z}{z-1} - \dfrac{z}{z-e^{-aT}}$

方法 2:$F(s) = \dfrac{1}{s} - \dfrac{1}{s+a}$,$F(z) = \dfrac{z}{z-1} - \dfrac{z}{z-e^{-aT}}$

方法 3:$f(kT) = 1 - e^{-akT}$

$$F(z) = \sum_{k=0}^{\infty} f(kT)z^{-k} = 0 + (1-e^{-aT})z^{-1} + (1-e^{-2aT})z^{-2} + \cdots$$
$$= (0 + z^{-1} + z^{-2} + \cdots) - (e^{-aT}z^{-1} + e^{-2aT}z^{-2} + \cdots)$$
$$= \dfrac{z(1-e^{-aT})}{(z-1)(z-e^{-aT})}$$

(2) $G(s) = \dfrac{k}{s(s+a)}$

$$G(s) = \frac{k}{s(s+a)} = \frac{k}{a}\left(\frac{1}{s} - \frac{1}{s+a}\right)$$

$$G(z) = \frac{k}{a}\left(\frac{z}{z-1} - \frac{z}{z-e^{-aT}}\right)$$

$$= \frac{k}{a}\frac{z(1-e^{-aT})}{z^2-(1+e^{-aT})+e^{-aT}}$$

$$= \frac{k}{a}\frac{z(1-e^{-aT})}{(z-1)(z-e^{-aT})}$$

2. (1) $F(z) = \dfrac{6z}{(z+1)(z+5)}$

方法 1: $\dfrac{F(z)}{z} = \dfrac{6}{(z+1)(z+5)} = \dfrac{6}{4}\left(\dfrac{z}{z+1} - \dfrac{z}{z+5}\right) = \dfrac{3}{2}[(-1)^k - (-5)^k]$

方法 2: $F(z)$ 的两个极点, $z_1 = -1, z_2 = -5$

$$\text{Res}[F(z)z^{k-1}]_{z\to -1} = \lim_{z\to -1}\left[\frac{6z}{z+5}z^{k-1}\right] = \frac{6}{4}(-1)^k$$

$$\text{Res}[F(z)z^{k-1}]_{z\to -5} = \lim_{z\to -5}\left[\frac{6z}{z+1}\cdot z^{k-1}\right] = -\frac{6}{4}(-5)^k$$

$$f(kT) = \frac{6}{4}(-1)^k + -\frac{6}{4}(-5)^k = f(k) = \frac{3}{2}[(-1)^k - (-5)^k]$$

(2) $F(z) = \dfrac{z^2}{(z-0.6)(z-1)}$

方法 1: $\dfrac{F(z)}{z} = \dfrac{z}{(z-0.6)(z-1)} = \dfrac{1}{2}\left(\dfrac{5}{z-1} - \dfrac{3}{z-0.6}\right)$

$$F(z) = \frac{1}{2}\left(\frac{5z}{z-1} - \frac{3z}{z-0.6}\right)$$

$$f(kT) = \frac{5}{2} - \frac{3}{2}(0.6)^k$$

方法 2: $\text{Res}[F(z)z^{k-1}]_{z\to 0.6} = \lim_{z\to 0.6}\left[\dfrac{z^2}{z-1}\cdot z^{k-1}\right] = \dfrac{z^{k+1}}{-0.4} = -\dfrac{0.6}{0.4}z^k = -\dfrac{3}{2}(0.6)^k$

$$\text{Res}[F(z)z^{k-1}]_{z\to 1} = \lim_{z\to 1}\left[\frac{z^2}{z-0.6}z^{k-1}\right] = \frac{1}{0.4}\cdot z^k = \frac{5}{2}\times 1^k = \frac{5}{2}$$

$$f(kT) = \frac{5}{2} - \frac{3}{2}(0.6)^k$$

3. (1) $E(z) = \dfrac{Tz^{-1}}{(1-z^{-1})^2}$

$$E(\infty) = \lim_{z\to 1}(z-1)E(z) = \lim_{z\to 1}(z-1)\frac{Tz^{-1}}{(1-z^{-1})^2}$$

$$= \lim_{z\to 1}\frac{T}{(1-z^{-1})} = \infty$$

(2) $E(z) = \dfrac{z^2}{(z-0.8)(z-0.1)}$

$$E(\infty) = \lim_{z\to 1}(z-1)E(z) = \lim_{z\to 1}(z-1)\frac{z^2}{(z-0.8)(z-0.1)} = 0$$

4. 令 $k = 0, c(0) - 4c(1) + c(2) = 0 \Rightarrow c(2) = 4c(1) = 4$

$k = 1, c(1) - 4c(2) + c(3) = 0 \Rightarrow c(3) = 4c(2) - c(1) = 16 - 1 = 15$

$k = 2, c(4) = 4c(3) - c(2) = 4 \times 15 - 4 = 56$

输出序列为
$$c(0) = 0, c(1) = 1, c(2) = 4, c(3) = 15, c(4) = 56$$

5. 解：

图(a)：
$$G(z) = z\left[\frac{2}{s+2} \times \frac{5}{s+5}\right] = z\left[\frac{10}{(s+2)(s+5)}\right] = z\left[\frac{10}{3}\left(\frac{1}{s+2} - \frac{1}{s+5}\right)\right]$$
$$= \frac{10}{3}\left(\frac{z}{z-e^{-2T}} - \frac{z}{z-e^{-5T}}\right) = \frac{10}{3} \cdot \frac{z(e^{-2T} - e^{-5T})}{(z-e^{-2T})(z-e^{-5T})}$$

图(b)：
$$G(z) = z\left[\frac{2}{s+2}\right] z\left[\frac{5}{s+5}\right] = \frac{2z}{z-e^{-2T}} \cdot \frac{5z}{z-e^{-5T}} = \frac{10z^2}{(z-e^{-2T})(z-e^{-5T})}$$

6. 参见 9.2.3 节。

7. 参见 9.2.4 节。

8. 参见 9.2.4 节。

9. 参见 9.2.4 节。

10. 参见 9.2.5 节。

11. $G(z) = \dfrac{U(z)}{E(z)} \approx G(s)\Big|_{s = \frac{2}{T}\frac{(1-z^{-1})}{(1+z^{-1})}}$

$= K_p \dfrac{1}{1 + 2T_f(1-z^{-1})/(1+z^{-1})/T}\left[1 + \dfrac{T(1+z^{-1})}{2T_i(1-z^{-1})} + \dfrac{2T_d(1-z^{-1})}{T(1+z^{-1})}\right]$

$= \dfrac{1}{(1-z^{-1})} \dfrac{K_p T}{[(T+2T_f) + (T-2T_f)z^{-1}]}\left[\left(1 + \dfrac{T}{2T_i} + \dfrac{2T_d}{T}\right) + \right.$

$\left.\left(\dfrac{T}{T_i} - 4\dfrac{T_d}{T}\right)z^{-1} + \left(-1 + \dfrac{T}{2T_i} + \dfrac{2T_d}{T}\right)z^{-2}\right]$

即
$[(T+2T_f) + (T-2T_f)z^{-1}]\Delta U(z)$

$= K_p T\left[\left(1 + \dfrac{T}{2T_i} + \dfrac{2T_d}{T}\right) + \left(\dfrac{T}{T_i} - 4\dfrac{T_d}{T}\right)z^{-1} + \left(-1 + \dfrac{T}{2T_i} + 2\dfrac{T_d}{T}\right)z^{-2}\right]E(z)$

将 $T = 1$ 带入可得
$$\begin{cases} \Delta u(k) = C_1 \Delta u(k-1) + C_2 e(k) + C_3 e(k-1) + C_4 e(k-2) \\ u(k) = u(k-1) + \Delta u(k) \end{cases}$$

式中
$$C_1 = \frac{2T_f - 1}{2T_f + 1}, \quad C_2 = \frac{K_p}{2T_i(1+2T_f)}(1 + 2T_i + 4T_i T_d)$$

$$C_3 = \frac{K_p}{T_i(1+2T_f)}(1 - 4T_i T_d), \quad C_4 = \frac{K_p}{2T_i(1+2T_f)}(1 - 2T_i + 4T_i T_d)$$

或推导结果为

$$u(k) = C_0 u(k-1) + C_1 u(k-2) + C_2 e(k) + C_3 e(k-1) + C_4 e(k-2)$$

式中

$$C_0 = \frac{4T_f}{1+2T_f}, \quad C_1 = \frac{1-2T_f}{1+2T_f}, \quad C_2 = K_p \cdot \frac{1+2T_i+4T_d T_i}{2T_i(T+2T_f)}$$

$$C_3 = K_p \cdot \frac{1-4T_d T_i}{T_i(1+2T_f)}, \quad C_4 = K_p \cdot \frac{1-2T_i+4T_d T_i}{2T_i(1+2T_f)}$$

12. 被控对象与零阶保持器的等效脉冲传递函数为

$$G(z) = (1-z^{-1})Z\left[\frac{G_p(s)}{s}\right] = (1-z^{-1})Z\left[\frac{5}{s^2(0.1s+1)(0.05s+1)}\right]$$

$$= (1-z^{-1})Z\left[\frac{5}{s^2} - \frac{0.75}{s} + \frac{0.1}{(0.1s+1)} - \frac{0.0125}{(0.05s+1)}\right]$$

$$= (1-z^{-1})\left[\frac{0.5z^{-1}}{(1-z^{-1})^2} - \frac{0.75}{1-z^{-1}} + \frac{1}{1-0.368z^{-1}} - \frac{0.25}{1-0.135z^{-1}}\right]$$

$$= \frac{0.084z^{-1}(1+1.898z^{-1})(1+0.119z^{-1})}{(1-z^{-1})(1-0.135z^{-1})(1-0.368z^{-1})}$$

式中：有一个圆外零点($z=-1.898$)和一个圆内零点($z=-0.119$)以及一个滞后因子z^{-1}。

(1) 最少拍有纹波时，可假设 $\Phi_e(z) = (1-z^{-1})^2 F(z)$，$\Phi(z) = z^{-1}(1+1.898z^{-1})(a+bz^{-1})$。由 $\Phi_e(z) = 1 - \Phi(z)$ 可知，$\Phi_e(z)$、$\Phi(z)$ 应当是同阶次多项式，且尽可能简单，故可取 $F(z) = (1+cz^{-1})$。由式 $\Phi_e(z) + \Phi(z) \equiv 1$，可得

$$z^{-1}(1+1.898z^{-1})(a+bz^{-1}) + (1-z^{-1})^2(1+cz^{-1}) = 1$$

解得，$a = 0.916, b = -0.571, c = 1.084$。可知

$$\Phi(z) = 0.916z^{-1}(1+1.898z^{-1})(1-0.623z^{-1})$$

$$\Phi_e(z) = (1-z^{-1})^2(1+1.084z^{-1})$$

由此得

$$D(z) = \frac{\Phi(z)}{G(z)\Phi_e(z)}$$

$$= \frac{0.916z^{-1}(1+1.898z^{-1})(1-0.623z^{-1})}{\frac{0.084z^{-1}(1+1.898z^{-1})(1+0.119z^{-1})}{(1-z^{-1})(1-0.135z^{-1})(1-0.368z^{-1})} \cdot (1-z^{-1})^2(1+1.084z^{-1})}$$

$$= \frac{10.905(1-0.368z^{-1})(1-0.135z^{-1})(1-0.623z^{-1})}{(1-z^{-1})(1+1.084z^{-1})(1+0.119z^{-1})}$$

(2) 最少拍无纹波时，可假设 $\Phi_e(z) = (1-z^{-1})^2 F(z)$，$\Phi(z) = z^{-1}(1+1.898z^{-1})(1+0.119z^{-1})(a+bz^{-1})$。由 $\Phi_e(z) = 1 - \Phi(z)$ 可知，$\Phi_e(z)$、$\Phi(z)$ 应当是同阶次多项式，且尽可能简单，故可取 $F(z) = (1+cz^{-1}+dz^{-2})$。由式 $\Phi_e(z) + \Phi(z) \equiv 1$，可得

$$z^{-1}(1+1.898z^{-1})(1+0.119z^{-1})(a+bz^{-1}) + (1-z^{-1})^2(1+cz^{-1}+dz^{-2}) = 1$$

解得，$a = 0.851, b = -0.543, c = 1.149, d = 0.123$。可知

$$\Phi(z) = 0.851z^{-1}(1+1.898z^{-1})(1+0.119z^{-1})(1-0.638z^{-1})$$

$$\Phi_e(z) = (1-z^{-1})^2(1+1.149z^{-1}+0.123z^{-2})$$

由此得

$$D(z) = \frac{\Phi(z)}{G(z)\Phi_e(z)}$$

$$= \frac{0.851z^{-1}(1+1.898z^{-1})(1+0.119z^{-1})(1-0.638z^{-1})}{\frac{0.084z^{-1}(1+1.898z^{-1})(1+0.119z^{-1})}{(1-z^{-1})(1-0.135z^{-1})(1-0.368z^{-1})} \cdot (1-z^{-1})^2(1+1.149z^{-1}+0.123z^{-2})}$$

$$= \frac{10.131(1-0.135z^{-1})(1-0.368z^{-1})(1-0.638z^{-1})}{(1-z^{-1})(1+1.149z^{-1}+0.123z^{-2})}$$

13. 参见9.3.3节。

14. $G(z) = K\dfrac{z^{-(N+1)} \cdot (1-\mathrm{e}^{-T/T_1})}{(1-\mathrm{e}^{-T/T_1}z^{-1})} = \dfrac{0.993z^{-3}}{(1-0.0067z^{-1})}$

假定闭环后系统惯性仍为0.1s,则

$$D(z^{-1}) = \frac{(1-0.0067z^{-1})}{(1-0.0067z^{-1}-0.993z^{-3})}$$

$$R(z^{-1})D(z^{-1}) = \frac{(1-0.0067z^{-1})}{(1-0.0067z^{-1}-0.993z^{-3})}\frac{1}{1-z^{-1}} = 1+z^{-1}+\cdots$$

则 $RA = U[0] - U[1] = 1 - 1 = 0$,即没有振铃现象。

15. 参见9.4.3节。 16. 参见9.5.1节。

17. 参见9.5.2节。 18. 参见9.5.2节。

19. 终点判断采用计算总步数N_{xy}的一个计数器方法,$N_{xy} = x_e + y_e = 6 + 4 = 10$,走步轨迹如下图所示。

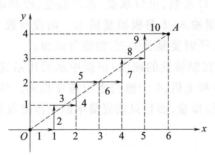

20. 参见9.5.3节。

第10章

1. 参见10.1.1节。 2. 参见10.1.1节。 3. 参见10.1.4节。

4. 参见10.2.2节。 5. 参见10.1.3节。

6. $x^{16}K(x) = x^{23} + x^{22} + x^{20} + x^{18} + x^{17} + x^{16}$

   $G(x) = x^{16} + x^{15} + x^2 + 1$

   $x^{16}K(x)/G(x) = x^7 + x^4 + x^3 + x$,余式 $R(x) = x^9 + x^7 + x^6 + x^5 + x^4 + x$

   $T(x) = x^{16}K(x) + R(x) = x^{23} + x^{22} + x^{20} + x^{18} + x^{17} + x^{16} + x^9 + x^7 + x^6 + x^5 + x^4 + x$

7. 参见10.3节。 8. 参见10.4.1节。 9. 参见10.4.1节。

10. 参见10.4.1节。 11. 参见10.4.2节。 12. 参见10.5.1节。

13. 参见10.5.2节。 14. 参见10.5.3节。

第 11 章

1. 参见 11.1.1 节。

2. 总线的概念参见 11.1.1 节。计算机的各部件采用能完成某种功能的模板,再通过总线把各模板连接起来,称之为总线的模板化结构。

   3. 参见 11.3 节。   4. 参见 11.5 节。

   5. 参见 11.8 节。   6. 参见 11.7 节。

7. 可以有几种选用方案。例举一种:主机 CPU226 模块 6ES72162BD220XB0,含有 24DI/16DO;数字量输入/输出模块 6ES72231PL220XA0,为 16DI/16DO;模拟量输入/输出模块 6ES72320HB220XA0,为 2 路 AQ。

第 12 章

1. 参见 12.1 节。   2. 参见 12.1.1 节。   3. 参见 12.2.2 节。

4. 参见 12.3 节。   5. 参见 12.4 节。   6. 参见 12.4 节。

7. 参见 12.5.1 节。   8. 参见 12.6 节。

第 13 章

1. 参见 13.1 节。   2. 参见 13.2.2 节。   3. 参见 13.3.1 节。

4. 参见 13.3.2 节。   5. 参见 13.3.3 节。

6. 循环水装置系统选用总线式 IPC 的理由:根据循环水装置系统的工艺控制要求,有 10 点模拟量参数需要检测,即入口水温、出口水温、蒸汽温度、冷却塔底温度。共 8 路温度、2 路循环水流量,共计 10 路模拟量输入、2 路模拟量输出。而没有数字量输入、输出信号。另外,系统要求有大量的工艺计算,同时要显示图表、曲线等画面。

中水回用系统选用 PLC 控制装置的理由:根据中水回用系统的工艺控制要求,该流程共有被控设备(含备用)14 台泵和电机,4 个池的水位需要检测。整个系统需要 40 点开关量输入与 32 点开关量输出;没有模拟量,而且只需要简单的操作键盘及其文字提示。

7. 参见 13.3.5 节。

附录　常用函数的 z 变换表

$X(s)$	$x(t)$ 或 $x(k)$	$X(z)$
1	$\delta(t)$	1
e^{-kTs}	$\delta(t-kT)$	z^{-k}
$\dfrac{1}{s}$	$1(t)$	$\dfrac{z}{z-1}$
$\dfrac{1}{s^2}$	t	$\dfrac{Tz}{(z-1)^2}$
$\dfrac{1}{s^3}$	$\dfrac{t^2}{2!}$	$\dfrac{T^2 z(z+1)}{2!\,(z-1)^3}$
$\dfrac{1}{s^4}$	$\dfrac{t^3}{3!}$	$\dfrac{T^3 z(z^2+4z+1)}{3!\,(z-1)^4}$
$\dfrac{1}{s^{n+1}}$	$\dfrac{t^n}{n!}$	$\dfrac{T^n R_n(z)}{n!\,(z-1)^{n+1}}$
$\dfrac{1}{s+a}$	e^{-at}	$\dfrac{z}{z-e^{-aT}}$
$\dfrac{1}{(s+\alpha)(s+\beta)}$	$\dfrac{1}{\alpha-\beta}(e^{-\alpha t}-e^{-\beta t})$	$\dfrac{1}{\alpha-\beta}\left(\dfrac{z}{z-e^{-\alpha T}}-\dfrac{z}{z-e^{-\beta T}}\right)$
$\dfrac{1}{s(s+a)}$	$\dfrac{1}{a}(1-e^{-at})$	$\dfrac{1}{a}\cdot\dfrac{(1-e^{-aT})z}{(z-1)(z-e^{-aT})}$
$\dfrac{1}{s^2(s+a)}$	$\dfrac{1}{a}\left(t-\dfrac{1-e^{-at}}{a}\right)$	$\dfrac{1}{a}\cdot\left[\dfrac{Tz}{(z-1)^2}-\dfrac{(1-e^{-aT})z}{a(z-1)(z-e^{-aT})}\right]$
$\dfrac{1}{(s+a)^2}$	te^{-at}	$\dfrac{Tze^{-aT}}{(z-e^{-aT})^2}$
$\dfrac{\omega}{s^2+\omega^2}$	$\sin\omega t$	$\dfrac{z\sin\omega T}{z^2-2z\cos\omega T+1}$
$\dfrac{s}{s^2+\omega^2}$	$\cos\omega t$	$\dfrac{z(z-\cos\omega T)}{z^2-2z\cos\omega T+1}$
$\dfrac{\omega}{(s+a)^2+\omega^2}$	$e^{-at}\sin\omega t$	$\dfrac{ze^{-aT}\sin\omega T}{z^2-2ze^{-aT}\cos\omega T+e^{-2aT}}$
$\dfrac{s+a}{(s+a)^2+\omega^2}$	$e^{-at}\cos\omega t$	$\dfrac{z^2-ze^{-aT}\cos\omega T}{z^2-2ze^{-aT}\cos\omega T+e^{-2aT}}$
$\dfrac{\omega^2}{s(s^2+\omega^2)}$	$1-\cos\omega t$	$\dfrac{z}{z-1}-\dfrac{z(z-\cos\omega T)}{z^2-2z\cos\omega T+1}$
$\dfrac{\alpha}{s^2-\alpha^2}$	$\mathrm{sh}\,\alpha t$	$\dfrac{z\,\mathrm{sh}\,\alpha T}{z^2-2z\,\mathrm{ch}\,\alpha T+1}$
$\dfrac{s}{s^2+\alpha^2}$	$\mathrm{ch}\,\alpha t$	$\dfrac{z(z-\mathrm{ch}\,\alpha T)}{z^2-2z\,\mathrm{ch}\,\alpha T+1}$

参 考 文 献

[1] 潘新民,王燕芳.微型计算机控制技术[M].北京:电子工业出版社,2003.
[2] 王锦标,方崇智.过程计算机控制[M].北京:清华大学出版社,1992.
[3] 林敏.计算机控制技术与系统[M].北京:中国轻工业出版社,1999.
[4] 于海生,等.微型计算机控制技术[M].北京:清华大学出版社,1999.
[5] 林敏.微机控制技术及应用[M].北京:高等教育出版社,2004.
[6] 韩全力,赵德申.微机控制技术及应用[M].北京:机械工业出版社,2002.
[7] 张春光.微型计算机控制技术[M].北京:化学工业出版社,2002.
[8] 孙增圻.计算机控制理论及应用[M].北京:清华大学出版社,1989.
[9] 白焰,吴鸿,杨国田.分散控制系统与现场总线控制系统[M].北京:中国电力出版社,2001.
[10] 何克忠,李伟.计算机控制系统[M].北京:清华大学出版社,1998.
[11] 王建华,黄河清.计算机控制技术[M].北京:高等教育出版社,2003.
[12] 俞忠原,陈一民.工业过程控制计算机系统[M].北京:北京理工大学出版社,1995.
[13] 牛玉广,范寒松.计算机控制系统及其在火电厂中的应用[M].北京:中国电力出版社,2003.
[14] 袁南儿,等.计算机新型控制策略及其应用[M].北京:清华大学出版社,1998.
[15] 杨劲松,张涛.计算机工业控制[M].北京:中国电力出版社,2003.
[16] 袁秀英.组态控制技术[M].北京:电子工业出版社,2003.
[17] 廖常初.PLC编程及应用[M].北京:机械工业出版社,2003.
[18] 金以慧.过程控制[M].北京:清华大学出版社,1993.
[19] 周小林.过程控制系统及仪表[M].大连:大连理工大学出版社,1999.
[20] 王锦标.现场总线和现场总线控制系统[J].化工自动化及仪表,1977,24(2):3-8.
[21] 王锦标.现场总线和现场总线控制系统(续)[J].化工自动化及仪表,1977,24(3):3-7.
[22] 林敏,李常吾.中小型PLC系统应答方式的可靠性分析及其改进[J].电气传动,1998,28(6):24-25.
[23] 林敏,黄彦红.工业控制计算机的自保护自恢复系统[J].大连轻工业学院学报,1997,16(2):23-27.
[24] 于忠得,林敏.循环水动态模拟装置的微机测控系统[J].工业水处理,1993,13(6):12-15.
[25] 林敏,于忠得.STD总线脉冲流量检测微机接口电路[J].自动化仪表,1994,15(11):31-33.
[26] 林敏.S7-200PLC在水泥袋装称重计量系统中的应用[J].电气自动化,2002,24(2):63-64.
[27] 林敏,等.中水回用装置中采用可编程控制器的4种控制方式[J].大连轻工业学院学报,2004,23(2):125-128.
[28] 林敏,崔远慧,等.S7-200PLC在再生水处理中的应用[J].自动化仪表,2004,25(10):43-45.
[29] 丁金华,林敏,等.模糊寻址自动跟踪彩色套印控制系统[J].包装工程,2005,26(1):22-24.
[30] 林敏,于忠得,崔远慧.自动化系统工程设计与实施[M].北京:电子工业出版社,2008.
[31] 林敏,等.基于变频与能量回馈技术的抽油机控制系统[J].石油机械,2007,35(8):53-55.
[32] 李正军.计算机控制系统[M].北京:机械工业出版社,2006.
[33] 顾德英,罗云林,马淑华.计算机控制技术[M].北京:北京邮电大学出版社,2007.
[34] 刘川来,胡乃平.计算机控制技术[M].北京:机械工业出版社,2007.
[35] 高金源,夏洁.计算机控制系统[M].北京:清华大学出版社,2007.